U0184574

John
Galliano

GALLIANO: Spectacular Fashion

加利亚诺：令人震撼的时尚世界

[英]
凯瑞·泰勒
著
周义　刘芳
译

重庆大学出版社

致谢

我要向中央圣马丁学院的讲师和档案管理员们表达我诚挚的感谢，他们是霍华德·坦吉（Howard Tangye）、鲍比·希尔森（Bobby Hillson）、安娜·布鲁玛（Anna Buruma）和阿里斯泰尔·奥尼尔（Alistair O'Neill）。还要感谢那些允许我采访和近距离接触藏品的收藏家和创作者们，他们是斯蒂文·菲利普（Steven Philip）、哈米什·鲍尔斯（Hamish Bowles）、林恩·R. 韦伯（Iain R. Webb）、马修·格里尔（Matthew Greer）、斯利姆·巴雷特（Slim Barrett）和马克·沃尔什（Mark Walsh）。

我要感谢那些同约翰·加利亚诺共事/合作过的人们与我分享了他们之间的美好回忆，他们是约翰·布伦（Johann Brun）、保罗·弗雷克（Paul Frecker）、盖尔·唐尼（Gail Downey）、汤姆·曼宁（Tom Mannion）、尼尔·默什（Neil Mersh）、黛博拉·安德鲁斯（Deborah Andrews）、马克·马托克（Mark Mattock）、瓦妮莎·纽曼（Vanessa Newman）、威廉姆·凯西（William Casey）、布克·德弗里斯（Bouke de Vries）、多瓦纳·帕戈夫斯基（Dovanna Pagowski）、帕特里克·考克斯（Patrick Cox）、洛琳·皮戈特（Lorraine Piggott）、苏·博特杰（Sue Bottjer）、凯伦·克莱顿（Karen Crichton）、伊恩·毕比（Ian Bibby）、路易文·里瓦斯-桑切斯（Luiven Rivas-Sanchez）、帕特里夏·贝尔福德（Patricia Belford）、汉娜·伍德豪斯（Hannah Woodhouse）、斯蒂芬·琼斯（Stephen Jones）、林佩特·巴伦·奥康纳（Limpet Barron O'Connor）、玛丽亚·莱莫斯（Maria Lemos）、朱莉·弗尔霍文（Julie Verhoeven）、丹达·贾罗梅克（Danda Jaroljmek），拉尔斯·尼尔森（Lars Nilsson）、卡特尔·勒布希斯（Katell le Bourhis）和已故的迈克尔·豪威尔斯（Michael Howells）。

要特别感谢奥利维尔·比亚洛博斯（Olivier Bialobos）、杰罗姆·戈蒂埃（Jérôme Gautier）、菲利普·勒穆尔特（Philippe Le Moult），以及Dior传奇缩影档案馆（Dior Héritage）准许我查阅那里的档案资料，特别是馆内的斯瓦兹克·普法夫（Soizic Pfaff）和索雷尼·奥雷尔拉米（Solène Auréal-Lamy）。还要特别感谢Yoox Net-A-Porter Group、塔拉·蒂尔妮（Tara Tierney）和菲利西亚·西克鲁纳（Felicia Scicluna）所提供的1985—2010年加利亚诺时装发布系列档案资料和1997—2010年他在Dior时期的秀场图，采访文章及后台镜头。感谢Givenchy提供的档案资料，还要感谢康泰纳仕集团的布雷特·克罗夫特准许我查阅*Vogue*的档案资料。

我特别感谢能够访问到Bloomsbury时尚档案馆（Bloomsbury Fashion Photography Archive）内非常珍贵的资源文档，还要感谢Bloomsbury的编辑李·瑞普利（Lee Ripley）和弗朗西斯·阿诺德（Frances Arnold）给予我的鼓励与支持。还要感谢给予我这个项目最初建议的阿里克斯·戴夫斯（Alex Dives）。

如果没有我同事凯特·奥斯本（Kate Osborn）和露西·毕肖普（Lucy Bishop）的支持，这本书将永远不会顺利出版；还包括研究助理瓦莱里亚·多罗戈瓦（Waleria Dorogova）和阿里克斯·巴德利（Alex Baddeley），负责工作室摄影的奥尔加·科特（Olga Kott）。

还要感谢一些博物馆、古着精品店经销商和拍卖行友好地与我分享图片资料，他们是：智利圣地亚哥服饰博物馆（Museo de la Moda）的豪尔赫·亚鲁尔（Jorge Yarur，时装收藏家，于2007年创建该博物馆）、约翰·加利亚诺视频档案资料收集制作者布里吉特·佩莱罗、Marilyn Glass线上时尚零售商、Resurrection Vintage Archiv古着精品店、Roger Vale and Brian Purdy精品店、MRS Couture时尚古着精品店的谢丽尔·维克（Cheryl Vick）、Cris Consignment精品店、Greg Chester精品店，Doyle拍卖行（Dolye Actions），苏富比（Sotheby's）和Tennants Auctioneers拍卖行。

最后我要感谢我的丈夫保罗·马克（Paul Mack）给予我的耐心和包容，可以让我从日常生活的琐碎中抽离出来，专心致志于创作这本关于天才约翰·加利亚诺的书。

John G

alliano

04

约翰·加利亚诺身穿“即兴游戏”（Ludic Game）系列服装，汤姆·曼尼恩（Tom Mannion）摄于1985年

导言：奇才约翰·加利亚诺
Introduction: The Genius of John Galliano

■ 加利亚诺的服装总有出其不意之处，或是衣领的形状、袖子的曲线、信手拈来的反常比例，或是拼加了某种很少用于制作服装的面料。

■ Dior 为加利亚诺提供了任其自由发挥的天地，使他能够恣意地将天马行空般的奇思妙想付诸实施，推出了最炫目的时装系列，惊艳巴黎时装秀场，或可将加利亚诺比作炼金术大师，他像炼金一样把不同的面料混合在一起，化为最魔幻神奇、最温馨浪漫或最前卫新锐的时装。

■ 不仅时装本身绚丽夺目，秀场也别具魅力。秀前数周，秀场搭建完毕，时装秀邀请函便被投入邮筒寄出。邀请函的形式别出心裁：有维多利亚时代的旧书，书页上还有手写的批注；染有茶渍的寻宝图；唱片；系着芭蕾鞋式样的金属哨；俄罗斯套娃；拴着陈旧标签、锈迹斑斑的钥匙。它们在讲述着新系列背后的故事，吊足众人的好奇心。

■ 加利亚诺凭借其毕业作品秀“横空出世”。他的朋友们身着“不可思议的人们”（Les Incroyables）系列服装，在圣马丁学院秀场上横冲直撞，冲向与观众席之间的隔离带。后来的几十年间，加利亚诺多次打造时尚业的重大瞬间：凯特·莫斯扮作卢克丽霞公主，假设身后有狼群在追赶，拖拽着带裙撑的硕大长裙，这画面令人难忘；加利亚诺的黑色（Black）系列精巧考究，仅有 18 套造型，模特们佩戴着借来的珠宝，走着蛇形路线，穿梭于圣·斯伦贝谢（Sao Schlumberger，葡萄牙名媛）家族建于 18 世纪的一座庄园改建成的酒店内；“迪奥快车”（Diorient Express ）系列作品狂野夸张，秀场上有货真价实的蒸汽火车、大片里的黄沙和摩洛哥人的帐篷；“充满诗意地致敬玛切萨·卡萨蒂”（A Poetic Tribute to the Marchesa Casati ）系列散发着浪漫之美，秀场设在巴黎歌剧院，谢幕时，无数只纸蝴蝶从金色屋顶纷纷扬扬飘落下来。

■ 多少年来，尽管加利亚诺 4 次被评为“英国年度最佳时装设计师”，获得大英帝国司令勋章（CBE）以及法国荣誉军团骑士勋章（Legion d’Honneur），但是关于这位影响力巨大的顶尖设计大师的准确资料却很难找到，未免令我失望。加利亚诺崭露头角时，还没有互联网，他的设计作品经常被错误地归类，甚至一些赫赫有名的博物馆的归类也常有失误。于是我赋予自己一个使命——研究他的每个设计系列，尽可能亲自察看每件原作，记下主要设计特点，并将品牌标签随着时间推移的变化轨迹记录下来。我希望收藏者、博物馆以及加利亚诺的粉丝都能从这本书中有所获益。

■ 在撰写加利亚诺以伦敦为基地的早期时装系列过程中，我有幸采访了多位当年曾与他在工作室一起打拼的伙伴们。20 世纪 80 年代，完成一个系列可能只需采购相对小批量的面料，包给工作室外的工匠缝制，加利亚诺会亲力亲为熨烫衣服，并送往各家商店。时代变化真快。从某种意义上来说，加利亚诺职业生涯的变化折射出时尚产业本身的变化，从当初类似手工作坊的行业演变成如今数十亿美元的庞大产业。

■ 21 世纪的头十年，加利亚诺在担任 Dior 创意总监期间，每年推出 12 个系列：Dior 春夏和秋冬两个高级定制系列，加上个人品牌 Galliano 和 Dior 的春夏、秋冬两个高级成衣系列，除此之外，还有早春和早秋系列、度假系列。从 2004 年起，Galliano 品牌又增添了男装系列。加利亚诺目光锐利，洞察秋毫，确保了从店铺、销售、商店、香水、手包、鞋到珠宝，都能反映出每个系列的“风貌”。

■　当然，加利亚诺仅凭一己之力是无法做到这一切的。从学生时代开始，加利亚诺的周围就高手云集，在整个职业生涯中，他一直都与业内顶尖高手合作，其中包括阿曼达·哈莱克、史蒂文·罗宾逊、斯蒂芬·琼斯、尼克·奈特、迈克尔·豪威尔斯、朱利安·德伊思、帕特·麦克戈拉斯和帕特里克·考克斯。尽管团队成员各个身怀绝技，但是加利亚诺在 21 世纪头十年的工作量无论以何种标准衡量，都达到极限。

■　我作为时尚拍卖专家在这个行业干了数十年，这种得天独厚的位置使我有机会接触并里里外外细细审视出自设计大师之手的时装佳作，其中包括查尔斯·弗雷德里克·沃斯、保罗·波列、玛德琳·薇欧奈、艾尔莎·夏帕瑞丽、加布丽尔·香奈儿、克里斯汀·迪奥等大师，恕不一一列举。我认为，在 20 世纪和 21 世纪实至名归的时尚大师神殿里，约翰·加利亚诺可以当之无愧地与这些大师齐名。这本《加利亚诺：令人震撼的时尚世界》，是向这位奉献了创新设计、职业生涯如过山车般大起大落的设计奇才致敬。

加利亚诺在圣马丁上学时的时装设计草图，绘于1982年

早年经历
Early Days

■ 1960年11月28日，约翰·加利亚诺在直布罗陀出生。由于英国与西班牙之间在直布罗陀归属问题上的争议，加利亚诺小时候每天上学必须先乘坐轮渡到摩洛哥的丹吉尔麦德港口，于是上学之路成了异国风情之旅，亲身感受各种香料气味、北非和西班牙面料特有的色彩和质感，这种体验深深铭刻在加利亚诺心间，其后来的时装作品系列特有的色彩体现出这段经历对他的影响。

> "我对服装面料的挚爱源自穆斯林露天市场、集市、针织面料、地毯、各种气味、草本香料、地中海特有的色彩，源自所有这一切。"

摘自《独立报》(*Independent*)记者苏珊娜·弗朗科尔的采访报道，1999年2月20日

■ 然而，加利亚诺6岁的时候，告别了蓝天白云的直布罗陀，来到灰蒙蒙的伦敦。他的父母为了让子女接受更好的教育、有更好的前途，举家移居英国。加利亚诺是三个孩子中的老二，他有一个姐姐，萝丝·玛丽，比他大五岁；一个妹妹，玛利亚·茵玛柯拉达，比他小三岁。父亲约翰·约瑟夫是水暖技工。初到伦敦时，全家住在斯特里特姆，最后定居在伦敦南区的东达利奇。这是一栋爱德华风格的三层砖房，很宽敞，带有爱德华风格的经典门廊。附近有几所不错的小学，山坡顶上就是圣托马斯·莫尔罗马天主教堂。加利亚诺从小接受传统的罗马天主教教育，每个星期天都去教堂，担任祭台男童助手，在做弥撒时为神父打下手，穿着干干净净的白色西装（这成为他日后设计灵感的来源）参加第一次圣餐。加利亚诺的妈妈出生在西班牙，本名安娜·纪廉·鲁埃达，不过人们都称她阿妮塔。她穿衣打扮颇有品位，总是把一家人打扮得漂漂亮亮，还教加利亚诺跳弗拉门戈舞。

■ 移居他国肯定会多多少少遭遇不同文化的冲击。但是加利亚诺的妈妈总是设法把地中海文化点点滴滴地渗透到一家人在伦敦的日常生活中，无论是她的衣装色彩和款式，还是她为家人准备的饭菜，都带有地中海文化特点。

> "全家搬到伦敦时，妈妈把所有的一切都搬来了，包括音乐。她对我的世界观，对我的服装设计，都有很大的影响。不管去哪里，妈妈都尽力把全家人打扮得漂亮体面，哪怕只是去街角的商铺。这就是典型的西班牙人。"

摘自对《纽约客》杂志文章《幻想家》(*Fantasist*)的作者迈克尔·斯贝克特的采访，2003年9月22日

■ 20世纪70年代，达利奇地区所有好中学的学费都很贵，11岁的加利亚诺参加了普通中学升学考试，被附近坎伯韦尔的公立威尔森男子文法学校录取。他有很高的语言和艺术天赋，但是他不喜欢这个学校，因为经常受到同学的欺负，老师又严厉苛刻。

> "我觉得这里的人不了解我，当然我也不了解他们……他们属于英国国教，而我属于罗马天主教。差异太大了。"

摘自《独立报》记者苏珊娜·弗朗科尔的采访报道，1999年2月20日

■ 加利亚诺16岁时离开了这所学校，转到东伦敦城市大学学习O-level和A-level课程（译者注：A-level是英国大学入学考试课程，要先通过O-level课程考试才能进入A-level的课程学习），艺术只作为副科选修。老师发现加利亚诺颇有绘画天赋，劝说他放弃学习语言，凑齐一套用于申请的画作，向伦敦中央圣马丁艺术与设计学院提交申请，学习艺术基础课程。他从进入圣马丁那一刻开始，就深深地爱上了那里。

“圣马丁满足了我所有的期望，甚至超出更多。突然间，我发现周围都是与我志同道合的人，真正有创意的人。我来自清一色男生的学校，而这里有男生，也有女生，都非常酷，我不再拘谨，开始放松下来。这是一所传统的艺术学校，鼓励学生自由探索，尝试不同的领域。”

摘自与亚历山德拉·舒尔曼的对话 *Vogue* Festival 时尚盛典，2015年

■ 加利亚诺在圣马丁时的绘画老师霍华德·坦吉这样形容他：

“他入学第一年我就开始教他，我立刻发现他天赋极高，出类拔萃。我当时很年轻，觉得他天分如此之高，真是不得了。我教的是如何观察实际生活中的人体及人体比例，一定以现实中的人为基础，而不是自己凭空想象。衣服在动态中最美，穿在身上最美。画衣服的时候，要让人看出衣服下面的人体和骨骼。画图还有助于学生把自己脑子里的想法引发出来，不光是为了画插图，是为了开发他们的设计构思。约翰一直对绘画有非常透彻的理解或者感觉。他可以用线条非常漂亮地勾勒出形状、轮廓、细节、比例。他画得太美了。他后来所展示的时装作品系列，令我感觉他依然是在绘画，只是用面料代替了画笔和颜料。有几分像雕塑，他懂造型，对面料裁剪、结构、重量非常了解。”

摘自作者的采访报道，2016年7月

■ 约翰·弗莱特也是圣马丁学院的学生，擅长裁剪和架构，与约翰·加利亚诺形影不离。当时圣马丁学院硕士课程负责人鲍比·希尔森回忆说：

“他们俩相互影响，都才华横溢，堪称珠联璧合。”

摘自作者的采访报道，2016年7月

■ 关于加利亚诺，她说：

“约翰不仅天分极高，而且还非常勤奋——是那种全身心的投入。仅有天赋是不够的，还必须持之以恒地施展天赋，他做到了。”

摘自作者的采访报道，2016年7月

■ 在学生时期，加利亚诺没有拿到助学金，只好和家人住在一起。为了挣点零花钱，他晚上在位于伦敦南岸地区的英国国家剧院作兼职服装师，为演员准备服装。

“我总是准时到场。把服装打理得干干净净，如果是年代服装，伊顿式阔翻领必须洁白无瑕，衣物必须熨烫，鼹鼠皮礼帽必须用我自己手上的油脂把皮毛捋得平平整整，我必须准时出现在指定的地方，有时这意味着我得在舞台底下躺两个小时，直到演员登场。我给朱迪·丹奇（Judi Dench）和拉尔夫·理查德森（Ralph Richardson）爵士当过服装师，我从他们那里学到很多人体与衣服之间关系方面的知识，学到如何掌控空间。”

摘自对《纽约客》杂志文章《幻想家》作者迈克尔·斯贝克特的采访，2003年9月22日

■ 在剧院的工作经历，还有助于加利亚诺对不同历史时期的服装、服装结构和实际穿着方式的理解，了解到一个演员如何掌控舞台，掌控自己所处的空间。加利亚诺日后鼓励模特在秀场进行表演，打造出绚丽夺目的时装展示场景，都与他的这段经历分不开。

■ 其他工作经历也使加利亚诺获益匪浅。他曾经给萨维尔街的顶尖裁缝汤米·纳特和斯蒂芬·马克斯当过实习生，后者是 French Connection 品牌背后的智囊人物。

■ 也并非整天都是工作。20 世纪 80 年代伦敦夜店文化也对街头时尚产生了巨大影响，对年轻的加利亚诺的影响尤为深刻。朋克风格寿终正寝，“新浪漫主义”开始流行。别针和绷带裤退出舞台，取而代之的是绿林好汉风格的流苏海盗衫，或者十分前卫的极简风格的全套装束，这种风格的代表性设计师有威利·布朗和克里希·沃尔什。夜店常客将复古风格、威斯特伍德风格和自家独创风格混搭在一起，模特不管男女，都浓妆艳抹。

■ 加利亚诺最喜欢去的是“禁忌”（Taboo）俱乐部（1985—1986 年）。禁忌夜店派对每周四举办，地点在莱斯特广场著名的麦西姆斯夜店的迪斯科舞厅，后来禁忌派对被警方勒令停办。

■ “禁忌”夜店属于已故澳大利亚行为艺术家雷夫·波维瑞，一位惊世骇俗的传奇人物。他告诉夜店常客，“要么穿得好像你整个生命就靠这身衣服了，要么就别来”。影视界、音乐、时装界各路创意大咖在他的夜店聚集一堂。当年禁忌夜店的常客乔治男孩（Boy George），如今已经成为流行音乐偶像，他说：

> “禁忌派对最棒的是，你想怎么穿就怎么穿，想怎么跳就怎么跳，如入无人之境，他（雷夫·波维瑞）喜欢让自己置身于混乱无序的环境中，有了禁忌夜店，他得以打造一种无拘无束的氛围。当然，夜店还是有堪称法西斯式的准入规定的。马克·沃蒂埃之类的把门狗会把镜子举到想进夜店的客人脸前，说：‘你觉得就你这身打扮你会放自己进来吗？’”

摘自马克·朗森采访乔治男孩的报道，2009年1月20日

■ 是加利亚诺的老师谢尔丹·伯纳特最终说服约翰把漂亮的时装设计图变成能穿的衣服。加利亚诺白天刻苦学习，在学院图书馆画时装插图，一画就是几小时，或者在维多利亚与艾尔伯特博物馆研究18世纪后期裙装的结构，为毕业设计作品秀做准备。为了更加逼真，他有时在烛光下用书法笔在茶渍斑斑的纸上画时装图。尽管如此，直到毕业设计作品秀开始之时，约翰还认为他将来是要做时装插图师的，而且实际上他已经接受了一份在纽约的插图师工作。他还问鲍比·希尔森，万一不成功，能不能去上她的研究生课。她安慰加利亚诺说，不用担心，因为“（不成功）那种情况肯定不会发生的”。（摘自作者的采访，2016年7月）

时装设计图，绘于1982年，是加利亚诺在圣马丁学院做的一份作业的局部，显示了他绘画方面的敏感度和技巧

1984毕业秀 Graduation Show

不可思议的人们，学士学位毕业秀 Les Incroyables, BA Honours Degree Show

1984年，毕业秀分别在中午12点，下午2点和4点三个时段进行展示
考文特花园的朱伯利礼堂 / Jubilee Hall, Covent Garden
10套时装造型

"他的天分显而易见。当你看到某种东西——这种时候很少——天分之光闪现的那一刻，你便知道这就是天才。"
《观察家报》
萨丽·布拉姆顿，她亲身目睹了这次时装秀

讲师鼓励加利亚诺将他的不可思议的设计手绘效果图实现成为三维立体时装。图上附上的一便士硬币是他父亲给的

最初的商标

不可思议的外衣，口袋盖用轧光印花布做衬，下摆设计若干扣眼，可以把裙摆卷上去固定起来，随意打造不同款型

●加利亚诺毕业设计作品秀灵感来自法国大革命后的时尚弄潮儿，其中许多人是丧命绞刑架下的贵族的后代。1794年，作为最残忍、最激进的鼓吹者之一的罗伯斯庇尔被执行死刑，"恐怖统治"时期到此终结。巴黎的风气随之变化，腐朽、奢靡之风卷土重来，成为巴黎景色不可或缺的一部分。一群群傲气冲天、惊世骇俗的年轻男子和女子身着奇装异服，走上街头，男子被称为"不可思议"(Incroyables)，女子被称为"奇妙"(Les Merveilleuses)。双排扣长礼服和西服背心领口设计夸张，棱角分明，超大的装饰性扣子，配上高高的类似颈饰领巾的脖套。服饰包括长长的银头拐杖、小望远镜和招摇张扬的帽子。这些早年时尚达人令加利亚诺着迷，他整天泡在图书馆，走火入魔般地研究他们的着装，或者专程去维多利亚与艾尔伯特博物馆观察那个时期的服装及其结构。鲍比·希尔森回忆说，临近毕业设计作品秀的那些日子，加利亚诺亲自缝制自己的作品，才华横溢的男友约翰·弗莱特和同学黛博拉·安德鲁（婚前姓卜雷德）都来给他帮忙，哈米什·鲍尔斯帮他缝扣子。

> "约翰自有一种魅力，吸引别人聚集在他身边，他总是有很多帮手；他善于让别人觉得自己也参与其中。"
>
> 摘自作者的采访，2016年7月

●他的这种特质贯穿在他的整个职业生涯中：他总是在一个关系密切的团队里与业内高手合作。

●加利亚诺注重细节、一丝不苟，这种作风在"不可思议的人们"(Les Incroyables)系列制作过程中首次表现出来。外衣的内缝线针脚无懈可击，衣服完全可以反过来穿。扣子是用英国小额硬币做的，把硬币浸泡在盐水里，达到做旧/氧化的效果，直到显出恰到好处的铜绿色。加利亚诺后来被告诫必须拆掉这些扣子，用塑料扣子或外国硬币代替，因为亵渎（硬币上的）女王形象属于违法行为！

●"不可思议的人们"系列的外衣形状犹如超大的日本和服，夸张的翻领和超大的暗袋贴面采用撞色印花或者条纹丝绸面料。

●装饰面料采用了深灰、鸽子灰和海军蓝人字形毛织面料，因为价格便宜。色彩艳丽的西服背心采用条纹和图案锦缎面料，与印花棉布形成鲜明反差，锦缎面料来自肯辛顿大街上的一家室内装潢店。衣服采用高位裁剪，宽松肥大，有些衣服的后片就是敞开着的。形状圆鼓鼓的象牙色衬衫采用薄透的欧根纱面料，模仿18世纪裁剪风格，裁成简洁的T形，加长的袖子和双倍宽的袖口，敞开着穿，露出内里的巨大领结，也凸显了外套的袖管。这些衬衫在布朗斯(Browns)精品店售价150英镑，搭配约翰风格棉质针织面料的长款马裤穿。

●该造型的服饰包括人造纤维面料的三色（发暗的象牙色、肉桂色和淡紫色）条纹飘带，酒红色羊毛编织发带上别着象征革命的玫瑰花结，破损的小望远镜，吊在饰带上的怀表以及长长的木质物件。模特们穿着及膝高筒马靴，或者带有装饰着皮质荷叶边或者超大蝴蝶结的皮鞋，都是特里沃·希尔按照加利亚诺的设计制作的。

●每个学生的作品分三场展示，每次展示一部分。加利亚诺觉得自己在第一场中的展示还不错，可是在第二场中却被安排在最后一个，心里有些困惑，他没有意识到老师们总是喜欢把最强的作品安排在最后一个展示，作为压轴戏。到第三场的时候，消息已经传开，人们开始抢座位。加利亚诺的作品不分男女装，模特都是由同学、一起泡夜店的朋友以及朋友的朋友客串的，有的曾经做过模特，每一套服装需要对应合适的"面孔"。其中包括卡米拉·尼克森（现在是有名的造型师）、保罗·弗雷克（造型师，19世纪后期摄影作品经销商）、巴里·卡门（模特,艺术家）以及罗琳·皮戈特（曾为薇薇安·威斯特伍德工作，后来成为加利亚诺工作室的经理）。

●加利亚诺第一场时装秀现场一片混乱，模特们走秀毫无章法，乱走一气，还时而相撞。保罗·弗雷克回忆，他们一头雾水，根本不知道要做什么，"约翰只告诉我们他想要打造什么样的气氛：他要我们冲向伸展台与观众席之间的隔离带。他告诉我们要横冲直撞，暴走秀场。"（摘自作者的采访报道），模特们照他说的去做了，不过第二场和第三场走秀的时候，弗雷克给模特们规定了动作和行走路线以及出场顺序，于是模特们开始两人一组有序出场。最后集体亮相时，秀场内掌声经久不息，人们纷纷站起来鼓掌致意。那是名副其实的时尚"重大时刻"。

●为鲍比·希尔森讲师和乔安·伯斯坦(Joan Burstein)预留的座位被学生占据，后者是位于南莫尔顿街的颇有影响力的布朗斯前卫精品百货公司的所有者，他们只好站在舞台的一侧观看。不过，显然视线并没有被完全挡住，时装秀结束后，伯斯坦夫人直奔后台，宣布"我全包了"，她把整个系列都买下来了（摘自作者对鲍比·希尔森的采访，2016年7月）。

●短短的一场时装秀开启了加利亚诺的职业生涯，他被称为时尚界最火的新秀。一夜之间，他完成了从学生到设计师的飞跃，闯入了一个行业，他尚未做好进入这个行业的准备。

保罗·弗雷克和卡米拉·尼克森打头阵冲出来，一个被称为茶娜（China）的姑娘给他们化妆，把眼睫毛涂成白色

"在圣马丁流行一种被称为"商务游戏"的活动，在毕业前最后两天举办，我没有参加，实际上参加的人并不多。我必须下苦功夫才能学会。我必须学得很快。"

摘自与亚历山德拉·舒尔曼的对话 *Vogue* Festival 活动，2015年

●加利亚诺手头拮据，连把秀上展示的那些服装送到店里的出租车费都付不起，转天他只好自己推着挂满衣服的龙门架沿着牛津街走到位于南莫尔顿街的布朗斯精品百货公司。伯斯坦夫人把整个临街橱窗都用来陈列加利亚诺的服装，戴安娜·罗斯是首批顾客之一，买下了一件"不可思议的人们"系列外套。该系列的服装很快销售一空，伯斯坦夫人给加利亚诺预支了一笔钱，这样加利亚诺就可以购买更多的面料。在朋友的帮助下，他把自己在达利奇的住所改造成一个小作坊，面料铺在厨房桌子上裁剪，一台缝纫机放在前厅。

●随着订货量日渐增多，这班人马不分昼夜地干活儿。加利亚诺的父亲把服装裁片送到分散在伦敦各个角落的外包缝纫工匠那里缝制。缝制完毕的衣服再送回加利亚诺这里，然后熨烫、包装、送到布朗斯店里。服装上即使有标签，也很简单，就是在一块缎带上面用棕色染料印上加利亚诺的名字。

●现在很少看到这个系列的服装，西服背心偶尔会现身拍卖会（西服背心卖得很好，因为更容易与20世纪80年代的服饰搭配），但是其他衣服就很少见了，外套尤其少见。

●多年后，加利亚诺这样评价该系列服装：

"完全出乎我的意料。我对这个系列的挚爱如初。我爱那种浪漫气息，身穿曼妙无比的欧根纱面料衣装，轻快地穿行于鹅卵石路面的街道之间。那个系列服装包含的许多东西依然萦绕在我心头。"

摘自《独立报》记者苏珊娜·弗朗科尔的采访，1999年2月20日

阿曼达·格里夫和"蝴蝶夫人"

●毕业设计作品秀之后，加利亚诺结识了一位对改变他的人生命运来说至关重要的人物：阿曼达·格里夫，她后来于1986年与第六代哈莱克男爵弗朗西斯·奥姆斯比·戈尔结婚，被尊称为夫人。在加利亚诺事业发展初期重要关头，格里夫成为他的最具影响力的合作伙伴。当时她在 *Harpers&Queen* 杂志担任初级时装编辑，还作为自由职业者做一些造型师的工作。她听闻加利亚诺的"不可思议的人们"系列后，便设法与他取得联系，并邀请他共进下午茶。加利亚诺带上草图本、面料样册和满脑子的想法与格里夫分享，两个人一直聊到深夜一点，这是心心相印的两个灵魂的一次碰撞。

●格里夫回忆说：

"突然有人用和我一样的语言说话、表达看法，我当时的感觉是：我不想放开他，没有他，我就不可能存在，因为他能把我感觉到的东西变成令人兴奋的奇思妙想。这正是我梦寐以求的。"

摘自作者对亚历山大·福瑞的采访，2012年1月22日

●她问加利亚诺能不能帮她设计马尔科姆·麦克拉伦改编的普契尼的歌剧《蝴蝶夫人》唱片封套。他们把从中文版《每日晨报》撕下来的碎纸片错落有致地粘在一把超大的东方韵味扇子上，然后把金色和红色油漆仿照中国书法的样子滴在扇面上。格里夫评价说，封套设计"象征着蝴蝶夫人美丽、脆弱而短暂的一生和她那颗破碎的心"（来源同上）。

●格里夫描述了加利亚诺在拍摄现场的样子，说他把棕色毛衣两只袖子"系在腰间"，穿出裙子的效果，"毛衣在身后像鸭尾巴一样翘着"，鸭尾巴成为贯穿他的系列服装作品的一个主题（来源同上）。

●多瓦娜·帕戈斯基是他们镜头下的"蝴蝶夫人"，她是波兰人，尽管身高6英尺2英寸（约189厘米），留着直短发，他们却认为她与角色相符。她拍照时没有穿衣服，用扇子遮挡在身前。帕戈斯基还为加利亚诺的头两场毕业秀担任模特，因为当时加利亚诺手头拮据，就用服装作为酬劳。后来，加利亚诺用了麦克拉伦的这张专辑作为他的 Dior 2007 春夏高定系列"蝴蝶夫人"秀场的背景音乐。

财神驾到

●约翰·布伦，24岁，加纳裔丹麦人，在丹麦做时装零售商，当时正与姐姐为他们打算在伦敦开的服装店寻找货源。他们路过布朗斯百货店，看到橱窗陈列的"不可思议的人们"系列外套，一下子就站住不走了。他们走进店内，对店员说，他们对橱窗陈列的服装很感兴趣，店员说，"设计师就在这儿呢"。布伦回忆说，"他正背朝着橱窗坐着，看上去很紧张。我问他，我能不能下订单，他说不行，因为他已经接受了一份在纽约的插画师的工作，所以他不会接任何订单。转天我又回到店里，花400英镑买了一件'不可思议的人们'系列的外套，并且得到了他家的电话号码。几个星期后，我给约翰（约翰·加利亚诺）打电话，他不在家，我跟他姐姐说了几句，再次询问有没有可能接订单。他姐姐说，'感兴趣的

《蝴蝶夫人》专辑的封套

阿曼达·格里夫身着“即兴游戏”系列的衣服，1985年

太多了，要是有人资助就好了'。我说那我愿意资助约翰。我们约定在贝克街地铁站附近一个酒吧见面。约翰只坚持一件事情，那就是公司必须在他的名下，我们就这样说定了。他说，'我们就这样握手成交，从来没有签过书面合同。'"

●有布伦的资金做后盾，加利亚诺得以采购面料、物色工作室（他的父母松了一口气）、雇用有经验的员工，包括曾经在薇薇安·威斯特伍德手下担任工作室经理的迈克尔·柯林斯，但是他只跟着加利亚诺做了两个系列时装秀之后就离开了。

●加利亚诺的男友约翰·弗莱特把他们介绍给摄影师保尔·默什（他接下来又负责了早期时装秀的音乐）和汤姆·曼尼恩，他在伦敦东区伯爵街一个破旧的维多利亚风格仓库租了一块场地。曼尼恩在回忆与约翰·弗莱特见面的情景时说：

●"他穿的是加利亚诺牌子的衣服，看上去非常酷。上身是一件棕色条纹羊毛休闲西装，这种款式可以正反两面穿，也可以上下颠倒穿，内衬色彩斑斓。"

●曼尼恩同意合租他的工作室，"因为我真的喜欢这些衣服，而且房租对我来说也是不小的负担，合租对我们大家都好……我们当时都很年轻，正在事业起步阶段。我很多时候不在，要去外景场地，因此合租对我很合适。"（摘自作者2016年8月对曼尼恩的采访，其他引用曼尼恩的话均摘自这次采访）

●新公司需要新商标，在一块酒红色与孔雀蓝色相间织物居中部位织出一个盾形纹章，据加利亚诺称，这是他家古老家族徽章的现代演绎版。实际上，纹章上的小公鸡（西班牙文 geletto）和狮子（西班牙文 leone）恰恰是加利亚诺名字 Galliano 词根的直译。这个标有数字 1 的商标被一直持续应用到 1987 年的春夏系列。

●曼尼恩从外景拍摄地回来，发现他的工作室已经被加利亚诺一点点全部侵占了：

"我回来发现阿曼达在我的暗房冲洗池用伯爵茶染平纹细布；各色染料桶扔得到处都是，晾衣绳穿过整个房间；阿曼达就喜欢这个样子！我们都爱上了她，她皮肤白皙、秀发黑亮、眼睛蓝蓝的，只要她冲你一笑，你会俯首帖耳听从她的指挥。约翰每天都会带着新点子来到工作室，他的点子实在太多了，需要阿曼达加以筛选和梳理。他非常勤奋，每天从早晨八点开始工作，一直到深夜才离开。他只在一点上纵容自己，就是坐出租车回到位于东杜威治（East Dulwich，伦敦南部）的父母家，因为他的穿衣打扮一看就是同性恋，坐公交会挨打。他不怎么去夜店混，我们当时都身无分文，而且他不会做任何会影响工作的事情。那时人们都在议论吸毒的事情，只是我们买不起毒品！"

（摘自作者的采访，2016年8月）

●曼尼恩把加利亚诺推荐给自己的摄影模特盖尔·唐尼，她酷爱编织。她成为加利亚诺团队的忠实成员，负责1985年至1989年秋冬系列的针织部分。

大规模生产后，加利亚诺使用的第一个商标

1985 春夏 Spring/Summer

阿富汗人拒绝西方观念 Afghanistan Repudiates Western Ideals

1984年10月13—16日 英国设计师秀 伦敦奥林匹亚会展中心2静态展示20套时装造型

“想方设法用血迹干涸后的那种颜色把相互对立的不同文化混合在一起。”
加利亚诺，
ID 杂志第44页，
1984年

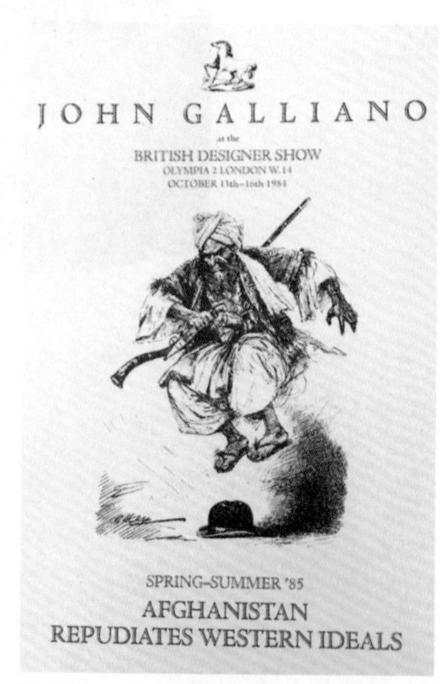

根据 Punch 漫画制作的邀请函

●布伦预支了3000英镑，用于购买面料、启动制作、租赁展台。距离新系列发布秀开始只有四个月的时间了。德布拉·安德鲁当时还在圣马丁上学，只要有空，就来帮忙，加利亚诺雇用了一个自由职业制版师，名叫克里斯·奥尔德森，以便确保精打细算地使用每卷面料。年轻的比尔·盖伊藤是从缝纫工开始做起的。

● 1985年春夏季时装系列灵感来自20世纪20年代幽默杂志《笨拙》上的一幅漫画，是加利亚诺偶然发现的，画面是一个愤怒的阿富汗人正朝着扔在地上的圆顶硬礼帽跳下去。具有讽刺意味的是1919年至1929年统治阿富汗的阿曼努拉·汗王，他推行现代化，下令臣民必须穿西欧服装，摈弃民族服装长袍。加利亚诺喜欢“这种同时身着两种不同文化的服装带来的紧张气氛与浪漫情调并存的状态”（科林·麦克道尔，《加利亚诺》英文版第91页）。这幅漫画还让他联想到工作室所在的伦敦东区司空见惯的多种族文化影响。他说：

> “阿富汗佣人和绅士都一样身着帅气的欧式衣装。就和现在伦敦东区的那些印度人一样。非常‘衬裙巷’（Petticoat Lane）风格……我们要做的就是从文化入手，把不同文化融合在一起，开创一种崭新的风格。”
>
> （*ID* 杂志，1984年10月，第44—45页）

●加利亚诺认为这个系列服装就是与“去年看到的那种米兰式雌雄同体硬朗风格和阿玛尼及其他品牌的简约造型”对着干。他认为“简约等于枯燥无味”。他还挖苦一些比较传统的艺术学校的教学方法，“说什么必须以某种方式把色彩搭配在一起。说什么必须以某种方式裁剪面料，这也不行，那也不行。而我要把不同元素，比如不同的面料，男性和女性特色，都融合在一起。老师向学生灌输哪些东西是对的，哪些东西是错的。其实，通常是那些错的东西才更有意思。”（《纽约时报》采访报道，1984年10月17日）

●他采用肥大宽松的款型和叠加多层的单品，单品面料用的是柔软的平纹细布或棉布，裁剪线条却很硬朗。他设计的服装不分性别，男女都穿裙子。长长的、宽松的拉瓦尔品第平纹细棉布面料的衬衫，衣袖加长，袖口加宽一倍，把袖子系在腰间，可以当裙子穿，颜色有橘红色、深深浅浅的酒红色和紫色，零售价130~180英镑，这在当时是很贵的价格。这种衬衫与印度“多地”风格的裹裙式裤子搭配着穿（该款式是前一个系列作品的延续）。还有高腰裤，长长的饰带一直到裤腿。“我喜欢臀部的设计，我设计的上衣后片都松松垮垮的，腰部收紧，然后又宽松下来。这样打造出的S形曲线就像弗拉门戈舞者，我就是为这种体型设计的。

●长款马甲背心的设计灵感来自19世纪初期。面料是波纹装饰布，带有淡紫色和象牙白色相间的帝国条纹，条纹棉质衬衫布做衬里，用巨大的珍珠贝壳扣固定波纹状前门襟扣合设计，并收紧至腰部。这些马甲背心的零售价为170~196英镑。

●燕尾服和夹克采用棕色细条纹精纺面料（是加利亚诺开车到兰开夏郡采购的），面料背面附加滚筒印花棉布，套印黄色大方格。燕尾服和夹克都用鹿角材质扣子，肩部宽大，肩线呈坡形，袖长及地，可充当手套。燕尾服衣领超长且不对称，燕尾居中，被折起来，用扣子固定，模仿18世纪曼图亚风格。这款长外衣零售价在500英镑左右，相当于那时一个月的人均工资。

●宽松的短款夹克前片很短，露出里面的马甲背心或者衬衫，袖子用有图案的棉布接出来一段。衣领采用撞色棉布贴边，这样夹克就可以正反两面穿，也可以上下颠倒着穿。加利亚诺把棕色、褐色、橘红色、白色和褐红色混搭在一起，称之为“我的服装的灵魂是色彩，是精神层面的血迹干涸之后的颜色”。

●加利亚诺请他的朋友、他心中的缪斯阿曼达·格里夫帮着布置他在奥林匹亚会展中心的展台。她马上辞去了她在Harpers的工作，把自己的命运跟加利亚诺联系在一起。她的职位空缺很快就被加利亚诺的朋友也是他在圣马丁的校友哈米什·鲍尔斯替代了。

●奥林匹亚会展中心展台很小，威廉·凯西（加利亚诺的朋友，化妆师）说，造型“应该是把仅有的两英镑都花光了”。格里夫用玻璃碎片做加利亚诺时装插画的画框，歪歪斜斜地挂起来（表示冲突和叛逆），地面撒满了稻草。展台摆着人体模型，活动衣架上挂着一些样品服装供客户挑选，在为期四天的展示中，各方朋友轮流前来为该系列服装充当模特。他们把衬衫系在腰间当裙子，或者叠穿，搭配阿富汗帽子、毛线袜、皮制系带，把在Oxfam小店买的破损的金属框眼镜用胶布粘好戴上。迈克尔·柯林斯搜罗了一堆配饰，包括拴着五花八门锅碗瓢盆的腰带。

●奥林匹亚会展中心大门一开，加利亚诺的展台就引起世界各国买手的极大兴趣，《女装日报》评论说，加利亚诺是“此刻的宠儿”。接到总值约44000英镑的订单，布伦的投资自然得到了丰厚的回报。他回忆说，尽管布鲁明戴尔百货公司的罗伯塔·瓦格纳表示感兴趣，但是加利亚诺不接受她的订单，他告诉布伦说，“如果我们卖给布鲁明戴尔，就没有货卖给波道夫·古德曼或内曼马库斯了，而我们必须优先卖给这两家”。

加利亚诺和朋友充当该系列服装的模特，用阿富汗帽子、水壶和各种锅做配饰

马甲背心前门襟的波纹状扣合设计细节。
史蒂文·菲利普收藏

长款燕尾服，宽大的方形肩部设计，加长的袖子，搭配条纹棉质长裤和衬衫。史蒂文·菲利普收藏

1985/1986秋冬 Autumn/Winter

即兴游戏 The Ludic Game

1985年3月18日，晚上6点和8点伦敦奥林匹亚展览中心，The Pillar 大厅 69套时装造型 这个系列的时装配有 Galliano 1的商标或根本无商标。

“在你穿上衣服的那一刻，就应该觉得自己像一只小鸟，骄傲地自由飞翔。”

Harpers & Queen, 1985年7月

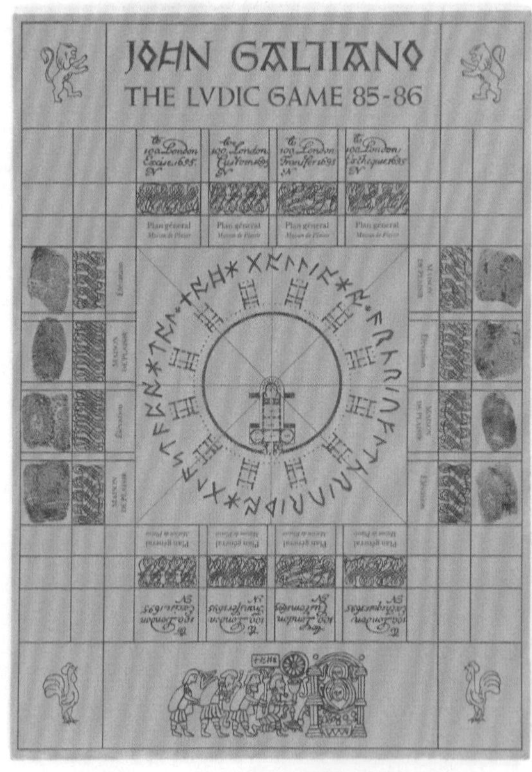

即兴游戏时装秀邀请函，马克·马托克设计

●时尚媒体和买手对加利亚诺首次重大商业性时装发布秀翘首以待。该系列推出众多造型，好像他的奇思妙想层出不穷、无法控制。加利亚诺的设计加上阿曼达·格里夫的形象造型和创意，该系列必然包含多个主题，这些主题交织在一起，产生了全新的别具一格的效果。保罗·弗雷克对该系列作品评论说，"就像一幅画风夸张滑稽的勃鲁盖尔油画，一群人围着五月节花柱嬉戏打闹"（此书中所引用的保罗·弗雷克的话均摘自2015年8月作者的采访）。

●精心设计的时装秀节目单立刻成为收藏者的藏品。设计者是圣马丁学校的美术设计专业学生马克·马托克，节目单上包括汤姆·曼尼恩拍摄的加利亚诺肖像（见第6页），印在描图纸上，附上阿曼达·格里夫的诗；仿造的棋盘游戏板图案（以法国18世纪妓院建筑设计图为基础）、异教象征物和指纹。节目单装在棕色纸质信封里，采用红色蜡封，信封周边是一圈盎格鲁—撒克逊人的神秘符号。当时马托克还是圣马丁的在校生，节目单是用为学生提供的免费设施印制的，然后自己手工剪切，所以加利亚诺一分钱都没有花。马托克把红蜡放在小铁罐里，用电炉加热溶化，然后趁热用加利亚诺的图章戒指扣在上面，完成蜡封。

●最主要的主题是安吉拉·卡特1984年的小说《马戏团之夜》，故事发生在1899年的伦敦，女主人公半人半鸟、长着翅膀，名叫"飞飞"。她加入了柯尔尼上校的巡回马戏团，他的合伙人是一只颇有洞察力的小猪，叫"西比尔女士"（这次时装秀中的一位模特也叫西比尔，是加利亚诺的朋友）。柯尔尼上校把他的行业称为"即兴游戏"，他的座右铭是"钱在傻瓜的手里待不长"。约翰·布伦如果知道，恐怕不会喜欢这样的类比。

●在加利亚诺版本的"即兴游戏"时装秀上，装扮成珠母钮王和王后的伦敦东区街头小贩们与英国乡下反叛的农民并列前行，形成鲜明对比。阿曼达·格里夫写了一首诗，印在时装秀请帖中的加利亚诺肖像的手上，描写了"深色荷兰裙（像翘起的鸭尾状）"，"诉说着永恒不变的朝圣者之路……珠母钮王和王后，骄傲的伦敦麻雀。"

●用条纹棉布做面料，是为了展示乡村的妈妈们送孩子去上学，身上还穿着睡衣。有棱有角的膝盖和肩部造型与他的"半人半鸟的女人"形象吻合。该系列属于中性服装，包括宽松双排扣休闲西装，肩部很宽，有些袖子超长。短款斯宾塞夹克前片短而宽，口袋有时嵌入肩部，可以正反两面穿，也可以上下颠倒着穿。

●男款和女款裙子的口袋都是下垂、尖形的，用不完整的袖子或者衣领作为裙摆装饰。有些裙子竖向分叉（山本耀司风格），可以当裤子穿。装饰性袖子可以系在背后，像裙撑一样（鸭尾式）。裤子的膝盖部有棱有角，模仿鸟类腿部形状，前腰和后腰都有片状细节。鹿角质地的扣子或者是用酒瓶软木塞做的扣子。

●衣服用的面料都很贵，而且一如既往地做工精良。加利亚诺的助理黛博拉·安德鲁斯回忆说：

> "带有白色马海毛方格的林顿粗花呢西装面料让约翰百般纠结，因为实在是太美了；他觉得这款面料就像从空中俯瞰翻耕过的田地，马海毛就像被灌木挂住的一簇簇绵羊绒毛。他不停地问，'问题是，我们买得起吗？'最后他还是忍不住买下了。"
>
> 摘自作者的采访，2015年8月

●面料还包括酒红色、紫色、海军蓝、棕褐色以及深蓝色鼹鼠皮色的宽条灯芯绒。用睡衣条纹细棉布做衬里、裤子和"超大"衬衫（Big Shirts），超大衬衫是该系列作品的一个专题。衬衫还采用撞色拼接棉布面料，袖子加长，后袖镶边用扣子固定。和服、裙子和裤子采用法兰绒印花面料，深棕色底印着明蓝和白色相间的秃鹰图案；面料的设计者路易范·里瓦斯－桑切斯也曾是圣马丁的学生。

●西比尔·德·桑·法勒是与加利亚诺一起泡夜店的朋友，也是他的缪斯，这是第一次为他的时装秀当模特。汤姆·曼尼恩说："约翰总是用各种面料把西比尔打扮得像个洋娃娃。她时常会在裁剪台底下睡觉，加利亚诺就会把她叫醒。"她的本职工作是女帽设计师斯蒂芬·琼斯的助理。她的男朋友在皮卡迪利广场著名的巴黎咖啡馆夜店（Cafe De Paris）做门厅侍者，经常每周三晚上让加利亚诺和他的工作室的伙伴们免费进场。

●手工编织服装是20世纪80年代主要时尚潮流之一。盖尔·唐尼在时装秀三个月前就开始跟加利亚诺密切合作，织出样衣。她拿织好的各种编织图案织片给加利亚诺看，他从中挑出一堆"渔夫罗纹绞花编织"（fishermen's cable knit）图案织片。加利亚诺画出服装设计图，然后由盖尔·唐尼在外聘员工的帮助下做出成品。时装秀上共展示了12件手工编织服装，包括一件用深褐色羊毛线织成的低领、绞花编织毛衣裙；与这款毛衣裙相似的短款版；有浮凸纹理的棉线编织背心，吊带用酒瓶软木塞固定；编织抹胸，用一便士旧硬币做扣子，套在超大衬衫外面穿。

西比尔·德·桑·法勒装扮成珠母钮王后

软木塞用来做编织服装的装饰性扣子

林顿羊毛花呢套装，鹿角扣，搭配面料拼缝超大衬衫。斯蒂文·菲利普收藏

多瓦娜·帕戈斯基身着超大细条绒裙装套装，裙子还可以用来当夹克外套穿着。因为公司资金短缺，模特的酬劳只能用衣服来支付

●时装周最抢手的是加利亚诺新装秀入场券；城里的时尚追星族渴望亲临现场一睹为快。Pillar Hall大厅秀场外面人越聚越多，水泄不通，显然不可能让所有人都进去。加利亚诺的朋友保罗·弗雷克当时也是他的员工，在入口处把门。他说：

“就像橄榄球赛球员扭成一团争球的场面，几百人试图从一个小门挤进去。本应在那里负责组织的公关人员不见踪影，我设法抓住淹没在人群中的意大利版 *Vogue* 杂志的编辑安娜·皮亚吉，把她拽进来。”

●为了安抚在门外进不来的那些人，决定加演一场，第二场晚上八点左右开始。一些美国大买家没能挤进去看第一场，满腹牢骚地回酒店去了；许多人不肯回到秀场。而那些进入场内的人们，有幸又看了一场加利亚诺的“即兴表演”。

●每场历时 30 分钟，事先不彩排。加利亚诺（错误地）告诉 *Face* 杂志，Ludic 是拉丁语，“即兴”的意思：

“我想通过这个系列让‘即兴’回归伦敦时尚业。这些模特都没有经过排练，我们想随机应变。”

摘自 *Face* 杂志的采访报道，1985年第62期

●给模特的唯一建议就是，“慢慢来，别着急”。（威廉·A. 凯西，摘自作者的采访，2016年9月）

●采用了电子合成音乐，包括爱尔兰小提琴和猫王唱的《木头心》。模特们三三两两地出场，在秀台上手舞足蹈，举着蜡烛、用果酱罐做的灯笼、陶土管和令人毛骨悚然的瓷娃娃。模特的脸涂成灰白色（凯西担任化妆师），眉毛颜色浓重，眼睛周围抹上了鲜亮的灰绿色眼影，手上写满绿色符文。他们一个个头发凌乱，上面插满细小枝杈、干花、麦穗、玩具鸟和钟表。插着玩具鸟和古董钟表表盘的假发是雷内·吉尔斯顿制作的。帽子是一位学时装专业的年轻的荷兰人布克·德·弗里斯做的，他曾经在赞德拉·罗兹和斯蒂芬·琼斯手下工作，当时正在中央艺术和设计学校读硕士。阿曼达·格里夫看过他的作品，很喜欢，便把他推荐给加利亚诺。

●德·弗里斯回忆说：

“约翰思维缜密，不放过任何细节。他给我看了他画的帽子设计图，说了他的基本想法，然后就让我动手去做。毡帽上装饰着钟表和树枝，这都是约翰的构思。我在位于伦敦苏荷区的克雷格（Craig）店发现了这块子弹头形状材料，我用巧克力棕色和森林绿色毛毡面料包裹在上面，然后反复捶打、喷水，打造出影纹和做旧效果。用金属丝来支撑圆形帽檐，前帽檐拽出一个尖角。约翰物色到了钟表表盘。时装秀的前一天，我们干了整整一个通宵，缝扣子，把树枝缝在帽子上。约翰还让我从荷兰带回来一些木塞和福伦丹地区传统的上浆蕾丝帽，我把帽子喷成了绿色和棕色。”

摘自作者的采访，2015年7月

●桑·法勒穿了一件褐色防雨面料的“珠母钮王后”外套，上面点缀着许多扣子，脖子上挂着用镀金餐具串在一起做成的项链，系着一条非洲珠饰腰带，手持一根长长的木条，上面缠绕着许多扣子。“珠母钮国王”的造型更庞大，在整个衣服后片上用许多扣子拼出“Ludic Games”（即兴游戏）字样。

●在时装秀的最后一幕，咪咪·波特瓦斯卡（Z 模特公司的模特之一，该公司专门打造怪诞、高冷形象的模特）即兴发挥，把鲜鲭鱼抛向观众席，鲭鱼是她当天早晨买的，打算作为晚餐。一条鲭鱼险些落在加利亚诺最重要的客户布朗斯百货公司的乔安·伯斯坦身上。幸运的是，她觉得整个事情很好玩儿；加利亚诺吓了一跳，缓过神来，也觉得好玩儿。说到底，是他要求即兴发挥的。

●时装秀结束后，模特兼歌手莉齐·蒂尔把加利亚诺介绍给自己的男朋友杰里米·希利，一位颇有影响力的 20 世纪 80 年代的音乐家兼 DJ。他坐在观众席上目睹这个恶作剧，觉得很棒。加利亚诺问他可否担任以后时装秀的音乐制作人，就这样，加利亚诺团队又增加了一名重要成员。（希利从 1987 春夏系列开始接管音乐部分）

●那时手头拮据，多数模特的酬劳只能用衣服来支付。布克·德·弗里斯回忆说，转天要坐飞机去巴黎，参加斯蒂芬·琼斯在著名的浴池夜店（Les Bains Douche）举办的一场派对（译者注：原为 19 世纪一个豪华的私人浴场，店名由此而得。1978 年被改建为夜店）。他穿的是走秀所得报酬，林顿花呢和绿色方格毛料“鸟人”全套装束。其他乘客都身着中规中矩的都市西装，他的这身行头肯定让他大出风头。这身套装被维多利亚与艾尔伯特博物馆作为永久藏品收藏。

●这个系列服装（更不要说空中飞鱼）怪诞出奇、离经叛道，时尚媒体的评论褒贬不一。

“加利亚诺的上一个系列中出现的最爆炸性的设计廓形，被他一本正经地称之为‘半女人半鸟类’。”

《女装日报》，1985年3月14日

“这些服装让人一头雾水……试想一下吧，裙子像一件两只袖子在背后甩来甩去的上衣……裙

子、上衣和外套上装饰着用布料做的子弹头，与服装风马牛不相及。这些东西拼凑而成的造型令人费解，愚蠢至极。”

《女装日报》，1985年3月19日

●衬衫和编织服装相对容易融入非夜店常客的主流风格衣橱，因此这些衣服得到零售商和媒体的青睐，卖得很好。

“在源自稀奇古怪想法的一堆衣服中，倒也能淘出几件绝妙单品：露腰超短开衫；城里最大的‘超大号衬衫’，有时采用五、六种不同面料……”

《女装日报》，1985年3月19日

●一些比较走极端的、贴身款的服装卖得不好，因此做的很少。结果是，这类服装现在反而物以稀为贵了。

●时装秀节目单上的一首小诗似乎预示着加利亚诺的职业生涯即将经历过山车式的大起大落：

“恶运防不胜防，好运喜怒无常，盛衰顺其自然，随遇而安吧，先生们。”

●加利亚诺身穿一件简单的白色T恤衫，留着前长后短，层次分明的短发，（和抛鲭鱼的咪咪一起）向观众鞠躬致谢。

1985考特尔系列
The Courtelle Collection

1985年6月12日，
星期三
惠特布莱德啤酒厂，
齐斯维尔街，伦敦，
邮政编号：EC1

考特尔面料时装秀宣传单上咪咪·波特瓦斯卡身穿灰色马海毛编织的毛衣裙

●考特尔颁奖会是为采用考特尔品牌毛线和面料制作服装的纺织专业在校生设立的。而这次颁奖仪式和学生作品秀结束之后，还安排了一组崭露头角的设计师从自己当季系列作品中选出八套服装来进行演示。这些设计师中包括芭芭拉·德·弗雷斯、温蒂·达格沃斯、柯罗拉、博迪·马普、迪安·布莱特、PX 专卖店的海伦·罗宾逊、本斯托克／斯皮尔、约翰·罗查和约翰·加利亚诺。

●加利亚诺的作品系列主题为“珠母钮国王和王后”，海军蓝色考特尔面料装饰着珍珠贝壳扣（类似“即兴游戏”系列的最后部分）。秀场设在啤酒厂，离工作室很近，加利亚诺团队一班人推着挂满衣服的龙门架穿过街道，来到秀场。只有四个模特：西比尔·德·桑·法勒和三个男模特，艾奇、马克、菲利普。背景音乐是由摄影师尼尔·默什提供的。

●那是为考特尔品牌以及整个时装行业的头面人物举办的正式午宴。加利亚诺用空罐头盒做全套服装的配饰，用线绳把罐头盒固定在尖顶帽子上，线绳一直拖到地面。男模特（走秀前喝了点酒）从伸展台上走下来，在餐桌中间穿来穿去，罐头盒时而甩到惊恐不安的宾客脸上。结果可想而知，对这个系列服装的反应自然普遍较差。

1986春夏 Spring/Summer

堕落天使 Fallen Angels

1985年10月12日，下午4点45分
约克公爵兵营（Duke of York Barracks，前约克公爵兵营，现改建成美术馆），伦敦
116套时装造型
商标信息：带有Galliano1商标和无商标的时装

约翰·加利亚诺很像威廉·布雷克，“以‘孩童般的眼睛’看待事物，他用软木塞和硬币当扣子，重新诠释日常物件，以他独特的审美使这些物件获得新生。”（摘自马克·马托克设计的时装秀后宣传单）

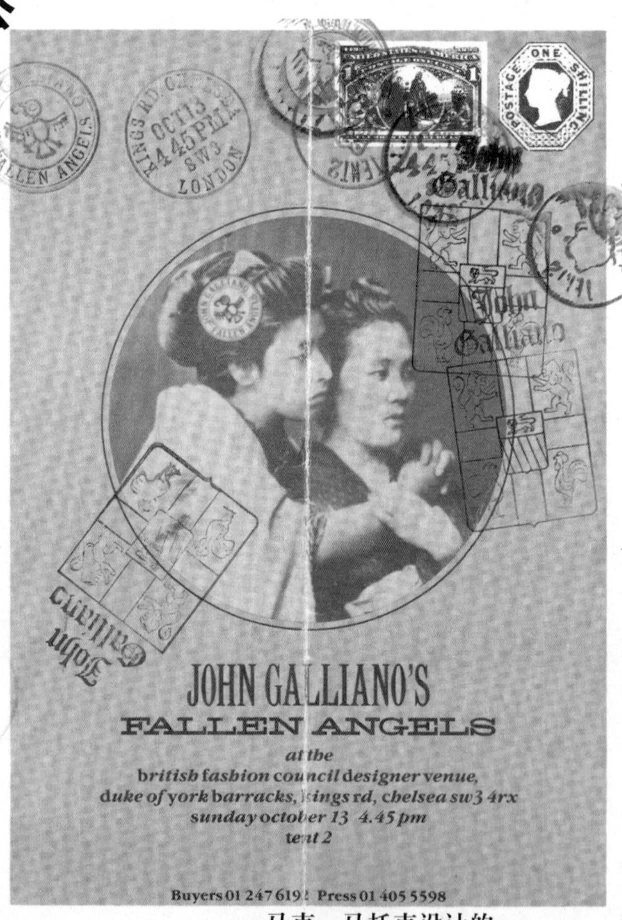

马克·马托克设计的邀请函：一张爱德华时期的印有艺伎美人照片的明信片，上面还印有“约翰·加利亚诺”印章和注明了时装秀开始日期时间的邮戳

●加利亚诺这个系列的名称源自威廉·布雷克的油画《堕落天使》，这些叛逆的天使因为追随堕落天使路西法 Lucifer 而被从天堂驱逐。布雷克的画作和诗歌表现出他憎恶18世纪90年代英国严重的污染和工业革命时期不人道的工作方式，包括雇用童工。

●加利亚诺似乎渴望回归简朴之风，他形容20世纪80年代伦敦到处是“高跟鞋、红指甲、紧身裙……我搞不懂那些喜欢打扮得漂漂亮亮、喜欢摆弄衣服的小女孩都哪儿去了？”（*Face* 杂志，1985年12月）

●加利亚诺从四月份就着手准备这个系列，设计草图和激发灵感的各种参考材料都挂在墙上，纸样板摊在裁剪台上，谁都可以看到。没想到，有人趁复活节假期之机，撬锁闯入工作室，偷走了所有纸样板和设计草图。加利亚诺从来没有遭遇过商业间谍，从那之后，再也不敢把设计图随便放在谁都看得到的地方，并加强了对出入工作室人员的监管。过去工作室一直是一个很随意的场所，朋友们聚在这里一起聊天，听音乐。音乐不停地放着，而且音量总是很大，这样的音乐伴随着加利亚诺的整个职业生涯。

●距离时装秀日期越来越近了，加利亚诺团队全力以赴，为了确保服装制作精良，团队同时启用了三名裁剪师，马克·塔巴德、克里斯·阿尔德森和比尔·盖登。和以往一样，依然是忙到最后一刻才完成，整个团队一直干到时装秀当日凌晨3点。

●“堕落天使”系列包括引入标志性特点——“圆形”裁剪和“Dior”式裙子，也称“剪刀”式 scissor 裙子（以 Dior 1949 晚礼服样式为基础）。年轻的比尔·盖登才华横溢，从缝纫工做到了制版师，一直与加利亚诺密切合作。（译者注：加利亚诺的 scissor pleats 指的是“堕落天使”系列中一款设计有交叉式裁片的连衣裙称 scissor skirt，所以后面再出现交叉裁片式设计，作者都统称为 scissor-pleats。）

●“圆形”裁剪，要求袖子的形状随着胳膊的曲线走。圆形裁剪的上装廓形浑圆，甚至胸前的抽褶小口袋也是圆形的。加利亚诺在萨维尔街的汤姆·纳特那里的工作经历（1982—1983年）使他有机会亲身目睹“裁缝如何裁剪可以让袖子向前甩。我们不过是更夸张了一些，让袖子能甩多远甩多远”。（摘自科林·麦克道尔所著《加利亚诺》，第97页）

●弗雷克认为约翰·弗莱特早在一年前他的毕业作品秀中就首次使用了圆形裁剪，而其他人则认为朋友们成天混在一起，思路上相互影响很自然。但是威斯特伍德／麦克拉伦“在1983/1984秋冬的‘女巫’系列服装中袖子也采用了圆形裁剪。20世纪80年代中期，威斯特伍德在时尚界具有极大的影响力，加利亚诺对她敬重有加”。工作室的一名助理回忆说，工作室有一组威斯特伍德的服装，人们时不时用这些衣服打扮自己，后来把这些衣服拆开进行分析。

●这个系列服装色彩柔和，以白色、象牙色、灰色和浅驼色为主，暗色调蓝绿色作为点缀。采用的面料包括下垂感强的棉质针织面料、平纹细布或者挺括的压皱亚麻布。该系列中有采用针织面料制成的帝政款式高腰线不对称单肩礼服，礼服上飘逸的装饰片横跨前身（零售价136英镑）；短款斯宾塞上衣（零售价47英镑）搭配棉质筒状针织半裙，其中有的裙子上有口袋状的袋盖装饰，翻过来就成了口袋，有的裙摆装饰着章鱼爪式流苏。

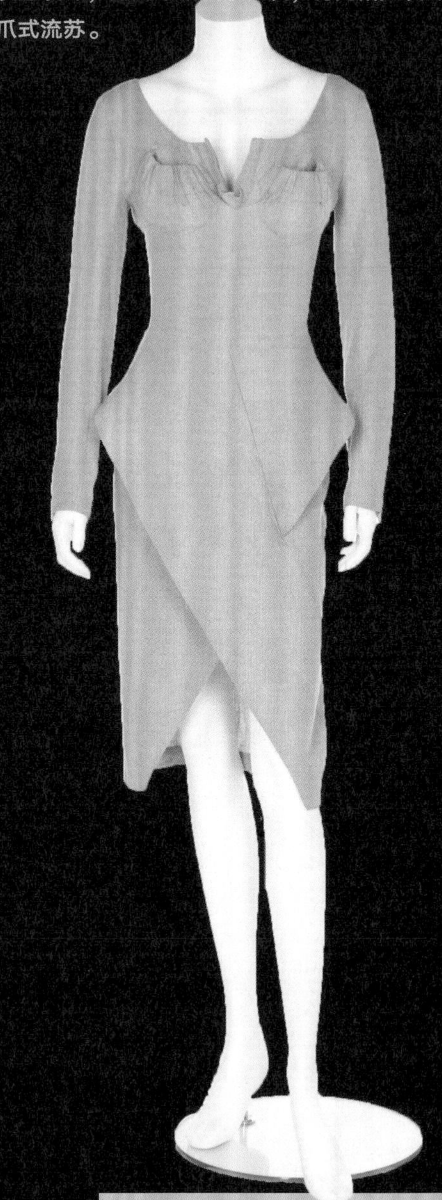

米色亚麻连身裙，设计有圆形口袋和 Dior 风格的开衩式裙摆，或称为剪刀裙。斯蒂文·菲利普收藏

亚麻连衣裙，腰腹部抽褶并系着绒球

● Dior 式半裙有 Y 形腰部装饰褶，后腰部设计有平缝式抽褶，使裙子更加贴身（零售价93.50英镑）。上衣镶着撞色滚边，不对称的翻领也缝有装饰包边，这样衣服就可以正反两面穿，也可以上下颠倒着穿。上衣和长外套采用细条纹或平纹薄羊毛面料，肩型为棱角突出的斜肩，弯曲的袖子背面点缀着若干黏土制作的扣子，搭配牛仔裤或者西装长裤。

●扣子要么是纯木制的，要么就是旋涡纹“FIMO”（德国品牌）黏土制的。戴夫·芭比（现代艺术家、雕塑家、夜店朋友）制作了大小两种规格数百个扣子。高腰裤不分性别，又长又肥，有的后裤腰上还系着下垂的袋盖。

●盖尔·唐尼在普琳西丝·茱莉亚（闪电俱乐部的偶像级人物）、丽兹·莫兰和肖恩·唐尼的帮助下手工编织了 18 件服装，其中包括一件农民穿的长罩衣式毛衣裙，一件“园圃”图案（维多利亚时代床罩常用传统图案）毛衣和一件采用20世纪30年代图案的针织泳衣。

●关于这场秀，加利亚诺突然问道“如果给这些模特额头上像奴隶那样打上印记是不是很棒？”（摘自作者对威廉·A. 凯西的采访报道，2016年1月）。显然，不能让模特们遭受皮肉之苦，凯西想出一个解决办法，以品牌标签上的加利亚诺家族纹章为图案，刻一个橡皮图章，蘸墨水印在模特的额头上。

●加利亚诺在配饰上下了很大的功夫。他看过帕特里克·考克斯为威斯特伍德的“克林特·伊斯特伍德”系列（1984/1985 秋冬）设计的配饰，非常喜欢他的设计，很快就和他成为好朋友。考克斯设计了两款“Hobo”鞋：一款是棕色皮鞋，挖去大脚趾和脚跟处的皮革，露出大脚趾和脚跟；另一款鞋的鞋底是凿子形，裸露的脚跟处覆盖着厚实的棉布荷叶边，向外翻翘着。每款做了六双，在时装秀的整个过程中，模特们需要不停地换鞋。这两款鞋打出的广告宣传售价为136.5英镑。

●考克斯还制作了一款超高的“中世纪”凉鞋，材质为木头和金属（灵感来自圣女贞德的盔甲），用毛毡做内衬，以保护模特的脚不被磨破。做鞋需要投入大量人工，一直到秀开场前几分钟鞋才被完成并送到现场。但是模特们穿上这种鞋走不了路，只好很快就放弃了。加利亚诺把帽饰设计师布克·德弗雷斯带到伦敦塔兵器馆看帽盔和盔甲，请他制作五顶精致的帽盔，以毛毡为材料，敷上石膏，然后用油彩画上装饰性穹顶主题图案，画出金属材质的效果。但是因为鞋不能穿了，告诉模特们把帽盔拿在手里，而不是戴在头上，因为加利亚诺觉得打赤脚戴帽盔，会显得头重脚轻。罗瓦娜·帕戈斯基（曾为《蝴蝶夫人》唱片封套做模特）再次做模特，自作主张，把衣服前后颠倒着穿。

●在后台，雷·阿灵顿带着几名发型师、威廉·A凯西带着几名化妆师开始忙起来。加利亚诺想要的是那种光洁的高额头的中世纪风格。模特的头发向后梳，紧贴头皮，沿着发际线涂上宽宽的一圈白色泥状物（用的是 Boots 品牌的泥状面膜），用线绳把头发在脑后扎成丸子头发型。名模薇诺尼卡·韦伯也出场了，这是她第一次担任加利亚诺时装秀的模特。

●格里夫指导凯西如何化妆，格里夫的灵感来自约1800年雅克·路易·大卫（译者注：原文误为安格尔）的油画《雷卡米耶夫人》，这种妆容清新自然，桃红色眼影，玫瑰色腮红，浆果色嘴唇，在睫毛和头发上撒上白色化妆粉。

●帐篷秀场内又是座无虚席，走秀开始，男女模特们成双结对地出场，伴着混搭风格背景音乐，在伸展台上款款而行，时而扬手把白色滑石粉撒向空中。背景音乐是尼尔·默什制作的，曲目包括“Lillibulero”进行曲（深受莫里斯舞者喜爱）、说唱音乐和《王者之舞》（*Lord of the Dance*）。凯西回忆格里夫给模特“说戏”的时候说：

> “阿曼达设想场景是工业革命前的英国乡村。她告诉我们说‘这是在夏天，天气很热，人们缓慢地行走在尘土飞扬的小路上。他们可能是逃离战争的难民，或者只是去逛集市’。”

●格里夫的造型灵感还来自多萝西娅·兰格拍摄的漂泊的棉花采摘者的照片。他们的衣服用线绳系在一起，有些人把小小的第一次圣餐祈祷卡塞进胸前，他们带着破旧的行李箱，装着东西的牛皮纸袋和汽车牌照。女孩子们头戴棉布帽子，上面有“花式针迹接缝”装饰，帽檐是明线包缝。加利亚诺递给迈克尔·伍利这样一顶帽子，让他处理得更加破旧之后给西比尔·德·桑·法勒戴上，拍了一张照片，用于秀后的宣传单。

●时装秀进行到将近一半的时候，帕特里克·考克斯感觉有些不对头。

> “约翰派人来分散我的注意力，不过我还是慢慢意识到许多模特悄然消失。他让模特们到兵营外面去，穿着我那些崭新的鞋子在泥水里乱踩。那都是我的、我的鞋啊！做这些鞋我花了很多钱，那时我可没钱，勉强糊口。我气坏了，鞋是没法儿恢复原状了，没法儿再卖了。我质问约翰，他说‘亲爱的，那沾的可都是设计

男装包括深灰色内衣式设计单品，并饰有撞色装饰贴边。西比尔·德·桑·法勒的额头有墨水盖的头标印记，身穿用一根细绳系在一起的亚麻套装

师品牌的泥水啊，这下更值钱了！’”

摘自作者对帕特里克·考克斯的采访报道，2016年8月31日

●不过，他还是决定原谅并忘记这件事情，毕竟他们是好朋友。

●在秀的最后一幕，女模特们出场穿着薄棉纱帝政裙，有些设计有褶饰，配有弹力交叉带，有的两侧带裙撑，有的裙摆绣着希腊万字花纹。加利亚诺在后台用温水浇在模特身上，湿衣服都变透明了。多瓦娜回忆说，加利亚诺提起一桶水就要从模特们的头上往下浇的时候还礼貌周全地问道，“可以吗？”

●模特额头的黑墨水印记开始顺着脸颊流淌下来，“像流血一样”（西比尔·德·桑·法勒）。19世纪初期，所谓的薄棉纱热在欧洲蔓延，因为女性酷爱薄透面料的希腊式裙装，而且为了显得更加性感还把衣服弄湿了穿，结果患上流感。但是，加利亚诺可不是为了重演时尚史上的这一幕，这是他高明的一招，目的是震惊观众，吸引媒体报道。才25岁的他就认识到媒体的威力。

●最后，加利亚诺在西比尔·德·桑·法勒的陪伴下出场谢幕，他身穿简洁的白色衬衫，戴着黑色贝雷帽。美国时尚编辑嘉莉·多诺万来到后台，忍不住哽咽，因为“这一切都太美了，我们觉得有点儿怪”。（威廉·A. 凯西）

●尽管推出了一些颇有新意、构思巧妙、别具一格的新造型，而且价位适中，但是媒体和市场的反应多为负面。

●该系列服装与威斯特伍德/麦克拉伦此前的系列服装有不少雷同之处，因此颇遭非议。评论中做了这样的比较：Hobo造型与1983春夏Punkature系列；Y形前襟全套衣装与1984/1985秋冬Clint Eastwood系列；针织面料长袍与1981/1982秋冬Buffalo系列；白色薄棉纱“mauvaise”高腰礼服裙搭配金色帽盔与1981/1982秋冬“Pirate”系列。人们还注意到原在威斯特伍德手下的打版师马克·塔巴德和鞋履设计师现在为加利亚诺工作。

“（该系列）照抄的不是英雄薇薇安·威斯特伍德书中的几页，而是整章整章地照抄。”

《女装日报》，1985年10月15日

●弗雷克回忆说，加利亚诺被这些批评刺痛，他找借口说他这是向“威斯特伍德致敬”，弗雷克反驳说，“约翰，你这他妈就是抄袭啊！”

●这场前卫风格的新装秀本身也不成功。

“在他的秀上，首先出场的模特头发毫无光泽，衣服用一段段线绳系在一起，上面撒满了粉笔末，……最后一幕展现的全都是白色薄透面料希腊式长裙，湿漉漉地贴在身上。对许多人来说，这场秀就像国王大道上几个朋克高耸的发型和布满装饰钉的衣服一样，早就看烦了。”

伯尔纳丁·莫里斯，《纽约时报》1985年10月15日

●国际买家在前几季曾经为“英式才思”着迷，如今则纷纷远离实验性新装，回归更具可穿性的主流经典款式。另一个系列同样令人质疑，在该系列的119套造型（不是119件衣服）中，只有为数不多的几款具有商业价值和可穿性，包括带抽褶装饰的半身裙和连衣裙、超短上衣和编织衣服。

●颇受尊重的时尚撰稿人莎拉·莫厄尔的评论颇为尖刻，说他们是“精神不正常的18世纪难民组成的幽灵部落”（《卫报》1985年10月15日）。她承认加利亚诺天分极高，但是对他的衣服缺乏可穿性表示担忧和失望。

“嵌片结构的裹身式半裙的设计充满灵感，下了很大功夫，足以证明加利亚诺的潜力。这款衣服显示出他的强项：一件款式普通的衣服经他之手后，尽管依然可以看出原来的样子，具有可穿性，同时又让人觉得是一件款式全新的衣服。关于托加式单肩礼服裙：‘我们花了半小时设法让模特们穿上装饰着章鱼爪和莫名其妙的口袋的衣服，结果还是穿不上。谁会花那么多钱去买这种稀奇古怪的衣服？’”

《卫报》时尚版，1985年10月

●对她的批评，加利亚诺回应说，“我的下一季时装秀在三月份，我会推出一个老巴黎风格的系列，希望人们能看懂。我们会去掉那些没有必要的多余的东西。会采取一种成熟的态度”。（来源同上）

●但是不会有下次了。约翰·布伦的担忧日益加重，不仅是因为订单寥寥无几。衣服价格相对较贵且款式前卫，对零售商没有吸引力。买家们的抱怨越来越多，因为衣服定的号码不对，顾客穿上不合适，纷纷退货。据布伦说，加利亚诺按照自己的身材定尺码，宣称他是标准的8码。琼·伯内特（他们的公关人员）对布伦说：“女人是有乳房的，你必须跟他说清楚！”衣服不能按时做完，无法如期交货，不得不取消订单。月薪要发、房租要交、生产成本要付，根本入不敷出。

●布伦回忆说：

“工作室是汤姆·曼尼恩的，我们分租了一部分，但是约翰把整个工作室都占用了，而且一下子雇用了八个人。在我毫不知情的情况下增加了日常管理费用。我们会共同制定预算，但是每

次我一离开，就会发生什么事情，不断地要求我追加费用。销售量开始停滞不前。我们本应保留那些可以赚钱的设计要素，但是却被约翰砍掉了。在美国，如果哪款衣服卖得好，下一季会继续推出，可能换个不同的色彩搭配方式。但是约翰每个新系列都会换一个方向。对买家来说，这意味着没有商量，也没有连续性。”

●布伦开始花更多的时间在工作室坐镇，加强监督，曼尼恩回忆说：

“尽管约翰非常勤奋，但是跟他在一起乐趣无穷，总是很开心，除非布伦在场，布伦来得越来越频繁了。只要布伦在，约翰就变得沉闷，只低头干活儿。布伦不知道该怎么跟约翰打交道，他束手无策。”

摘自作者的采访报道，2016年8月

●接到了大约价值 80000 英镑的订单，但是随着下一个系列筹备工作的开始，两个人之间的工作关系进一步恶化。布伦说：

“我们都才二十出头。因为年龄差不多，他不认可我的权威。我自己也没有经验，当然，我也总不在场。加利亚诺对我说，‘二十年后，我们可以做到不亏损，但是在那之前，我们只是传奇人物。如果你很在乎亏损不亏损，那么你不适合时尚行业。’”

帕特里克·考克斯设计的 Hobo（流浪汉）鞋，采用皮革和厚实的细条纹布两种材料

1986/1987秋冬 Autumn/Winter

被遗忘的纯真 Forgotten Innocents

1986年3月14日，星期五，上午9点15分

“我想回归纯真。”
摘自1987年2月
作者对马里恩·休姆的
采访报道，发表于
1987年6月

方案由约翰·欣德（John Hind）设计

涂着油彩的天鹅绒连衣裙，搭配扑克牌做成的头饰和帕特里克的“洋娃娃”鞋

●马克·马托克设计的邀请函是一个简洁的三角形"入场券"，上面印着加利亚诺家族纹章。节目单上印有年轻的女演员海伦娜·博纳姆·卡特和当地拳击学校 14 岁的学生托马斯·奥德里斯科尔的头像，两个人都戴着朱迪·布雷姆设计的头冠，头冠是用锯齿形金属片和装饰着扑克牌的铁丝衣架做成的。卡特戴着朱迪·布雷姆设计的头冠的照片还登上了 1986 年 5 月《闪电》(*Blitz*)杂志的封面。

●该系列的灵感来自格里夫和加利亚诺的想象，他们设想一群被遗弃的孩子们挤在破旧的房子里，全靠自己维持生存——"被遗忘的纯真"。这群没人管的孩子们从衣橱里翻出衣服，打扮成国王和王后，戴着扑克牌做成的头冠。卷起的裙摆让人联想到扑克牌上的国王和王后穿的长袍。加利亚诺画了多张设计草图，灵感源自中世纪风格衣服（延续前一季系列的中世纪拖鞋风格），这些要素都融入了该系列的服装中。

●尽管加利亚诺向约翰·布伦保证这次一定推出更有商业价值的系列，但是依然是"盛装"风格，脱离主流时尚。工作室的气氛越来越紧张。帕特里克·考克斯回忆说，"谁都忍受不了他（约翰·布伦），对他的怨恨显而易见。"

●在该系列中，加利亚诺继续演绎在以往系列中推出的各种造型：圆形裁剪、高腰长裤和饰有垂褶细节及裙摆翻卷起来的裙子；在肩部或者裙摆加上多余的袖子，像翅膀一样；长裤垂挂着装饰物。前一季超帅的双排扣圆筒状休闲西装上衣再次登场，但是衣领缩短了，领型更尖了，袖子更圆了，边缝装饰着若干扣子。前一季外套后中位置设计有垂直的褶裥饰边，在该系列中得到广泛应用，特别是裙装。

●连衣裙采用毯子般厚重的强缩绒或者棕色威尔士亲王格子毛料，连衣裙上身装饰着罗纹褶、弯曲的圆形裁剪袖子（有些款式加上多余的袖子，作为装饰），裙子为卷边窄摆式设计。

●连衣裙面料厚，加上裙摆开缝窄，既不舒服也不实用。暖手笼状前袋设计用在这些连衣裙上，还用在盖尔·唐尼手工编织的网眼长裙和毛衣上。带口袋的编织裙零售价为700英镑，在当时这是一大笔钱。

●圆裁衬衫采用降落伞丝绸面料，领子很小，下垂的 V 形围巾领，有的是水手衫领型，有的带连衣帽。模特们穿着宽松肥大的连身裙搭配夹克，还有领口饰有海军蓝与白色相间条纹系带的棉质针织上衣。这些上衣还搭配条纹人造丝直筒连衣裙，下摆装饰着塔罗牌或者扑克牌，或者斗牛士高腰裙、长裤和打底裤。

●束身衣（零售价 425 英镑）有了新穿法，前身装饰着黑色蕾丝，有时跟布列塔尼（Breton）条纹针织上衣一起穿，搭配伊丽莎白时代男性紧身短上衣（Doublet）风格的短裤（150 英镑）或天鹅绒披肩式长拖尾连身裙。

●无论男式或女式，气球型外套和西服上衣都超大，多为双排扣，采用厚重毛料，衣服后片有手帕式褶裥，有些内衬为撞色条纹人造丝，扣子材质多样，木质、贝壳或者简单的黑色或深蓝色塑料材质。帕特里克·考克斯充当模特，身穿海军蓝外套，腰部收紧，裙子两侧带有垂褶，搭配条纹棉质打底裤。缀满闪闪发光小圆铜片的燕尾服也搭配条纹棉质打底裤穿。袖子通常是圆裁的，而且加长，把袖子撸起来穿。有的短款夹克设计有夸张的肩部曲线，并用扣子固定，打造出蓬松的效果。同一款夹克的领子形状各异。口袋盖位置在腰以上部位，几乎要接近肩膀。

●衣服是在秀当天凌晨三点才完成的，走秀时间安排在上午9:15，是当天的第一场。尼尔·默什负责音乐，尼克·迈克尔担任助手。背景为白色，用小树枝拼出"约翰·加利亚诺"。对记者和买家来说，这个时间段太早，很多人还没来，秀场空荡荡的，只有一群摄影记者。

●加利亚诺的缪斯西比尔·德·桑·法勒（这时她已经是工作室的固定成员了）伴随着《摇篮里的猫》的音乐第一个出场（手里攥着一把线，不断向空中挥舞），身穿象牙白拉绒连衣裙，头上戴着真发做成的假发套，发长达到脚踝，上面错落有致地点缀着一张张塔罗牌。在秀的第一部分，男女模特都身着象征着纯洁和天真的白色衣服，略施淡妆，腮红柔和，玫瑰花苞色嘴唇。佩戴的项链和头冠都是朱迪·布雷姆手工制作的，她用线绳把扑克牌串起来做成项链，用锯齿状金属片、捡来的物件和衣架做成头冠。尽管闹了一点矛盾，帕特里克·考克斯还是为这场秀制作了鞋子。

> "鸭嘴形厚底鞋装饰着充满童趣的超大扣环，看上去像是娃娃的鞋。我第一次做这种娃娃鞋是为了 1985 年（即前一年）毕业作品秀。最后，我决定做凉鞋，几乎是方形的，大部分用的是小马皮，素色皮或者金属感的皮。约翰非常喜欢这些鞋。"

●这些鞋配过膝长袜，用装饰有丝带的吊袜带固定。

●最后一幕，桑·法勒再次出场，扮作"新娘"，身穿露肩强缩绒连衣裙，假貂绒裙摆；新郎身穿白色外套，水手衫领型，口袋盖下面露出褶裥装饰，搭配长裤和降落伞绸制衬衫。响起英国国歌《天佑女王》时，桑·法勒鼓励为数不多的观众站起来一起唱，观众席响起一片笑声。

强缩绒窄裙摆连衣裙，下摆翻卷起来，多余的袖子作为装饰

饰有抽褶和口袋的羊毛编织连衣裙

●加利亚诺谢幕时，身穿印有麦当娜的 T 恤衫、牛仔裤，头发长长的，乱蓬蓬的。

●《纽约时报》是少数几家欣赏该系列的媒体之一，

> “加利亚诺先生的时代是罗宾汉的时代，但是他的新装系列看上去却像是时尚业的未来。他设计的女装散发着温婉的气息，羞怯中透着性感，衣服褶皱重重，好像把身体包裹起来，却依然隐隐显出曼妙的曲线。衬衫的口袋和装饰褶裥垂下来，形成袋状管筒式口袋，可以用来暖手。”
>
> 迈克尔·格罗斯，1986年3月18日

●尽管“被遗忘的纯真”系列风格浪漫，结构巧妙，但是从商业角度看，却是一场灾难。该系列规模巨大，面料昂贵却未曾列入预算，假发套使用真发（每顶假发套费用数百英镑），而且加利亚诺还坚持要高质量的抛光，这意味着制作费用昂贵。只有较具可穿性的编织服装一如既往地卖得好。时装秀结束的时候，本应按照承诺拿衣服作为酬劳给模特（摘自作者对瓦妮莎·纽曼的采访，2016 年 4 月），可是却告诉模特们还要等一等。布伦不肯把衣服交出来，说他要拿去给可能感兴趣的买家看，随后还把工作室门锁换了。

●3 月 20 日，盖尔·唐尼上午 11 点来上班，却进不去门，发现加利亚诺正坐在台阶上抽泣。那时，大家都好几个月没发工资了。加利亚诺出主意，盖尔和她助手的朋友尼克·迈克尔斯扒着窗户，踩着两英尺宽的窗台小心翼翼地蹭到工作室窗前，窗户没有锁（因为在二楼），他们从窗户爬进去，搬走好几口袋衣服。那天晚上（先去雷夫·波维瑞的禁忌夜店借酒消愁之后）加利亚诺、保罗·弗雷克、约翰·弗莱特和几个其他夜店伙伴决定把剩下的东西都搬走。弗雷克回忆说，他们都“醉醺醺的”，他在楼梯口放哨，其他人再次在窗台表演特技，把其余的东西一扫而空。加利亚诺给了弗雷克一件黑色外套表示感谢：

> “约翰认为这个系列的东西都是他的。那时，他对公司运作毫无概念，他不知道他拿的这些东西属于公司的资产。”
>
> 摘自作者对保罗·弗雷克的采访，2016年8月

●1986年6月24日，举行了联合新闻发布会，确认合伙公司解散。加利亚诺的女发言人说，分手是经“双方商定的”，并补充说，“在一方远居海外的情况下”，很难维持合作伙伴关系（《女装日报》，1986 年 6 月 25日）。

●布伦为该系列投入了大量资金，因此决心在没有加利亚诺的情况下依然继续做下去，把衣服生产出来。尽管完成了为数不多的小批量订单，大多数没有完成，加利亚诺给零售商发函取消了订单，“我们当时想尽快处理完相关事宜，避免给零售商造成不便”（《女装日报》，1986 年 6 月 25 日），结果使布伦的经济损失更加惨重。

布伦说：

> “我损失了大约 47000 英镑，这在当时可以买一栋别墅。另外，‘约翰·加利亚诺 & 布伦股份有限公司’还欠外债 33000 英镑，有些供应商和制造商一直没有拿到钱。”

●因此，该系列的衣服极少见，因为未全部投入生产。

《闪电》杂志拍卖会目录

《闪电》杂志牛仔短外套拍卖会

（1986年6月15日）

●这次拍卖会是为了赞助王子基金在阿尔伯瑞剧院（位于圣马丁巷，伦敦）举办时尚晚会，随后在维多利亚与艾尔伯特博物馆举办展览，展期 1986 年 7 月10日—9月28日。

●《闪电》杂志与二十二名设计师联系，请他们为拍卖会拿出具有各自特色的牛仔短外套。其中包括威尔士王子偏爱的主流设计师，例如贾克·阿萨古礼、桑德拉·罗德斯和贾斯珀·康兰，还有一些风格更前卫的设计师，例如加利亚诺、博迪·马普、雷夫·波维瑞和薇薇安·威斯特伍德。

●加利亚诺设计的短外套包括塔罗牌和扑克牌装饰元

素，下摆卷边，应该是受“被遗忘的纯真”系列的影响。这件短外套起名为“红桃王后”：“从前，有一件勇敢的短外套迷路了，觉得很孤单；一天早上，我们相遇了，我送给它一件五彩缤纷的魔法外套，披上这件外套就可以快乐地穿过许多神秘的奇境，最后到达幸运之轮”——管它什么含义呢！

与艾古契克的交易

●加利亚诺失去了资助人，必须再找一个，而且要快。他把自己打扮得漂亮体面，凌乱的长发修剪成干净利落的层次分明的短发，穿上细条纹西服套装，戴上金属框眼镜，一副冷静清醒的年轻生意人的派头。

●加利亚诺决心与艾古契克公司的佩德·贝特尔森联系，他被《伦敦标准晚报》誉为本市“最有势力的时尚企业家”。贝特尔森是一个生意人，生于荷兰，长在英国，靠石油和房地产起家，后来兴趣转向时尚行业。他摆弄表格比摆弄衣服似乎更得心应手：“衣服、石油和土豆都是商品。”（对迈克尔·格罗斯的采访报道，《纽约时报》，1987年，2010年1月）

●他的公司名称“艾古契克”来自莎士比亚《第十二夜》（*Twelfty Night*）里的一个喜剧人物（艾古契克叹息道，“唉，当初要是追求艺术该多好”）。公司购置了多处房地产，包括切尔西的斯隆大街的一大部分，开了17家设计师品牌专卖店，包括Katharine Hamnett、Krizia、Valentino、Giorgio Armani、Ungaro和Comme des Garcons。他还直接资助Alistair Blair（戴安娜王妃和约克公爵夫人喜爱的品牌）和男装设计师理查德·詹姆斯和奈杰尔·科伯恩。

●加利亚诺花了好几个星期的时间，几经周折，终于在阿利斯泰尔·布莱尔和他的助理林佩特·奥康纳（加利亚诺的朋友）的帮助下，安排了一次见面，地点在位于白金汉宫附近格罗夫纳花园15号的时髦气派的总部。贝特尔森正在物色一个前卫的设计师加入他的公司，吸引媒体关注，吸引布朗斯精品百货的客户群。

> “贝特尔森看不懂约翰。他心目中的美是身穿Valentino时装的女人。最初他想找薇薇安·威斯特伍德，但是当他见到她本人时，看她穿得稀奇古怪，把他吓跑了。”
>
> 摘自作者对罗琳·皮戈特采访，2016年12月

●加利亚诺把设计草图交给他们审核，但是最初被否决。他又重新画了一次，不过这次他给草图添上了大耳环，波波头发型，贝特尔森和他的团队很快就批准了，加利亚诺觉得很好笑。

●该交易于7月1日宣布成交，但是加利亚诺被告知要放弃男装，专门设计女装。贝特尔森明确告诉加利亚诺，衣服必须具有可穿性，去掉所有花哨的（昂贵的）细节。他只关心销量，对童话故事不感兴趣。

●对加利亚诺来说，协议提供了安全感和制作下个系列所急需的资金，他保证说这将是他最重要的系列。贝特尔森带来了更具专业性的机构设置，配备了会计记录加利亚诺的开支情况、管理费用、利润和亏损。帕特里克·考克斯这样说加利亚诺：

> “他想成为巴黎时装设计师……他想成功、他想成为业内权威人士，然而与此同时他却又想跟那些权威人士（艾古契克）较劲。但是他喜欢艾古契克的办公室，那些办公室有高高的穹顶，非常气派，与我们住的破房子有天壤之别。他想要财富和名气。他不想再过穷日子，不想再买不起自己心仪的面料。”

●他们只有八周的时间准备该系列时装秀。加利亚诺的团队暂时搬到位于伯克利广场的艾古契克办公室（在炸出来的围墙周围工作，战后从来没有维修过）开始准备时装秀。团队成员包括：西比尔·德·桑·法勒（工作室经理），黛博拉·安德鲁斯（工作室助理），克里斯·奥尔德森（打版师）、一个缝纫工，还有给大家打下手的伊恩·毕比，刚从圣马丁学院毕业，后来负责生产制作。

1987春夏 Spring/Summer

无题（侧衣袋）Untitled (Panniers)

1986年10月12日，下午1点45分 伦敦奥林匹亚展览中心，英国时装协会搭建的活动篷内 120套时装造型

“这是一个更守规矩的系列——必须如此。”
《女装日报》，
1986年8月15日

新系列中启用新的商标；原商标中的1字被删除。这将作为艾古契克官方商标，直到1993年的Olivia the Filibustier春夏系列改为巴黎的商标。由于缝纫工匠用掉了旧的库存商标，偶尔会在该系列和后来的艾古契克系列服装中发现带有“1”的商标

柔软的粘胶面料和悬垂的侧衣袋是该款式的设计特色。斯蒂文·菲利普收藏

●具有重要意义的是，该系列没有名称（贝特尔森下令“回归基本要素”），而且为了便于生产制作，不同的设计采用不同的版型编号。速度至关重要，因此采用博世（Bosch）品牌粘胶人造丝作为单一主打面料，这种面料垂感好，色彩丰富，女衫则采用詹姆斯·黑尔（James Hare）品牌降落伞绸面料和比安基尼·费里（Bianchini Ferier）品牌波点雪纺面料。

●该系列衣服（主要是上下单品）有一种低调奢华的感觉，面料色彩丰富，赤褐色、天蓝色、芥末黄、灰色、黑色、白色以及些许森林绿色。

●权威套装是20世纪80年代几大时尚潮流之一，然而加利亚诺版本不是套装，而是颜色不同的上下单品。上衣夹克多为单排扣、收身式剪裁、下摆呈弧线形、配有宽垫肩、高腰位置设计有翻盖式衣袋。他在服装中加入了各种元素，波纹状前门襟扣合设计（类似于“阿富汗人拒绝西方观念”系列中马甲背心的前门襟设计）、水手衫和“瀑布”式飞扬的领型。肥大的双排扣华达呢和棉织粗斜纹布筒状外套两侧设计有“挂包式侧衣袋”，后片比前片短，有些肩部装饰着羽翼状褶裥和贝壳扣子。“侧衣袋”褶裥从下腰或者口袋处开始，形成了下垂的花瓣状，是这款的主要特色。

●运动型泳装式紧身上衣，采用黑色或白色棉质针织面料（零售价55~88英镑）；运动式文胸上装和棉质针织面料紧身上衣，可与高腰裙、短裤和高腰裤搭配。该系列再次大量使用圆形裁剪法，比如薄透的波点雪纺衬衫（海伦娜·博纳姆·卡特曾穿该款衬衣参加1987年奥斯卡颁奖典礼）或降落伞绸制衬衫，领子从前面看是开口很低的三角形围巾领，从背后看是超大的水手领。价格比前一个系列更容易被人接受：裙装60英镑，褶裥针织面料上装45英镑，围巾领和水手领圆形裁剪雪纺和真丝女衫零售价75~85英镑。

●该系列包括六件手工编织衣服，而其余十件是伦敦的约菲店机织的；采用“剪裁加缝合”方式的编织服装造型挺括，是在意大利完成的，这是第一次尝试。约菲店制作了长款编织开衫，水手领，前后片均为居中竖向褶饰，搭配相应的长裙。

●该系列继续采用以往系列中成功的设计，例如农夫工作服式毛衣裙、Y形褶裥裙子（裙长比以往短，更加紧身）、翡翠绿色粗斜纹棉布筒状外套。连衣裙数量有所减少。

●在该系列中加利亚诺首次采用斜裁法，不过只是作为一个设计元素，而不是他后来的那种标志性30年代风格造型。半身裙带有悬垂的波兰风格裙侧设计（所谓的特色侧衣袋设计）和超大衣袋盖；呈对角线螺旋褶裥；“Dior”款半身裙后片有抽褶装饰，有的采用围裙带装饰；多蒂（dhoti）缠腰布风格的半身裙带有下垂的装饰性褶皱，类似“阿富汗人拒绝西方观念”系列中的元素。

●时装秀背景板是加利亚诺的标志性家族纹章，纹章下面是“Aguecheek”（艾古契克）字样。时装秀的节目单献给“红唇淑女和巴黎绅士”——阿利斯泰尔·布莱尔和他的助手琳佩特·奥康纳，是他们把加利亚诺引荐给贝特尔森的。尼尔·默什首次加入是经过杰里米·希利（DJ兼流行音乐乐队Haysi Fantayzee的成员）的推荐，他从那时起负责加利亚诺所有时装秀的音乐，直至2010年。

●市场营销用的是一位漂亮的红发模特，名叫维多利亚。时装秀开始，她独自出场，随着鸟叫般的尖叫声不断变换姿势。模特们轻妆淡抹，头戴长至脚踝的哈西德式长卷假发。盖尔·唐尼说，在艾古契克再次推出加利亚诺时装秀之前“约翰非常欣赏正统的犹太时尚风格，他自己的发型就类似犹太风格”（摘自作者对盖尔·唐尼的采访）。这次时装秀是十五岁的娜奥米·坎贝尔模特生涯的首次出场，上班时穿着校服就来了。

●帕特里克·考克斯回忆说：

> “面对久经秀场的模特们，她吓坏了，心惊胆战，许多模特不是漂亮的金发就是红发。她泪流满面，我一边给她穿鞋，一边不断地安慰她说，‘你很漂亮’。”

●模特们穿着帕特里克·考克斯的黑白色绑带“卷舌”鞋，超厚鞋底，搭配短袜。考克斯说：

> “我的风格有点儿耀司、有点儿薇薇安，各种风格都有一点儿，这款鞋是我第一次卖得这么火的产品，成批地卖。”

●加利亚诺基本遵循贝特尔森的指示；该系列比以往任何系列都更具商业价值，更具可穿性。在时装秀快结束的时候，加利亚诺稍偏离轨道，展示了一款18世纪风格的黑色粘胶纤维面料开襟长袍，较宽的，内衬有金属丝撑起的臀部（加利亚诺在凡尔赛王宫进行了一番考察），好像他非得表现出叛逆不可，哪怕只是一点点。

●加利亚诺登场谢幕，干净利落的发型，身穿黑色加利亚诺T恤衫。

●该系列卖得很好，登上了英国版*Vogue*杂志（1987年5月）。但是，为了加快制作而拉进来的意大利编织厂未能如期完成制作，导致许多订单被取消。

●伦敦的布朗斯精品百货店、哈罗德百货公司和

圆形裁剪、波纹状前门襟扣合设计、桶状外套和撞色搭配上下装单品是该系列的特点

ECHE

斜裁粘胶纤维连衣裙，螺旋褶裥，深受布鲁明戴尔精品百货公司的青睐（《女装日报》，1986年10月14日）。斯蒂文·菲利普收藏

Whistles（译者注：英国著名轻奢风格品牌）专卖店下了大批量订单，媒体普遍给予好评。未来总算看似光明了。

> "约翰·加利亚诺过去留着披肩长发，设计的衣服看上去像是从舍伍德森林出来的，现在穿着一身运动套装，留着短发。他设计了浪漫的'爱丽丝梦游伦敦仙境'（Alice in Londonland）仙女风系列，有完美的西服便装上衣、半身裙、简洁的黑色连衣裙和一、两款简单的T恤衫，这些款式肯定会销路很好。"
>
> 迈克尔·格罗斯，《永远有趣》，《纽约时报》，1986年10月13日

●加利亚诺该系列必须达到十万英镑销售额的目标，他轻而易举就达到了。合同随之延长到五年。考克斯说，"工作室变得更像公司了，有点怪怪的，不是真正的约翰风格，但是他很快就成为艾古契克公司的明星。"

●即使如此，艾古契克对加利亚诺衣服的销路依然心中无底。头两年，每季销售额翻一番。在接受采访的时候，加利亚诺宣称，他作为设计师已经成熟了，"今年我要达到去年的五倍。"他认为定价低、款式更中规中矩，就可以提高销售额。当要求他拿出具体销售额数字的时候，他回答说，"我是设计师，不关心具体数字的事情"（《女装日报》1986年10月14日）。

●随着生产规模扩大，工作室的需求增加，加利亚诺认为有必要雇用更有经验的助手。11月，他与罗琳·皮戈特（曾在圣马丁学院的"不可思议的人们"时装秀担任模特）联系，请她加入工作室，先担任生产经理。20世纪80年代初期她曾担任薇薇安·威斯特伍德的私人助理一年，加利亚诺认为她的经验会有利于正在成长阶段的公司。此前，西比尔·德·桑·法勒一直是加利亚诺的得力助手，但是她缺乏全面的经验。于是桑·法勒改任设在维多利亚的艾古契克总部销售部负责人。因为没有了与工作室的日常接触，她只干了六个月就离开了，肖恩·迪克森接替了她的职务。

加利亚诺在纽约

● 11月英国时装协会为加利亚诺、阿利斯泰尔·布莱尔、贾斯珀·康兰（该年度英国最佳设计师）、温迪·达格沃斯、凯瑟琳·哈姆内特和贝蒂·杰克逊提供经费前往纽约招揽生意。这是琳佩特的主意，因为美国买家不会专程到伦敦来采购。该团队的女发言人说：

> "这些设计师试图消除那些关于'伦敦时装惊世骇俗只适合年轻人'的看法，他们试图让人们注意到伦敦时装更为成熟的一面……这次秀不会降低伦敦时装秀的作用，我们相信这次时装秀会给设计师带来更多的生意，因为一些没有机会去欧洲的小规模零售商将会看到不同设计师的系列作品。"
>
> （《女装日报》1986年9月29日）

●这是加利亚诺第一次到纽约，每天晚上都跟他新结识的密友贾斯珀·康兰一起出去。琳佩特·奥康纳回忆时说，美国买家的评论是，"英国人说是来推销的，但是我们只看到他们成天搞派对。"（摘自作者的采访）

娜奥米·坎贝尔的首次走秀

1987/1988秋冬 Autumn/Winter

玫瑰 The Rose

1978年3月15日，下午4点
伦敦奥林匹亚展览中心，
英国时装协会时尚活动篷
90套时装造型

“冬天的玫瑰总是在你最意想不到的时候悄然绽放。”
ID 杂志，第48期，
1987年6月

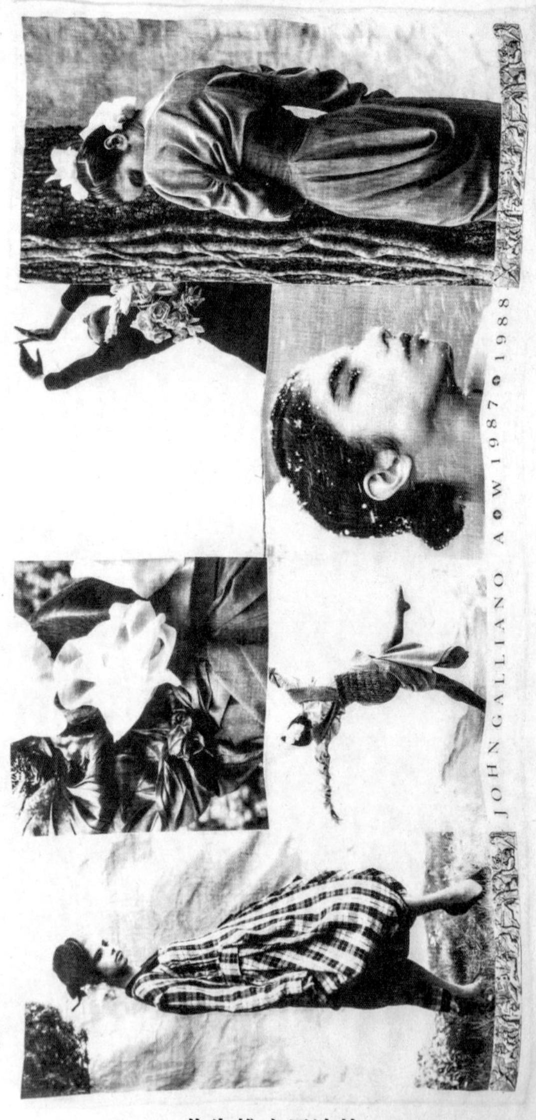

作为推广用途的
印有嘉利·布兰诺万
摄影照片的薄棉
纱围巾

● 1987 年初，加利亚诺团队搬到考文特花园谢尔顿街的艾古契克大楼，楼里还有属于贝特尔森、理查德·詹姆斯和阿利斯泰尔·布莱尔的其他品牌。

●罗琳·皮戈特和现有团队又增加了几位打版师，休·博特杰（他接替了自行退出的克里斯·奥尔德森）、桑迪·肖、约翰·麦克劳林（负责衬衫）、马克·塔巴尔（负责夹克衫）、凯伦·克莱顿（负责裙撑半身裙）、立野浩二（负责复杂的玫瑰夹克）。凯伦·克莱顿在英国国家歌剧院服装部工作，擅长历史服装结构。马克·塔巴尔做兼职，只能晚上来打工，他本职工作是贾斯珀·康兰手下的制版师。伊恩·毕比不仅负责裁剪，还负责生产制作。加利亚诺总算如愿以偿：工作室拥有五位全职缝纫工，这样他就可以监督时装秀服装制作的每个阶段。盖尔·唐尼依然负责编织服装，在该系列中，编织服装的地位不像以往那么突出。

●休·博特杰回忆说：

> “约翰会画一些草图，在人体模型上比划。他的桌子上铺满了从旧杂志上撕下来的单页、年代服装参考书和设计草图。我们从这些设计草图开始，然后把面料搭在人体模型上比划，观察面料如何下垂。我们会讨论想要达到的效果；例如，他会对我说，‘我希望这件外套看上去像被风吹得里衬都翻过来了’，接下来就是我的事儿了，把样衣做出来。在这个过程中，会不断调整，直到满意为止。约翰的技术炉火纯青，他还会自己打版，所以跟他在一起干活儿特别带劲儿。他知道技术难点在哪里。”
>
> 摘自作者的采访，2016年10月

●加利亚诺把白坯样衣套在人体模型上做进一步调整，调整出想要的廓形。该系列采用圆裁法、裙撑和垂饰打造一种形象，既散发着久远年代的浪漫气息，又完全贴合当代风格。

●在时装秀之前，工作室天花板悬吊着数百枝新鲜的玫瑰花，空气中弥漫着花香，待水分挥发成为干花之后，被放进特制的媒体资料袋。

●尽管该系列没有正式名称，但是员工们给起了一个名字“玫瑰”，不仅是因为用了玫瑰花，还因为面料主题图案也融进了衣服本身。安哥拉羊毛开衫下摆系着玫瑰结，宽松的长袍上点缀的玫瑰结形成旋涡状，半身裙和夹克衫上布满玫瑰花蕾和花瓣。

●凯伦·克莱顿负责制作加利亚诺的“裙撑”造型，说他想要的效果是：

> “让人想起雅姆·蒂索（James-Jacques-Joseph Tissot）和埃德加·德加的画（蒂索是德加的朋友和导师）。我们研究了 1867—1898 年 *Harper's Bazaar* 杂志的版画插图。我对一个经典的爱德华风格的紧身上衣纸样进行了修改，腰间收进去一点，做了一件颇有芭蕾舞裙风格的印花坯布样裙，前身稍长，两侧向外支棱着。我在裙子底部缝上一圈硬衬布来托着裙摆，这样裙摆就可以保持想要的那种飘逸垂感的褶边。裙子后片仿照日本折纸风格折叠成褶，用缝线固定——那真是赏心悦目。”
>
> 摘自作者的采访，2016年8月

具有年代感的方格面料“后裙撑”连衣裙，被巴斯时尚博物馆选为年度最佳连衣裙

●采用的面料包括迪蘘（Deschamp）品牌华达呢、深蓝色条纹或素色毛料、机织棉质锦纶粘胶纤维黑白相间方格面料、詹姆斯·黑尔品牌真丝面料、路易范·里瓦斯-桑切斯设计的“羽毛”和“雏菊”图案的画风浓烈的印花棉质针织面料。

●连衣裙采用黑白相间方格面料或深蓝色条纹毛料，上身领口开得很低,内侧缝有鱼骨紧紧地贴合于腰身，波兰风格裙侧设计，身后还嵌有裙撑，其中一款被巴斯时尚博物馆选为年度最佳连衣裙。

●这些连衣裙可以搭配外套穿，零售价186英镑。作为配饰的带燕尾结的小贝雷帽是弗朗西斯·威尔逊设计的，灵感来自维多利亚时代风格，零售价50英镑。

●半身裙是超短且紧身的，或者用布满扣子的裁片打造螺旋形，扣子让人联想起“即兴游戏”（Ludic Game）系列里的半身裙。垂褶“侧衣袋”款长裙与前一个系列的后片平行抽褶相似，零售价从150英镑到400英镑不等。在前一个系列偶尔露头的围裙装成为该系列的一个主打特色，环形不对称肩带，搭配条纹棉质衬衫或者圆裁真丝衬衫（有些款采用在“被遗忘的纯真”系列中首次出现的仿轮状皱领型），或者常搭配蝴蝶结款装饰领的印花棉质针织上衣。条纹棉质半身裙售价200美元或92英镑，可拆卸领结售价23英镑。

●水手领领口开得更低，而且经常镶着撞色滚边。在该系列中，首次出现同色夹克衫与半身裙搭配，一些夹克衫采用了隐藏式翻驳领的设计，最终衣领与衣服前片融为一体，后来这种领子成为加利亚诺的标志性设计。前片圆角下摆的紧身长款夹克衫搭配短裙或者打底裤。筒状外套曾经是以往系列的一个主要特色，在该系列中基本看不到了，只有一件筒状灰色羊绒衫样品，还有一件带黑色包边的水手领。

●阿曼达·哈莱克（婚前姓格里夫）的参与一如既往地重要：

> “每个时装季开始前六周都会聘请阿曼达来帮约翰，作为他的缪斯、导师、造型师和灵感来源。加利亚诺期盼着她的到来。他爱她、敬重她。艾古契克认为请她太贵了，尽管大部分情况下，我们花的钱是值得的。他们两个人非常合拍，像双胞胎。阿曼达的存在，对时装系列和广告都有好处。她能让加利亚诺安静下来，对他有

媒体资料袋里装有干玫瑰、时装设计草图、一条薄棉纱披肩，披肩上印着该系列的照片，是嘉莉·布拉诺万以阿曼达·格里夫·哈莱克的威尔士乡间别墅为外景地拍摄的

一种积极的影响。不过艾古契克可能认为阿曼达是奢侈品，实际上她是必需品。”

摘自作者对罗琳·皮戈特的采访，2016年12月

●时装秀白色背景上有一个大型的盾，盾里面是一个小小的加利亚诺家族纹章，纹章下方是“Aguecheek”（艾古契克）字样。

●时装秀第一个出场的是一位名叫阿普尔的模特，她身穿圆裁衬衫，搭配花卉图案丝绸材质花环，花环是弗朗西斯·威尔逊设计的。没有给模特搭配半身裙，而是给模特腿上涂油，然后扑上滑石粉。时装秀的造型受到1985年上映的电影《证人》的影响（加利亚诺看了多次），该影片旨在探索阿米什人文化与20世纪80年代美国的冲突。模特队伍增添了几位新成员，包括变得更加自信的娜奥米·坎贝尔，还有玛丽-索菲·威尔逊（她后来成为加利亚诺的坚定的支持者）和薇诺妮卡·韦伯。发型师雷·阿灵顿把模特光滑如丝的头发梳到脑后，紧紧扎起来，做成阿米什风格的盘头，戴上仿百合花的白色手帕花头饰。媒体资料袋里装着哈莱克的一首诗，诗中做了这样的类比：

“看看百合花吧。该系列衣服就像鲜花一样，无论是奇花异草还是家常花草，都亭亭玉立，随风摇曳。”

●帕特里克·考克斯设计的仿鹿皮浅口鞋，有韦奇伍德蓝（Wedgwood blue）、淡紫色或者黑色，坡跟鞋底，抽褶棉质鞋带一直系到脚踝。

“这些是我专门为这场秀做的，因为到那时，约翰已经对设计有更多的发言权了。这种纤细、女人味十足的造型本不是我的风格。”

摘自作者的采访

●艾古契克公司规模大，经营成功，帕特里克·考克斯要求支付他为时装秀制作鞋履的费用（这种要求并非没有道理，因为他认为此时加利亚诺的事业蒸蒸日上）。加利亚诺却不太高兴，考克斯说，“那就只付给我皮革的费用好了，”就这样商定每双鞋支付区区 12 英镑。时装秀当天，考克斯扫了一眼参与者名单，没有找到他的名字，他去质问加利亚诺，得到的回答是：

“‘既然拿到钱了，就别想再拿到荣誉。’我根本还没有拿到钱，我告诉他，我要马上把鞋都拿走，并开始往包里装鞋。贝特尔森当场给我开了一张支票，支付皮革费用，从那以后，我再也没有为他们做过鞋。”

●因为秀伸展台太高，观众席太低，组织时装秀的英国时装协会面临一片批评声。除了摄影师外，谁都看不清楚衣服是什么样子。阿利斯泰尔·布莱尔也抱怨说，他的团队和凯瑟琳·哈姆内特以及所有模特挤在一起，一片混乱。观众席的情况也好不到哪儿去。

“在伦敦新时尚潮流追求好玩儿的年代，混乱一些没关系，但是现在不一样了，设计师们都成熟了，遗憾的是，时装协会没能像设计师们那样表现出应有的专业精神……结果是，人们预期佩德·贝特尔森下一季将会把他的设计师撤出秀场帐篷。”

《女装日报》1987年3月16日

●时装秀结束时，加利亚诺在掌声中走出来，头戴黑色报童帽，身穿水手夹克衫。

●把年代感元素与实用可穿性融为一体，就是赢家，该系列服装卖得很火。伊恩·毕比监督这个制作过程，回忆说，“贝特尔森很高兴。一切都朝着正确的方向发展”。（摘自作者的采访）

●媒体也非常喜欢这个系列：

“成长最明显的是约翰·加利亚诺，很长时间以来都是一个让人头疼的婴儿，这个系列令人目眩，每件衣服都体现了从上一个系列顺利而又充满魅力的过渡。飘逸而不慵懒，花卉主题却不显得花哨，赢得普遍好评。”

Face 杂志，1987年5月

“过去约翰·加利亚诺设计的衣服看上去即使不属于另一个星球，也属于另一种文化，而现在他推出垂感柔美的针织连衣裙和短裤，紧身针织套衫。不过他依然会设计他觉得好玩的衣服，比如不规则裙摆、衬衫式连衣裙以及其他引人注目的设计。”

《纽约时报》，1987年3月17日

●但是，帕特里克·考克斯却回忆说：

“约翰依然叛逆，开始觉得整个制度都在跟他作对，尽管这个制度实际上是在千方百计把他的衣服推销出去。”

摘自作者的采访

路易范·里瓦斯·桑切斯设计的印花面料和针织面料

薇诺妮卡·韦伯身穿格子印花裙撑式连衣裙，头戴贝雷帽

女式衬衫搭配围裙式连衣裙设计草图，媒体资料袋中的资料之一

1988春夏
Spring/Summer

布兰奇·杜波依斯
Blanche DuBois

1987年10月11日，
下午6点
伦敦奥林匹亚
展览中心，
英国时装协会
时尚活动篷
96套时装造型

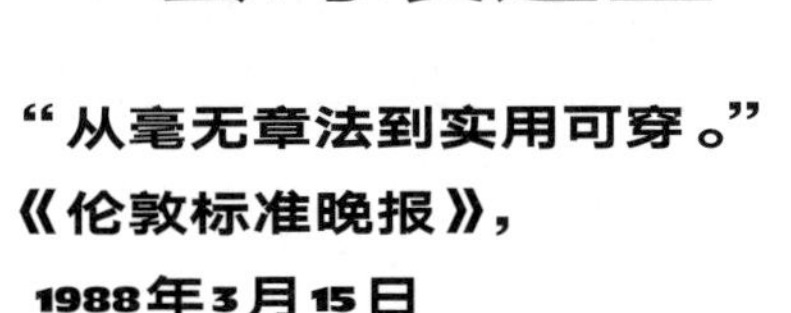

"从毫无章法到实用可穿。"
《伦敦标准晚报》，
1988年3月15日

秀场款式介绍

●这时，加利亚诺的营业额在贝特尔森时尚集团中首屈一指，服装销往欧洲各国、日本和北美。由于需要更大的空间，所以除了设计工作室继续留在谢尔顿街外，制作团队和六名缝纫工迁至新国王路79—91号，这是一幢装饰艺术风格的建筑，一层是壳牌加油站。加利亚诺也搬到工作室楼上的一个公寓，这样他就可以想干到多晚就干到多晚。电梯间超大，给工作室带来的一个好处是，货车可以直接进电梯。工作室的许多员工感到搬家后工作气氛都变了。

●新来的实习生中有一名17岁的学生，斯蒂夫·罗宾逊，他在埃普索姆艺术学校（Epsom School of Art）学习时尚专业文凭课程。这个举止笨拙、超重的年轻人非常崇拜加利亚诺，很快就让自己成为加利亚诺不可或缺的助手。当时大家还没有意识到，加利亚诺团队又一名关键成员到位了。（他一直在加利亚诺身边，直至2007年英年早逝。）

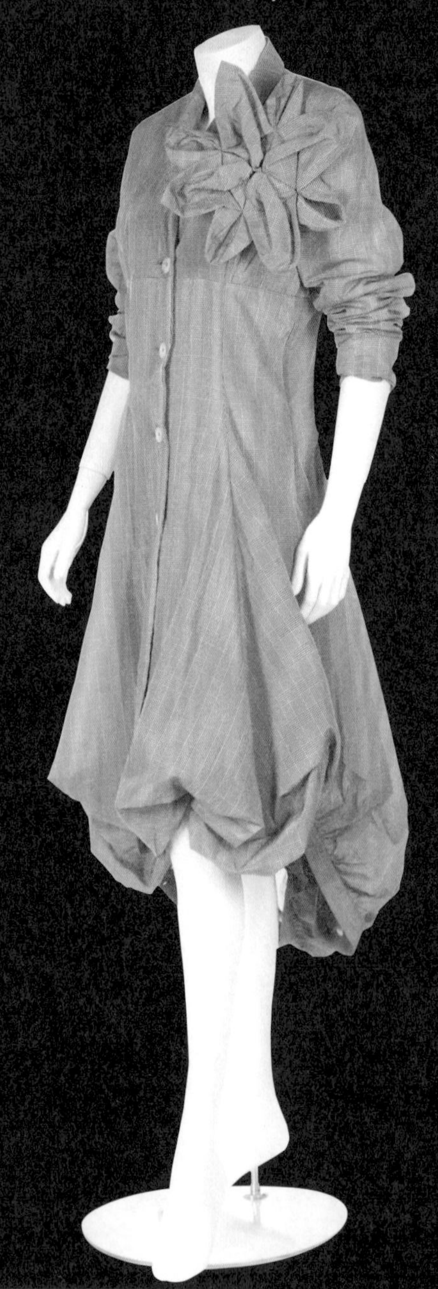

带有布折胸饰的方格尼龙面料连衣裙

● 1988年春夏系列的灵感，正如标题“布兰奇·杜波依斯”所示，来自田纳西·威廉斯1947年的音乐剧《欲望号街车》，将剧中悲剧女主角布兰奇的娇弱形象与“英伦范儿乡间淑女”形象相结合，养蜂防护帽完成了整个造型的最后一笔：

> “这个造型完全以良好教养为基调，包括举止得体尽显英伦范儿，给玫瑰花剪枝、身着休闲连衣裙、养蜂的隐匿性、养蜂艺术……我们采用了柔和的颜色、点缀色，把四种不同的面料叠加在一起，打造出满意的渐变效果，我最喜欢的是玉石色和水绿色，给人以清新淡雅的感觉。”

摘自Anglian电视台在时装秀后对加利亚诺的采访

1982年10月11日

●该系列主要特点包括“随风飘扬”（Blown Away）裙摆、宽腰带打造的高腰效果、用匹配的面料制作的超大折纸式玫瑰胸饰、隐藏式翻驳领（disappearing lapels）、衣领式吊带、高腰半身裙和连衣裙、带有大蝴蝶结或披肩式衬衫、装饰着多根交叉细布条的紧身上衣。

●加利亚诺给了打版师一本关于折纸的书，要求做出布折玫瑰花和胸饰，融入衣服中。

●他的打版师休·博特杰回忆说：

> “我记得他拿着平纹细布裁片在人体模型上比划，用大头针固定住裙摆，告诉打版师他想要什么样的效果，要让裙摆看起来像是被风吹起来，或者吹散开。这种裙摆后来被称为‘随风飘扬’式裙摆，这种设计还可以用于袖子和半身裙。”

摘自作者的采访

●不规则裙片缝合在一起，固定在硬挺的裙摆贴边以及里衬上，打造饱满、起伏不平的线条。在裙摆和裙内接缝上缝有纽扣和扣眼，使裙子垂感更强，更具波兰风格。采用威尔士亲王格制成的这款半身裙零售价为250英镑。

●该系列还包括为数不多的几件针织款。“堕落天使”系列首次推出色彩淡雅的斜纹针织上衣和斯宾塞式短款毛衣，在该系列中再次出现，有时与路易范·里瓦斯-桑切斯印花半身裙和打底裤搭配。夹克款式也比前一个系列少，主要是短款、单排扣，搭配超大的布折玫瑰花胸饰。

薇诺妮卡·韦伯身穿“随风飘扬”下摆的外套式连衣裙

●凯伦·克莱顿曾经与加利亚诺一起做出前一季的“裙撑”连衣裙的样衣。一天，她走进工作室，看到几位打版师正对着从20世纪50年代杂志上撕下来的一页琢磨，上面有一张阶梯式层叠裙子的图片说明，他们想搞明白这种阶梯式层叠是怎么做出来的。凯伦告诉他们，她学过怎么做：把一条条斜裁的薄棉纱（译者注：organdie，奥甘迪，是一种轻薄而稍硬挺的棉布。）呈曲线状依次排开缝合在底布上，加利亚诺让她做出几条样裙。她回忆把样裙交给加利亚诺时的情景：

> “那是时装秀开始前几天的一个晚上，已经很晚了。我带去了三件样裙，全都做好了。约翰把样裙调整到他想要的形状，然后用缝纫机缝合完毕，工作室制作了简单的紧身胸衣与裙子缝合在一起。”

摘自作者的采访

●用一条条起伏不平的薄棉纱打造出阶梯式层叠的裙型，这款连衣裙起名为“蛤蜊”（Clam），是这次时装秀最后出场的压轴款。后台气氛的紧张程度可想而知，加利亚诺看上去情绪不高。

●秀场白色背景上是加利亚诺签名，字体很大；还有玛琳·黛德丽的肖像，她身穿加利亚诺设计的蝴蝶结领式衬衫，戴着黑色晚装长手套，与第一个出场的模特同款。走秀开始了，两个模特出场，身穿清爽挺括的白色衬衫，搭配简洁的黑色高腰短裙，没有任何装饰细节。模特浅妆淡抹，发型仿照20世纪50年代的样式，把头发梳到脑后盘起来，用束发带固定，或者带上用雪纺包裹着的养蜂防护帽风格的软帽。

●凯伦·克莱顿一直在剧院工作，从来没有在现场看过秀。时装秀开始了，她悄悄找到自己的座位坐下，感受到空气中的兴奋和期待。

> “模特们穿着我做的‘蛤蜊’连衣裙登上伸展台，场内一下子鸦雀无声。我的心脏几乎停止了跳动，我以为他们不喜欢这款衣服，但是人们站起来长时间鼓掌，我激动得热泪盈眶。”

摘自作者的采访，2016年9月

●走秀结束，加利亚诺在一片掌声中出场谢幕，身穿白色无领衬衫，外面套着款式简洁的黑色西装外套，搭配灰色法兰绒长裤，层次分明精致的短发，不折不扣的商人形象。

●该系列受到普遍欢迎，从商业角度来说是加利亚诺至今最成功的系列。美国版*Vogue*杂志称，他已经从“时尚偶像变成了领头人”。（1987年12月1日）。

●漂亮淑女装的设计灵感来自20世纪50年代，白天晚上活动都可以穿，备受伦敦、欧洲大陆和美国各大精品百货公司买手的青睐，包括萨克斯精品百货公司和梅西百货公司。布鲁明戴尔百货公司说该系列“与众不同，别具一格”。（《女装日报》，1987年10月13日）

●“蛤蜊”连衣裙成为这次时装秀的明星款，仅为特殊订单制作了25件，单件的价格为747英镑，所以这款连衣裙在市面上极为少见。

●秀后第二天的晚上，在白厅由Young爵士主持的招待会上，加利亚诺第一次荣获英国时装协会“年度最佳设计师”奖（贾斯珀·康兰在前一年获得该奖项）。该季获得了全面成功，特立独行的加利亚诺看来终于被时尚业界大佬们所接纳。

●按照惯例，设计团队主要成员出发去了阿曼达在威尔士的别墅，在那里讨论下一季秀的构思。

浪漫的“养蜂人”造型：紧身的方格夹克衫，带着折纸风格的胸饰，搭配“随风飘扬”款半身裙

极少见的用多层欧根纱（organza）打造的“蛤蜊”造型连衣裙（《女装日报》,1986年10月14日）。斯蒂夫·菲利普收藏

1988/1989秋冬 Autumn/Winter

发夹 Hairclips

1988年3月13日，下午4点
伦敦奥林匹亚展览中心，英国时装协会时尚活动篷
91套时装造型
新商标，偶尔会出现Galliano 1的商标

“上衣造型新颖、色调优美。”
梅西百货公司的托尼·梅尔维尔对该系列的总结
《女装日报》，1988年3月24日

秀场款式介绍

●得知该系列没有裙装，一款都没有，制版师和艾古契克公司管理层都感到惊讶。取而代之的是短裤和搭配一片式超短夹克（short-jacket：至腰部短夹克）的连衣裤设计。在巨大的压力下，加利亚诺同意再设计两款裙装，但是根本没有投入生产。斯蒂芬·罗宾逊被指定为加利亚诺的首席助手后，工作室的气氛日益紧张。

●该系列的色调与以往系列大不相同，色彩含蓄，使用了一系列柔和的 Biba（20 世纪 60 年代发展起来的英国服饰品牌）风格特有的色调，包括有低饱和度灰色、森林绿色、棕色、蓝绿色、紫罗兰色、酒红色和栗棕色。*Face* 时尚杂志对这些颜色的描绘充满诗意“深深浅浅的薄荷色和青苔色、烤焦的莓果色、扑上粉的玫瑰色和蒙上灰尘的茄子色”（1985年5月）。

●该系列十分强调合体裁剪和不对称造型，采用迪骧 Dechamp 的苔绒绉、华达呢和灰色及棕色仿鹿皮面料。苔绒绉连衣长裤的上衣领线条锐利，腰带超宽，还包括同款连衣短裤。

●该系列的特点包括：上衣打造出宽大、下垂的披肩效果，扣合门襟呈波纹状，不对称下摆，有趣的披肩式衣领，一条条飘逸的裁片可以穿过腰间形成环状。披肩领灰色仿鹿皮夹克衫售价875英镑（在当时算是非常昂贵）。女衬衫和上衣经常胸部暴露，面料轻柔，而裁剪线条却很硬朗。蜘蛛网状上衣和透明束腰罩衫采用黑色细线编织而成。

●最重要的是，加利亚诺打造了他的第一件“宣言单品”斜裁晚礼服长裙，它成为他日后职业生涯中不断重复的一个主题，而且这类款式总是会与加利亚诺联系在一起。斜裁，就是沿着面料经纬斜向裁剪，使面料具有伸缩自如的弹性，自然地服帖于人体，这种裁剪法在20世纪20年代末30年代初因为玛德琳·薇欧奈而风靡一时。加利亚诺对这种裁剪法的着迷由来已久。年轻模特瓦内萨·纽曼在参加 1986/1987 秋冬“被遗忘的纯真”系列模特遴选面试时，身穿的黑色雪纺斜裁连衣裙，是只花了几英镑在波托贝洛跳蚤市场（Portobello）买的。

> “我觉得他真正感兴趣的是我身上穿的连衣裙，而不是我本人。他盯着连衣裙的结构看了很久，还就连衣裙问了我许多具体问题。”
>
> 摘自作者对瓦内萨·纽曼的采访，2016年4月

●加利亚诺的首席助理黛博拉·安德鲁斯回忆说，圣马丁学院只教以和服为基础的最简单的裁剪，因此加利亚诺请凯伦·克莱顿帮忙制作第一件样衣。他告诉她说，他想要衣服看上去“好像没有起点也没有终点”。（摘自作者的采访）

●斜裁连衣裙采用了几种不同面料。销路最好的几款（零售价 340 英镑）采用深酒红色和深绿色迪骧出品的缎背绉，拖尾式裙摆，横向的背部调节带扣。即使后来加利亚诺买得起精美的真丝面料，依然坚持用这种面料，因为这种面料的弹性和挺括度都恰到好处。

●短款斜裁连衣裙和束腰罩衫采用路易范·里瓦斯-桑切斯设计的仿蕾丝印花雪纺，还以科雷利（Corelli）品牌丝带饰品作为进一步点缀。

●斜裁礼服裙非常受欢迎，是简·雷洛伊带领她手下六名缝纫工在伦敦郊区缝制的。令人沮丧的是，尽管艾古契克提供资助，衣服制作却还在靠这类独立的小公司。英国制造商只接供应连锁店的大批量订单，不愿意接独立品牌的小订单，因为这类订单经常提出各种复杂的要求。

●在该系列中最漂亮的也许是秀开场的第一款连衣裙，是用如尼罗河水般的绿色真丝制成，上面的“樱桃”印花图案是路易范·里瓦斯-桑切斯设计的。伦敦时装学院学生乔安娜·莱特把细小的红色珠子手工缝绣在连衣裙上，作为进一步装饰。这款（零售价 1030 英镑）只做了五件，不仅因为珠绣耗费时间，还因为必须在加利亚诺的工作室完成，而不是交给雷洛伊和她的团队去做，这种面料很难伺候，缝纫机速度快，几乎不可能做到斜裁缝线平直。套在连衣裙外面的男性化外套（零售价800英镑）是专门委托萨维尔街的顶尖裁缝按照加利亚诺的设计制作的。

●秀场白色背景上是加利亚诺的签名，还有一个女人身影，打着伞，伞被风吹翻（这个画面也用于邀请函封面），预示着这场时装秀中的一个主要造型。

●营销、化妆和造型的灵感来自20世纪30年代布拉塞的摄影作品集《夜巴黎》和雅克·亨利·拉蒂格拍的巴黎美女照片：毕比、罗洛、伊莱娜·阿莱特和他的特殊缪斯女神蕾妮·博尔。用泽维尔·贾维尔·瓦略恩拉特（译者注：西班牙时尚摄影家）仿拉蒂格风格拍摄的巴黎咖啡店和店内装潢黑白照片制作了大张图片，分发给媒体。

●模特造型模仿 20 世纪 30 年代好莱坞电影明星珍·哈露（Jean Harlow），眉毛拔得很细，眼影浓重，嘴唇勾出玫瑰花蕾形，涂成深浆果色。头发做成波纹状，抹上发油，梳向脑后，用多个金属发卡固定，时装秀的标题（发卡）也由此而来。

●该系列配饰包括有伊丽莎白·斯图瓦特-史密斯设计的脚背系带，路易斯式鞋跟的绒面革低跟鞋；雪莉·赫克斯设计的超大贝雷帽和不对称式卷边毛毡帽（斯蒂芬·琼斯和菲利普·崔西都曾跟着她学习制作帽子），长及臂肘的 Dents 手套（译者注：John

葛丽泰·嘉宝风格的华达呢阔腿连衣裤，裤长及脚踝，双排扣设计

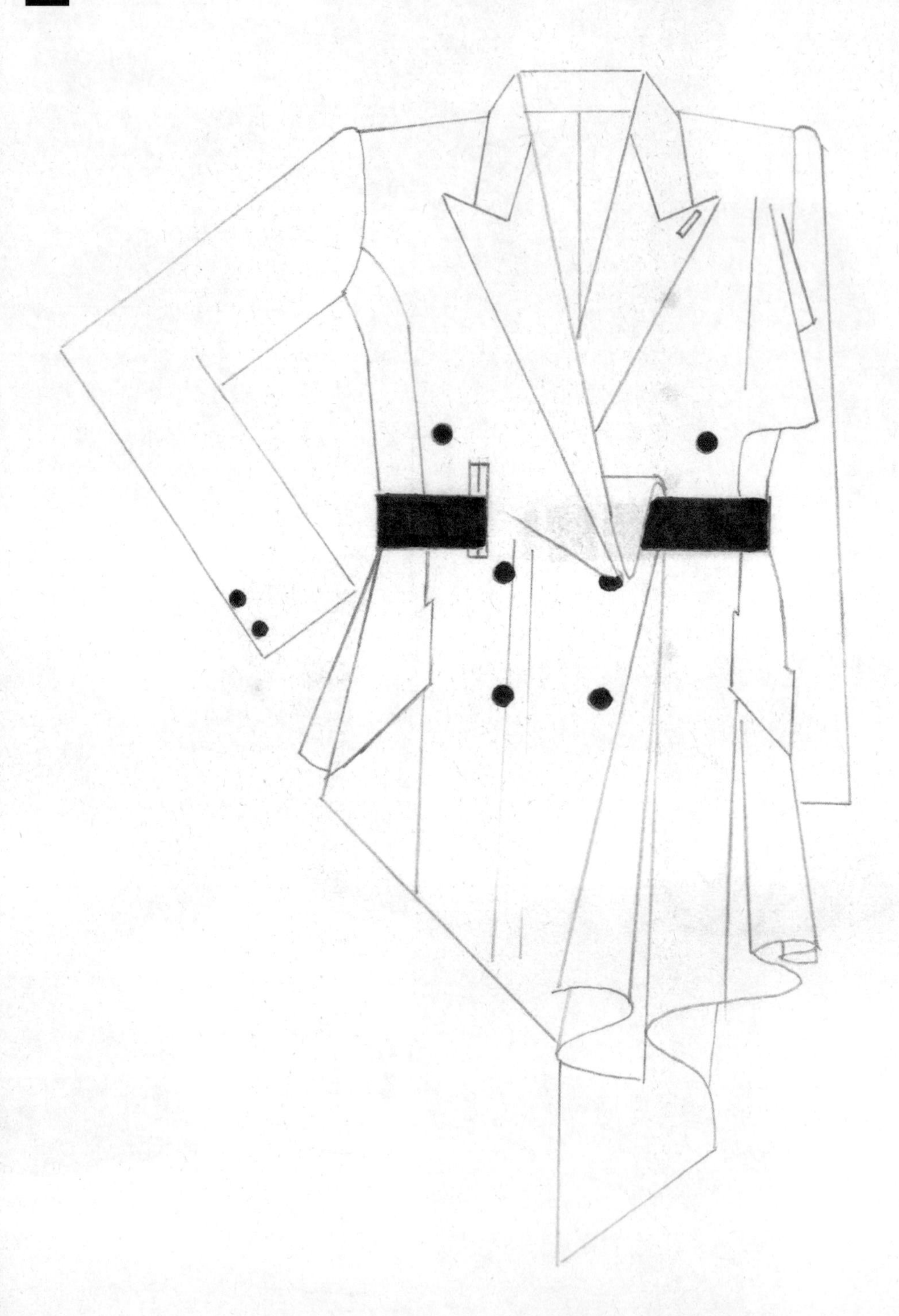

朱莉·费尔赫芬为工作室绘制的设计草图，显示出复杂的裁剪

Dent 于 1777 年创立的英国手套品牌）这次采用了绒面革面料。带流苏和编织小花的黑色蕾丝和雪纺披肩以及黑色雪尼尔绒线蜘蛛网状束腰上衣的珠饰都是学生乔 · 莱特手工缝上去的。

●时装秀结束时，加利亚诺出场谢幕，身着素净的白衬衣，20 世纪 40 年代风格的吊带萝卜裤，带着学院派风格的金边框架眼镜，梳着精致的短发。

●该系列不如前一个系列卖得好，前一个系列“布兰奇 · 杜波依斯”更主流、更女性化，该系列则缺少裙装，这对零售商来说是个问题。加利亚诺觉得他的“艺术”因为大公司的限制而无法充分施展。他的私人助理罗琳 · 皮戈特回忆说：

> “肖恩 · 迪克森带领的销售团队感到担忧，因为缺少销路好的款式，特别是裙装。约翰不情愿设计偏商业性的款式，似乎只关心时装秀和广告宣传。这是我在加利亚诺手下工作期间最困难的一段时间。遗憾的是，约翰相信自己的眼光，加上贾斯珀 · 康兰的影响，对生意造成了不利后果。肖恩和我不得不跟样衣部门商量如何把该系列中那些较具可穿性的款式凑集起来。最终，卖得还不错。那些作为固定客户的商店尽管并不很喜欢这个系列，还是照单全收了，因为他们需要维持加利亚诺品牌在店里的存在感。”
>
> 摘自作者的采访，2016年12月

●但是，加利亚诺如此执着于质量、昂贵的面料和耗费人工的结构，制作成本必然高。

首次亮相巴黎

●时装秀之后，加利亚诺带着该系列精选版前往巴黎，参加“Showroom des Createurs”（创造者作品展示厅），当代设计师在这里展现令人振奋的作品，包括索菲 · 西邦、赫维 · 莱杰、贝蒂 · 杰克逊以及其他设计师。该展示会地点在巴黎里沃利路（Rue de Rivoli），圣詹姆斯和阿尔伯尼宅邸（Residence Saint James&Albany），展期为3月19—22日。

●加利亚诺一向视巴黎为世界时尚中心，还是学生的时候，他就经常在时装周偷偷溜进主要秀场。这是他第一次作为设计师来到巴黎秀场。帕特里克 · 考克斯评论说，加利亚诺总是把自己想象成巴黎的女装设计师，从那一刻起，他就把法国首都锁定为自己的目标。

考特尔设计奖

考特尔设计奖系列，1988 年 9 月。黑色加利亚诺 / 考特尔奖标签。

英国全国纺织专业毕业学年的学生都被要求设计一款“采用旧时代的面料设计出现代风格”的作品。获奖者有琳奈尔 · 穆瑞、蒂姆 · 戴尔、马里奥 · 布朗宁和朱莉 · 阿特金森。

●加利亚诺设计了十六款服装，由三家占有业内领先地位的商业性针织面料制造商制作，跟他的秋季主系列服装一起销售。（译者注：针织是通称，包括机织，手工编织，弹力针织和针织面料。）

斜裁珠饰“樱桃”连衣裙。哈米什 · 鲍尔斯收藏，印花面料是路易范 · 里瓦斯 · 桑切斯设计的

化妆灵感来自20世纪30年代，头发上布满发卡

1989春夏 Spring/Summer

查尔斯·詹姆斯 Charles James

1988年10月9日，下午3点
伦敦奥林匹亚展览中心，
英国时装协会时尚活动篷
94套时装造型

“街头时装定制……
就是以时装定制的姿态来
展示成衣。”

《独立报》，1989年2月16日

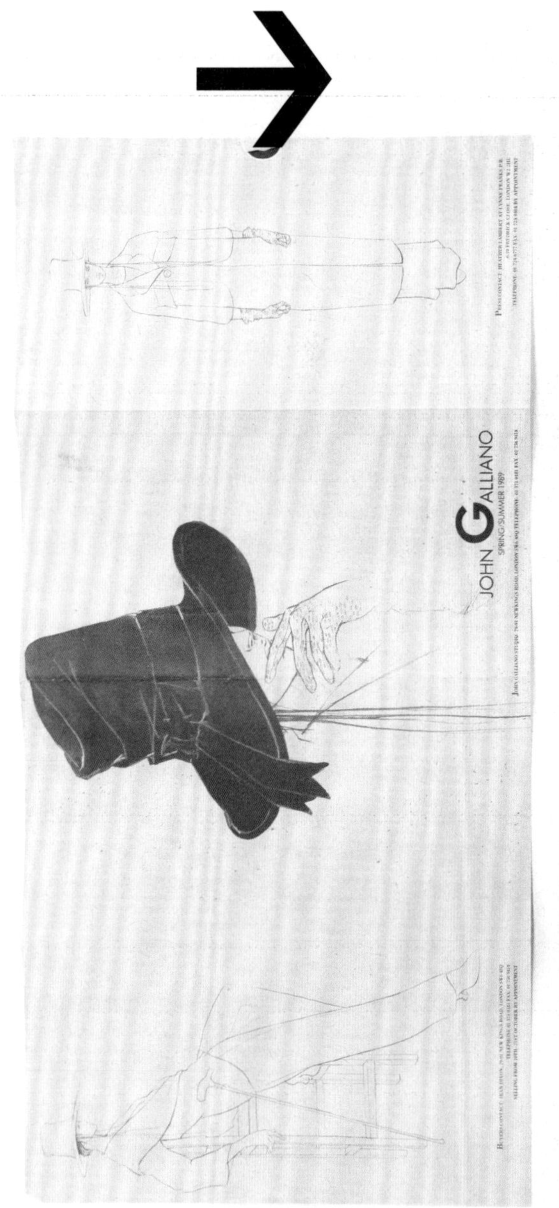

整场秀都被
克莱利·斯莫利用
精致的铅笔线条
绘制记录下来，
突出了斜裁、
直裁清晰的
线条

●一个充满了60年代异域氛围的伦敦时装周：

> "零售商们一直在探索……奥林匹亚…嬉皮风格已经取代了六个月之前还普遍流行的怀旧保守的和雅皮士风貌（Yuppie Looks）。现在，他们只喜欢香料色，薄纱般的面料和印度镜面状配饰，与一种名为"Acid House"的新迪斯科音乐风格相互关联与影响。"
>
> 《纽约时报》，1988年10月11日

●相较于20世纪80年代末的英国正处在经济衰退中且艰难地挣扎着，但似乎加利亚诺仍处在20世纪30年代的巴黎或是在拉蒂格摄影风格影响的忧郁中。尽管这是一个夏季系列（仅有少量的白色或淡雅的色系），但整个系列的主色调以深色为主，黑色与栗色的褐色色系搭配，酒红色和紫红色搭配。加利亚诺意识到购买昂贵的款式一定要别具风格：

> "如果人们因为抵押贷款陷入巨大的经济危机困境，他们将会想要买比一件衣服更有价值的东西，这件东西将成为他们的一部分并且是让他们感觉美丽的东西。"
>
> 《独立报》，1989年2月16日

●加利亚诺将他对拉蒂格的缪斯蕾妮·珀尔的迷恋延伸至这个设计系列的造型中。

> "我爱她的从容，她的美貌，爱她那走进房间可以令男士们瞬间安静的气质。我想要用一种现代感的剪裁方式去捕捉那种感觉。因此，最终呈现出的是一个锁住过去的现代时装系列。"
>
> 《英国独立报》，1989年2月16日

●他将这种带给时装复古感的渴望描述成"一种邀约，是为习惯于穿着深蓝色华达呢那层人群提供的另一种选择"，这个设计系列多了一些华丽元素，因为他选用了大量的过去常用的面料！为了达到一种既复古又现代的感觉，他还大量应用了烂花天鹅绒和流苏。

●在一次秀场上的偶遇，纺织面料设计师路易文·里瓦斯-桑切斯很喜欢*Elle*时装总监德比·梅森穿戴的一条20世纪20年代的复古围巾。他询问是否可以借这条围巾展示给加利亚诺看。加利亚诺很喜欢这类华丽性感的面料——透明却又没有过多暴露。才华横溢的工作室助理朱莉·弗尔霍文在此基础上进行了更深层的设计，做了很多有关于生命之花的研究。加利亚诺将工作室的一角改造成临时的实验室，开始试验应用各种瓶瓶罐罐的化学制剂，尝试复刻出之前的烂花工艺技术——这种技术是在天鹅绒面料上利用化学制剂烧掉部分面料纤维产生出切割图形的效果。早期的实验结果是非常糟糕的，要么面料组织被完全破坏，要么是尼罗河水般的深绿色变成了荧光绿。最后，他请来专业的印染师帕特里夏·贝尔福德接管了这项实验性的产出，并最终得到了该系列中烂花天鹅绒的效果。她描述了整个过程：

> "烂花工艺（Devoré）是一种化学印制工艺，在印制过程中使用特殊混合型印浆，这种印浆会侵蚀（烧掉）面料中的粘胶纤维，但会留下面料主要的真丝成分。整个过程进行了数周的实验才得到每块花型的正确印制配方。一旦配比方案被确认，我们就可以很快速地产出数百米的烂花面料。贾斯珀·康兰是最早的一位要求我们生产烂花面料的设计师，随后又为品牌English Eccentrics（围巾与配饰品牌）生产了大量品类丰富的烂花面料订单。在我的印象中，约翰的订单相较于其他品牌就显得很少。"
>
> 作者的采访笔录

●时装呈现出流畅的不对称性，强烈地反映出他受到了Comme des Garcons风格的影响，大量单品和多层次的造型穿搭，披肩被固定穿搭在连衣裙、衬衫、夹克和外套上。

●尽管有些设计廓形会令人联想到前两个系列中的短裤，裙裤，布兰奇·杜波依斯（Blanche Du-Bois）式的小披肩女衫，还有一些应用柔软面料裁制的发夹，如飘逸的雪纺、真丝绉、粘胶、天鹅绒和蕾丝。天鹅绒是整个系列的灵魂，其表面闪烁银光的特性被用在礼帽上做饰带，或制成黑色舒适奢华的短裤，还有作为装饰艺术——经过烂花工艺处理后制成的连衣裙和女士短上衣。人丝绉制成的新式波蕾若外套上装饰着用光泽的罗缎制成的圆形袖扣，用脊状形纽扣扣合。一件帕尔玛紫罗兰真丝制"瀑布（waterfull）"款女士上衣售价是170英镑，另一件衣领款披肩售价是190英镑。夹克通常会提高腰线（如那件设计有领带款的铁锈色华达呢夹克，售价是566英镑）。翻领的设计普遍精致小巧，上部带有棱角，底部呈弧形。如"玫灰色"带有飘动松散荷叶边式样的，敞开式的瀑布款夹克其零售价为226英镑。还有很多短裤，裙裤，长裤和不对称长裙（如斜裁黑色丝绉半裙其零售价为204英镑）。

●粘胶人丝无袖连衣裙有较低且深凹的圆形领口，带有翻领式的连肩设计。烂花天鹅绒裁制的时装款式价格更高，如一件女式上衣零售价为245英镑，一件斜裁长连衣裙为450英镑。秀上的压轴款式是以黑色系为主的斜裁连衣裙，尽管在这些款式中还出现过一件红色真丝裙。但在这些款式中制作工艺

搭配在一起的两种不同烂花花形

由雪莉·赫克斯和菲利普·崔西联合设计制作的亚麻礼帽，零售价为156英镑

最为亮眼的是一件“希腊回纹”（Greek Key）样式的黑缎连衣裙（为468英镑）。

●哈莱克和加利亚诺常喜欢在设计中带入一些建筑元素并深入思考将这些元素融入在时装系列里，再由凯伦·克莱顿将他们的设计应用斜裁技术呈现出来。黑白雪尼尔蛛网状刺绣编织成的上衣和连衣裙，有些上衣装饰有流苏下摆（为331英镑），有些上衣则饰有长流苏下摆带有一种复古感。

●这场秀没有相关品牌信息的背景搭建，造型方面也是受蕾妮·珀尔风格的影响。模特的妆容自然白皙，未经修饰的深色眉型，酒红的唇色。她们的长发被分成几束并拧成不对称大小松散的线卷状，装点在她们的面部周围。模特们的外形轮廓显得又高、又瘦且修长。为了突出每套造型更加修长的垂直效果，加利亚诺委托雪莉·赫克斯，同还是学生的菲利普·崔西，一起合作完成制作了顶部不对称呈塌陷状的，用亚麻制成的高顶礼帽。仅制作每顶礼帽的成本就需要花费500英镑。

●鞋子是受复古风格影响的，由设计师伊丽莎白·斯图亚特·史密斯制作出品的黑白配色帆布鞋（鞋子的外形与上个系列是完全相同的），其零售价格是112英镑，还配有一副仿蕾丝效果打孔的皮手套完成了整套造型。

●模特们是按照颜色主题依次出场的：最先是略带浅粉色的白色系，后面紧跟的是栗棕色和黑色系，主打是黑色系，“一件令人过目不忘的超修身，好似蕾丝般的，充满后现代变化美感的黑色礼服连身裙”（《面孔》杂志 *The face*，1988年11月）。

●《面孔》杂志曾戏说过加利亚诺会因为里法特·沃兹别克被授予年度设计师奖而感到哀伤。在秀的最后，加利亚诺决定为了达到一种戏剧化效果而关掉场上的灯光，这一举动激怒了在场的摄影师们，因为什么也看不见了。场下出现了叫喊声“约翰，把灯光打开”。

●新闻媒体的态度大都是充满敌意的。甚至是通常会撰写客观好评的《纽约时报》也持有批评态度：“他用他那款狄更斯式的帽子和那些受日本设计师影响的不对称设计打破了优雅的氛围。”《面孔》杂志曾评论道“后加利亚诺主义式的不对称下摆会一次又一次地出现”（1988年11月）。《女装日报》则认为他的聪明才智只限于他的设计，但很难看出“他的衣服与真实生活的关联”（《女装日报》，1988年10月10日）。

●《独立报》的夏洛特·杜坎发现这一季的深色系列令人难以理解。“这个系列脱离了甜美而巧妙的剪裁……没有柔软少女式的雪纺……与过去几年的，快速发展的城市风格没有任何关联”（1989年2月16日）。这个系列的发布“太适合晚间，色彩过暗，太稀奇”（《英国独立报》，出处同上）。

●随着销售额的下降与生产成本的提高，艾古契克管理层也愈发不满。优质面料结合复杂的生产方式，再加上工人们的加班费，意味着本系列服装的生产成本也随之水涨船高。虽然本系列服装仍然是在预算紧张的情况下制作的，但成功取决于高销量。洛琳·皮戈特回忆道：

> “约翰不愿设计商业化的作品，他的作品更富有创造性：他是表演者，是梦想家，唯独不是生产者。他不太在销售产品上上心。”
>
> 作者访谈，2016年12月

●为时装秀做衣服是一回事，一旦将其投入生产又是另一回事了。

> “这些服装的样版相当复杂，我们要在每一片纸样板上撰写详细的说明，通常用字母和数字表示连接顺序，如A到E等。有些服装的构造非常复杂，以至于有时要花好几个小时向制造商解释如何将它们拼接在一起。”
>
> 苏·博特杰，作者访谈，2016年10月

伴随着加利亚诺承受着越来越大的压力，工作室的气氛也愈发恶化。一位助理回忆说：“约翰一向风趣，但现在却变得难以共事。他也不再和我们一起工作了。他的设计图迟迟才交到我们手里，让原本很高兴的心情一下子变得压力重重。”

作者访谈，2016年

贝特尔森请来丹麦运动服装制造商莱夫·勒恩（Leif Roenn）来监督工作室的进度，让整个制衣过程更有条理。皮戈特回忆起当时工作室日渐紧张的气氛，说道："勒恩过去曾为实力相当于乐购（Tesco）的Scandinavian公司生产了数千套运动服，可谓经验丰富；但在高端时装方面，他完全是个外行。约翰总是无视他，团队也不尊重他的意见。这让所有参与人员都倍感沮丧。"

作者访谈，2016年12月

加利亚诺的艺术创作自由受到了影响，因为他现在必须证明每一米布料、每一颗纽扣的使用都是合理的。他的未来似乎再次充满了不确定性。"约翰在艾古契克的经济支持下才会感到踏实，但他对艾古契克又不够尊重。他们之间从未有过真正富有创造性的理解，所以五年制合同也极有可能不会续签。"

洛琳·皮戈特，作者访谈，2016年12月

● 此时皮戈特开始与意大利知名顶级制造商Zamasport Spa洽谈，后者已经将罗密欧·吉利归入卡拉汉（Callaghan）品牌的设计师团队麾下。他们有兴趣赞助加利亚诺，而且拥有大规模内部生产线，可以提供销售专业知识和分销服务。原本她以为他们会成为完美搭档，但最终加利亚诺决定留下，而她决定离开，两人从此分道扬镳。

真丝缎拼接人丝绉"希腊回纹"式斜裁连身裙。哈米什·鲍尔斯私人藏品

连衣式短裤裙

穿戴整洁的加利亚诺鞠躬谢幕

1989/1990秋冬 Autumn/Winter

南希·库纳德 Nancy Cunard

1989年3月12日，下午3点
伦敦奥林匹亚展览中心，英国时装协会时尚活动篷
83套时装造型

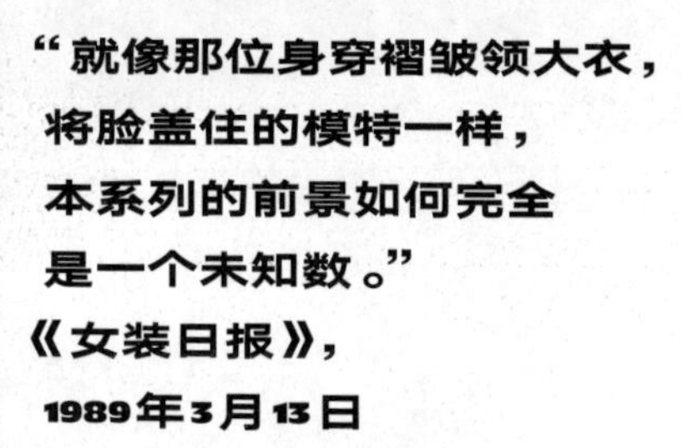

“就像那位身穿褶皱领大衣，将脸盖住的模特一样，本系列的前景如何完全是一个未知数。”
《女装日报》，1989年3月13日

●本季服装设计得更加合理，比较适合日常穿着。过去几季复杂的服装构造已基本销声匿迹。本系列的灵感来自南希·库纳德，似乎是为了保险起见。

●艾古契克的老板们似乎和加利亚诺说过要坚持做最畅销的产品。超大水手领衬衫、短裤（本季为双排扣式）、裙裤/阔腿裤（但带有开衩式设计）、一体式工装短裤套装（本季搭配的是较深的荡领）、大衣、瀑布领夹克和筒形大衣再度回归本季时装周。本季夹克的圆角领沿袭了上季系列的设计，但长度变得更短。单独的一粒扣扣合设计仍然是一大亮点，但选用了对比强烈的颜色。

●该系列色调也有显著不同，“酸性浩室”（Acid-House）风格的标志性黄色笑脸（通常在同一件服装中搭配对比鲜明的黑色）、活力紫和黑白斑马纹均融入本系列中。

●本季时装周展示的裙装寥寥无几。30年代的紧身斜裁设计已多被1916—1918年复古风格的筒形剪裁所取代。

> “这个系列没有加入太多靓丽元素，剪裁比较偏硬朗。”
>
> 制版师苏·博特杰，作者访谈。2016年10月

●加利亚诺及其团队一直在为这场秀做准备，并在大秀前夜通宵工作，这对他来说已经是家常便饭了：

> “人们总是认为，服装会像变魔术一样出现在奥林匹亚展馆里，设计师们可以轻松自如地进行设计，当灵感乍现的时候，只需挥一挥画笔，几件精美华服便跃然纸上。但事实上，打造每一场秀都要至少12周的艰苦磨砺。我们要花费大量时间进行试衣、取样、制版，还要从工厂来回往返。我几乎都是住在工作室里。工作室有洗澡的地方，晚上睡在裁剪桌下面一堆天鹅绒和羊毛里，无比舒适，所以也就懒得回家了。”
>
> *ES*杂志，1989年3月

●本场大秀以低调素雅的白色背景开场，伴随着如泣如诉般的中东音乐，一位上身着紫色夹克和黑色高圆领上衣，下身着灰色百褶长裙裤的女模魅力登场。

●这款造型以南希·库纳德为灵感，深色假发搭配“狗啃式”刘海、侧边大波浪、超短发或头饰，眼圈上下均涂抹深色眼影，这是超模娜奥米·坎贝尔第三次亮相时装周。

●她的头发、羽毛披肩和紧身上衣均以公鸡羽毛为点缀。刺绣师乔·赖特回忆说，这款造型的灵感来自一顶50年代的复古羽毛帽，有人将它留在了工作室里，并拆掉了帽子上的羽毛。此外，她还设计了几双短手套和臂长长度的手套，上面缀以骰子和赌博筹码的流苏饰边，同时搭配黑色大骰子主题钉珠图案的黄色上衣（零售价共计555英镑，配套披肩售价346英镑）。

● *ID*杂志认为，这些衣服会吸引那些“亡命赌徒”，并“利用金钱的力量在T台上发挥其影响力”。但不要想着一蹴而就。你需要的不仅仅是用一堆赌场筹码来支付整套衣服（1989年7月）。

●一些档案参考资料也十分重要。工作室的笔记本上标注着一件露肩上衣是如何从约1914年的一件宽松式衬衫的时装图样中受到启发的，菲利普·崔西设计的一顶高耸的卷边塔夫绸帽（售价478英镑）就是从19世纪70年代的发型照片和1918年时装图样中的一件拼色条纹连衣裙中获得的灵感。

●一些令人难以忘怀和津津乐道的造型纷纷亮相于后半部分出场的长度至脚踝的冬季外套大衣系列，黄色羊毛大衣位列其中，大衣上的小披肩领饰以黑色人造猴毛长流苏（实际上是用人类头发接发制成的，因为猴毛是无法获取到的）。

●另一件则是“以英国天气为灵感”设计的伞形大衣。

●凯伦·克莱顿回忆道：

> “他希望这件大衣看起来像一把被风吹翻的雨伞。我把传统的金属伞架系在筒形大衣的下摆。大秀那天早上，我将它送到了工作室。起初约翰想设计简洁一点的高领，搭配对比鲜明的黄色扣眼。他把伞扯下来，从别人包里抢了把伞撑开，我就把它缝在了大衣上。他想让模特的脸看上去更凌乱些。我想这个小可怜的腿一定被撕成了碎片，因为衣服下摆里面全是金属辐条。”
>
> 作者访谈，2016年9月

●英国版*Vogue*杂志对“伞形”大衣的回应是：“你会穿这身衣服出门吗？”（1989年1月）

●加利亚诺将一件黄色麦尔登呢（Melton Wool）茧形“香蕉”大衣（售价1200英镑）称为“这场秀的标志性符号”，这件大衣饰以高筒式褶皱衣领，搭配斑马纹帽（售价120英镑）和同款靴子（售价192英镑）。夸张的筒式褶皱设计是从一本旧杂志上的照片（后来也成为Dior 2007年春夏时装周“Hokusai”大衣的灵感来源）上获得的灵感。在大秀终场，身穿黑色高圆领衫和灰色裤子的加利亚诺上台致意。

●媒体对本季时装秀的反应基本持批评态度。《女装日报》认为本场秀由“大量杂乱元素”堆砌而成（1989年3月13日）。本季也是克莱顿最后一次参与创作的系列。工作室的气氛也已经改变。过去，她可以和加利亚诺随意接触；他们在工作室里埋头苦读参考

由乔·赖特设计的钉珠骰子图案的“赌徒”上衣

夸张醒目的黑黄菱形格纹被运用到各式大衣中

黑色粘胶纤维上衣的灵感来源于
20世纪20年代的时装图样

饰以荷叶边的 devorél 译者注：特指烂花（烧花）丝绒面料，在丝绒面料上用烂花工艺烫出的花型面料，花型被烧得只剩薄薄的一层半透明状织物。1 筒形半身裙，采用上季系列面料制成

速写本页面上展示了复古时装图样和以其为灵感设计的上衣，搭配19世纪70年代风格发型的头巾

1958 年皮尔·卡丹的设计，是“香蕉”大衣筒式褶皱衣领的灵感来源

“香蕉”大衣：手工打褶导致工作室助理道恩·理查森的手指流血

书来寻找灵感。然而，在史蒂芬·罗宾逊晋升为设计助理后，她和加利亚诺也停止了直接沟通。设计团队的一名成员回忆道，“史蒂芬·罗宾逊变得很强势，很有控制欲。加利亚诺则变得更加疏离，并将史蒂芬作为他自己和我们其他人之间的中间人。我们几乎没有直接接触了。这是一段艰难的时期”（作

哪怕我们在很长一段时间里都是艾古契克旗下最成功的设计团队。这是一场艰难的斗争，但我们身处其中，其乐无穷。”

作者访谈，2016年12月

工作室根据 19 世纪 70 年代的发型画了一款头巾帽草图，另一款则根据 20 年代新娘帽的款式绘制的

1990春夏 Spring/Summer

希腊遗孀、非洲足球和20世纪50年代的鸡尾酒 Greek widows, African Football, 50s Cocktail

1989年10月15日
下午6点30分
伦敦切尔西豪宅 / Chelsea Barracks
英国时装协会时尚活动篷 / British Fashion Council Marquee
159套时装造型

"大胆无畏的'新时代'曙光点亮伦敦。"
1989年10月16日伦敦《伦敦标准晚报》的评论标题

克莉丝蒂·杜灵顿身着以太空竞赛为设计灵感的套装作为秀的开场

●加利亚诺的 1990 春夏系列以多样化的主题和内容设计拉开了全新十年的序幕，包括继承自太空时代以银色、白色为主的造型，一袭黑衣的“希腊遗孀”，孩子们在南非的闹市区里踢着尘土飞扬的足球，灵感来自摄影师萨姆·哈斯金斯的影集《非洲影像》（*African Image*），以 20 世纪 50 年代风格为灵感的“Dior”鸡尾酒裙和“牡丹女孩”（Peony Girls）。

●《女装日报》这样评价加利亚诺：

> “山本耀司的影响贯穿了好几季。来到这个春夏系列，他又把手伸向了 Thierry Mugler、Pierre Cardin 和 Courreges。”
>
> 1989年10月16日

●考虑到奥林匹亚会展中心空间狭小、组织混乱，英国时装协会将秀场搬到了高端奢华著称的切尔西豪宅。然而，凯瑟琳·哈姆内特因为此前的种种不快拒绝在伦敦进行展示。

●开场模特是来自美国的超模克莉丝蒂·杜灵顿。她身着白色连体服，搭配未来感十足的银色皮夹克。夹克的肩部设计犹如展开的双翼（外套零售价为825英镑）。

●她戴着棕色的波波头假发和头巾，画着浓重的全包眼线，让人几乎认不出她来。加利亚诺对娜奥米·坎贝尔和海莲娜·克莉丝汀森如法炮制了同样的妆发造型。

●杜灵顿之后的模特以色彩为主题鱼贯而出。前面的模特穿着短翼袖夹克搭配粘胶半裙，裙摆被设计成“随风飘扬”的旋涡状；接下来的模特身着泡泡短裤 / 短裙；“希腊遗孀”装扮的模特通身黑色，或是披着披肩，或是带着制帽大师雪莉·赫克斯设计的草帽，纤细的帽带系在颈间。

●接下来的展示主题是“流浪儿”（Waifs），青春洋溢的女孩儿身穿黑色绉纱连衣裙赤脚走上 T 台，零售价为285英镑的裙子虽然造型简单，但却流畅地勾勒出身体线条。这也是凯特·莫斯的首秀。当时，15岁的她只是众多模特中默默无闻的一员（1988 年，模特经纪公司 Storm 的星探萨拉·道卡斯在纽约肯尼迪机场发现了她并签约），谁都没看出她最终将成为模特届的一代传奇。

●以20世纪50年代风格为灵感的鸡尾酒裙后是蓬松的“筒”裙。裙身或侧边饰有宽褶，或下摆裁成卡丹式［皮尔卡丹风格（Pierre Cardin esque）］圆角。克莉丝蒂·杜灵顿挽着克里斯托·托勒拉（前英国流行乐队 Blue Rondo a la Turk 的成员，该乐队于1984年解散）手臂走上伸展台，画面风格并不和谐。

●“非洲”章节的服饰包括打底裤、连体紧身裤、宽大的短裤、长罩衫、飘逸的多片式半裙（skirt panels，一种半裙，与一片式相对应，通常为偶数片，如 4 片、6 片、8 片式等的裙片接缝而成的）、有侧开衩的半裙、由格纹棉布制成的连衣裙和印花连衣裙（印花图案由朱莉·弗尔霍文设计）。受非洲文化启发，设计师用碎布制成了很多“角状”头饰，搭配短款条纹外套、侧边饰有条纹的棒球裤、饰有缩写字母的 T 恤和印有数字的足球背心，配饰包括肩带被设计成卷尺样式的雨伞。

●伊莎贝拉·布罗曾借过一款秀上的包头巾去参加晚宴，俯身时不小心靠近桌上的烛火，点燃了头巾。加利亚诺在酒会上结识的珠宝商维姬·萨奇受到欧洲车椅坐垫的启发，用木质小圆珠编结成的女士胸衣和短裤，这位珠宝商也是记者哈米什·鲍尔斯的合租室友。加利亚诺在这场秀中首次使用了椭圆形或“眼睛形状”的纽扣。

●“意大利白”（Italian Whites）章节用到了大量经典的绉纱单品，审美风格更加主流，商业性和实穿性也更加优越（*Vogue* 刊载的一条绉纱裹身长裙零售价为 220 英镑）。来到秀场的最后一个章节，模特们头戴弗朗西斯·威尔逊设计的超大牡丹花头饰展示了多款造型：大地色条纹服饰、絮状的（蓬松的）舞蹈式衬裙、采用了卡丹式曲线领口设计的透明雪纺上衣等。《纽约时报》（1989 年 10 月 17 日）将这款雪纺上衣造型评价为“袒胸露乳的低俗装扮”。

●在一个秀场中展现这么多相互冲突的主题反映出加利亚诺使尽浑身解数想要在主流审美和先锋意识之间找到平衡，希望至少能够取悦某部分人群，但他最终还是失败了。秀场观众的冷嘲热讽让他的赞助人佩德·贝特尔森难堪不已，在走秀才进行到一半时就头也不回地转身而去。媒体关于这场秀的评论也恶意满满：

> “加利亚诺先生的系列里充斥着巨型毛毛虫一样的帽子和尿布，即使是他的仰慕者也搞不懂了。”
>
> 伯纳丁·莫里斯，《纽约时报》，
>
> 1989年10月17日

●《女装日报》的评价是：

> “老套而愚蠢。就算是艺术院校里的无脑追星族也在哀嚎。”
>
> 1989年10月16日

●在最后的致谢环节，加利亚诺走上伸展台。他梳着斜刘海，穿着灰色 T 恤和白色牛仔裤。

●然而，加利亚诺工作室内部却一直认为主要问题在

15 岁的凯特·莫斯身着“流浪儿”系列黑色绉纱连衣裙，首次走上 T 台

Madonnas

Sections II/III · widows

Bobbins

sleeveless

Section IV Italian Whites

HOUSE OF LORDS

DIEU ET MON DROIT

HONI SOIT QUI MAL Y PENSE

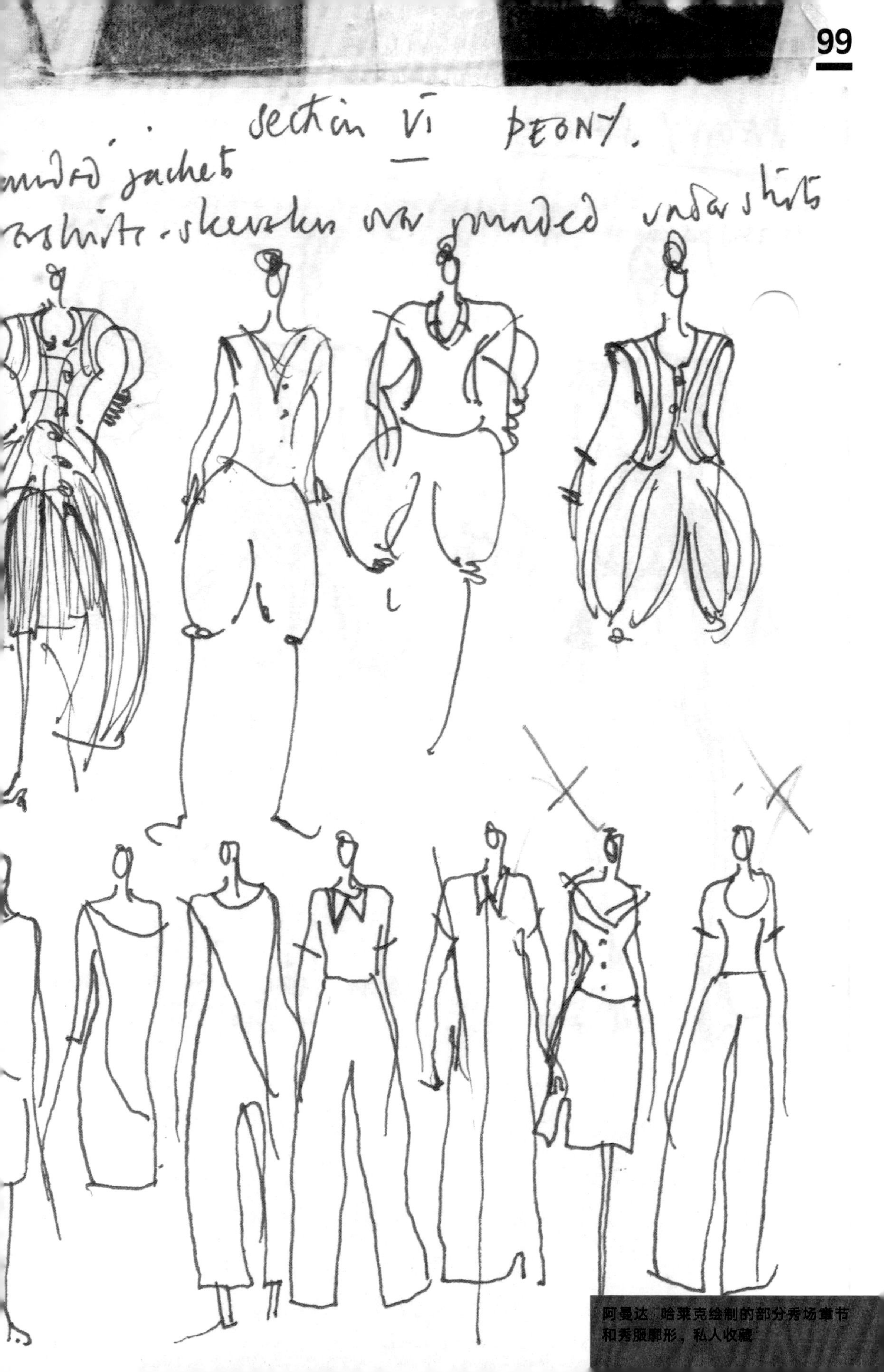

Section VI PEONY.

阿曼达·哈莱克绘制的部分秀场章节和秀服廓形，私人收藏

饰有“眼睛形状”纽扣的条纹羊毛外套，史蒂文·菲利普藏品

海莲娜·克莉丝汀森头戴包头式头巾，身穿条纹外套

于场地而非系列本身。在伦敦时装周上没有表现好，但是再找一个场地进行展示成本太高。凯瑟琳·哈姆内特和薇薇安·威斯特伍德已经开始转战巴黎。设计师贝蒂·杰克逊表示："美国买手来到伦敦，在狭小拥挤的奥林匹亚会展中心大批量订购的日子已经一去不复返了。"(《女装日报》，1989年9月19日)

●生产经理伊恩·毕比回忆：

> "销量停滞不前。没有任何宣传投入。销售额还差很多。面料必须提前买好，有时你买了400米，能剩下300米。一个系列需要35种面料，很多都被浪费了。"

作者访谈

●受经济衰退的影响，20世纪80年代英国的零售业一片死气沉沉。不论是国内贸易还是出口都举步维艰，特别是对法国、德国、意大利和美国的外贸形势尤其严峻。为了丰富产品线，艾古契克让加利亚诺推出泳装线。他们委托一家位于莱斯特（Leicester）的运动服饰厂家生产了十款单品，包括用莱卡面料制成的黄绿色和黑色泳衣，胸口处绣有醒目的商标图案；配件包括由毛巾布制成的浴袍和包袋。销售经理汉娜·伍德豪丝想起当时开着车在法国蔚蓝海岸（Cote d'Azur）一家接着一家敲开商店的大门，想要推销这些泳装，但最终无功而返：

> "在泳装这块儿，我们的广告预算和销售网络全都是零。和成衣不一样，这些线条简洁的露背泳装实穿度很高，也很好卖，它的设计思路完全领先了当时的主流。但是，当时的零售商依然普遍认为约翰设计的衣服很难卖，像这种只适合少部分人群的衣服只能在定位清奇的商店里销售，比如巴黎的Maria Luisa和l'Eclaireur。"
>
> "当时贝特尔森还是加利亚诺的赞助人，但是与商业经理的意见相左。"

作者采访，2017年1月

1990/1991秋冬
Autumn/ Winter

击剑
Fencing

1990年3月14日
中午12点30分
巴黎卢浮宫广场
110套时装造型

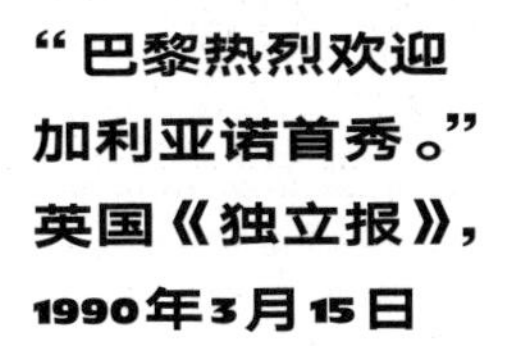

“巴黎热烈欢迎
加利亚诺首秀。”
英国《独立报》，
1990年3月15日

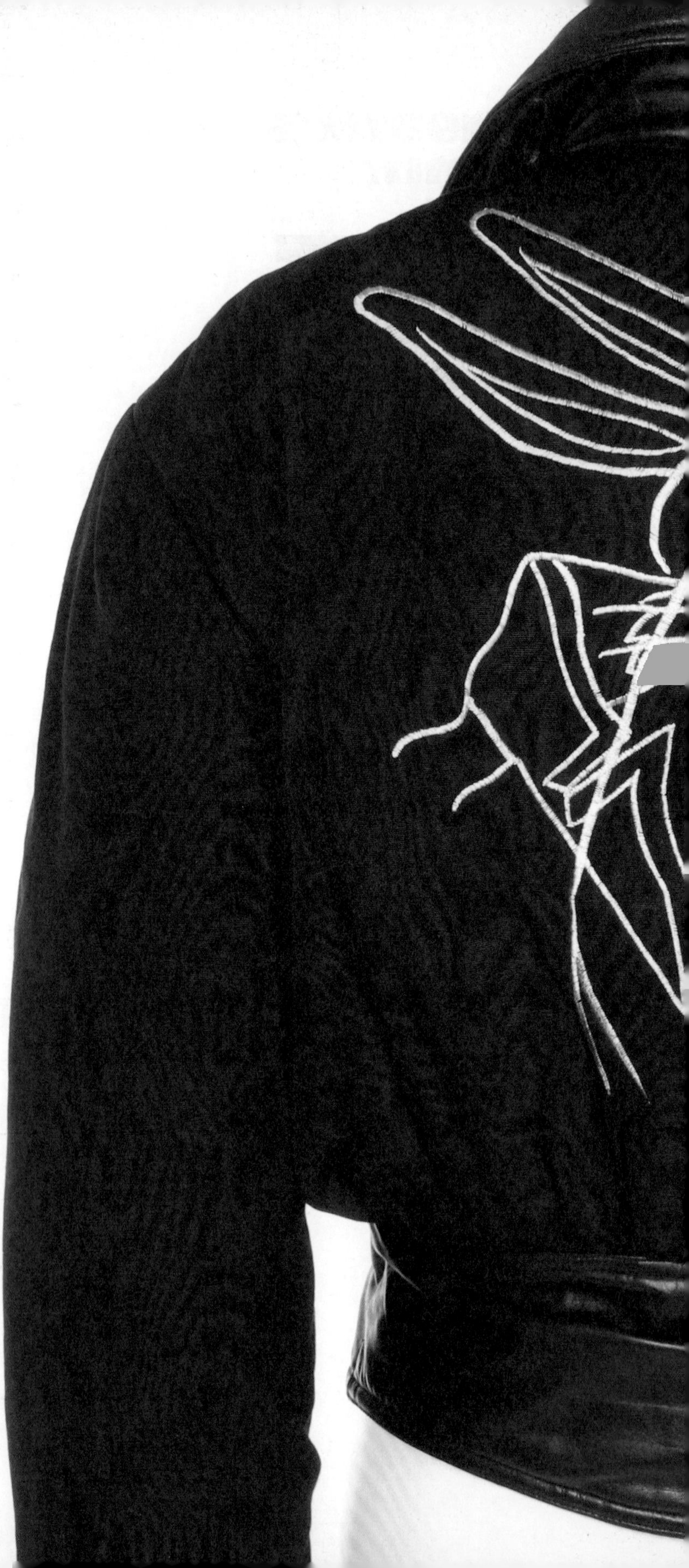

兔八哥(Bugs Bunny)外套。史蒂文·菲利普藏品

●贝特尔森最终还是做出了让步，同意让加利亚诺去巴黎试试。英国设计师的定位并不适合加利亚诺，他必须成为具有国际影响力的设计师，而来到法国将有助于他实现这一目标。

●1982年，伦敦时装周的海外媒体数量仅为32家，这个数字1989年飙升到了347家（*Vogue*，1990年2月刊），同一时期的买手数量也水涨船高，但是相比巴黎时装周，依然是九牛一毛。伦敦就像是不得已退而求其次，如果行程紧张，需要做取舍的话，巴黎是买手们的首选。

●贝特尔森这样回应英国媒体的种种批评：

> “巴黎的国际买手数量比伦敦和米兰的都多，所以更适合约翰。”
>
> 英国《独立报》，1990年3月15日

●为了控制成本，他们请英国米德兰航空公司（British Midland）和哈雪香槟公司（Charles Heidsieck）出面赞助此次走秀，从而节省了机票和香槟的开支。尽管如此，费用缺口依然高达5万英镑。华纳兄弟（Warner Bros）赞助了约2.5万英镑，作为庆祝兔八哥诞生50周年活动的一部分。销售经理汉娜·伍德豪斯回忆道：

> “华纳高层来到我们的办公室，我们同意把兔八哥融入我们的服饰设计中，而且在秀场上还会准备两个巨大的显示屏，反复播放兔八哥的影片。约翰非常地理解配合，这种事情对他而言很难接受，但是我们真的急需这笔资金。他在象牙色的飞行员外套上巧妙地使用了相似颜色的丝线进行刺绣，使得兔八哥的图案近乎隐形；模特们或是用长发盖住卡通图案，或是直接把外套系在腰间。前排就座的华纳高层愤怒不已，而且那些显示屏也都是坏的。为了安抚他们，我们为华纳首席执行官的妻子专门定制了一件兔八哥外套，一切问题就都不是问题了。”
>
> ●作者采访，2017年1月

●新闻官丹达·贾罗梅克回忆道：

> “约翰借用了朋友的公寓，我们得沿着螺旋楼梯把所有东西搬上去。来到卢浮宫布置秀场时，我像个小孩子一样突然意识到我们正在做着一件很重要的事情，然后突然手足无措起来。很多人都和我一样，不过我们都非常兴奋。”
>
> 作者采访，2016年10月

> “终于摆脱了奥林匹亚会展中心停车场的大帐篷，我感觉世界都轻松了。如果约翰也会感到紧张的话，那么他掩饰得很好。他工作的时候精力非常集中，从来都是全身心投入进去。”
>
> 作者采访汉娜·伍德豪斯，2017年1月

●卢浮宫可以容纳2000人的帐篷座无虚席，然而时装秀开场比预定时间晚了50分钟。这让贝特尔森和满心期待着加利亚诺巴黎首秀的观众们大为不满。宛如塞壬女妖的吟唱与低促交谈的声音在帐篷中蔓延开来，节奏鲜明的鼓组随即跟进，杰里米·希利的开场背景音乐颇为抓耳。希利一如既往地根据模特走秀对音乐进行即兴演绎。安妮·伦诺克斯在第四排就座。第一套造型是剪裁精良、廓形优美的骑士外套，包括红色、白色和黑色，衣领和下摆采用圆弧轮廓（在上一季中也使用了这个设计）。

●加利亚诺想象中的女人是强大、充满力量的。哈莱克为他描绘出一位18世纪女骑士的形象，她善于格斗、气势不凡。在朱利安·戴斯的巧手装扮下，这一场的模特们梳起了18世纪“罗伯斯庇尔”（Robespierre）式马尾辫。

> “我想要展示女性的多种魅力，不想以命运掌控者的身份来为她们设计服装。”
>
> 英国《独立报》，1990年3月15日

●接下来展示的造型包括苏格兰短裙搭配毛衣，亮面白色马裤搭配多款剪裁精美的紧身短夹克，一件运用编织技法展现骨骼和肌肉纹理的安哥拉羊毛衫，绗缝缎面夹克和束身衣，配饰包括帽子和击剑风格的面罩。

●英国《每日邮报》（*Daily Mail*）将这套造型称为“神智混乱的养蜂人”（1990年3月15日），很可能是因为不满初出茅庐的英国设计师居然为了巴黎而抛弃伦敦。

●在展示完充满未来风格的造型后，黑色大衣和外套依次上场。“剪刀”（Scissor）大衣（零售价450英镑）带有交叠的燕尾，通常采用两种不同面料，与马裤、紧身连体服和利落的白色棉质衬衫相搭配。菲利普·崔西设计了圆顶帽，模特在佩戴时把长长的卷发从两侧放下，垂在肩头。

●接下来的模特身着层层叠叠的黑色雪纺或绉纱吊带裙（零售价格为275~300英镑，销量出众），吊带如意大利面条一样细，另一些模特身穿用串珠编成的单层或双层珠帘遮挡前胸，并搭配短裤。

●紧随其后的是利落的西服西裤套装、饰有抽象印花的棕色和紫褐色雪纺套头衫、绉纱吊带裙和叠穿的罩裙。朱莉·弗尔霍文从汉斯·哈同和罗伯特·马瑟韦尔的绘画作品中撷取灵感，设计出了吊带裙上的抽象印花。这些单品都具有很高的实穿度。

●最后上场的模特展示的不修边幅的自行车手造型，其灵感就来自于自行车骑行这项运动。在模特上场

剪裁精良、廓形优美的红色骑士外套
是开场造型之一

上装为两侧拼有黑色绗缝缎面的外套，下装为马裤，帽子和面纱让造型更加完整

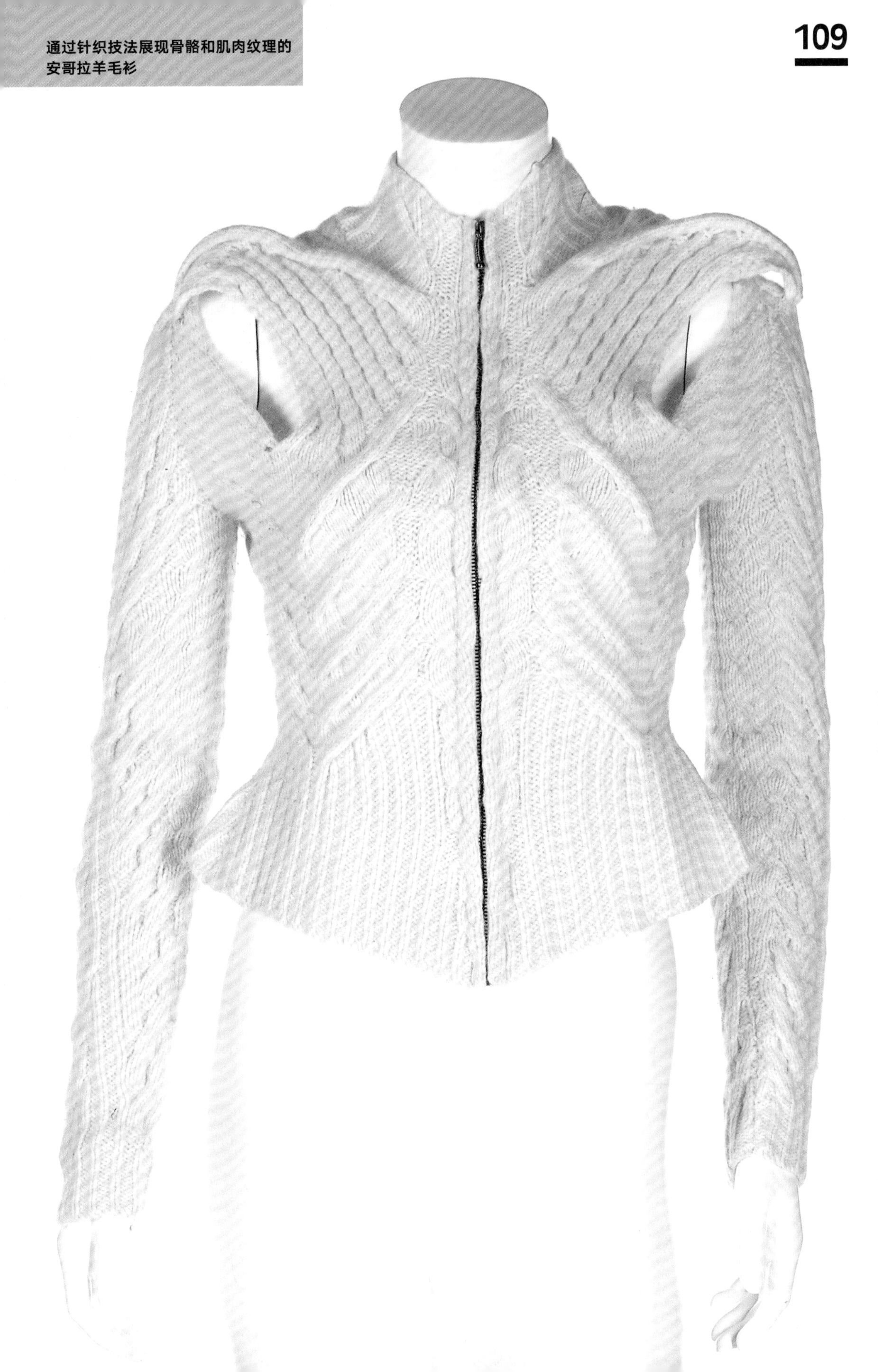

通过针织技法展现骨骼和肌肉纹理的
安哥拉羊毛衫

前，朱利安·戴斯在她们脸上随意涂抹黑色的油彩，并让她们把头浸入冷水桶，来打造水从发梢流下的效果。由合成面料制作的酸性荧光黄色夹克呈现出若隐若现的波纹质感（零售价835英镑），它和“兔八哥”外套搭配的单品包括黑色紧身打底裤和做旧效果的背心。多层堆叠的棉质衬衫（零售价125英镑）和网眼背心叠搭出现。

●展示结束后，上台鞠躬致意的加利亚诺也是一头湿发，上身是粉色的兔八哥T恤，裤子外面罩了一件围裙。如释重负的他喜悦之情溢于言表。巴黎的观众全体起立，掌声经久不息。

●美国高端百货公司尼曼（Neiman Marcus）的琼·凯诺非常喜欢骑士外套和吊带裙，认为这场秀是“现代审美与中世纪风格的完美融合”。美国另一家奢侈品百货公司波道夫·古德曼（Bergdorf Goodman）的安德烈·巴齐尔看中了苏格兰短裙和酸黄绿色自行车手外套。

●贝特尔森说：

> “这是他迄今为止最棒的一季，我觉得它也会成为本季巴黎时装周最抢眼的系列。”
>
> 罗杰·特瑞德烈的采访，英国《独立报》，1990年3月15日

●从媒体的角度看，这次秀无疑是极为成功的，收获了当季极高的讨论度——但是它的销量也会跟上来吗？巴黎这步棋会带来实质性的改变吗？伊恩·毕比回忆，这一季的效果很不错：

> “大部分设计都很好穿，可能是他商业化程度最高的系列之一。大部分商品都销往了欧洲，日本也有一些，美国最少。”
>
> 作者采访，2016年8月

● 1990年3月，加利亚诺推出了个人的首个芭蕾戏服系列。沿袭波烈、圣·洛朗和香奈儿等设计大师们建立起来的传统，他为兰伯特芭蕾舞团（Ballet Rambert）新排演的舞蹈《库鲁洛》（*Currulao*）设计演出服。以1989/1990秋冬系列为蓝本，他用黑白条纹进行了重新演绎。

加利亚诺的女孩系列

●尽管艾古契克给出了很高的评价，贝特尔森拒绝继续投资1991/1992秋冬系列和相应的秀场，并要求加利亚诺立刻着手设计两条副线：“加利亚诺的女孩”和“加利亚诺牛仔”，希望以更低的售价在年轻消费者中打开市场，进一步提升销售业绩。无独有偶，贾斯珀·康兰和凯瑟琳·哈姆内特尽管可以继续推出秋冬系列，但只能通过视频或预约方式加以呈现。

黑白相间的大花团，穿戴在外套外面起装饰作用，私人藏品

在秀场最后一个章节，脸上涂着油彩的模特展示“骑行者”不修边幅的造型

●艾古契克的公关负责人娜蒂拉·汤普森承认之所以要推出副线，是受到经济衰退的影响。

> "我们决定本季暂停推出主线系列，目的是集中资源开辟新领域。推出新的产品线并取得好业绩需要投入大量的时间和精力。"

● *Draper's Record* 杂志，1991年3月2日

●按照计划，首先于1992年3月12日在伦敦设计师时装秀（London Designer Show）上发布副线产品，然后在巴黎面向各国买手进行为期数天的展示，接下来再去米兰参加展会。该系列的产品主要采用彩色牛仔布、莱卡、弹性橡胶涂层面料和纱网制成，饰有John Galliano London黑标和John Galliano Genes商标。牛仔夹克的零售价为130英镑，501款式的低腰牛仔裤100英镑、莱卡T恤65英镑、莱卡外套240英镑、大衣300英镑——该系列的价格依然不太平易近人。具体款式包括"圆形"（circle，

定体现出了超前的眼光。但是落实到操作层面上却是一团糟，尤其是选出来的色彩：柠檬黄、橘色、松石绿和芥末绿。产品款式也十分有限。当时所有英国设计师的日子都不好过，假如当时换种做法，比如把约翰标志性的设计元素融入到副线产品中，然后风格更加年轻一点、定价再低一些，也许效果会更好。"

摘自作者采访，2017年2月1日

朱莉 · 弗尔霍文设计的加利亚诺的女孩系列商标 Galliano's Girl 商标

朱莉 · 弗尔霍文设计的加利亚诺的女孩系列商标 Galliano's Girl 商标

1991春夏 Spring/ Summer

大姐大 Honcho Woman

1990年10月17日，下午5点30分 巴黎卢浮宫广场 125套时装造型

“英国设计师约翰·加利亚诺在巴黎尽显锋芒。”

洛丽·特纳的文章标题，

1990年10月18日

邀请函封面是朱莉·弗尔霍文的拼贴画，纸张采用维莱恩（Vilene）衬料（本系列的服饰也用到了这种材料）。邀请函还印有前几季秀场中出现过的纸牌、车牌等图案

●加利亚诺在巴黎的第二场大秀依然在新国王路（New Kings Road）上演。为了尽量压缩办秀成本，工作室全体人员（包括当时一边上学一边在这里实习的安东尼奥·贝拉尔迪）全程自驾往返巴黎伦敦。他们租下了巴黎20区的一间工作室作为秀场举办地，史蒂芬·罗宾逊和其他成员负责前期准备工作，最后所有安排由加利亚诺一一敲定。整个过程和前几年一样，依然颇为混乱。

●大批观众在秀场外排队等候了一个多小时迟迟未能入场，因为这一次又晚点了。佩德·贝特尔森对此尤为恼火。然而，加利亚诺仍然是巴黎的当红炸子鸡，无数记者和买手蜂拥而来，尽管大家等得很不耐烦，但是真正抱有抵触情绪的还是少数。

●开场模特身着芥末黄的华达呢长款大衣，内搭黑色吊带裙。大衣衣领采用压线缝合技术，燕尾部分用黑色蝴蝶结绑在模特腿上。模特发型由朱利安·戴斯负责将模特头发从中间分开后梳起，发尾弯曲，史蒂芬·玛莱则负责模特妆容。

●这个系列服装裸露程度较高，特别是腹部和胸部。细带吊带连衣裙以多层或“双层”（Double）叠穿方式出现在T台上，材质包括雪纺、绉纱和烂花面料；有些连衣裙的开衩高及大腿，有些带有斜切口细节，比如有些是露背设计或在裙身上有一些小的孔洞。

●加利亚诺毫不掩饰他对斜裁的偏爱：

> “就像是在剪裁质地厚重的水。它仿佛是你的第二层肌肤。这很不容易，因为必须对面料的垂量和缩水情况心中有数。”
>
> 接受林赛·贝克的采访，英国《卫报》，1991年6月24日

●大姐大造型的模特们身着棉质半裙，裙子正面或背面是做工繁复的褶皱；或是身着秘鲁风半裙，层次丰富、体积感强，像披肩一样的皮质配饰起到了腰封的作用。

●接下来的几个部分则风格大变，主要展示以爱德华时代男装为设计灵感的套装和夹克，剪裁更为精致；比如细条纹套装，翻领处饰有裁缝专用的别针和手缝针。除了“眼睛”形状的纽扣再度出现，设计师还别出心裁地用梳子做夹克上的开合固定扣件。

●这一季的裙子不多，以低腰长裤为主，这样一来观众的视线不由得聚焦在模特裸露的纤腰以及罗纹带包边的兜盖上。加利亚诺在裤腿内侧位置（译者注：原文是inside-leg side，指裤腿内侧的侧缝，这里指侧缝嵌缝有条纹带。）采用撞色条纹设计，这一前所未见的设计也成为了他的标志。加利亚诺设计的时装内里同样非常考究。为了证明这一点，他甚至会把裤子内侧翻出来，大方展示里侧整洁的包边和口袋处理工艺。

●饰有蟒蛇印花的淡紫色皮夹克搭配软呢帽和金色小珠编成的串绳（零售价为150英镑）。饰有多个囊状口袋的黑色漆皮紧身胸衣既可以作为服饰搭配，也可以作为裙撑。朱莉·弗尔霍文围绕肌肉进行了深入研究，并将学习成果转化为“解剖”视感更为精准的华达呢背心（上个系列相同主题的延续），在背心的正面或背面用金属色丝线编织成脊椎或肌肉图案，撞色效果十分醒目。

●最后两个部分实验性质更加浓厚。剪裁精致的设计有吊带袖子的夹克；不对称的荡领和围巾式的袖子，搭配前后都饰有切口的长裙。接下来的连衣裙用白色衬布制成，设计有类似于折纸般的叠褶，搭配棕榈叶（教堂在棕树节时使用的那种叶子）头饰；用维莱恩棉垫式衬布制成的外套搭配蕾丝女士短裤。

●记者洛丽·特纳在秀后第二天这样写道：

> “只有加利亚诺的秀场才能呈现出这些作品。昨晚的成功证明他的影响力已经跨越了英吉利海峡，但是加利亚诺的英伦本色并未改变。”
>
> 《伦敦标准晚报》，1990年10月18日

●在最后设计师鞠躬致意的环节，加利亚诺身着军装大衣和饰有抽象印花的蓝绿色长裤，搭配薇薇安·威斯特伍德的“约翰牛”帽子。加利亚诺的衣着往往可以反映他当时的情绪和喜好。低眉顺眼的打工人造型已经一去不复返了，从这时起，特立独行的先锋领袖开始登上时尚界的舞台。

●汉娜·伍德豪斯这样说：“大家全都来到了巴黎，因为我们发现从上个季度开始，欧洲的销量迅速攀升，所以我们这么做是有道理的。我们75%的货品都从这里采购。”（摘自罗杰·特瑞德烈的采访，英国《独立报》，1990年10月18日）。

●然而回想起当时的系列，她也承认像那些剪裁优秀的外套、长裤套装等确实销量很好，但是该系列绝大部分服饰都与热卖无缘。“吊带袖”夹克根本没有量产；但针对这类单一功能性的袖子（或其他款用于装饰性的袖子），日本客户甚至专门写邮件要求提供书面说明解释如何穿着这类款式，这大大出乎加利亚诺的意料。每条零售价格高达700英镑的叠穿吊带裙不仅价格昂贵，而且对穿着者的体形要求极高。为了吸引更多消费者，他们甚至把某些服饰当作运动服来推广，最后当然是惨淡收场。

> “产量小就没法压低生产成本，量产则不然。另

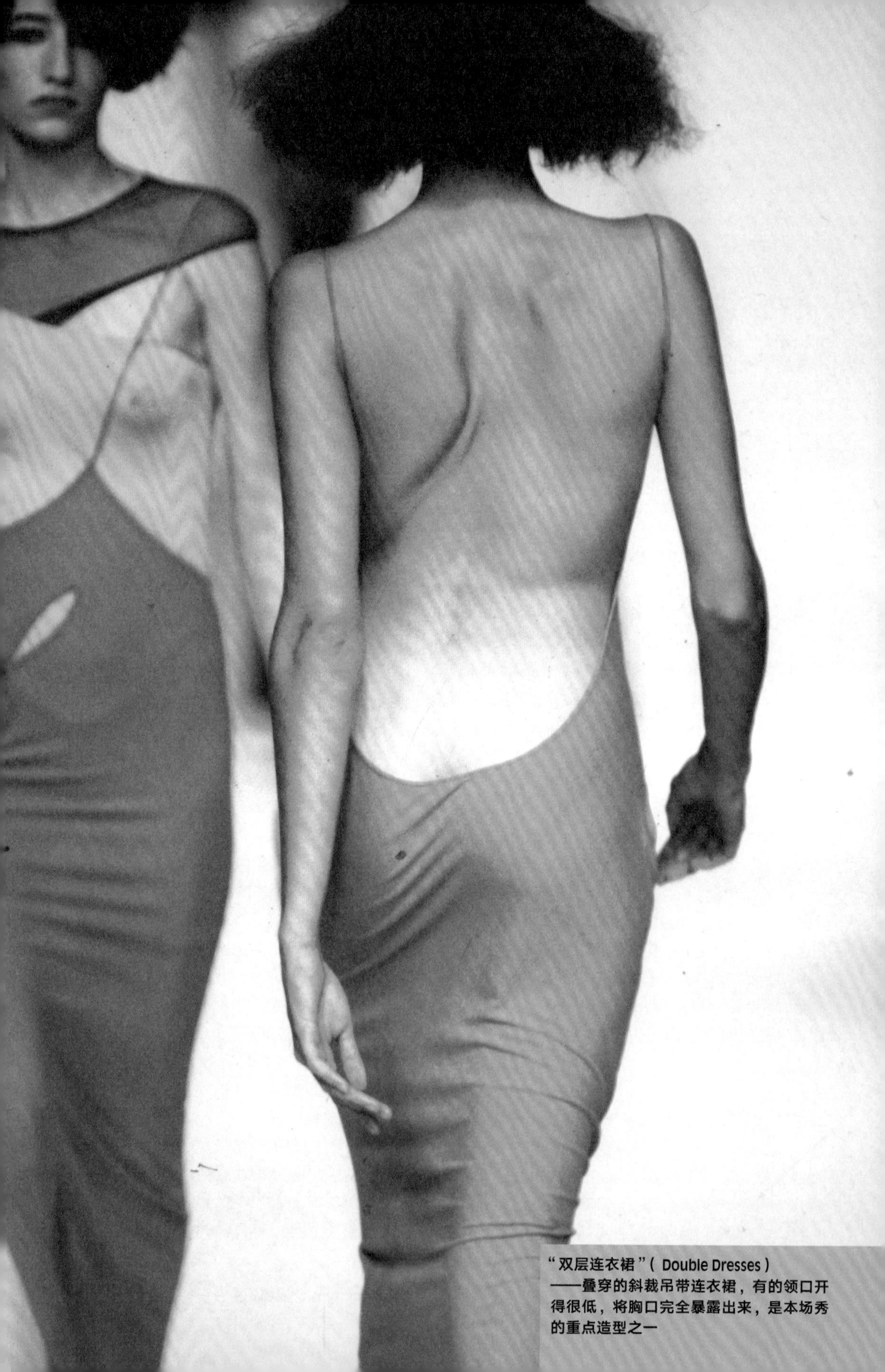

“双层连衣裙”(Double Dresses)
——叠穿的斜裁吊带连衣裙，有的领口开得很低，将胸口完全暴露出来，是本场秀的重点造型之一

做旧效果的拼贴牛仔裤（印花图案由朱莉·弗尔霍文设计），搭配“拿破仑式”松石绿色或酸性黄色外套，外套由氯丁橡胶制作而成，饰有盘扣

模特身着由维莱恩衬布制成的大摆裙
和“收紧式（Ligature）”衬衫

一个重要的因素是约翰对工艺水平要求很高，大型生产企业根本达不到他的要求或者不愿意配合。回想起来，也许当时应该换个营销思路，把这些衣服按照定制款的水平进一步提高售价？尽管媒体一片赞扬之声，但是这些衣服真的太难卖了。”

汉娜·伍德豪斯接受本书作者采访，2017年1月

●贝特尔森早就开始延长给供应商的付款周期，工作室因此无法及时获得所需面料，进而导致订单交付延迟。

“我们的订单量不大，但对方都是各国的高端商店。到了贝特尔森的赞助后期，我们的工作陷入了很被动的局面。资金不能按时跟上，面料采购的延迟进而导致不能按计划生产和发货。这样一来，人家也就不愿意继续订货了。这个时期每个人都焦头烂额。”

汉娜·伍德豪斯接受本书作者采访，2017年1月

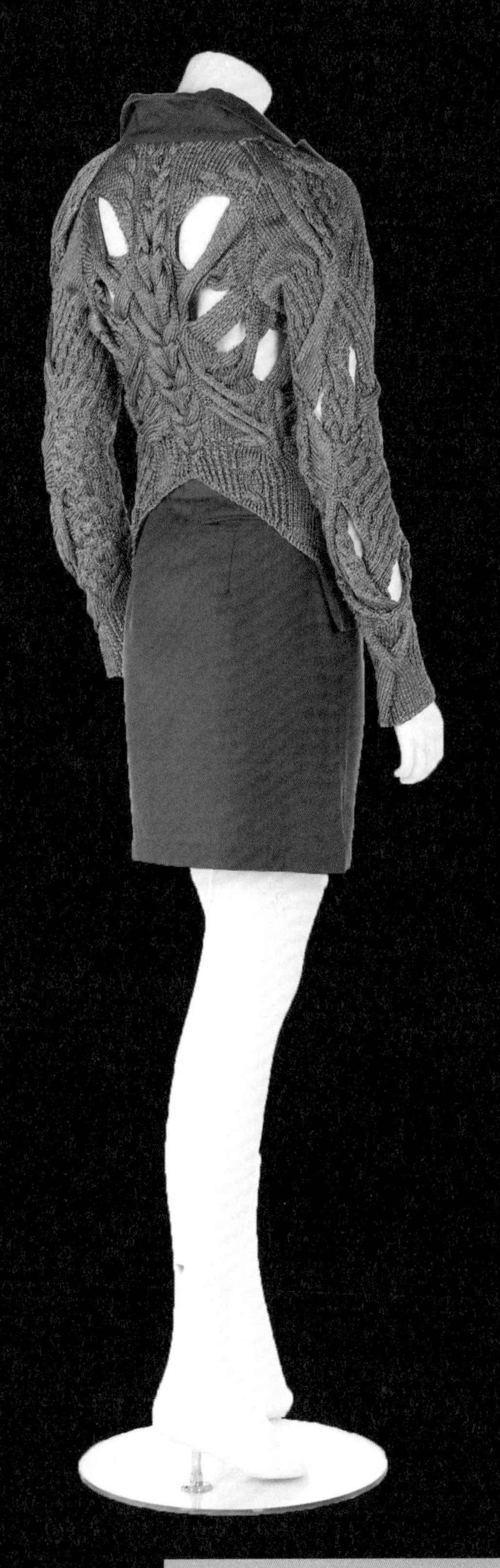

针织衫，后背部分参照肌肉和脊椎结构编织而成

菲利普·崔西用混凝纸（Papier maché）工艺设计制作的圆顶礼帽，头顶的装饰物造型包括猫、鸟和蜥蜴

“首个圣餐仪式”（First holy communion）连衣裙由内衬面料制成，搭配“棕树节”（Palm Sunday）头饰

1992春夏 Spring/Summer

约瑟芬·波拿巴遇到洛丽塔 Josephine Bonaparte Meets Lolita

1991年10月16日
下午5点30分
巴黎卢浮宫广场
97套时装造型
该系列没有商标，
因为从未进入量产环节

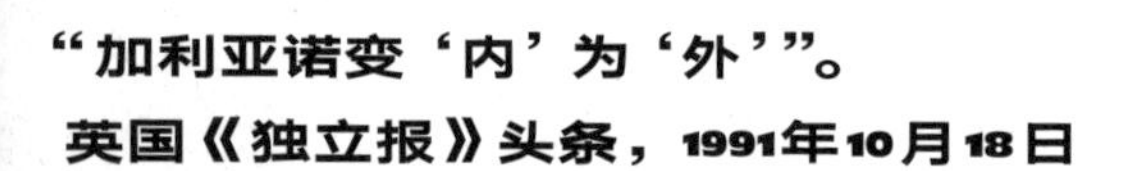

“加利亚诺变‘内’为‘外’”。

英国《独立报》头条，1991年10月18日

封面为英国国旗的塑料邀请函，里面装有会发光的凝胶

●缺席了1991/1992秋冬系列之后，再度归来的加利亚诺得到了巴黎观众的高度关注。作为时装周第一天的重头戏，加利亚诺的秀场外人头攒动、拥挤不堪，每个人削尖脑袋想要一探究竟。加利亚诺想要呈现一场夺目而"性感"、引爆媒体激情的大秀——内衣外穿，但是最终得到的效果却是一场化装舞会而已。

●相比同期其他品牌的秀场，本系列的预算少得可怜，已经到了没钱买布的地步。尽管本系列的造型数量并不算少，但基本上都是内衣，很多都是从内衣公司 Rigby & Peller 订购的。鞋履品牌 Shelly 同意赞助一半的资金，加利亚诺投桃报李，设计了多款鞋子（它们也被模特穿上了秀场）。尽管服饰足够吸引眼球，但是几乎没人在意。在这次秀场中，很多模特是"义演"或象征性地收取远低于行价的"友情价"。海莲娜·克莉丝汀森和凯特·莫斯再一次登上加利亚诺的秀场，展示了数款造型，其中包括"美丽宝贝"（Pretty Baby）——白色的马德拉刺绣（broderie anglaise，又叫细剪孔绣/英式镂空绣）吊带背心搭配饰有缎带蝴蝶结或用纸样碎片制成褶饰的短裤。

●模特妆容（泪痕犹存的睫毛搭配深红色唇妆）和发型（19 世纪风格的蓬乱卷发），造型师也给出了优惠极大的"友情价"。

●即使所有人已经在绞尽脑汁地节省开支，仅卢浮宫广场帐篷租金一项费用就高达约 2.5 万英镑，艾古契克公司人员的情绪也低至谷底。因为买不起机票，加利亚诺工作室成员各显神通，搭乘公交车、火车或汽车辗转来到巴黎。加利亚诺必须交出一份布兰奇·杜波依斯级别的优异答卷，才能让生意勉强维持下去。贝特尔森时期也终于走到了尽头。

●当贝特尔森在几年后回忆起这段赞助人的经历，他表示初入时尚圈的自己"愚蠢、天真、毫无经验"。"我以为卖石油和卖女装是一回事"。（接受詹姆斯·舍伍德采访，英国《独立报》，1998年1月4日）

●灯光暗下来，肖邦的优美旋律缓缓响起，然后风格 180°大转弯，迈克尔·杰克逊的舞曲强势介入。加利亚诺用"约瑟芬·波拿巴遇到洛丽塔"来形容这个系列，表示他设计的是"风尘女子的造型，但本质上展现的依然是装扮的乐趣"（*Elle*，1991 年11月刊）。

●开场造型"约瑟芬皇后"是一条袒胸露乳的棉布连衣裙。身着内衣、几近半裸的超模"招摇过市"，惊慌失措的观众们面面相觑、哑口无言。

●威尔士亲王格纹套装由莱卡面料制成，紧紧贴合模特身体曲线，加利亚诺专门把酸性染料涂抹在面料上，刻意做出磨损老旧的质感。在大秀筹备阶段，加利亚诺让工作人员买来大量凯利恬（Quality Street）糖果，把糖纸收集起来，一一展平（不能用熨，糖纸会化掉），然后小心翼翼地缝制成一件亮晶晶的燕尾服。这件拼贴大衣被萨芙伦·布伦斯穿上伸展台，随后被伊莎贝拉·布罗买下；然而因为材质过于脆弱，一夜之后，华服香消玉殒。

●比尔·盖登运用高超的斜裁技巧，把 57 片紧密相连的裁片组合缝制成了多条绉缎半裙。与之搭配的上装饰有乱七八糟的绣花丝线，大开的领口尽显模特胸前春光。Incroyable 风格（译者注：加利亚诺的毕业秀名为"Les Incroyable"，很多媒体就以 Incroyable style 指他的这一特定风格。）的燕尾服由纯色面料配花格里衬或用翻领处饰有花叶图案的如锡箔质感的合成织物制成，搭配弹力腰带裙或紧身马裤，裙子下面穿着吊带袜。19 世纪风格的白色束身衣搭配网纱（译者注:tulle: 特指真丝织造的网纱，欧洲高定常用网格状透明织物，织造精细且薄，克重极轻，价格昂贵）衬裙，裙下的丁字裤清晰可见（裙子和内裤套装的零售价为 900 英镑）。弹力色丁缎和网纱是本系列使用最多的面料。

●淡黄色雪纺或金属色"短款睡衣外套"的包边做出褶皱效果，饰有细小杂乱的片状材料，搭配腰带、短裤和菲利普·崔西设计的帽子。菲利普·崔西以爱德华时代的风格为灵感，设计了很多饰有薄纱和羽毛的软帽、军队风格的双角帽和美国警察帽。根据当时工作室某位助理的回忆，加利亚诺和崔西在巴黎大吵一架，崔西带着他的团队愤然离去，史蒂芬·罗宾逊和当时还是实习生的马修·格里尔只能通宵加班把这批帽子做完。这也是崔西与加利亚诺最后一次合作。

●秀场的最后一个章节名为"长老教"（Presbyterian），模特披着牧师袍一样的长袍走上 T 台，长袍上的装饰性条纹在模特走动间仿佛在"眨眼"。模特脖子上佩戴的类似宠物狗项圈的颈环让造型更加完整。

●大秀即将结束，模特们再次排队走上伸展台，她们从撕开的羽毛枕中掏出羽毛，兴高采烈地洒向观众，仿佛扔的是糖果和彩纸。

●最后上台鞠躬致谢的加利亚诺梳着长辫子，上身是背心搭配 T 恤，下身是两条短裤叠穿。

●媒体的评价褒贬不一，其中负面意见占据主流。《每日邮报》给出的标题是"江郎才尽有朝一日，衣衫尽褪或可一试"（1991年10月18日）。

●菲利普·崔西用网纱和鸵鸟毛精心设计了一系列

凯利恬糖纸拼接燕尾服

加利亚诺喜欢的模特玛丽·索菲·威尔逊身穿“约瑟芬”(Josephine)精纺棉纱裙

菲利普·崔西用弹力缎和网纱设计的帽子

窈窕淑女”（My Fair Lady）风格的帽子，最终被《伦敦标准晚报》毫不留情地讽刺为“洗衣篮”。

●《伦敦标准晚报》对设计师刻意追求的做旧效果也嗤之以鼻，表示模特们衣不蔽体，“衣衫褴褛……根本没有一件能够穿出去的体面衣服，而且洗衣机一洗就全都坏了。”（1991年10月17日）

●浅薄而充满闺房既视感的女性设计确实讨好了一些人，但是几乎所有零售商都拒绝买入这个系列。

●玛利亚·莱莫斯说：

> “哪怕是那些最忠诚的客户都认为这个基本上都是短裤和腰带的系列太过极端，根本无法销售。我们既没钱也没时间，所以根本做不出卖得好的产品。买手们心心念念的漂亮裙子我们没法做出来。这个系列对我们而言简直是自杀。最后，销量惨淡、损失惨重。”
>
> 玛利亚·莱莫斯接受本书作者采访，2017年2月1日

●这是压垮贝特尔森的最后一根稻草。11月26日，艾古契克正式宣布不再赞助约翰·加利亚诺，表示尽管贝特尔森非常认可加利亚诺的天赋，但是“他的系列销量未能达到要求”。（《女装日报》，1991年11月26日）。

●短期内艾古契克还会继续运营仍在盈利中的加利亚诺牛仔系列（贝特尔森持有该系列生产厂家50% 的股份），但是将砍掉加利亚诺的女孩系列，同时不会再赞助加利亚诺的1992春夏系列。为本次时装秀提供内衣的 Rigby & Peller 在新闻发布会上毫不留情地表示至今还没收到货款。发布会后贝特尔森付款息事宁人。

●加利亚诺也不认为与艾古契克还有继续合作的可能：

> “问题在于佩德·贝特尔森周围的人总给他出馊主意：这个不行，咱们做牛仔吧；牛仔不行，咱们做……我完全不知道目标在哪里，而且永远都没有留出准备时间。”
>
> 加利亚诺接受英国《观察家报》的采访1993年，2月28日

●次日，加利亚诺宣布他将于当夜前往巴黎寻求新的赞助商，为1992年春夏系列和加利亚诺的女孩系列提供资金，但事实并未如他所愿。工作室的所有物品，包括麻布、设计图纸和样衣等都被扔到了楼外的垃圾桶里，剩余面料低价卖给了学生，所有员工都被解雇。

●因此这个系列的衣物数量极为稀少，只有秀场款留存于世。

●加利亚诺遭受重创，但一息尚存。

以拿破仑时期风格为灵感的燕尾服搭配由弹力色丁缎制作的紧身马裤

寻找新的赞助人

The Search for a New Backer

●加利亚诺在11月与贝特尔森“分手”后，有小道消息称摩洛哥设计师费查尔·阿莫尔向他伸出了援手。二人相识于20世纪80年代中期，此后间或有所交流。查尔·阿莫尔定居巴黎，名下还注册有时装公司。尽管加利亚诺已经淡出公众视野，但是他从未停下创作的脚步。还是在那间新国王路的顶层公寓（下面是车库和工作室）里，下一季服饰在他笔下初见雏形。在此期间，他的助手、也是他的好友史蒂芬·罗宾逊不离不弃，始终给予他最大的支持。

●时间来到1992年6月，加利亚诺与阿莫尔就赞助事宜达成一致，不过双方8月12日才在《女装日报》上正式对外宣布。加利亚诺在伦敦的工作室得以保留，一方面是因为他十分推崇维多利亚与艾尔伯特博物馆（V&A）、皇家艺术学院（Royal College）和伦敦中央圣马丁艺术学院（St Martins）等艺术机构的博物馆，另一方面阿莫尔认为“英伦本色”是加利亚诺创作的灵魂，他需要保持这个特质。这位生于摩洛哥的设计师于1986年投入5万英镑创立了自己的公司，短短6年时间资产规模就迅速扩张至1200万英镑。他公司旗下的品牌包括Plein Sud、Aqua Girl、Pour Toujours和查尔·阿莫尔，其同名品牌更是作为公司的主打产品畅销整个欧洲。1986年，当时仍与艾古契克合作的加利亚诺特别希望自己的工作室能够雇佣几位技师，彼时阿莫尔在巴黎北部的夏特罗（Chatelleraut）建立了一家具有当时最先进技术的工厂，员工规模高达200人。艳羡不已的加利亚诺说这就像是“电影《诺博士》（*Dr, No*）（007系列第一部电影）里的设定……这些机器太神奇了。缝纫机都安装了电子眼，神乎其技地就可以把拉链缝上去，简直是上帝的创造。”（罗杰·特瑞德烈，英国《独立报》，1992年8月13日）

●加利亚诺每年需要推出两季的半定制系列，以及副线加利亚诺的女孩系列的设计，而且按计划副线的单品数量将从20件增加至85件。如果一切进展顺利，还将重新推出男装，并在伦敦开设专卖店。阿莫尔不仅提供技术支持，还慷慨解囊从米兰订购顶级面料，加利亚诺人生中第一次有机会尽情地在高端面料上施展才华，把脑海中的设计变为华丽的作品。

> “在伦敦的时候，如果我需要找面料，我得跑很远，然后在工作室把它们一一分好。现在我只需要联系一下米兰的专员，然后工厂那边就会按照我的需求生产布料。”
>
> 《伦敦标准晚报》，1992年10月15日

●玛利亚·莱莫斯回忆道：

> “凡是涉及面料或生产的事情，只要是约翰有要求，Faycal都会去安排，至少一开始是这样。”
>
> 玛利亚·莱莫斯接受本书作者采访，2017年2月1日

●为了让加利亚诺集中精力做好设计，阿莫尔把营销、生产、管理和分销等其他工作都接手了过来。加利亚诺来到巴黎时，口袋里只有10法郎，只能睡在模特朋友玛丽-索菲·威尔逊家的地板上。用他自己的话来说，这段时间是“真正的考验”（2007年蒂姆·布兰克斯拍摄影片时对加利亚诺进行了采访）。

●阿莫尔在位于巴黎11区豪华的Plein Sud总部中为加利亚诺准备了一间长长的、木屋一样的工作室。早在约翰·布伦的赞助时期，比尔·盖登就与加利亚诺并肩奋战了，如今这位经验丰富、才华横溢的剪裁师再度回到了加利亚诺身边。阿曼达·哈莱克依然与加利亚诺保持紧密的合作关系，每周至少与加利亚诺见一次面，在时装秀准备阶段和加入加利亚诺巴黎团队之前每个晚上都会与加利亚诺进行交流。她让当时还在伦敦中央圣马丁艺术学院读书的实习生马修·格里尔在伦敦采购配饰，比如从卡姆登市场（Camden Market）买的阳伞、从百货商店约翰·路易斯买的男士松紧腰带；她本人也为了采购配饰跑遍了巴黎，比如草编双角帽。一直以来，加利亚诺都非常注重打造从头到脚、一丝不苟的造型。因为没有与女帽制造商建立正式合作关系，所以工作室人员只能亲自上手。实习生马修·格里尔用了好几天时间来制作饰有缎带、羽毛和干花等的精巧软帽，年轻的学生安东尼奥·贝拉尔迪从旁协助。

1993春夏 Spring/Summer

海盗 Filibustiers

1992年10月14日，原定于晚上9点开始 巴黎瓦格拉姆大厅/ Salle Wagram 74套时装造型

邀请函：蓝色和白色藏宝图印花

“约翰·加利亚诺织造了一场美妙幻境。”
露丝·拉费尔拉在美国版 *Elle*（1992年12月刊）上发表的文章标题

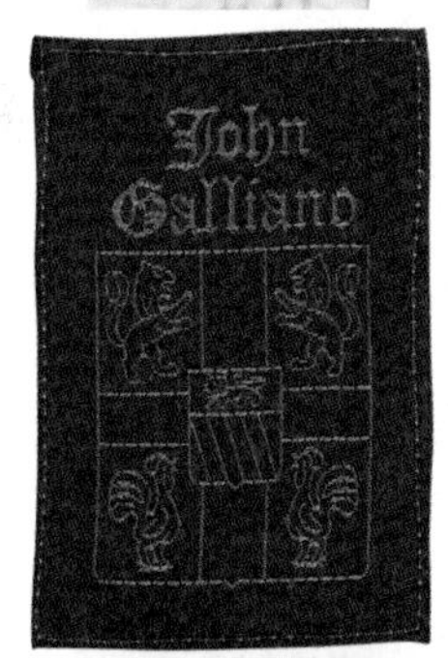

白色、黑色、酒红色和松石绿色机织缎面商标，但没有原产地城市，另配印有大字体数字的尺码标，下一季服饰也沿用了这一做法

●实习生马修·格里尔回忆道，Plein Sud 的缝纫工人们 24 小时轮流倒班，终于赶在最后期限之前完成了所有生产工作。此时距离大秀开演只剩3天。

> “他们从伦敦请技师过来在雪纺面料上印制全息图案，但是工作还没完成对方就不干了。约翰和史蒂芬坚持这些印花图案不能少，所以只能史蒂芬和我顶上去了。这是我最拼命的一次了，三天三夜没合眼，最后完全挺不住了。史蒂芬对约翰无比忠诚。他还在上大学的时候就和加利亚诺一起共事了，这么多年始终形影不离，这就是他的毕生所愿。他忠心耿耿、才华横溢、精力充沛，逢山开道遇水架桥，总能找到解决问题的方法。他是一个令人敬佩的人。”
>
> 马修·格里尔接受本书作者采访，2017年4月

●按照计划时装秀将于晚上 9:00 开始，但是直到下午 5:00 工作室才刚把由金叶子组成的龙形配饰做好，工作人员拿到配饰后马上开始把它装饰到旗袍上。深夜 10:50，时装秀终于拉开了帷幕。尽管比预定时间晚了近 2 个小时，观众（包括著名设计师阿瑟丁·阿拉亚、许多一线记者和怒气满满的摄影师）虽有不满，但鲜少有人离场。

●对此加利亚诺给出的解释是前面的秀没能按时结束，很多模特无法及时赶来，受此波及，这场秀有所延迟。当时还籍籍无名的模特莎洛姆·哈罗直到开场前 10 分钟才匆忙赶到，后台的工作人员争分夺秒地帮她带上发饰，把她塞进秀服（酒红色雪纺斜裁长袍，内搭茶色色丁缎衬裙，单品零售价为1000英镑），再把阳伞塞到她手里，最后一把把她推上伸展台。

●背负着上一季的阴影，再度归来的加利亚诺誓要带来一场惊天动地的大秀。从最终结果来看，这场时装秀犹如一场剧烈的爆炸，撼动了所有人的神经。

●加利亚诺这一季的服饰完全站在了当时大行其道的“垃圾摇滚”和“解构主义”风潮的对立面，用天才的设计展现了女海盗的无畏征程。用加利亚诺的话说，这是“勇敢的掠夺者们在航行中大胆探索船只残骸和被风暴摧毁的宫殿，在封存了数个世纪的遗址中收集华服美饰。”（阿曼达·哈莱克，Harpers & Queen，1993年1月刊）

●热烈的色彩和面料暗示海盗们从不同国家和文化群体搜刮掠夺的巨额财富。最终，海盗们来到了一处新的海滩，一艘过路的船只不幸在此沉没，船上有很多身着爱德华时代华服的上流贵妇。她们“坐拥千万家资，装扮争奇斗艳，浑身洒了紫色的香粉”（阿曼达·哈莱克，*Harpers & Queen*，1993 年 1 月刊）。她们穿着睡衣游上岸边，在那里遇到了娜奥米·坎贝尔所扮演“巫毒医生”（Voodoo witch doctors）和其他穿着设计精美的皮质束腰的模特。究其本质，这个系列把不同历史时期和文化冲突糅合起来，出乎意料地收获了巨大反响。

●加利亚诺为每位模特都设计了一个角色，比如喊声震天的女剑客和因为霍乱陷入昏迷的爱德华时期贵妇，模特在走台的同时也在演绎角色。凯特·莫斯身穿摇滚风格纱丽半裙，搭配印有英国国旗的外套——加利亚诺偶然在伦敦街头看到一个光头党亲吻一位身着印度传统服饰的女孩儿，受此启发便设计了这套造型。

●这些衣服做工精湛，内里接缝收边的处理都无比精致；用料也非常考究，比如专门定制的仿稻草编织的面料、表面有明胶涂层的欧根纱、用于制作旗袍和长裤的真丝缎面革（satin-cuir），加利亚诺说这种面料“既不是真正的皮革，也不是真正的丝缎”（露丝·拉费尔拉，美国版 Elle，1992年12月刊）。

●与菲利普·崔西分道扬镳后，阿曼达·哈莱克和实习生马修·格里尔接手了帽子的制作工作。他们专门设计了“海盗”帽，还用羽毛和花朵进行装饰。

●在如泣如诉的中东风格音乐声中，时装秀正式开始。首个登场的“海盗”头戴夸张的假发（朱利安·戴斯以 19 世纪 30 年代的风格为灵感进行设计），身穿黑色军装大衣。大衣由织纹稀疏的棉布制成，肩章边缘采用镀金设计，翻领处采用丝绸拼接处理。内搭一条透明的奶油色真丝吊带裙，鞋子是 Manolo Blahnik 金色缎面穆勒鞋（加利亚诺说之所以选择金色穆勒鞋是受到了《小飞象》（*Dumbo*）中的乌鸦的“巨大的黄色鸟喙”的启发）。这场秀也开启了加利亚诺与 Manolo Blahnik 长达数年的合作。

●关键造型包括：由条纹马德拉斯条纹面料制作而成的海盗风格大衣（部分饰有镶金边的肩章），和织纹稀疏的亚麻布搭配印有20世纪30年代风格印花图案的雪纺吊带裙。部分大衣有好几个袖子，甚至吊坠也会作为帽子的装饰部分（令人不由得想起 Ludic Game）。呈现旋涡质感的衣领和皮质袖口，昂贵的意大利鲁贝利（Rubelli）丝绸制作的衣袖和扣眼。扣子上印着拉丁文“sic semper tyrannis”（拉丁习语的简写版，意思是“这就是暴君的下场”）。

●亲爱的家庭女教师（Sweetpea Governess）：层层叠加穿着的斜裁半透明雪纺或运用抽纱和抽绣手针工艺制作的内衣款式吊带裙（零售价 2600 美元，真丝衬裙零售价为 700 美元），还有 19 世纪 30 年代风格的羊腿袖和拖尾裙。

●威尼斯的死亡（Death in Venice）：“穷困潦倒”

却暴躁不堪的贵妇，身着斜裁真丝条纹晚礼服和紧身上衣，巨大的羊腿袖颇为醒目。

●安非他命套装（Amphetamine Suits）：由白色弹性面料制作的修身式套装，落肩式由金属丝撑起廓形的羊腿袖或狭长的衣袖，醒目的装饰性缝合接缝（译者注：faggoted seam：是一种装饰性手针接缝，先将两块面料边缘都经过卷边处理后，中间留有空间，用手针缝合交叉式装饰线迹将两块面料接缝在一起），修身喇叭裤。

●女剑客：以 17 世纪风格为灵感的皮质束身衣装饰有像被“吹到一起的”接缝线（加利亚诺，美国版 *Vogue*，1993年3月1日），鼓起飘动的缎面半裙或燕尾服搭配着各国旗帜印花面料制成的剑套。印有古代世界地图的薄纱上衣和以 17 世纪末期风格为灵感、饰有缎带的紧身上衣。

●上海女人：身穿甘草色、紫色和黑红相间真丝缎旗袍，臀部一侧饰有由金叶子组成的龙形图案。条纹的位置经过精心选择，随着裙身摆动仿佛是在“眨眼”。

●巫毒女巫：身穿表面涂有明胶的黑色欧根纱外套，搭配紧身缎面革长裤，金属拉链也起到了装饰效果。

●摇滚风格纱丽裙装：松石绿色、粉色和薄荷绿色雪纺搭配紫色烂花天鹅绒纱丽（面料被打湿以使其更透明），印有全息银色可口可乐图案、英联邦国旗配色的夹克和饰有英格兰旗帜的裤子。

●加利亚诺也贡献了迄今为止最鲜艳的致谢造型——夸张的，两边剃短，中间竖起的泰迪男孩式（teddy-boy:20世纪50年代英国街头流行的亚文化风尚）发型，英联邦国旗配色的夹克、破洞牛仔裤和猫王印花 T 恤。

●看完这场宛如戏剧一般的震撼时装秀，在场观众的激动之情溢于言表。《国际先驱论坛报》（*International Herald Tribune*）的苏西·门克斯认为这场秀是高级时尚圈的“震颤性谵妄”（delirium tremens）。

●现在，没有人再会质疑加利亚诺的才华了，但是他的服装系列也必须交出一张漂亮的商业答卷。整个系列呈现出的极致浪漫与勇气深深吸引了在场的买手，他们“甚至买了很多奇怪的东西回去”。（史蒂芬·罗宾逊接受安德鲁·比伦采访，英国《观察家报》，1993年2月28日）

●在纽约曼哈顿 SoHo 拥有同名精品店的马克·芭古达这样说：“衣服、模特、发型、整场秀的流动感完全把观众带入进去了。巴黎的秀都很美，但这场秀有故事。”（露丝·拉费尔拉，美国版 *Elle*，1992 年12月刊）

●纽约曼哈顿“Untitled”精品店的加普·苏瑞表示：“大家看懂了他的努力，也更愿意冒险了。他们知道，他们可以在这些服装中发现更多惊喜了。”加普·苏瑞的订单金额也刷新了他的个人记录。（美国版 *Vogue*，1993年3月1日）

●加利亚诺开始进入各大高定客户的视线。生于葡萄牙的社会活动家圣施伦贝格家境极为优渥，她下单订购了一件粉色的海盗大衣。安娜·温图尔也第一次在大众面投出了自己的支持票。尽管加利亚诺没钱做广告，安娜·温图尔依然在 1993 年美国版 *Vogue*3 月刊上安排了大幅特写［“现在起航”（Now Voyager）］。史蒂芬·梅塞负责拍摄工作。

条纹雪纺斜裁连衣裙，搭配以 19 世纪 30年代风格为灵感的鲁贝利（Rubelli）条纹真丝缎上衣

穿着摇滚风格沙丽裙装的凯特·莫斯

面料考究、包边精致的海盗大衣

加利亚诺登台鞠躬致谢

和平分手

●尽管海盗系列博得了满堂赞誉，也收获了不少小精品店的订单，但是销售业绩仍然没有太大起色。阿莫尔继续为加利亚诺支付工作室和员工的必要开支，以及生产订单所需的各项投入，但是拒绝再为高额的办秀成本买单。

●双方后来达成一致，阿莫尔会为加利亚诺寻找新的赞助商，期间加利亚诺可以在塞尔旺大街（Rue Servan）上的 Plein Sud 工作室继续工作：

> “约翰的才华毋庸置疑……但赞助设计师并不是我的本职工作。我自己也是设计师，把我自己的三条产品线做好就已经是很大的工作量了。在我的资助下，约翰有自己的工作室，有 10 位员工为他生产衣服，还有自己的陈列室。这些支出已经很大了，为了约翰的下一步发展，他必须找到新的赞助商。为此，我们已经开始接触一些可能成为赞助商的人士了。”
>
> 《女装日报》，1993年8月12日

●这个时期的加利亚诺只能靠着豆子罐头勉强度日，但是新一季的服装设计从未停止。尽管合作遇到了种种困难、资金也捉襟见肘，哈莱克这样描述当时加利亚诺的状态，“无论怎样的困难，他的乐观都像是春风吹又生的绿草一样，永远不会屈服……虽然这样说有点奇怪，但是逆境之于他好像是破开枷锁的钥匙，让他越来越强大”。[莎莉 · 布兰顿刊登在 1993 年 12 月 4 日《卫报》上的文章《合适的脸》（*The Face That Fits*）]

●加利亚诺被迫退出 1992/1993 秋冬系列；除非他能找到新的赞助商，否则 1994 春夏系列大概率也将流产。在罗伯特 · 费雷尔（后来成为了他的商务总监）的斡旋之下，圣施伦贝格女士、巴黎的布廷女士和旧金山的多迪 · 罗斯克兰斯夫人等几位主要的定制客户自掏腰包，救加利亚诺于水火。

●秀场的鞋子依然由 Manolo Blahnik 赞助。但是对于这样一场洋溢着 19 世纪风情的华丽演出而言，加利亚诺还需要与之相匹配的帽饰。8 月，女帽制造师斯蒂芬 · 琼斯受邀来到加利亚诺的 Plein Sud 工作室。他走进工作室时，剪裁师比尔 · 盖登正把红酒倒在未染色的丝缎上，然后按照斜裁的方式把面料用大头钉固定在人台上，以便把最准确的色彩效果发给染色技师。

●加利亚诺和罗伯逊一唱一和地为他讲述了卢克丽霞公主（Princess Lucretia）的故事：

> “感觉很魔幻，有点像《听妈妈讲故事》（Listen with Mother：英国广播公司的一个儿童广播节目，播出于1950年1月16日至1982年9月10日）。之后，约翰让我制作一顶三角帽。这是我自己“新浪漫主义系列”的保留项目。我拿了一张 A4 纸，在上面画了一个圈，然后折出形状。约翰很喜欢，但还是问我可不可以再大一点。我就问他这里有没有 A3的纸。”
>
> 斯蒂芬 · 琼斯在2016年6月接受本书作者采访

●从这一刻起，琼斯将参与加利亚诺此后的每一场时装秀，成为团队中不可或缺的成员。

● *Vouge* 的安德烈 · 莱昂 · 塔利拜访了加利亚诺的工作室，发现了一件裙撑的白坯样款令他大为震惊。他说他当时意识到加利亚诺的这个系列“将成为时尚业的里程碑”（2007 年他接受蒂姆 · 布兰克斯在拍摄影片时的采访）。洋溢着浪漫气息的卢克丽霞公主系列决定着加利亚诺的生死存亡，加利亚诺也将再一次因为自己的设计震撼整个时尚圈。

1994春夏 Spring/Summer

卢克丽霞公主 Princess Lucretia

1993年10月8日 巴黎卢浮宫广场 69套时装造型

“我们把海盗的形象呈现在大家面前，现在该讲点童话故事了。”

阿曼达·哈莱克，美国版 *Vogue*，1993年3月1日

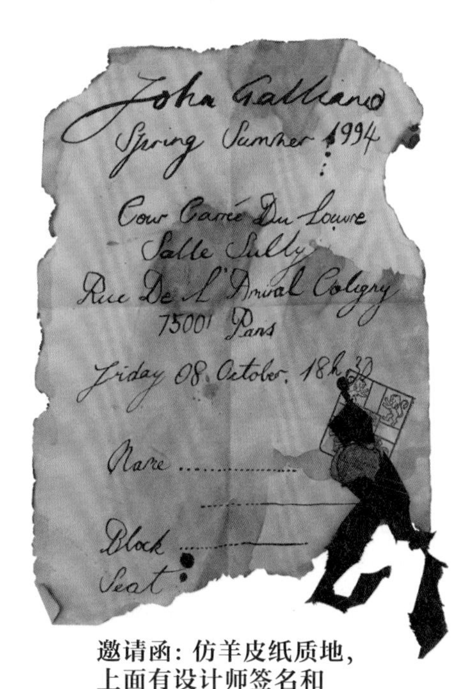

John Galliano
Spring Summer 1994

Cour Carré Du Louvre
Salle Sully
Rue De L'Amiral Coligny
75001 Paris

Friday 08 October. 18h30

Name ....

Block ....
Seat

邀请函：仿羊皮纸质地，上面有设计师签名和古老的手稿

“逃离沙俄”章节中穿着大摆裙（含裙撑）的凯特·莫斯

●这个极致浪漫的系列彻底击碎了结构主义、极简主义和垃圾摇滚风等当时的主流风潮。

●1991年，人们找到了俄国末代沙皇尼古拉斯二世、他的皇后和三个女儿的遗骸，经与同属于罗曼诺夫家族的爱丁堡公爵（Duke of Edinburgh）进行DNA比对，他们的身份得到了证实。受此启发，加利亚诺和哈莱克为这场时装秀设定了一个"童话"背景：一位高贵的沙俄公主爱上了一个奴隶，面对父母的强势打压，她勇敢地逃离原生家庭，踏上了"自我发现"（加利亚诺和哈莱克始终感兴趣的主题）的海上旅程。公主勇敢地穿过恶狼丛生的密林来向爱人告别。她穿上爱人的衣服（设计精湛的男士西服套装），跟随身穿饰有大波尔卡圆点服饰的圆点公爵和公爵夫人（Dotty Duke & Duchess）来到公爵夫妇的家乡苏格兰。为了追寻自己的先祖，公主成为了"苏格兰短裙勇士"中的一员。她爱上了一个牧羊人，感情没有维持多久她就厌倦了，随后动身前往南方。此时大概是20世纪20至30年代（杰里米·希利的雷格泰姆音乐响起），她成为了英国皇室成员（斜裁连衣裙搭配"皇室"腰带）。加利亚诺在脑海中构建起了清晰而完整的卢克丽霞公主形象。

> "苍白的肌肤毫无血色，额头皮肤下的青色血管清晰可见，一头乱七八糟的红发，经常干活，指甲里还残留着黑泥。她感性十足，完全掌控自己的命运。"
>
> 加利亚诺接受采访，《女装日报》，1993年10月11日

●在后台准备的时候，加利亚诺给每位模特（全都是分文不取义务走秀）都分配了一个角色，指导她们反复排练如何跑着登台和离场才能把超大裙摆甩出最震撼的效果。加利亚诺表示他设计的19世纪风格造型灵感来自简·坎皮恩执导的影片《钢琴课》（*The Piano*）。

> "我最喜欢的一幕是女主角在林间奔跑，满眼都是飘荡的裙摆。"
>
> 美国版*Vogue*，1994年3月刊

●模特的面容如白瓷一般，没有丝毫鲜活的气息，与炽烈鲜艳的腮红（"因为卢克丽霞公主总是在奔跑"）形成了强烈反差。后台的朱利安·戴斯依然忙碌，把染色剂喷在辫子状或小圈状的发片和假发上，然后把它们摆在地上一一晾干。一些模特戴着湿漉漉的覆有石膏的短款假发，假发紧紧地贴在头皮上。鞋子的数量不够，所以一旦模特走进后台，年轻的实习生马上跟上去把她的鞋子扒下来，拿给下一个即将上场的模特。这位实习生后来回忆道，娜奥米·坎贝尔很不开心。

●狼群的呼号伴随着飘忽的雪橇铃声，惊恐万分的"卢克丽霞公主"拖着巨大的裙摆慌不择路地跑上了光秃秃的伸展台——序曲"逃离沙俄"（Escaping Russia）。不同寻常的开头暗示这注定是一场空前绝后的盛事。她的面容隐藏在黑色三角帽面纱的后面，身着真丝紧身衣，其面料表面织有盛开的花朵图案，还有用透明面料制成的细塔克褶装饰，下摆裙撑被提起露出下面衬裙上的绗缝细节。其他的"公主们"（比如凯特·莫斯，她佩戴的翼状头饰是阿曼达·哈莱克专门从威尔士的家中带过来的）展示了各种赤身裸露的状态。

●巨大的条纹半裙仿佛要淹没黛比·迪特林，她跌跌撞撞地似乎要从束腰中挣脱出来，为摄影师们贡献了无数个精彩瞬间。

●工作室从BHV，也就是巴黎版的Woolworths（澳大利亚最大的零售商之一），买来了很多卷电话专用电缆线，用这些电缆线制作裙撑的框架。银色发冠和"皇家"绶带上的宝石胸针分别出自斯利姆·巴雷特和艾瑞克森·比蒙之手。伦敦中央圣马丁艺术学院的学生苏珊娜将精巧纤细的象牙色蕾丝贴补缝合在海军蓝色羊毛西服和西裤上。

●只有近距离仔细观察才能感受到这些精妙细节的魅力，正如加利亚诺一贯的作风。19世纪60年代风格的灰色、粉色、淡紫色或V形条纹塔夫绸裙撑裙并饰有超大的蝴蝶结（零售价2250美元），搭配包括："毒药与老妇"（Arsenic and Old Lace）复古透明内衣背心，部分饰有淡粉色水溶蕾丝制成的花边（零售价405英镑），以及天鹅羽绒夹克（零售价1450英镑）。绣有玫瑰花图案的"苏格兰短裙"（零售价336英镑），包括维多利亚风格的钟形袖黑色紧身衣（零售价1285英镑）和苏格兰格纹（Tartan）女士短裤，人造毛高顶帽来自斯蒂芬·琼斯（零售价250英镑），苏格兰格纹短靴来自Manolo Blahnik。

●"圆点公爵夫人"章节展示的服装包括海军蓝色和白色相间的波尔卡圆点斜裁连衣裙（零售价1125英镑），搭配白色高腰款紧身上衣，配饰包括斯蒂芬·琼斯制作的带有面纱的波尔卡圆点帽；其他造型包括绉纱背心搭配斜裁半裙，灰蓝相间的大波尔卡圆点双绉睡衣套装（睡衣零售价995英镑，睡裤零售价475英镑）；还有净色真丝象牙色睡衣套装，搭配的鞋子是Manolo Blahnik双色男鞋。

●白色山羊皮上衣的袖子绣有花朵图案，同时借鉴了

John
Galliano
38/6
MADE IN FRANCE
FABRIQUE EN FRANCE

维多利亚时期手套纽扣的设计，这一细节在加利亚诺此后的系列中也多次出现。用雪纺或 Stehli 公司生产的缎背绉（satin-backed crêpe，是一款很受加利亚诺喜爱的非真丝织物，并在后续的高定系列中经常使用这种面料）制作而成的紧身斜裁连衣裙颇具20 世纪 30 年代的神韵，因为比裙撑款式更加实穿，所以销量也更高。配饰还包括有荡领后部点缀的对比装饰配件和“皇家”绶带（我们的公主殿下遇到真爱时佩戴的就是这条绶带）零售价为1160美元。

●为了搭配这些精美的时装，斯蒂芬·琼斯还设计制作了

> “以克里斯蒂安·贝拉德的画作《夏帕瑞丽》（*Schiaparelli*）为灵感的帽子”。“我和约翰在设计上有很多共同语言，所以他不用说特别细我就基本能明白他想要什么，这样工作起来很简单，效果很不错。在我戴着帽子去希斯罗机场的路上，那是时装秀开始的前一天，我突然发现把一个至关重要的帽针落在办公桌上了。于是到了机场后，我马上到 Boots 里买了一块粉色的海绵，然后把这块海绵做成圆球，再把它和从旅馆拿来的金属衣架结合应用在一起，最终效果很不错。时装秀当天，眼光毒辣的阿曼达·哈莱克女士把这顶帽子戴在了克莉丝蒂·杜灵顿头上，用哈莱克的话来说，‘（杜灵顿）是最漂亮的模特，穿最漂亮的衣服，戴最漂亮的帽子’。她一点儿没说错。苏西·门克斯第二天用的就是这张照片。”
>
> 2016年1月，斯蒂芬·琼斯接受本书作者采访

●在最后的设计师鞠躬致谢环节，加利亚诺头戴蒙古皮帽（让-保罗·高缇耶送的礼物，加利亚诺戴上之后就没摘下来过）走上 T 台。他剪了短发，还染成了金色，身穿印有“I want to be Gorgeous”（我想变好看）的粉色 T 恤和红色合成面料长裤，戴着海盗耳饰和太阳镜。一次又一次地登台谢幕，加利亚诺的造型愈发高调，精致而刻意的搭配往往隐藏着通往新一季的密码。

●媒体的溢美之词如海啸般铺天盖地席卷舆论场，随之而来的是无数大单：纽约的巴尼斯 Barneys 和波道夫·古德曼（Bergdorf Goodman），芝加哥的 Ultimo，洛杉矶的 Maxfields 和伦敦的 Joseph and Browns。*Vogue* 美国版的主编安娜·温图尔（她可能是时尚界最有影响力的女性）一如既往地给予加利亚诺大力支持。媒体注意到，她参加“Le Monde de l’Art”巴黎时装周晚宴和 Met Gala 晚宴（次年5月举办）时，穿的是同一套尚未发售的“卢克丽霞”灰色真丝斜裁连衣裙和白色山羊皮外套。“卢克丽霞公主”系列迅速登上了 *Vogue* 美国版的 3 月刊和 5 月刊，以及 *Vogue* 英国版的4月刊和5月刊，收获了大量曝光。

●温图尔在接受莎莉·布兰顿的采访时毫不掩饰她对加利亚诺的喜爱之情：

> “约翰是真正意义上独立的灵魂，这种毫不在乎、无所顾忌的性格带给了他巨大的能量。我认为真正值得尊重的是那些有远见、能够推动时尚行业进步的人，而不是只会一直做好看的米色西服的人。这是属于他的时代，他应该抓住这个机会，我们也要帮他做到这一点。”
>
> 莎莉·布兰顿刊登在英国《卫报》的文章《合适的脸》，1993年12月4日

●对于加利亚诺而言，今年的另一件里程碑事件是他成为了法国高级时装公会（Chambre Syndicale）的会员。作为只接纳高定设计师的专业机构，公会对会员资格有着严格要求：在巴黎拥有工作坊，全职员工数量不少于 15 人；为客人提供定制服装，定制过程包括至少1次试衣；每年公开推出两个高定系列，至少展示 35 套造型包括日间服饰和晚装在内。此时此刻，加利亚诺似乎距离在巴黎开创自己的高定品牌的梦想只有一步之遥了，但是长久以来困扰他的问题并未真正走远：缺钱。

新的赞助商：普惠投资公司

The New Backers: Paine Webber

●加利亚诺与查尔·阿莫尔的合作走到了尽头。加利亚诺曾表示“情况比较复杂，他的时装屋并不是他一个人说了算的。我突然发现我都没有办法设计新的系列了”（*Vogue*，2009）。阿莫尔同意为 1994 春夏卢克丽霞系列的订单提供所需资金，但一切也就到此为止了。

●尽管如今的加利亚诺已经得到了许多高定客户的青睐，比如多迪·罗斯克兰斯、比阿特丽斯·德·罗斯柴尔德、李·拉齐维尔、黛安·冯芙丝汀宝和安妮·巴斯，但是他依然没有钱买面料、没有自己的工作室，哪怕他东拼西凑勉强做好了新一季的服饰，他也没钱租秀场。安娜·温图尔坚持要他必须继续推出新一季的设计。11 月，继未能与维特海默家族（Chanel品牌的拥有者）达成合作后，安娜·温图尔让加利亚诺来到纽约，并把他介绍给众多时尚界和金融界巨头。在一次宴会上，加利亚诺有幸坐在凯蒂·马伦（《Vogue》特约编辑）旁边，并在她的穿针引线之下得以与普惠投资的国际主席约翰·巴尔特和他的

剪裁精湛、饰有蕾丝贴花的西服套装

“维多利亚风格”紧身胸衣和绣花苏格兰半裙。来自 Resurrection Vintage Archiv 古着精品店

真丝绉制成的“圆点公爵夫人”套装

斜裁连衣裙，绶带上饰有“皇家”勋章造型的胸针

克莉丝蒂·杜灵顿，“最漂亮的模特，穿最漂亮的衣服，戴最漂亮的帽子”

安娜·温图尔身穿未发售的“卢克丽霞”套装，加利亚诺身穿“海盗”（Filibustier）套装，头戴蒙古皮帽。两人一同参加巴黎时装周晚宴

副手、公关公司 Spencer Communications 的马克·赖斯会面。二人表示有兴趣，但几个月后加利亚诺并没有收到进一步消息。加利亚诺的好友安德烈·莱昂·塔利（开朗热情的 *Vogue* 编辑）用自己手边所有关于加利亚诺的新闻报道和视频资料轮番轰炸约翰·巴尔特和马克·赖斯，直到二人勉强松口，同意在巴黎与加利亚诺再次会面。

●双方于 2 月的第二周签署了秘密协议，并注册了公司 John Galliano SARL。约翰·巴尔特十分看好此次合作，并表示：

> “如果能够把天赋才华与稳定管理有机结合起来，也许我们就能够影响未来。”

《星期日泰晤士报》（*Sunday Times*），
1994年9月18日

●巴尔特出资的前提是砍掉“加利亚诺的女孩”这条副线（主线都卖不动，为什么还要出副线？），同时缩小其他产品线的规模。工作室也换了新地址：巴黎玛黑区（Marais）6 Rue Pavée，对面就是巴士底歌剧院（Bastille Opéra）。工作室分为上下两层，狭窄的螺旋楼梯将两层连接起来。一层的前厅计划将来作为精品店使用，后厅是试衣间，崭新的缝纫机整齐地排在一边；二楼是狭小的阁楼。目前，加利亚诺团队包括 7 名全职人员：忠心耿耿的史蒂芬·罗宾逊和比尔·盖登，总经理杰基·杜克洛斯、深得加利亚诺敬重的资深“技师”埃德蒙先生和托马斯先生。

●当时阿曼达·哈莱克还在威尔士的家中，来到巴黎之前，坚持每天与团队保持沟通联络。

●加利亚诺团队终于赶在截止日期之前报名参加了巴黎时装周，但此时只有清早时段可供使用了，而留给他们的准备时间只有短短三周。为了压缩成本、按时完工，这一季他们只安排了 18 套造型。露露·德拉法蕾斯（圣罗朗多年以来的灵感缪司和合作者）帮助加利亚诺以非常优惠的价格采购了所需的面料，包括缎背绉（以同等价格且能同时呈现出亚光和闪光两面效果的面料），粉色和黑色的欧根纱，以及黑色真丝。

●然而，场地的问题依然没有着落。安德烈·莱昂·塔利和加利亚诺邀请圣施伦贝格女士共进午餐。这位艺术赞助人兼慈善家是加利亚诺主要的高定客户之一，也深知“天下没有免费的午餐”。从 20 世纪 50 年代起，圣施伦贝格女士每年都购买大量高定服装，包括加利亚诺“海盗”系列外套和“卢克丽霞”系列的裙撑裙。安德烈·莱昂·塔利和加利亚诺询问是否可以在她的一栋豪宅中举办时装秀。她名下的这栋别墅建于 18 世纪，装修精美；挂牌两年至今仍未售出，目前无人居住。圣施伦贝格女士毫不犹豫地同意了。别墅内部很多房间是相互连通的，但整体容积十分有限，只能容纳70人左右，即使部分观众站着看秀，最多也只能容纳100人，所以只有最大牌的记者和最重要的买手能拿到邀请函，而且加利亚诺需要举办两场秀。

●这场仅仅 12 分钟的时装秀成为加利亚诺时装事业的分水岭，一举证明了他是那一代中最伟大的时装设计师。

1994/1995秋冬 Autumn/ Winter

黑色 Black

1994年3月5日，上午9点30分和中午巴黎6 Rue Ferou，邮编75006，（圣施伦贝格女士的别墅酒店 / Sao Schlumberger's HotelParticulaire）18套时装造型，包括16套黑色和2套粉色

“完美得我想哭。我等不及要穿上身了。我要马上穿成模特的样子！”
现场观众看完秀后，
接受英国《金融时报》
（*Financial Times*）的布伦达·波兰采访，
1994年12月3日

酒红色商标上，“巴黎”（Paris）首次取代了“伦敦”（London），这个商标设计沿用至2002年。此前系列中使用的白色和黑色的色丁缎标签不显示原产国，不久后就停用了

邀请函：锈迹斑斑的古董钥匙和有设计师签名的茶色缎面标签。史蒂文·菲利普藏品

●为了制作邀请函，加利亚诺团队跑遍巴黎买了约200把古董钥匙，然后一一串在精美的手写标签上，秀场细节就隐藏在字迹当中。有限的邀请范围和不同寻常的邀请函设计不断刺激着观众的神经，使其成为了当季时装周的必看首选。

●年久失修的别墅，陈旧衰败的气息，却为加利亚诺提供了最理想的背景环境（这当然离不开哈莱克的精心设计）：在狭小的空间中，观众与模特几乎紧密无间，他们能够近距离感受时装的精湛做工，甚至还能闻到模特身上的香水味。哈莱克慷慨解囊，买了很多古董沙发、镀金座椅和床具，让房间的层次更加丰富。烛台被推倒在地上，吊灯散落在地面，干枯的树叶随处可见，升腾的干冰填满了每个房间。目力所及，颓靡荒芜，身在之处，神秘莫测。

●这场时装秀非比寻常。早上8:30的时候，秀场门外就排起了队，安德烈·莱昂·塔利站在门口亲自核验邀请函。按照惯例，这次大秀又没能按时开场，“迟到”了一个半小时，观众期待的情绪愈发高涨。

●这个系列依然围绕“卢克丽霞公主”展开。她的丈夫不幸在战斗中牺牲了，她再次回到巴黎时身份已经变成了一位快乐的寡妇。

> “今天，我们的女主角刚从丈夫的葬礼上回来，决定告别过去的阴霾，活出自己的姿态。”
>
> 《星期日泰晤士报》，1994年9月18日

●她改头换面，成为了夜色下颠倒众生的绝色娇娃，摇曳生姿地漫步仿佛是“20世纪30年代美丽而整洁的巴黎女神琦琦”（加利亚诺专访，《感性之旅》（*Sentimental Journey*），*Bazaar*，1994年9月刊）。

●因为这一季造型数量很少，所以加利亚诺认为“每一款都必须做到极致。无可挑剔的西服-西裤套装，设计完美的鸡尾酒裙，办公室外套的不二之选”（丽莎·阿姆斯特朗，*Vogue*，1994年12月刊）。伴随着杰里米·希利的音乐，超模们漫不经心地穿梭在狭小的房屋间，展示加利亚诺精心设计的性感华服，比如以20世纪40年代风格重新演绎的日本和服、背线丝袜、吊袜腰带和复古手袋。

●本系列服饰包括短款和服和夹克，20世纪30年代风格、下摆参差不齐的斜裁长袍，40年代风格的西服套装（双肩平直、翻领精致、丝缎制阔腿裤）。皮革和麂皮的厚实质感与雪纺、真丝和欧根纱等轻柔材质形成强烈对比。

●南吉·奥曼恩披着皮毛一体外套（零售价2200美元）第一个走上伸展台，内搭丝缎连裤内衣（睡衣式短裤，零售价800美元），配饰包括斯蒂芬·琼斯设计的钟形帽、硕大的René Boivin钻石花朵胸针和Manolo Blahnik的鞋子。

●卡拉·布吕尼紧随其后，上身反穿夹克，面蒙黑纱，头上戴着朱利安·戴斯设计的日本艺伎发饰，蜿蜒蜷曲，透着油漆纸板般的光泽。而娜奥米·坎贝尔则是另外一种风格，身着黑色缎面斜裁裙，手帕式/帕角式下摆（售价2295英镑）。莎洛姆·哈罗身穿黑色缎面斜裁裙，裙长过膝，手帕式下摆，裙子是双层的，设计有绕颈细吊带，搭配一件真丝绉罩衫围绕垂荡在胸前，腰间束着波纹透明宽腰带，在身后系成蝴蝶结状（腰带出自“卢克丽霞公主”系列），露玛丽-索菲·威尔逊身着黑色缎面夹克，宝塔袖（出自1994春夏“卢克丽霞公主”系列），黑红色塔夫绸绕过右后肩，垂摆至地面形成长拖尾。琳达·伊万格丽斯塔身着一件双排扣迷你和服，和服式袖子，裙尾很长，腰间为黑色绣花宽腰带，头戴受20世纪40年代风格影响的，由斯蒂芬·琼斯设计制作的大礼帽，帽子上别有粉色缎面波烈风格玫瑰花，或黑色艺伎头饰。

●整个系列只有两套粉色服装，一套是模特凯特·莫斯展示的欧根纱迷你和服，袖子在背后系成蝴蝶结，这一理念来自20世纪初巴勒斯坦面包师的工作服。另一套是克莉丝蒂·杜灵顿展示的粉色紧身裙，下摆由蓬松的黄色和红色欧根纱包裹在一起，呈鱼尾状，在紧身胸衣上饰有刺绣贴片，配有极细的吊带。此外，克莉丝蒂还搭配穿着一件黑色羊毛夹克，后领巨大，呈三角形，头戴黄色艺伎发饰。

●到场的都是90年代的名模，为了支持加利亚诺，模特们无偿走秀。众所周知，模特的出场费用高昂，而这次是破天荒的一次。为了这个系列，她们不仅要走两场秀，而且要在活动前几天凌晨5点起床去试装。

●一如从前，化妆师是史蒂芬·玛莱；50年代日式黑色眼线，深红色嘴唇和指甲，深色眼影，轮廓清晰的细眉。服装主打黑色，因此配饰格外重要。

●系带凉鞋由Manolo Blahnik提供（售价235英镑），朱利安·戴斯不仅是发型师，还基于19世纪30年代著名摄影师布拉塞的作品，编织了精良的艺伎发饰，其主要材料为塑料，外形卷曲。在秀场开始前20分钟，朱利安·戴斯派助理前往BHV（一家巴黎百货公司）的文具区，购买了许多颜色靓丽的蓝、绿、红、黄、黑色塑料板，随后将其裁成细条、卷起来并用发夹固定造型。此外，斯蒂芬·琼斯制作了7顶帽子，秀场只有18个造型，在他看来，帽子元素已经相当多了。史蒂芬需要想象日本女人身着西式服装的样子，因此应该选择黑色帽子，并以粉色作为点缀。南吉·奥曼恩开场佩戴的钟形帽由加利亚

短款和服（Minimono）搭配绣花和服腰带。史蒂文·菲利普藏品

南吉·奥曼恩开场造型

琳达·伊万格丽斯塔身着迷你和服

加利亚诺将这场秀描述为是“会转瞬即逝的美好瞬间”

诺指定，其他帽子则包括串珠贝雷帽，凯特·莫斯佩戴的猴子毛皮镶边的帽子，以及琳达·伊万格丽斯塔佩戴的 20 世纪 40 年代风格的黑色棉质印花大礼帽。帽子上的那些玫瑰花用从面料样卡上取下的粉色真丝，花了 36 小时才制作完成。当琼斯在演出前一天晚上交付帽子时，其他人仍在疯狂地对秀上的服装进行最后的修整工作。

●其他惹人注目的配饰要数别在衣服上的钻石，真材实料，价值连城。为了借来钻石，阿曼达·哈莱克联系了巴黎所有的顶级珠宝商，包括 Harry Winston，Fred，René Boivin，Cartier 以及 Van Cleef & Arpels。但这些珠宝商似乎都认为只有自己受到了邀请。秀场当天的早晨，斯蒂芬·琼斯回忆，珠宝商到达秀场时，安保人员排成长队，紧随其后。然而，他们才慢慢意识到，受邀的还有其他珠宝商，而这时，哈莱克只顾着给腰带别上各家的胸针，任意摆置精致的项链和耳饰。

●珠宝商们却无事可做，只能静静坐着，脸上露出不太自然的微笑。

●秀场结束后，随即收获一致好评。就连一向言辞犀利的《国际先驱论坛报》的苏西·门克斯也如是说：

> “最初，加利亚诺大学毕业时，我看了他的第一次秀，他总能绝妙地运用历史元素，可能因为他是英国人吧。他总能把不同的文化、历史元素融合在一起，在服装中展现出来，且恰好适合 20 世纪 90 年代，这真的很了不起。我希望约翰·加利亚诺能收获应得的成就与尊重。”
>
> 秀后电视采访

> “的确，加利亚诺想象力丰富。如果他有自己的高级服装定制工作室，那就完美了——肯定比目前那些了然无趣的工作室要更胜一筹。”
>
> 卡尔·拉格斐，摘自丽莎·阿姆斯特朗撰写的《加利亚诺的伟大冒险》，*Vogue*，1994年12月刊

模特海莲娜·克莉丝汀森和娜奥米·坎贝尔。珠宝由 Van Cleef & Arpels 独家提供。许多名人也出席了这次拍卖，包括朱莉娅·罗伯茨、芭芭拉·史翠珊以及苏珊·萨兰登随后身着该系列成衣参与了拍摄。

● 1994 年是迄今为止加利亚诺最辉煌的一年。当年的7月、9月和10月美版 *Vogue* 都推出了该黑色系列特辑。10月6日，加利亚诺在英国自然史博物馆被授予年度设计师奖（第二次获该奖），以表彰其黑色系列和卢克丽霞公主系列。领奖时，加利亚诺身穿西装和马甲，但却没有穿衬衫。之前漂染的发色已经脱落，现在是自然的棕色短发。

●加利亚诺的工作室也从狭小破败的房顶搬到了明亮宽敞的巴士底罗盖特街 2 号，在位于白马庄园酒店的甬道上，穿过庭院才能抵达。在那里，加利亚诺有足够的空间可以正常工作了。

●黑色系列的成就难以复制，世人企盼着加利亚诺能再次创造辉煌。

秀后，加利亚诺和围绕在他身边的模特们

1995春夏 Spring/Summer

米西亚女神 Misia Diva (Pin Up)

1994年10月8日，晚上8点
巴黎让·穆兰大道，
Pin Up 工作室
27套时装造型

“偶尔穿越时光，这便是时尚史。”

英国版 *Vogue*，1995年2月

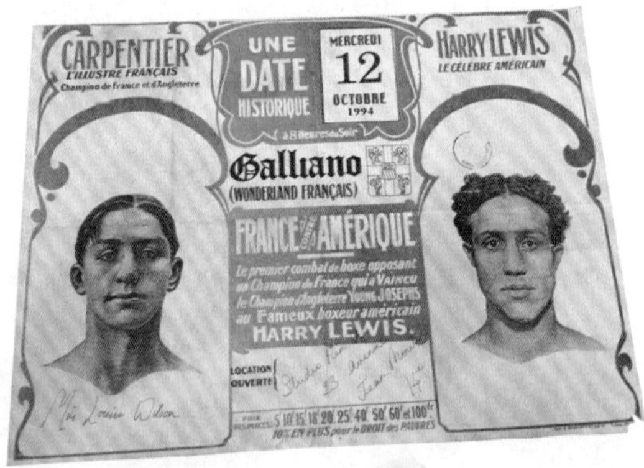

邀请函：
古书和拳击比赛传单

●这次，加利亚诺的女主角是米西亚女神（Misia Diva），她是巴黎社交王后米西亚·塞尔特和田纳西·威廉斯 1947 年的戏剧《欲望街车》中悲剧人物布兰奇·杜波伊斯的结合体。

●米西亚·塞尔特是让人神魂颠倒的缪斯，是艺术家的朋友，其中包括奥古斯特·雷诺阿、图卢兹·罗特列克（曾为米西亚画过肖像）、让·谷克多、可可·香奈儿以及谢尔盖·达基列夫。她是“天才”的收藏家。谷克多将她定义为“活在男权社会阴影之下的一位温良富有深度的女性，她来自艺术世界的边缘地带，自带那种神秘的影响力，影响着艺术创作所产生的那种环状波纹效应比任何项链还要美丽。”

●这次邀请函的制作搜集了200本古书。每本书（当时学识渊博、浪漫深情的米西亚应该会带在身边）配有一片压花和一个 20 年代的拳击赛传单，传单封面是米西亚的情人，上面写有比赛地址等详细信息。米西亚的婉约之美和自信乐观与这位拳击手的凶狠残酷形成对照。

●加利亚诺：

> “正是《欲望街车》中的那般坎坷经历才让像 Diva 一样的女人刚柔相济。”

《女装日报》，2014年10月

●邀请函里印有一行字，“米西亚女神 Misia Diva，一位来自遥远东方的才女”，文字附有一段像是哈莱克手写的注释，描述了米西亚女神 Misia Diva 的个性和她的悲剧婚姻：

> “她的第三段婚姻的命运更晦暗，这位年轻拳击手的躯体，忤逆精神和走投无路的处境让她深陷泥潭。这是她在窘境中的狂热呐喊与希冀。”

邀请函为这次的秀场奠定了基调。

●这场秀在 Pin Up 的摄影工作室举办。工作室坐落于巴黎一不太体面的街区，设计师让 - 吕克·阿尔杜因将其改造成由伊利亚·卡赞执导，马龙·白兰度主演的电影《码头风云》里的场景：黄铜床，散落着粉扑的梳妆台以及一张马龙的照片。此外，场地上还有旧式婴儿车，美观大气的老爷车以及满身油腻、文着文身的壮汉。座椅、锦缎沙发和公园长凳放置其间，模特则穿梭于弯弯曲曲的过道中。如此一来，观众也成为了秀场的一部分。海报贴在波纹金属墙上，哈莱克则将她的高档真丝内衣精心挂在晾衣绳上（随后被盗了）。

●秀场几乎推迟了两个小时才开始，而当时的观众席里还有安娜·皮亚姬、阿瑟丁·阿拉亚和麦当娜等名人，虽然有免费香槟供应，但秀场开始前 5 分钟，麦当娜与随行保镖终于愤然离席。然而在第二天，麦当娜造访了该工作室，并订购了犬牙格纹短袖夹克、黑色铅笔裙，袖子上带有刺绣图案的黑色丝缎和服以及斜裁亮片刺绣吊带裙作为录制新曲 Take a Bow 的音乐录影（MV）中的造型服装。

●时装秀开始，老爷车驶入场景。萨拉·摩尔被这场秀的精妙之处所折服：

> “你必须要亲自见证，去感悟 Pin Up 工作室里的一切……去捕捉场景中的震撼。”

美国版 *Harper’s Bazaar*，1995年1月

●在后台，每位模特都被赋予了角色，这远不止是一场时装秀；而是一出纯粹的戏剧表演，模特们摆出50年代风格的姿势，抚摸老爷车，优雅地穿行在人群之中，偶尔彼此对戏——但衣服才是真正的明星。

● 27 套服装中的每一套都需要四次坯布试样和一次最终试样，这套程序通常针对高定服装而非成衣，这也是这一系列的初衷。

●做工精细的 30 年代斜裁连衣裙，上面嵌缝着数条亚光和闪亮的绉布制饰带，随着身体而摆动着。

●莎洛姆·哈罗曾试穿其中一条售价 3545 美元的连衣裙，她曾回忆道：

> “穿着这条连衣裙，我觉得自己走入了一台时光机。这是历史邂逅未来的永恒经典款。”

援引自萨拉·摩尔的文章，出处同上

●商业上最成功、最让人梦寐以求的要数犬牙格纹西装，肩部垫有硬衬布，看上去像是残缺的翻领实则是隐藏式翻驳领设计，此外还有线绳缠绕式纽扣以及袖子上饰有如“手套”样式的皮革滚边细节。秀后，这套西装登上了世界各地的杂志，随即便成为众人的心之所向（在 Liberty’s 百货公司的零售价为：夹克1150英镑，裙子695英镑，腰带115英镑）。

●拍完照片，这套服装就从模特身上褪下，随即送往下一个国家。许多顾客从 Liberty’s 和 Bergdorf 百货公司订购了该套装。这套衣服既适合日常穿着也适合正式场合，当即成为具有复古风的现代时装而且与传统的 50 年代西装不同，该套装质地轻盈舒适好穿。剪裁师比尔·盖登说道，这套西装不只是仿复古套装。

> “加利亚诺不是在模仿。他总是说，我们要做现代时装。他或许会参考旧时高定服装的做法但是有些衣服太硬了，而且上身很重——我们要另辟蹊径，制作更轻盈的服装……追求卓越是加利亚诺的动力。”

援引自萨拉·摩尔的文章，出处同上

●南吉·奥曼恩身着淡粉色网纱舞会礼服，下身是层层叠起的网纱制成的蓬松裙摆，上身是灰色塔夫绸制

“Pin Up”经典套装，整个系列的核心造型

白色皮夹克，加利亚诺在时装秀前一天晚上亲手裁剪的细孔，以呈现出细剪孔绣（又称英式镂空绣）的效果。

袖子上皮革滚边细节

成的紧身胸衣，在前胸处有锥形叠褶，身后还装饰有大的蝴蝶结。

●艾姆博·瓦莱塔当时身着犬牙格纹毛料连衣裙，裙身侧面有悬垂的褶饰（售价为3445美元），其造型风格极具50年代时装样片中的味道。她回忆道：

> “我觉得自己仿佛置身于一张欧文·佩恩拍摄的旧时照片中。”
>
> 援引自萨拉·摩尔的文章，出处同上。

●斯特拉·坦南特身着黑色紧身连衣裙和大下摆女士大衣，第一次参演加利亚诺的时装秀。

●蛤蜊裙曾是布兰奇·杜波伊斯系列的明星款，这次用黑色欧根纱制成的蛤蜊裙再次亮相，由黛比·迪特林穿着该裙进行展示。玛利亚·莱莫斯将此裙的纸样版交还给加利亚诺（他曾为她制作过同款的结婚礼服），因为在与上任投资人艾古契克解约时，工作室内所有的设计纸样都被扔掉了。之后凯特·莫斯穿着这条售价为 1445 美元的蛤蜊裙所拍摄的时装片被刊登在 *Vogue* 杂志中。

●这次选用的也是货真价实的钻石，由 Harry Winston 独家提供。一枚别在水波纹外套上的蜻蜓胸针在演出时掉落，但由于被踢到了座椅下方，又很幸运地被找到了，并在之后的时装秀上多次出现！

●至于压轴造型，琳达·伊万格丽斯塔身着黄色网纱舞会礼服现身秀场，上身是饰有羽毛的无肩带紧身胸衣（似乎在 1989/1990 秋冬系列中也出现过类似设计），梳着金色精巧的短发。裙摆超大，甚至在展示过程中扫过前排观众的面部，但人们似乎也不太在意。

> “‘这是我整个职业生涯穿过的最喜欢的一款舞会礼服。’而且此前她也穿过许多精妙绝伦的礼服！”
>
> 琳达·伊万格丽斯塔对萨拉·摩尔如是说，出处同上。

●在鞠躬致谢环节，加利亚诺留着自然的短发、铅笔胡，身着黑色 T 恤和饰有侧边条纹的蓝色皮裤，这对他来说是相当保守的造型了。

●世界各地的时尚买家都争先恐后地购买该系列，加利亚诺目前的两个系列都完美收官，投资人巴尔特和赖斯对此十分满意。

●销售总监玛利亚·莱莫斯：

> “曾购买过在圣施伦贝格的别墅酒店发布的黑色系列的所有主要买家都订购了大量该系列服装，我们取得了巨大的商业成功。”
>
> 玛利亚·莱莫斯接受作者采访时如是说，2017年2月1日

剪刀式交叉裁片最早出现在 1986 春夏堕落天使（Fallen Angels）系列中，又再一次出现在无吊带紧身连衣裙和双排扣晚礼服的设计上

●1995年1月《女装日报》（消息一向准确）报道称，传言纪梵希先生将从其时尚帝国隐退，并由加利亚诺接替他的位置。Givenchy 公司的高定业务连年亏损 2000 万法郎，1988 年被酩悦·轩尼诗 - 路易·威登集团（又名 LVMH）收购，于是董事长伯纳德·阿诺特决心为 Givenchy 品牌注入新鲜血液，重振雄风。似乎加利亚诺的职业道路又迎来新的变化，童话有时也会变成现实吧！

凯特·莫斯身着白色套装，灵感来自50年代款式风格，其面料是参考古着面料样品重新织造而成

别在水波纹外套上的巨型蜻蜓钻石胸针，由 Harry Winston 提供

琳达·伊万格丽斯塔身着浪漫精美的
黄色真丝网纱舞会礼服

● LVMH 的管理层一定也非常中意“Pin Up”时装秀。美国时尚记者安德烈·莱昂·塔利作为中间人，安排加利亚诺和约翰·巴尔特与纪梵希总裁理查德·赛门和 LVMH 董事长伯纳德·阿诺特秘密会面。阿诺特想为集团吸引年轻的客户群体。谈判历时 18 个月，终于在次年 6 月底达成合作协议。加利亚诺将为纪梵希设计两个高级定制系列、两个成衣系列以及早春和早秋系列（pre-collections，也称为系列预展，时装屋或品牌办高定秀的时候，会在旁边布置一个单独的展厅，世界各地的卖家看完高定秀之后，直接去旁边的展厅买货），据说，加利亚诺每个系列的报酬为 23 万美元，同时，他还在继续发展自己的同名品牌。加利亚诺的工作量从每年两个系列变成了八个系列，但他背后的团队很优秀，有些同事跟他共事了十年之久。加利亚诺对此胸有成竹，但却未收到任何官方声明。因为阿诺特不想让签约加利亚诺的舆论影响纪梵希先生最后一场高定时装秀（7月11日在格兰德酒店的豪华宴会厅举办）。然而，就在高定秀前夜，消息不胫而走。而且媒体比纪梵希先生更早得知了这一消息，纪梵希先生对此表示不满：

> “我对即将入职的同事一无所知，我们公司的人也一样。我是创始人，品牌是我的名字，我以为他们会提前会告知我这一消息。”
>
> 《女装日报》，1995年7月11日

●纪梵希先生的收官秀场上，观众席里有来自时尚圈的显要人物，他们都想借此来跟这位高定界的元老“告别”。设计师帕科·拉巴纳、奥斯卡·德拉伦塔、瓦伦蒂诺、高田贤三、卡纷夫人、三宅一生以及克里斯汀·拉克鲁瓦起身为纪梵希先生鼓掌。伊夫·圣洛朗尽管自家的高定业务步履维艰，但也出席了，这让纪梵希先生很是感激。

●在秀的尾声，纪梵希先生邀请工作室的员工上台（通常在幕后），随后，他换上了高定工作室的白大褂，与同事们一道向观众致谢。让工作室的“小主”和负责人亮相，这一举动恰到好处。自 1952 年起，是他们的才能协助纪梵希先生成就了一番事业。那一刻令人心酸，一个时代落幕了。

●高定秀结束一小时后，LVMH 新闻办公室正式宣布加利亚诺出任 Givenchy 的创意总监。阿诺特希望这一古老而闻名的时尚品牌能驶向未来，特立独行的加利亚诺为其掌舵。纪梵希以精致淑女装（奥黛丽·赫本的挚爱）以及为特定年龄段的富贵女性打造裙装而闻名于世。

●外界的反应喜忧参半。这位英国年轻人，执掌最知名、最受尊敬的老牌时装屋，会吸引到新客户群吗？还是会让现有客户流失？在一篇《卫报》的文章中，其他设计师给出了看法（莎莉·布兰顿，1995年7月12日）：

“赫迪·雅曼：‘这是真的吗？世界之大，无奇不有。’”

“拉格斐：‘加利亚诺将会推陈出新，创造惊喜——就像 1947 年的克里斯汀·迪奥一样。我们要共创辉煌，而不是互相嫉妒。’”

“瓦伦蒂诺：‘他有天马行空般的想象力，但我不确定他了解制作裙装的一切。’”

“范思哲：‘加利亚诺是一个天才，但他需要有所克制。’”

●最终，加利亚诺梦想成真，在巴黎成为了一名高定设计师。之后，他不仅为纪梵希注入了新活力，也为高定行业本身带来了新可能。

于贝尔·德·纪梵希先生在他职业生涯的最后一场高定时装秀的谢幕环节被工作室的员工们围绕着

1995/1996秋冬 Autumn/ Winter

朵乐丝 Dolores

1995年3月17日，
晚上6点30分
巴黎巴若尔街22号，
邮编75018
24套时装造型

“秀上所要传达的信息
已经超出时装本身。”
苏西·门克斯，《纽约时报》，
1995年3月20日

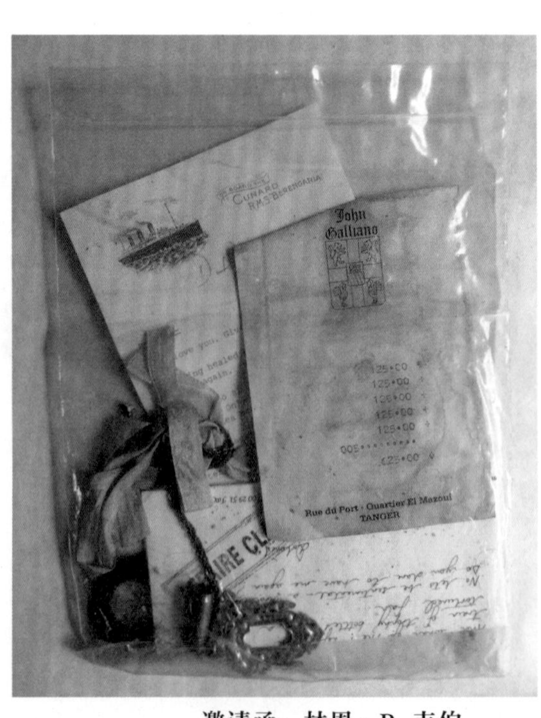

邀请函，林恩·R. 韦伯
的设计系列

●这一季的灵感缪斯以墨西哥美女演员朵乐丝·德里奥为原型，20世纪20年代，朵乐丝成为好莱坞明星，她有点像女版鲁道夫·瓦伦蒂诺。1921年，她嫁给了一位墨西哥贵族杰米·马丁内斯·德里奥，在这对夫妇搬至好莱坞后，朵乐丝成为了巨星，并成功实现了从无声电影到有声电影的转型。而她的丈夫无法适应作为巨星伴侣的生活，两人便在1928年离婚了。几年后，杰米在德国逝世。

●加利亚诺和哈莱克重新设想了这段爱情故事——这一次，杰米离开了朵乐丝，奔赴西班牙内战。途中，杰米来到了埃塞俄比亚（在那里他遇到了海尔·塞拉西），接着，杰米来到摩洛哥丹吉尔，在那里他爱上了一位埃塞俄比亚美人。朵乐丝不想放弃杰米，于是踏上了寻夫之旅，但途中轮船失事了——秀场的衣服应该就是从朵乐丝的皮箱里找到的。时装秀的邀请函便为此奠定基调：一个塑料袋，装有朵乐丝在酒店写给杰米的一封悲痛欲绝的信；一封杰米在登上贝伦加丽亚（Berengaria）号写给朵乐丝的信，告诉她自己有新欢了；一封朵乐丝发给杰米的电报，约他会面；以及沙粒，一个损坏的吊坠，一颗子弹，一张丹吉尔餐馆的发票和一绺头发。

斯利姆·巴雷特设计的银制羽毛胸针

●这场秀在巴黎郊区一个大型废弃仓库举办。来宾进入秀场前，穿过了一排空房间，接着穿过一个纳尼亚式、没有背板的衣橱，进入一片白雪皑皑的场地，由让-吕克·阿尔杜因设计。来宾现身于屋顶，屋顶上有嵌板、烟囱、公鸡风向标、钟面、电视天线，以及与周遭格格不入的翻倒放置的救生艇。英俊的年轻水手在场地上闲逛，一个身着水手服的小男孩戴着饰满祈祷卡片的发带，让人想起“堕落天使”系列和“被遗忘的纯真”系列。

●雪景与仙客来粉红色、紫红色的服装形成对照。弗拉门戈裙饰有胸花状的荷叶边和黑色蕾丝镶边，让人叹为观止，据加利亚诺所言，这条裙子的灵感源于他关于丹吉尔和直布罗陀的儿时记忆。

●秀上展示的如雕塑般的锥形羊毛大衣，衣领为仿鳄鱼皮领或羔羊皮领（售价1789英镑），以表达对巴黎世家（Balenciaga）的敬意（曾对纪梵希有着深远的影响）。开场造型是一件受非洲风情影响的斑马纹印花歌剧（晚宴，看歌剧时所穿）外套，扣合外套所用的银制羽毛胸针，由珠宝商斯利姆·巴雷特 Slim Barrett 制作。

●加利亚诺：

> “浪漫之处在于不同文化的交相辉映。非洲形状与图案的特点和力量。西班牙弗拉门戈的孤傲和热情与巴黎世家严格的天主教式剪裁相结合。”
>
> 美国版*Vogue*，1995年7月1日

●巴雷特给所有的银制发梳加上了水滴吊坠。斯蒂芬·琼斯制作了一顶诙谐风趣的豹头贝雷帽，以纪念艾尔莎·夏帕瑞丽，搭配贝雷帽的是蜥蜴皮条做成的紧身胸衣，下装是紧身铅笔裙。

●配饰中还有斗牛士帽、豪猪刺、束发网以及一张黑色蕾丝面具（《偷龙转凤》中赫本戴过的面具，电影中的服装由纪梵希设计）。

●海莲娜·克莉丝汀森身着一件深粉色斜裁连衣裙，裙身上饰有黑色包边的弗拉门戈式荷叶边和蕾丝褶边。下一件为荡领式露背礼服裙，设计有黑色的荷叶式裙摆（售价5700美元），惠特妮·休斯顿曾穿这款礼服裙登上《时尚芭莎》；莉兹·赫利曾穿过这款露背裙出席英国电影学院奖颁奖典礼，也因此在台上抢了搭档休·格兰特的风头，媒体风趣地授予莉兹“最不受欢迎女演员奖”。

卡拉·布吕尼身着该系列的主打款——剪裁精妙的斜裁缎面礼服，嵌缝有黑色康乃馨图案，零售价5000美元

开场造型，斑马纹外套，设计有宽大的衣领，用银制羽毛胸针扣合固定

蜥蜴皮紧身胸衣和修身铅笔裙，搭配貂头帽，向夏帕瑞丽致敬

凯特·莫斯身穿真丝双绉连衣裙，如仙客来花团锦簇般的褶皱装饰领从双肩垂下

●凯伦·穆德的裙子是重点推出的设计款：黑色羊毛面料，一字领，臀部两侧有甜美的小蝴蝶结，下半身为铅笔裙——工作室称其为“纪梵希”裙。LVMH的代表坐在观众席，这条裙子的亮相就格外重要，因为当时纪梵希的新创意总监一职还未确定人选。展示快结束时，穆德突然紧张起来，只能黯然离场。

●加利亚诺在时装秀结束后承认：

> “是的，知情人士看出来了。我没有办法，那条裙子有点像我的面试作品。”
>
> 《观察家报》，1995年7月23日

●史蒂芬·玛莱的妆容让人来联想到电影银幕，深色眼影，闪闪发光的小丑皮埃罗式泪滴和酒红色嘴唇，头发盘在脑后，小卷发贴在前额和脸颊上。

●秀场尾声，模特们抖出鞋子里的白沙，表示她们很享受秀场，不想结束。

●媒体对“朵乐丝”系列的反应欠佳。可能因为这场秀的复杂背景、男模特？抑或是奢华的场地缺乏新意，分散了人们的注意力？

> “如果加利亚诺上一季的秀场构筑了一场没有结局的聚会，这一次感觉就像彻夜狂欢戛然而止，黎明到来：香槟喝完了，妆花了，模特们都希望安全回家。上个季度，华美精致的贵族服饰让人耳目一新，因此大获全胜，这一季又是类似的风格，观众就有点审美疲劳了。”
>
> 艾米·斯宾德勒，《纽约时报》，1995年3月20日

●玛利亚·莱莫斯回忆道：

> “这次的销量也比较令人满意——虽然无法跟‘Pin Up’媲美，但仍很可观。这一系列中适合日常穿着的不多。弗拉门戈裙装很受欢迎，但目前销量冠军是臀部饰有蝴蝶结的小黑裙，这条裙子很适合参加午宴，于是随即成为了零售爆款。”
>
> 玛利亚·莱莫斯接受作者采访时如是说，2017年2月1日

斯利姆·巴雷特设计的银发梳

凯伦·穆德身着“纪梵希”裙

1996春夏 Spring/Summer

Galliano 高级成衣系列：舞蹈学校 GALLIANO READY-TO-WEAR L'École de Danse

1995年10月15日，
晚上6点30分
巴黎蒙田大街15大道，
香榭丽舍大剧院
33套时装造型
商标信息：紫红色
Galliano Paris
品牌商标，
上面有大号数字

“时尚似乎变了，
现在的时尚，
既关乎服装，
更关乎戏剧。”
玛丽昂·休姆，《独立报》，
1996年10月17日

邀请函：一只红色缎面芭蕾鞋，鞋面上落满松香粉；一个锡制哨子，表面裹有福雷的《蝴蝶与花》（*Le Papillon et la Fleur*）的乐谱，乐谱上印有歌词，歌词由雨果创作，秀场时间和地点都印在乐谱上；这些物品都放在一个盒子里

●本次秀场所在的剧院历史悠久，谢尔盖·达基列夫的芭蕾舞团曾于 1913 年在此首演了臭名昭著的《春天的仪式》(*Rites of Spring*)，该舞蹈的编曲为伊戈尔·斯特拉文斯基，编舞为瓦斯拉夫·尼金斯基。

●这台舞剧前卫的特性和异教主题曾在当时引发了一场骚乱。

●时装秀当日，旧景重现：人群骚动，时尚达人们试图强行入场。由于夏季发生了炸弹袭击，巴黎到处都处于森严警戒状态，搜查、延误时刻都在发生。凯莉·米洛试图挤进场（这是她首次为加利亚诺走秀），与她同行的还有帕洛玛·毕加索、奇安弗兰科·费雷以及前贵族成员施伦贝格夫人。

●剧场内，哈莱克设置了不同的场景，从而模特可以出演各自的角色。舞台（观众席的位置）的一侧，小芭蕾舞演员在单杠旁练功，舞台的另一侧，一个像尼金斯基的人物出演“法翁”这一角色，身穿彩色紧身裤在排练。在观众席，一个像画家德加一样的人身穿艺术家罩衫，手拿颜料在油布上作画。在其他位置，哈莱克还设置了一间卧室，配备梳妆台等家具。

●加利亚诺承诺会推出一个“凝聚力量、美和确定性”的系列。(《女装日报》，1995年10月13日)

●通常，灵感游丝是多元的，且相互交织。这个故事线围绕一位强大的女性展开(她一半玛切萨·卡萨蒂，一半柏瑞尔·马卡姆)，女主角来到非洲，发现了一个才华横溢的孩子，其父亲为传教士，她是“如此美丽，如此狂野，如此超然世外，热烈地舞动着”(萨拉·摩尔与阿曼达·哈莱克的采访，*Harper's Bazaar*，1996年2月)。神童被带到了巴黎，随后到一家传统芭蕾学校进修(秀场出现小芭蕾演员的原因)，在那里，她遇到了伟大的经理人谢尔盖·达基列夫和其服装场景设计师莱昂·巴克斯特。

●玛切萨·卡萨蒂自诩为行走的艺术，一天晚上，她带着宠物猎豹在威尼斯宫外散步，于是便成了加利亚诺的灵感缪斯。柏瑞尔·马卡姆是 20 世纪 30 年代著名的探险家和飞行员，“美丽销魂、勇敢无畏”是人们对她的评价。

●秀的开场，浸礼会牧师的布道声、唱诗班的歌声、响板声、枪声以及孩子的哼唱声交织在一起。

●第一部分的主题为“非洲、传教士和巫毒教”——白色镂空绣欧根纱圣餐礼服，裙身饰有缎面花朵贴花。

●有些衬衫上缝有十字架纽扣或是在水手领的领口处绣有十字架图案，与之搭配的是漂亮的鲁贝利（Rubelli）出品的郁金香提花织锦缎制成的夹克。模特的发型由奥黛尔·吉尔伯特设计，她们的头发都被编成辫子盘在头顶，并佩戴巫毒式头饰，有些是贝壳王冠、动物牙齿或者骨架，以及从塞纳河岸上挖来的骨头。斯利姆·巴雷特制作了银制鱼骨头饰，斯蒂芬·琼斯则制作了鳄鱼头帽子，以及一顶由盘绕的响尾蛇椎骨和一只大蝴蝶组成的无边帽。

●一名外表骇人的“传教士”身穿一件灰色羊毛裹叠外套式长裙，圣带从肩膀一侧垂下，手撑一把钩编流苏阳伞。卡拉·布吕尼身着一件黑色锦缎“圆”裁夹克（与“堕落天使”系列类似），下身为铅笔裙，戴着头巾，将卷曲的头发包起来形成布朗库西式的曲线。一件受 30 年代风格启发的白色镂空绣缎背绉礼服由娜奥米·坎贝尔穿着展示，店内销售款配有链条肩带，而秀场上的该款肩带由 21 克拉的钻石制成，钻石出自20世纪20年代，由 Fred Leighton 提供，特地从纽约空运到巴黎。还有几款斜裁黑色丝绉连衣裙，裙身上饰有缎面贴花绣或多层钉珠荷叶边，或 20 世纪20年代复古 Flapper 装饰风格。

●对于“德加”这一桥段，莎洛姆·哈罗就在加利亚诺的巴黎队伍中，她身穿一件红色褶饰塔夫绸紧身衣，下身为紧身连衣裤和网纱裙。

●凯特·莫斯身穿一件紧身脊骨纹针法编织的阿兰毛衣。下身为蒂勒女孩风格网纱裙，双腿裸露，与莎洛姆·哈罗类似。奥黛尔·吉尔伯特将模特们的头发染成银色，并给她们的头发套上玻璃纸片，在灯光下闪闪发光。

●加利亚诺留着自然棕色的长发，编了两个长辫子，身穿蓝白相间的运动背心，走上伸展台鞠躬致谢。

●观众和媒体的反应非常热烈，但该系列销量并不乐观，主要是因为缺乏日常服装——直白来说，配有束身衣的爱德华时代的舞会礼服即便是作为晚礼服也不太适合！

●玛利亚·莱莫斯：

> “这一系列比较难卖。许多造型都太戏剧化，有很多芭蕾、爱德华风格元素以及第一圣餐礼服之类的服装，商业化的服装不够。带有英式镂空刺绣（细剪孔绣）的服装很成功，印花塔夫绸‘猎装裙’也一样。做工精致，但系列转换得太快了，每个季度的终端客户都不一样。这一系列绝对有‘年轻人’的气息。”

玛利亚·莱莫斯接受作者采访时如是说，2017年2月1日

●1995年10月，加利亚诺第三次荣获英国年度最佳设计师奖。迈克尔·赫赛尔廷为他颁奖，领奖时，加利亚诺身穿条纹针织背心、花卉图案睡衣裤，头戴“巫毒”式假发。

镂空绣欧根纱裙，灵感来自第一条圣餐礼服。来自 Resurrection Vintage Archive 古着精品店

海莲娜·克莉丝汀森身着一件华美玲珑的黑色和象牙色拼接缎面礼服，内衬缝有鱼骨的束身衣，上身和袖子处饰有复杂的郁金香贴花图案

莎洛姆·哈罗在楼厅表演脚尖旋转，
她曾是专业舞者

跳槽到纪梵希
The Move to Givenchy

■ Givenchy 对媒体进行了消息管制，而加利亚诺则专心设计他的第一个高定系列 1996 春夏（50 套造型），同时操刀了 1996/1997 秋冬预展系列（190 套造型）。两个系列需要同时完成，这样一来，买家在出席高定秀时就可以下单订购预展系列。尽管已经确定要担任 Givenchy 的创意总监，但直到 1995 年 9 月，加利亚诺才可以踏入 Givenchy 总部。这时，于贝尔 · 德 · 纪梵希的任职正式结束了，加利亚诺也第一次见到这位伟大的设计师。从此，加利亚诺就来回穿梭于巴士底工作室和乔治五世大道的 Givenchy 工作室。

■ 他把左膀右臂也带入了 Givenchy，史蒂芬 · 罗宾逊；助理瓦妮莎 · 贝朗格和艾米 · 罗伯逊；阿曼达 · 哈莱克担任主管；比尔 · 盖登担任首席制版师；西比尔 · 德 · 圣法勒回归并出任新闻发言人；斯蒂芬 · 琼斯则在 Givenchy 女帽工作室任职。

■ 刚开始，加利亚诺的行为与 Givenchy 僵化的旧时规矩格格不入，而这已经在 Givenchy 存在了几十年。他让员工称呼他“约翰”，跟员工在食堂一起就餐。他回忆道，第一次走进食堂，“扁豆、鱼肉和食堂里 60 个人都在盯着我看”。（莎莉 · 布兰顿，《卫报》，1996年2月3日）

■ 他告诉员工，用常用词“你”而不是“您”。标准的工作时间是早上8:30到下午4:30，但加利亚诺跟他的团队经常通宵工作，尤其是秀场的前几天。对于 Givenchy 的老人，这个过渡有些困难。聒噪的音乐声在往日安静的走廊回响。

■ 科莱特 · 马切特女士负责掌管技术团队（善于裙装礼服，运用柔性面料），加利亚诺非常尊重她。的确，他经常会提及这些工作在高定工作室的工匠们为“活历史”。

> “卡默尔从14岁开始，就是香奈儿女士的助理，还做过 Balenciaga 和 Colette 的裁缝，当你能和她一起工作时——哇奥，伙计！高定永存——我是皈依者。”
>
> 秀后电视采访，《时尚档案》

■ 马切特女士也很尊重加利亚诺，她曾说：

> “那是思想的交汇，他的想法富有魔力，这种魔力也传到我们的手指上。”
>
> 莎莉 · 布兰顿，《卫报》，1996年2月3日

■ 不仅工作作风变了——服装款式也变了样。过去，Givenchy 工作室习惯制作质地光滑、色彩艳丽的服装，并带有镀金大纽扣，以面向其“成熟稳重”的高定客户。现在，衣服轮廓变得更纤细，也更年轻、性感。他跟工作室的员工说，他想让袖子“紧一点，再紧一点，小一点，再小一点”。（《观察家报》，2003年11月30日）

■ 加利亚诺就像糖果店里的孩子，在自己的工作室，他只有 6 个缝纫工，而在 Givenchy，他有 60 位技艺高超且经验丰富的技师，帮助他把创意变成现实。对于首个高定系列，他从最好的制造商那里选择面料，Buche 和 Bianchini 的真丝，Hurel 的羊毛西服料，Schlaepfer 的欧根纱以及特地从 Lesage 和 Lemarie 定做的刺绣。

■ 对于该系列的第一部分，他设计了类似“卢克丽霞公主”系列中的裙撑礼服，“带有薄纱刺绣，色彩优雅”（英国版 *Vogue*，1995年5月），但这次选用的面料极其丰富，这些礼服的灵感来自芭蕾舞剧《梦》（*The Dream*），弗雷德里克 · 阿什顿和肯尼斯 · 麦克米伦的《阿纳斯塔西娅》（*Anastasia*）。

■ 加利亚诺沉迷于对 Givenchy 历史的探索研究中，发现“Balenciaga 所带来的

强大影响力”(《观察家报》，1995年7月25日)。他不想在大量复制Givenchy元素的情况下，创作出一个蕴含该时尚王国精神的系列。Givenchy标志性设计有，贝蒂娜瀑布纹花边衬衫（Bettina waterfall blouse)，淑女套装，带有美丽蝴蝶结的裙装，将会出现在新系列里，但衣服仍然是“加利亚诺”风格。他表示，自己的设计手段“并非以叙述Givenchy时尚王国为重，要更纯粹一些，我更注重衣服的剪裁与袖子的平衡”。(秀后电视采访，《时尚档案》)

Givenchy 纪梵希高定刺绣舞会礼服细节，1996春夏系列

1996春夏 Spring/Summer

Givenchy 高级定制 系列：豌豆公主 GIVENCHY HAUTE COUTURE The Princess and the Pea

1996年1月21日，
下午4点30分
巴黎法兰西体育场
50套时装造型

“时尚野人能剪裁出高级时装吗？”

Style **杂志，1995年7月16日**

商标信息：
Givenchy 高级定制
白色缎面织底
黑色字体领标和
布底手写字体
领标

●收到这份邀请函的时候，Givenchy 优雅端庄的高定客户肯定多少有点震惊。就好像要强调 Givenchy 的新的发展方向，秀场不是在优雅的巴黎酒店（过去 Givenchy 通常在酒店办秀），而是位于巴黎郊区的法兰西橄榄球体育场，场馆内有8万个座位。邀请函送出了约 1000 份。在场馆内的一个空旷房间里，搭建有5个不同入口的伸展台，并在展台末端用许多张床垫叠摞在一起足有20英尺高的床，模仿童话故事《豌豆公主》里的场景。

●高定时装的订单主要来自少数百万富翁或中东公主，几十年来，各大品牌高定时装的销量有所下滑。年轻富有的女性当然喜爱设计师品牌，但并不理解高级时装的实际制作过程——采用顶级面料的高级定制服装，需要无数次试样，手工缝合，且刺绣费用昂贵。

●高级定制时装存在的目的不再是盈利，而是创造新闻价值，以刺激香水、化妆品、配饰以及成衣系列的销量。阿诺特选择加利亚诺的目的也在于吸引年轻的新买家，并获得世界媒体的曝光。

●为此阿诺特无需担心。高定秀在开始前 5 小时，为了抢先入馆，摄影师已在场外排队等候。加利亚诺自己却被困在场外，因为他忘记带入场卡了，而且门卫不喜欢他的长相！

●秀只推迟了半个小时开场，对加利亚诺来说，这算是一项纪录，虽然延迟了，但后台却毫不慌乱。

史蒂芬·罗宾逊说：

> “约翰非常惊讶，因为一切都井井有条，他无事可做。”
>
> 美国版 *Vogue*，1996年4月

●许多于贝尔·德·纪梵希的老客户，出于对他本人的忠心，拒绝出席。然而，观众席的前排仍然有一些大客户现身，例如圣·施伦贝格（加利亚诺的老朋友）和美国时尚潮人南·肯普纳。名模贝蒂娜·格拉齐亚尼（曾在20世纪50年代为 Dior 和 Givenchy 走秀）和伊娜丝·德·拉·弗拉桑热坐在娱乐圈名人旁边，例如蒂娜·特纳和琼·科林斯，以及马里莎·贝伦森、帕洛玛·毕加索、马尔科姆·麦克拉伦，设计师阿瑟丁·阿拉亚、高田贤三、奇安弗兰科·费雷和詹尼·范思哲也现身观众席。于贝尔·德·纪梵希并未到场。

●大幕拉开，映入眼帘的是让-吕克·阿尔杜因设想的“豌豆公主”的场景，接着响起惠特妮·休斯顿的甜蜜情歌《我会永远爱你》（*I Will Always Love You*）。第一部分，紫罗兰，模特躺坐在床垫上，五米长的塔夫绸裙摆从床垫四周垂下（这些礼服之后用来装饰高定工作室的楼梯）。

●模特的头发都卷卷的，被涂成银色，内嵌着真丝制的花。T 台下方，伊内丝·里韦罗身着黑色拖尾长裙，摆着造型，肩带上别有 Fred Leighton 出品的钻石胸针，下身穿搭一条长裤，在裤腿内侧拼缝有撞色条纹（这是加利亚诺的标志性设计）。其他模特有大家喜爱的老面孔苏西·比克塞西莉亚·钱塞勒、玛丽-索菲·威尔逊、凯特·莫斯、娜奥米·坎贝尔、海莲娜·克莉丝汀森以及薇诺妮卡·韦伯，她们自20世纪80年代起就为加利亚诺走秀。

●一些记者表示，这些维多利亚风格的礼服可能旨在纪念征服巴黎的第一位伟大的英国设计师——查尔斯·弗雷德里克·沃斯，他是 19 世纪 60 年代欧仁妮皇后最喜爱的高定设计师。

●接下来出场的是精致晚礼服和 40 年代式的“黑帮女孩”长裤套装和裹胸连体裤套装，搭配斯蒂芬·琼斯的大号小礼帽。皮埃尔·伯格（圣·罗朗的合伙人）讽刺地打趣道：“我总是喜欢充满‘烟味’的系列”。（《女装日报》，1996年1月22日）

●堆叠的抽褶装饰曾在“朵乐丝”系列亮相，这次变成了大片分层抽褶花状领，搭配 20 世纪 20 年代风格的淡雅丝缎直筒低腰连衣裙、大衣和短款和服，皮埃尔·伯格称之为“东方猫咪的睡衣”（英国版 *Vogue*，1995年5月）。一位奥托·迪克斯风格的女英雄（苏珊娜·冯·艾金格）头戴钟形帽，身着丝缎护甲式束身衣，搭配宽腿裤。

●最后两部分造型色彩艳丽，黄绿色、青柠色的 20 世纪 50 年代风格的舞会礼服，可概括为“晃一晃装饰有柠檬片的干马提尼酒”，“但不要搅动”。

●最后一部分服装颜色各异，包括橙色、深红色、金色的纱丽裙，并配有遮阳伞。

●为了向纪梵希致敬，蝴蝶结随处可见；例如日常套装的口袋上有金银丝织蝴蝶结，纱丽裙露肩胸衣和鸡尾酒礼服上的超大装饰上也有蝴蝶结。

●加利亚诺在高定秀结束时登台致谢，他留着深棕色波波头（柯林·麦克道威尔把他的发型称为“嗑药的 Bisto 小孩”（《观察家报》，1996 年 7 月 21 日），小胡子，身穿印有玫瑰枝叶的黑色雪纺衬衫，外搭一件金银丝提花背心，睡裤塞进机车靴里，相当低调。

●次日，总体上，法国和英国的媒体反应热烈，但也存在争议。

> “缺少了时尚的历史性时刻，尽管秀场富有诗意和戏剧性，但没能把高定时装推至下一个千禧世代，也未能给品牌建立新形象。”
>
> 苏西·门克斯，《国际先驱论坛报》，1996年1月22日

条纹塔夫绸礼服裙，设计有 5 米长拖尾裙摆

"人们去巴黎是为了纱丽裙吗？"

玛莎·达菲，《时代》杂志，1996年2月6日

"加利亚诺对自己的怪癖有所控制，这个系列令人兴奋，充满现代感。他让 Givenchy 重返聚光灯下，并给日益脆弱的高定行业注入了新鲜血液。"

《卫报》

"白金汉宫草坪上的一场性手枪乐队演唱会。"

《解放报》

"绝妙之处在于，首次将加利亚诺强大创造力与巴黎实力派工作室的精湛手工技艺相结合。"

《每日电讯报》

●观众反响热烈：

"年轻、温柔、性感、美丽，有点梦幻，又有现代气息，所以我觉得他成功了。"

琼·凯诺，Neiman Marcus 百货公司

"我希望约翰·加利亚诺已经取得了他想要的（职业生涯方面）。祝他好运。巴黎需要新鲜血液、新人、新时尚，尤其是高级定制女装。"

詹尼·范思哲在影片《时尚档案》中所言

"大量的加利亚诺元素，几乎没有纪梵希的影子……加利亚诺的想象力与高定时装的精妙制衣技术的交汇。"

蒂姆·布兰克斯在影片《时尚档案》中说道

●当然，坐在观众席中的伯纳德·阿诺特和理查德·赛门也松了一口气，露出了微笑。到次日清晨，加利亚诺已经收到了 30 个高定预约，这本就是一个了不起的成就。

●到现在，加利亚诺只有六个星期来为同名品牌以及 Givenchy 准备成衣时装秀。"目前我一个人负责所有设计，"他说道，"我觉得我可以做到"（《女装日报》，1996年9月25日）。

装饰有华丽刺绣的淡紫色真丝缎礼服，内附裙撑和衬裙

莎洛姆·哈罗身穿“杜松子柠檬”鸡尾酒会礼服裙

娜奥米·坎贝尔身着饰有大蝴蝶结的纱丽裙

1996/1997秋冬 Autumn/ Winter

Galliano 高级成衣系列：GALLIANO READY-TO-WEAR Baby Maker

1996年3月14日，晚上7点30分
巴黎马球俱乐部/ Polo de Paris
48套时装造型

“星辰之下是叶兰罐和精致的雪纺茶歇裙。”
（阿曼达·哈莱克采访，《女装日报》，1996年3月12日）

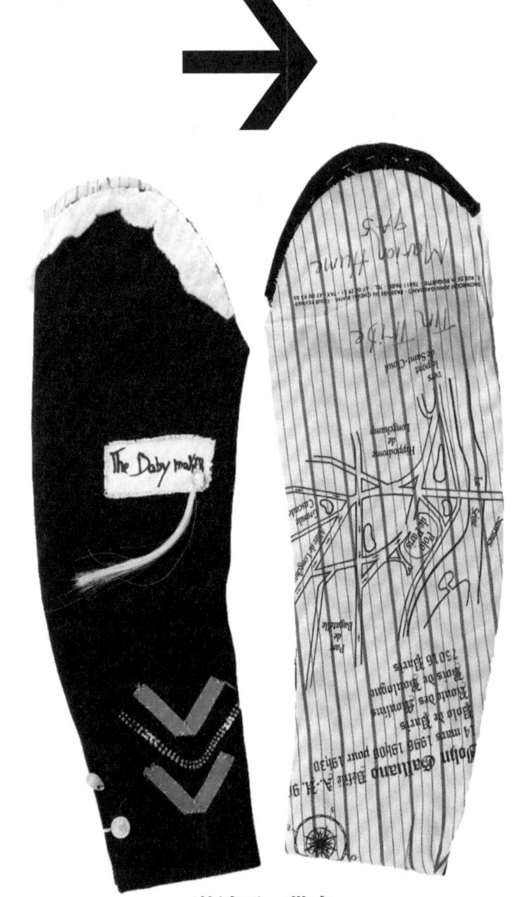

邀请函：带有“Baby Maker”标签的海军蓝羊毛袖（可能是从美利坚联邦制服上撕下来的），白色马尾衬，条纹亚麻内衬上印制有秀场位置的地图、墨水写的名字、座位安排以及“狼的婚礼”（Wedding of the Wolves）字样

●为了保证 Givenchy 系列和 Galliano 系列的区分度，Galliano 同名系列的草图、研究都是在伦敦进行的，他参观了此前经常造访的博物馆、古着店和夜店，而他在巴黎完成了 Givenchy 系列，据他说，巴黎的氛围不同，可以带来不同的灵感。在巴黎，他喜欢探索克里昂库（Clignancourt）集市，看电影以及研究历史上伟大的高定设计师例如玛德琳·薇欧奈。

●这一次，加利亚诺的系列有两个女主角：优雅的华里丝·辛普森，退位国王爱德华八世之妻，以及宝嘉康蒂，"切罗基人的女儿"，印第安公主（Cherokee babe）（《女装日报》，1996年3月12日）。故事中，华里丝出席了一场在沙漠之中举办的切罗基人 / 霍皮人的婚礼，

> "星辰之下是叶兰罐和精致的雪纺茶歇裙。"
>
> 阿曼达·哈莱克采访，《女装日报》1996年3月12日

●著名的巴黎马球俱乐部的室内竞技场，经过改造，变成了垃圾遍地的亚利桑那沙漠，灵感来自 1970 年的西方电影《牛郎血泪美人恩》（*The Ballad of Cable Hogue*）。神秘的部落符号涂在铺满沙子的地板上，秀场以一个巨大的圆锥形帐篷作为背景，模特由此入场。伸展台上随意散落着羽毛，两边放有一捆捆稻草，以营造后末世的效果。沙子上分散摆放着碎石、油桶、旧轮胎、旧冰箱和挂着怀俄明州车牌的凯迪拉克保险杠。

●时装秀开始，后台传来野马狂奔的声音，接着一位"勇士"骑着一匹躁动的浅灰色白马疾驰而出，试图表演杂技。The Osmonds 组合的音乐《疯马》（*Crazy Horses*）响起，模特从锥形帐篷入场，梳着莫西干人（鸡冠头）发型，眼睛周围涂有黑色战时涂料，呈条纹状。开场造型包括一件饰有装饰花边的白色欧根纱睡衣和一件体量巨大的格纹塔夫绸连衣裙。模特的部落风格与"西部草原小屋"式的开场造型形成对照。

●紧随其后的是饰有印度主题图案白色钉珠和流苏饰边的斜裁连衣裙，搭配巨型黑白格子纹大衣，其他则是海军蓝羊绒大衣，印有渐变色裂纹——灵感来自鸟啄牛奶瓶盖的刻痕。非常实穿的"华里丝·辛普森"式深灰色粗花呢外套、连衣裙，肩部饰"雪花图案刺绣"的西装套装与 Manolo Blahnik 的鞋子相匹配的貂皮饰面——这些造型是出席精致城市午宴的完美选择，无论是在巴黎还是得克萨斯。

●此外还有修身、轻便的20世纪50年代风格的套装，饰有箭头形丝绒编织镶边的波雷诺外套和极其耐穿的小黑裙。

●其中，一件蓝色牛仔夹克引人注目，装饰有超高技巧性的 V 形（锥形帐篷般）叠褶，下身搭配裤子，裤腿内侧缝有标志性的撞色条纹。娜奥米·坎贝尔身着嵌有黑豹贴花图案的超紧身连衣裙，漫步在伸展台上。

●"Tin Tribe"主题系列的图案、颜色和纹理丰富多样，包括宽松肥大款式的中亚纱线扎染织物制和内衬格纹棉里布的基里姆"花毯"外套，搭配斜裁花格长裤，马德拉斯条纹棉制阔腿裤，多色条纹针织款和花格连衣裙，还有可当作连衣裙穿的宽大蓬松的真丝衬衫，这是嬉皮士风格的精致体现。

●模特头戴银制头饰和臂环。斯蒂芬·琼斯用稻草装饰物做成帽子，并用随手捡来的东西装饰圆礼帽。

● 1995/1996 秋冬系列中的弗拉门戈风格连衣裙颇受欢迎，这次再次亮相，有些是用黑色丝绉制成，裙身上缝有白色滚边的荷叶边装饰，有些是适合白天穿着的印有圆点的灰色调雪纺连衣裙。

●绒面革和流苏是结尾几套造型中的主要设计元素。凯特·莫斯最后出场，身着印第安风格"原住民"式的连衣裙，裙身上饰有激光切割制成的绒面革流苏，还有复杂的装饰切口和流苏图案。

●加利亚诺身着棕色绒面革马甲和裤子登台致谢，头顶扎了一个发髻。

●这一系列获得观众（丽莎·明尼里也在观众席）和时尚媒体的交口称赞，但只有一小部分服装很畅销，总体来看，这一系列的商业表现欠佳。参与订购的商家包括 Bal Harbour、Bergdorf Goodman、Barneys、Neiman Marcus 以及 Harrods 和 Joseph，但销量很低。玛利亚·莱莫斯回忆说：

> "华里丝·辛普森风格的饰有貂皮的粗花呢套装卖得很好，飘逸的圆点连衣裙也卖得不错（这些都是爆款）。斜裁花格长裤也很受欢迎。流苏麂皮系列很难找到合适的场合，虽然色彩亮丽的毯式外套造型惊艳，但订购的客户并不多——款式太极端了。可能，我们需要花更多时间调整设计，实现商业化，从而更好地在创新与耐穿之间求得平衡。"
>
> 玛利亚·莱莫斯接受作者采访时如是说，2017年2月1日

●加利亚诺的首场 Givenchy 成衣时装秀即将在两天后进行，这意味着他需要同时准备好两场秀，对此，阿曼达·哈莱克说道：

> "……这一季度，我们意识到，约翰需要设计两个系列，不是因为他可以做，而是他必须这么做。他需要对他所有的创意进行阐释、探索和做出决定。"
>
> W. 米德尔顿，《三人行》（*Three's Company*），*W* 杂志，1996年6月

饰有轻薄花边，浪漫的睡袍式礼服拉开了演出的序幕

海莲娜·克莉丝汀森身着“华里丝·辛普森”式连衣裙，饰有雪花图案刺绣

弗拉门戈式装饰荷叶边连衣裙，搭配棒棒糖制鹰形头饰，由斯蒂芬·琼斯设计制作

Tin 族部落（Tin Tribe）造型融合了中亚纱线扎染技术（Ikat），马德拉斯条纹和塔特萨尔花格（Tattersall）

Givenchy 高级成衣系列：斗牛士 GIVENCHY READY-TO-WEAR Toreador

1996年3月16日
巴黎
44套时装造型

"Givenchy 的新天赋。"
《女装日报》封面文字，
1996年3月18日

商标信息：
Givenchy（真正的高定系列领标上有"高级定制"字样）

●见证了几天前的“狂野西域”秀，人人都渴望看到Givenchy系列，并作以比较。

●时装秀拉开帷幕，响起奥黛丽·赫本（纪梵希挚爱的缪斯女神）悦耳的声音：“The rain in Spain lies mainly on the plain”,这句台词出自电影《窈窕淑女》，接着是西班牙传统音乐。

●三个人从高耸的大屏风后方走出来，第一个人身穿精致的白色针织斗牛士夹克和香烟裤，另外两个人身着精致的灰色西装套装：其中一款口袋处装饰有蝴蝶结，另一款饰有金色亮片的斗牛士肩章，两套都搭配了“女人味”十足的A字裙。

●这个系列性感而不庸俗，耐穿而不沉闷。裁剪低调且巧妙，色调主要是鸽灰色、白色、樱草色和黑色。细褶和装饰花边的运用实现了设计效果的最大化，衣服上和发饰上都装饰有许多蝴蝶结。

●模特们的造型酷似美剧《广告狂人》中的人物贝蒂·德雷柏的20世纪50年代末的装扮风格，有些还梳着光滑的马尾辫。修身高腰、两侧拼接有条纹的裤子搭配清爽的饰有装饰褶边的白色斗牛士衬衫。还有一些用高级西装毛料裁制的内部缝有束身鱼骨的抹胸款连体裤。

●造型搭配的手提包做成了斗牛士帽的外形。晚装系列的色调转变为艳丽的浆果色和黑色，礼服上搭配的腰带，装饰边和用以固定双肩的后背过肩带都是用蟒蛇皮制成的。这个系列的重点更多在于裁剪和颜色，而不是图案。唯一例外的是，娜奥米·坎贝尔穿的一件飘逸酒红色真丝长裙，上面印有巨大的牡丹花形图案。

●最后一部分是非常实穿的、美丽的鸡尾酒会短款小礼服裙系列，装饰有弗拉门戈式的荷叶边和印有灰色、白色、淡樱草色、酒红色和黑色的圆点。

●加利亚诺短暂地现身在伸展台上，穿着棕色刺绣绒面革无袖短夹克，肥大的衬衫，长发用发夹夹在一边。

● Givenchy的理查德·赛门和LVMH的伯纳德·阿诺特一定很高兴。这个系列在各个层面上都完成了使命，它受到了媒体、店铺和客户的一致好评，尤其在美国，这是Givenchy最大的市场。《女装日报》认为这一系列：

> “这正是这一古老的品牌所需要的……加利亚诺设计的淑女装，即使是纪梵希目前的客户也能理解，这让人出乎意料。”

1996年3月18日

巴黎的城市时尚与西班牙斗牛士装饰相结合

终场谢幕时的红色系列

弗拉门戈式的圆点和荷叶边，进一步凸显女性化的西班牙主题

Givenchy高级定制系列：约瑟芬皇后 GIVENCHY HAUTE COUTURE Empress Josephine

1996年7月7日，下午4点

法兰西体育场

50套时装造型

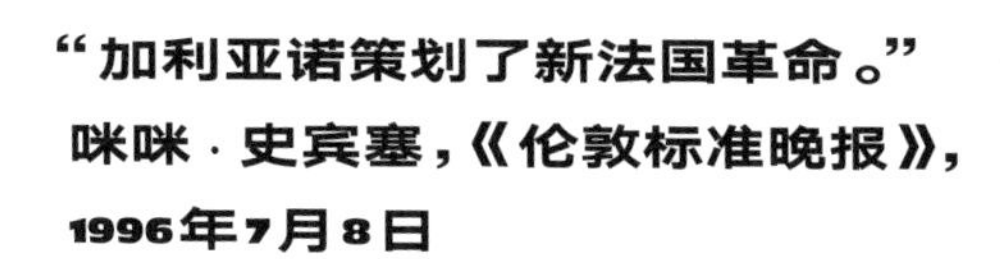

“加利亚诺策划了新法国革命。”

咪咪 · 史宾塞，《伦敦标准晚报》，1996年7月8日

造型 26，重工钉珠迷你“黑水仙”鸡尾酒裙

●加利亚诺将第二场高级定制时装秀搬回了广阔的法兰西体育场——这一次，他把这里变成了一座活森林，T台上散落着落叶，从高耸的针叶树和幽灵般的桦树中蜿蜒穿过，伴有录制好的鸟鸣。这一场景是为了让人联想到马尔迈松（Malmaison）城堡"森林深处的光影"，这是拿破仑为其皇后建造的城堡。加利亚诺这次的缪斯包括歌手麦当娜（当时她怀孕了），约瑟芬皇后，主题为革命的奇妙之处以及皇家赛马会的冬天。

●秀开场晚点了，尽管记者可以进入现场踩点，观众只能站在外面淋雨，有些人思忖，这场秀的目的在于公关，而并非售卖服装。

●杰里米·希利设计的开场音乐融合了鼓和贝斯，夹杂着的不自然的《马赛曲》（*Marseillaise*）和神童乐队（The Prodigy）的 Firestarter。

●这一系列呈现的是纯粹的加利亚诺——只有一件装饰有蝴蝶结的小黑裙，以向品牌传统致敬。"约瑟芬"开场造型：是一系列蕾丝和雪纺制的帝政裙（empireline dress，高腰线/帝政线长裙），其中一些款式配有"断头台前的鲜血染红的天鹅绒饰带"（引自 Givenchy 时装秀演出说明）或饰有绿叶树枝刺绣图案，裙下透出隐约可见的蕾丝丁字裤。

●模特的头发上涂有银色粉末，戴着水晶灯般的玻璃吊坠，闪闪发光。福图尼风格的灯笼袖真丝压褶筒裙搭配刺绣款斯宾塞夹克；其他款式则装饰有流苏边和盘扣。一件夸张的，引人注目的黑色配金色的锦缎晚礼服外套，设计有戏剧化的长拖尾，衣身上印有豹纹，嵌缝人造猴皮镶边，并配有花式盘扣。卡拉·布吕尼身着一件鸽灰色真丝紧身长裙，胸前饰有埃及艳后（Cleopatra-style）式的翅膀形搪瓷配件。

●"冬季赛马会"系列包括，为"最佳赌徒女孩"准备的精致利落的鸡尾酒会小礼服套装和连衣裙（《女装日报》，1996年7月2日）。豹纹印花出现在套装、连衣裙和短风衣上，此外还有灰色、黑色和格纹斜裁连衣裙。晚礼服和雪纺茶歇礼服上则绣有大朵蔷薇花（图案取自 Givenchy 档案）。

●斯蒂芬·琼斯制作的其他饰品则包括皮革制飞行头盔、羽毛装饰的角斗士头盔、粉扑状的无边帽、红色皮制高顶特里比帽，以及一款风箱式相机。精致的 Manolo Blahnik 凉鞋（该品牌第一次与 Givenchy 合作高定系列）也出现在秀场，设计有盘绕的带子，可系在腿上，带子上面点缀着玫瑰花蕾图案。

●这场秀的终场造型是"黑水仙"系列，是斯特拉·坦南特穿着一套尚蒂伊蕾丝（Chantilly Lace）裤装套装，海莲娜·克莉丝汀森身着闪闪发光的钉珠或缎面迷你吊带裙，搭配长筒袜和吊袜带，《女装日报》认为这看上去"像妓女"。然而，在时装秀结束后，克莉丝汀森说道：

> "穿着那条超短连衣裙走秀，让我记住做女人很酷。"
>
> 《泰晤士报》，1996年7月8日

●加利亚诺梳着光亮的脏辫，身穿衬衫搭配马甲，脚穿爽健（Scholl）凉鞋登台致谢。

●总体上来说，1996 秋冬系列，Givenchy 的时装销量上涨了 80%，Givenchy 的乔治·斯普利策对此很满意：

> "我们正在吸引一群新的年轻客户，涉及的客群范围更广。加利亚诺的设计为 Givenchy 赢得了客户，此前我们在这些客群中的影响力很有限，或者说没有任何影响力。我们现在就像一个新品牌。"
>
> 《女装日报》，1996年10月8日

与 Dior 谈判

●1996年9月，Dior 时装公司的所有者伯纳德·阿诺特，从加利亚诺的资助者普惠投资公司手中收购了加利亚诺同名品牌的多数股份（62.5%），此事在几个月前就已曝光（当时没有发布新闻稿或大肆宣传）。普惠投资公司仍旧持有 12.5% 的股份，加利亚诺保留了25% 的股份。据《国王与诸神》（*Gods & Kings*）的作者黛娜·托马斯说，几年后，加利亚诺的投资人约翰·巴尔特与马克·赖斯将会卖掉持有的剩余股份。

●加利亚诺将为 Dior 设计两个高级定制系列、两个成衣系列和两个预展/预售系列（这是 Dior 的新产品线），同时他也将继续设计他的同名系列——总共八个系列。阿诺特任命弗朗索瓦·鲍夫梅（他已经是 Dior 时装公司总裁）负责加利亚诺的品牌，瓦莱丽·赫尔曼担任总经理，负责 Galliano 品牌的日常管理。

●米兰设计师奇安弗兰科·费雷的合同（阿诺特在1989 年选择用他代替马克·博昂执掌 Dior）将不再续约，这已成为公开的事实。奇安弗兰科·费雷的最后一个系列是1997春夏（1996年10月8日）。

●卡特尔·勒布希斯（Dior 和 LVMH 的顾问）回忆当时：

> "当然，奇安弗兰科想留下来，但他是个完美绅

造型6，轻薄精致的法式钩针绣（Point de Beauvais Mousseline）雪纺帝政裙，与之搭配的水晶吊灯头饰是斯蒂芬·琼斯为加利亚诺的“皇后约瑟芬”系列所设计

士，所以有尊严地离开了。阿诺特给予他极大的尊敬。”

卡特尔·勒布希斯接受作者采访时如是说，2016年10月

●几个月来一直有传言，阿拉亚、高缇耶、威斯特伍德以及马克·雅可布都可能竞聘这一空缺职位，但随着收购 John Galliano 品牌的消息宣布，阿诺特似乎有可能让加利亚诺在 Dior 担任要职，并找人代替他在 Givenchy 的职位。卡特尔·勒布希斯回忆说，他喜欢加利亚诺，而 Dior 总裁弗朗索瓦·鲍夫梅更喜欢让 - 保罗·高缇耶。

“阿诺特希望 Dior 成为世界顶尖的时尚品牌，正如在迪奥先生的时代那样，Dior 和阿诺特都相信加利亚诺是最佳人选。我赞同，我觉得他是个时尚天才。”

卡特尔·勒布希斯接受作者采访时如是说

●渐渐地，Dior 买回了所有削弱其品牌形象的海外特许经营权，如今，是时候借助新创意总监让 Dior 重生了。

●加利亚诺回忆起他得到这份工作的那一刻：

“太不可思议了，我差点从椅子上摔下来。我觉得完了——我以为我在 Givenchy 做了很糟糕的事。我周五六点接到一个电话，让我去阿诺特先生的办公室。我想，‘哦，完蛋’。我完全没有准备。我选错了脚指甲油的颜色。我穿的是爽健 。没有办法，我逃不掉，我必须得去。当时，他就把这份工作给了我，我差点连同我的座椅一起摔倒。”

苏珊娜·法兰克尔采访报道，《独立报》，1999年2月20日

● 10 月 8 日，奇安弗兰科·费雷从 Dior 辞职，专注于自己的同名品牌。10月14日，加利亚诺公开确认出任 Christian Dior 的创意总监一职，亚历山大·麦昆接替他在纪梵希的职位。

●这是一个历史性的时刻。两位令人兴奋、个性鲜明的英国设计师接受任命，带领两家最受尊敬的法国时装公司进入未来。在接受 Paris Match 杂志采访时，LVMH 集团的老板伯纳德·阿诺特说，他为 Dior 选择了加利亚诺，为 Givenchy 选择了麦昆。

“原因很简单：人才无国界……加利亚诺和麦昆是这个时代最伟大的设计师……我原本更偏向选择法国设计师。”

《女装日报》，1996年12月9日

● 10 月 21 日，这位来自伦敦南部的管道工的儿子终于实现了他的梦想，他来到了位于圣奥诺雷街的 Dior，首次踏入这个时装工作室的神圣堡垒。

●老一辈的守门人大为震惊，马克·博昂说道，

“我真的不知道这些年轻设计师对高级定制时装了解多少，他们从来没有在高级定制时装公司工作过。成衣就是在桌子上做服装。高级定制时装则是在人体上构建出来的。这是完全不同的制衣方式。应当从助理开始学习——就像我在 Piguet 和 Molyneux 时那样，Givenchy 一直以来也是如此。就连迪奥先生本人也是从 Piguet 起步的（迪奥曾为设计师罗伯特·皮埃特工作）。”

美国版 *Vogue*，1997年4月

●接着他特地谈到了加利亚诺的设计：

“拍的照片非常具有异国情调——很奢华，但我从来没有见客户穿过。”

●刚把加利亚诺作为 Givenchy 的新形象推向市场的几家主要的美国零售商们担心客户会觉得自己的消费权利被剥夺，因为客户需要重新接受新设计师，于是，零售商们劝说客户尝试 27 岁的麦昆的设计，尽管知名度稍微弱一点。

●然而，阿诺特决心让这些老牌时尚王国重新焕发活力，保留其伟大传统，改变其古板的资产阶级形象。时装公司的巨额利润来源不再是时装，而是化妆品、香水和配饰。不是每个人都买得起一件高级定制礼服——但正如迪奥先生从一开始就意识到——一支口红或一瓶香水可以在全球范围内进入大众市场——秘书和公主都可以分享 Dior 的魔力。在加利亚诺和麦昆的辅佐下，他希望把这些公司变成一流的全球品牌。1997 年是 Dior 品牌的五十周年纪念，而阿诺特决心再次将 Dior 打造成一个年轻、放眼未来且能带给客户愉悦的品牌。

●弗朗索瓦·鲍夫梅，Dior 的总裁，现在也兼任 Galliano 的总裁，曾这样解释：

“从根本上说，人们认为加利亚诺的风格和创意能力更适合 Dior，而不是 Givenchy。他的作品中的甜美和女性气质，更接近迪奥先生的风格。”

《女装日报》，1996年10月15日

●尽管加利亚诺中了时尚界的头彩，但他的媒体声明却简短而低调。关于新的职位，他说：

“我很高兴也很荣幸，尤其正逢（Dior 的）50周年纪念。”

《女装日报》，1996年10月15日

“为了这一刻，我已经排练了15年。”

英国版 *Vogue*，1997年4月

造型 11，娜奥米·坎贝尔身穿豹纹印花手工压褶裙，赢得了观众的赞叹

造型 38，装饰有大朵玫瑰花的“冬季赛马会”主题连衣裙

造型 27，莎洛姆·哈罗穿着红色天鹅绒裹身裙，上身裹着凌乱的血红色真丝制花束，头戴心形帽

●鲍夫梅还明确表示，Galliano 品牌对 LVMH 很重要，它将与 Dior 一起成长。

> “我们的目标不是控制 Galliano 品牌业务范围，以让加利亚诺专注于 Dior。这是两个不同的企业，且都有自己的发展道路。”
>
> 《女装日报》，1996年10月15日

●加利亚诺和他忠实的得力助手史蒂芬·罗宾逊、瓦妮莎·贝朗格以及首席制版师比尔·盖登一起搬到了 Dior，但老朋友西比尔·德·圣法勒仍留在了 Givenchy。然而，最令人震惊的是阿曼达·哈莱克也离开加利亚诺，加入了卡尔·拉格斐的 Chanel。阿曼达是加利亚诺事业早期的坚定盟友、缪斯女神和合伙人。但她最近离婚了，需要经济保障抚养孩子。Chanel 提供给阿曼达优厚的待遇，Dior 公司拒绝提供同样的待遇，而加利亚诺似乎也未能说服 Dior 公司改变心意。

●阿曼达深受加利亚诺工作室团队的喜爱和尊重；她的离开带来的损失是巨大的，一个时代落幕了。

1997春夏 Spring/Summer

Galliano 高级成衣系列：俄罗斯吉卜赛少女奥弗兰尼汉

GALLIANO READY-TO-WEAR A Russian Cypsy Named O' Flanneghan (Cirus)

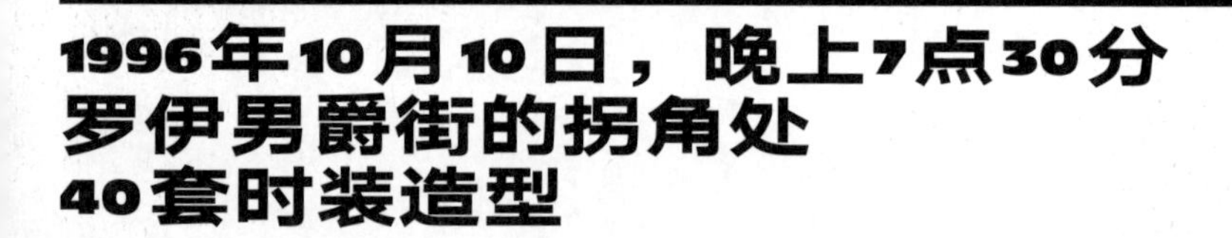

1996年10月10日，晚上7点30分
罗伊男爵街的拐角处
40套时装造型

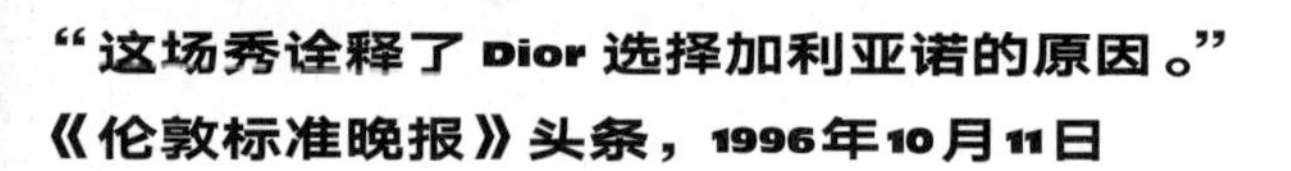

“这场秀诠释了 Dior 选择加利亚诺的原因。”
《伦敦标准晚报》头条，1996年10月11日

邀请函：
一个彩绘木娃娃里
装着一条精美手链，
并附上三张印有
秀场地点相关信息的
游戏牌

红色刺绣皮制套装

墙壁挂满了一排排的娃娃展品，并打上了诡异的灯光，装扮明艳的塑料娃娃作为奖品

●巴黎时装周受邀，“来吧，来约翰·加利亚诺的马戏团秀场”！这个系列围绕一个逃离的美丽的吉卜赛女孩加入马戏团的故事而设计，灵感来自于1954年费德里科·费里尼的电影《大路》(*La Strada*)。

●秀场地点在巴黎郊区的一个19世纪酒窖。迎接来宾的是一个吉卜赛人营地，那里有吉卜赛大篷车和一排排破烂的衣服。老人们演奏小提琴和手风琴，还有在练功的杂耍演员，钢丝绳艺术家和杂技演员。经改造，酒窖内已经变成了一个用一捆捆稻草环绕成圆形的马戏场地。

●尽管这个系列的服装都是成衣，但劳动密集型的做工和精致的细节意味着这些时装在质量上更像是半定制级别的，生产成本极高。有些刺绣和珠饰是委托Lesage刺绣工坊制作的！

●这场秀的第一部分包括带有红色绣花的白皮裤、夹克和工装裤，这些图案的灵感来自传统的东欧绣花亚麻布（机车骑行裤售价5180美元，洛杉矶Maxfield精品店）。

●《女装日报》将他们描述为“有一点猫王，有一点埃维尔·克尼维尔，还有一点乌克兰阅兵游行的味道”(1996年10月11日)。

●模特们（包括斯特拉·坦南特）的眼睛上有史蒂芬·玛莱设计的黑色切罗基族战争彩条纹，戴着斯利姆·巴雷特设计的头饰，两侧带有摩托车后视镜。红白图案主题在针织服装和经典法式南特印花棉布裤装套装上也有所呈现。

●随后，颜色转变为蓝色和白色，蕾丝大面积出现。最令人印象深刻的造型之一，是基于蓝白色瓷器设计的斜裁印花雪纺连衣裙，搭配斯蒂芬·琼斯设计的圆盘帽子，帽子上有蓝白瓷器画。此外，还有一件饰有缎带和华丽刺绣的中国传统式裙子，裙子后部经重新设计，变成了一件长拖尾款晚礼服。

●吉卜赛车上的传统吉卜赛花卉图案、“俄罗斯”托盘上的印花都被当作吊带裙的印花元素。这些吊带裙内搭尚蒂伊蕾丝紧身胸衣（由娜奥米·坎贝尔和凯特·莫斯展示）。此外，还有印制着加利亚诺马戏团字样（Galliano’s Circus）标志的华丽皮革机车风夹克和裤子。

●羊毛裙和夹克印有黑白相间色图案，以模仿20世纪20年代的广东披肩（在Joseph百货，广东披肩印花羊毛裙售价860英镑，可搭配羊毛披肩夹克，售价1500英镑）。乌玛·瑟曼曾穿此套装登上美国版*Vogue*。

●最后的一部分造型更引人注目。一件“黄道十二宫”(Zodiac)真丝连衣裙上印有午夜星空图和金色占星符号，搭配用锁链和有趣的饰物拼制成的网状披肩。其他鸡尾酒会礼服包括一件直筒低腰连衣裙，饰有亮片或串珠网饰片，上面还点缀着蜘蛛状饰物。

●有一件丽塔·海华丝风格的“女神”礼服，设计有不对称式的单肩带，还有一套不太商业化的、彩格印花云纹夹克和长裤。一件造型复杂、黑色漆皮制成的翅膀状波雷诺外套，搭配了一件20世纪30年代风格的紧贴合身型的斜裁长礼服。

●然而，最引人注目的是“歌舞女郎”服装，其紧身胸衣由Mr Pearl先生制作。其中，苏珊娜·冯·艾金格（她也是纪梵希和加利亚诺的试装模特）就穿了一件酒红色的“歌舞女郎”装，饰有角斗士风格刺绣，其灵感来自詹姆斯·提索绘于1885年的画作《战车上的女士们》(*Ladies of the Chariots*)。

●加利亚诺梳着长长的金色发辫，身着Clements Ribeiro条纹上衣和印花棉长裤登台致谢。

●从那时起，LVMH越来越多地参与Galliano品牌的销售。对于这一系列，玛利亚·莱莫斯回忆说：

> “这个系列真的很漂亮，各地都很畅销。‘俄罗斯托盘’式印花吉卜赛吊带裙（长裙、短裙）是迄今为止最畅销的。所有优雅晚装都表现不错，包括斜裁裙、蓝白青花瓷印花雪纺裙，以及黑白色相间的广东披肩裙。”
>
> 玛利亚·莱莫斯接受作者采访时如是说，2017年2月1日

●根据美国所有主要零售商的销售调查结果，《女装日报》称凯特·莫斯穿的“吉卜赛吊带裙”是美国当季爆款之一。

拼色麂皮“吉卜赛”细跟长筒靴由莫罗·伯拉尼克设计出品

海莲娜·克莉丝汀森穿着黑色“歌舞女郎”装，饰有银色水晶流星装饰，凯莉·米洛曾订购此套时装作为她的登台演出服

Givenchy 高级成衣系列：简·奥斯汀邂逅马拉喀什
GIVENCHY READY-TO-WEAR Jane Austen goes to Marrakech

1996年10月13日
欧德耶艺术空间/Espace Auteuil，巴黎16区
47套时装造型
商标信息：Givenchy 定制时装

“约翰·加利亚诺的 Givenchy 秀是令人倍感尴尬和不安的时刻之一，会让专业人士们都想躲到镀金的椅子下。”
苏西·门克斯，《国际先驱论坛报》，1996年10月13日

海莲娜·克莉丝汀森身着马拉喀什风格与简·奥斯汀风格融合的裙装

●约翰·加利亚诺已经在夏天得知了自己要调去Dior的消息，所以他在Givenchy的最后一场秀可以说是毫无生气——他的心已经不在这里了。与之前绚丽多彩、充满想象力的马戏团系列相比，Givenchy系列则更显得单调乏味。

●首先，大秀的布景就十分敷衍：只有一堵白墙和一条亮红色地毯。大秀的灵感来源糅合了简·奥斯汀的女主角、法国军团、奥斯曼帝国和摩洛哥等元素，展示了宽松、男性化的长裤西装套装，衬衫裙搭配《安妮·霍尔》(*Annie Hall*，伍迪·艾伦导演的戏剧电影）风格的领带、饰有镀金扣子的军装风夹克搭配拼缝有侧条纹的长裤。虽然其中不乏一些从“约瑟芬皇后”时装系列中筛选出来的漂亮的帝政裙、领口装饰有荷叶边的茶会礼服以及饰有奥斯曼风格镶边饰带细节的连衣裙和紧身夹克，但模特们的装扮与这些时装极不协调，是怪异的摩洛哥风格的造型，包括抹了泥土的硬质编发、耐人寻味的眉毛，甚至一些模特还有胸部文身。

●加利亚诺也换了造型，梳上了一头漂染的金色脏辫，身着白色T恤、灰色单排扣夹克和做旧风格的白色裤子。

●苏西·门克斯对该系列可谓十分厌恶，认为这场秀：“毫无想法，完全没有展示出Givenchy和现代女性的特色。”

●然而，Givenchy已经不在加利亚诺的考虑范围，这是麦昆该考虑的事情了！

Christian Dior Spirit 五十周年展览

● Christian Dior Spirit五十周年展览，1996年12月9日（星期一），纽约大都会博物馆大礼堂。

● Dior的五十周年纪念活动包括一场盛大的晚宴、2000人的舞会以及只举办一晚的特别展览，展出的30件作品均是1948—1996年间Dior出品的珍稀传世之作，展品均来自Dior档案馆的收藏以及该时装屋“珍贵”客户的私人衣橱，如英格丽·褒曼、菲丽嫔·罗斯柴尔德女男爵和比利时丽莲公主等。展览由伯纳德·阿诺特的顾问卡特尔·勒布希斯组织，卡特尔·勒布希斯此前曾与黛安娜·弗里兰共同担任大都会博物馆负责人，并与博物馆一直保持着良好的关系。勒布希斯回忆道：

> “就为了这一个晚上，想象一下——我们为每条裙子从意大利定制了金属丝制作的人体模特和裙撑。Dior瓷器和桌布也是从法国定制的，桌布上刺绣的是迪奥先生最喜欢的花——山谷百合，对他来说，它代表着好运。结果一场暴风雪来临，货物只能停在芝加哥。我们在周六才收到这批货，而必须在周一之前完成所有准备工作，这简直就是一场噩梦。”

勒布希斯接受作者访谈，2016年10月16日

● Dior前创意总监奇安弗兰科·费雷负责展览的设计，他和20名助手组成的团队一起为假身人台穿上礼服，并用金属杆悬挂起来，仿佛绽放的“烟花”一般。

●当晚的菜单包括格兰维尔鲈鱼、小牛肉配羊肚菌和法式苹果塔——迪奥先生最爱的食谱。会场也装饰成蒙田大道的模样，点缀着人造栗子树和一幅巨大的全景帆布画，描绘着行人身着五十年以来Dior的经典设计漫步在蒙田大道上的景象。门厅装点着代表Dior的灰白色条纹和一万朵山谷百合花，还有空运而来的珍稀白玫瑰和常春藤制成的六英尺高的植物烛台。在场的850名宾客均沉浸在沁人心脾的香氛和高级法国香槟的气息中。克里斯汀·拉克鲁瓦、杰奎琳·德里贝斯、唐纳·卡兰、安妮·巴斯、莎朗·斯通、蒂娜·特纳以及模特艾姆博·瓦莱塔、克莉丝蒂·杜灵顿和琳达·伊万格丽斯塔出席了活动。

●当天的贵客是戴安娜王妃，她穿上了加利亚诺为Dior设计的首件时装。在这个过程中，加利亚诺曾三次往返伦敦为王妃试装，最后一次是在11月28日，也是加利亚诺的生日，王妃为他在肯辛顿宫准备了蛋糕和香槟共同庆祝。

●王妃在当晚六点乘飞机到达，随后直接前往卡莱尔酒店换上Dior饰有尚蒂伊蕾丝边的海军蓝色真丝马罗坎平纹绉吊带裙，搭配了迷你Dior“Lady Di”手袋和王太后赠予的珍珠蓝宝石颈链作为配饰。然而她拒绝穿上配套束身胸衣，导致第二天媒体对她颇有微词，称她穿着“睡衣”参加了活动。

●在阿诺特左右的分别是戴安娜王妃和希拉克夫人，王妃的另一侧是身着定制西服的加利亚诺。当媒体问到他如何看待王妃的时候，他表示：“她是一位既现代又优雅的女性”（美国版*Vogue*，1997年9月1日）。

展览没有准备展品目录，而是采用了手工印制和压花的 Carnet de Bal（舞会名册，参加正式舞会时，女士挂在手腕或礼服上的小册子，用来记录当晚的舞曲名单和男士信息。手册封面上有舞会组织者的信息），并系上了环形丝带，可方便佩戴在手腕上

戴安娜王妃出席大都会博物馆晚宴，约翰加利亚诺和莉兹·提尔布里斯陪伴身旁

加利亚诺赴任 Dior
Galliano Arrives at Dior

■ 卡特尔·勒布希斯回忆起曾经严肃、寂静的时尚工作室经历了怎样剧烈的变化：

> “当你听到楼道里大声地响着伦敦音乐，还有穿着破烂衣衫和牛仔服的人们到处穿梭时你就知道——加利亚诺的工作室到了。虽然约翰的法语不错，但他们只说英语。他们离不开音乐，也离不开茶！”

卡特尔接受作者采访，2016年10月

■ Dior 有着传统而又严格的等级划分。高级定制（女装）和制衣工作室承担着将梦想编织成现实的使命，故而坐落在建筑的顶楼，也有自己独立的楼梯。加利亚诺后来又为 Dior 成衣引进了一些工作室，这对于高级定制时装屋来说是前所未有的。

■ 阿诺特先生有自己的专属电梯。加利亚诺和团队工作室也拥有自己的楼梯。卡特尔·勒布希斯回忆道：

> “约翰很快就将工作室改造成了一个完全私人的空间，只有持有磁卡的人员才能通行。在主工作室里还有一间宽敞的私人工作室——私密之中还有更私密的。只有少部分人可以进入他内心的圣殿。史蒂芬·罗宾逊就像约翰和工作室之间的桥梁。他极富才华。我从来没看到有谁可以对一位设计师如此忠诚，很让人费解。他就像一个孩子，慢慢成长为一位运筹帷幄的大将——而他所做的这一切都是为了约翰和时装。他每天早上10点就到，并且在约翰缺席的时候负责推进大秀的准备工作。他们是一对惺惺相惜的工作伙伴。”

卡特尔接受作者采访，2016年10月

■ 第二年5月，鲍夫梅收购了位于巴黎东北部阿夫隆街60号的一家废弃的玩偶工厂，而后将其改造成了 Galliano 品牌工作室。整个空间宽敞、明亮，有配备齐全的工作室和办公室，还有一处精巧的庭院花园。加利亚诺很喜欢在那里工作，但同时 Dior 对他的需求也日渐增长。

■ 在 Givenchy 时加利亚诺已尝试过设计高级定制时装，但 Dior 的高级定制却完全是另一个层次，这里有更多技艺精湛的工匠和更少的条条框框。Dior 是阿诺特的“私人领地”，因此在加利亚诺的职业生涯中，他第一次获得了创作的自由。

Dior
高级定制系列：马赛
DIOR HAUTE COUTURE Maasai

1997年1月20日，
下午2点
巴黎格兰德酒店
50套时装造型

“Christian Dior 以一场惊艳的加利亚诺秀庆祝了它的五十周年庆典。”

《女装日报》，1997年1月21日

织有“Christian Dior Haute Couture”字样，背面是手写粗体字的领标

●加利亚诺和团队紧锣密鼓地筹备了整整八周，期间只在圣诞节休息了一天。大家烤了一只火鸡，却又忘了打开烤箱。“太糟糕了，我们太累了所以最后只点了披萨。”（*Vogue*，1997年1月4日）

● Givenchy 拥有的六十多名技艺精湛的工匠曾经给加利亚诺留下了深刻的印象，然而作为占据时尚界巅峰地位的 Dior 在这方面更是有过之而无不及。Dior 的工作人员曾经很适应一天八小时的工作时间；而现在他们开始抱怨几周准备一场秀太过于紧迫，他们不得不熬夜做最后的调整。时装工会的工人代表同时也抱怨了麦昆所在的 Givenchy 的情况也是一样，甚至还要更糟糕：“我们只有两周时间去做 50 套造型，工坊里的一些女性甚至要工作一整晚才能完成。”（法国总工会布朗德利女士，《卫报》，1997年1月22日）这两个来自伦敦的“坏小子”就这样打破了工作室里的平静和秩序。

●众人都感受到了无与伦比的压力——因为这不仅仅是加利亚诺的 Dior 首秀，还是高级定制系列（而非预展系列），并且撞上了 Christian Dior 时装屋的五十周年庆典。1947年12月，克里斯汀·迪奥先生带来了他的首个“新风貌”（New Look）系列作品，颠覆了整个时尚界。而加利亚诺执掌的 Dior 会给我们带来相似的感受吗？他曾立下目标，设计出“风格”不变但同时又充满新意、活力、激情的全新系列：

> “我不想复刻‘新风貌’，而是想做出既让迪奥先生满意，又具有现代感的系列……对我来说迪奥就是神！”
>
> 《女主日报》，1997年1月16日

●这个系列总共有 50 套造型（根据迪奥先生的传统，每套都有相应的名称），由50位顶级名模呈现，包括“超模”——娜奥米、凯特、琳达、海莲娜、克劳迪娅等。

● Dior 接管了格兰德酒店的一层（通常女装设计师只占用酒店的宴会厅作为秀场）来容纳 791 张镀金椅子和观众。内饰被漆成与时装沙龙呼应的 Dior 标志性灰白色，还装饰了 4000 朵新鲜的粉红玫瑰。该秀的来宾包括法国第一夫人贝娜黛特·希拉克和坐在 LVMH 总裁伯纳德·阿诺特身旁的约克公爵夫人［据说她将为《巴黎竞赛画报》（*Paris Match*，法国时政类周刊）撰写六篇时尚类文章，并已收到30万英镑的报酬］。菲姬问加利亚诺“你会为我这样的女人做什么样的衣服？——我可是世界上最不懂时尚的女人。”他很谦虚地回答：“束身衣，因为就连模特也要穿！”（《卫报》，1997年1月29日）

●高定秀以一组剪裁性感的吊带短裙作为开场造型，这对在场的传统客户造成了不小的冲击。对于“站街女”主题的质疑，加利亚诺回应道：

> “刚开始接手 Dior 的时候我不知道如何招募模特，于是就在报纸上发布广告，结果一大批巴黎的站街女蜂拥而至。”
>
> 美国版 *Vogue*，1997年1月4日

●豹纹印花和丁香紫的色调灵感来源于米萨·布里卡尔夫人，同时也是克里斯汀·迪奥先生的挚友以及灵感缪斯。她很喜欢穿着丁香紫的服饰，并经常在照片中披着豹纹皮草，佩戴长款珍珠项链。

> “随着我的研究越深入，我越开始理解迪奥先生是如何从周围女性中汲取灵感的——不仅仅是他的母亲，还有模特维多利亚等人，尤其是米萨·布里卡尔。”
>
> 《女装日报》，1997年1月16日

●迪奥先生十分依赖这位成熟、时尚的交际花，她也会经常给出一些明智的建议，例如：

> “如果男人想送你花的话，告诉他‘我的花艺师是卡地亚’。”
>
> 《女装日报》，1997年1月16日

●设计师选用贺兰德 & 谢瑞（Holland&Sherry）的标志性千鸟格羊毛面料制成了超短裙套装，其中一些夹克设计有弧线“Bar”形的臀部廓形，并通过去除面料边缘的纬纱打造出精巧的流苏饰边。运用激光切割技术制出如蕾丝般的皮革套装（款式名为 Ohdior）。

●模特们有的戴着刘海假发，搭配斯蒂芬·琼斯制作的特里比帽，帽檐前倾至额头，营造出了“辛纳特拉（美国歌手，演员弗兰克·辛纳特拉）风格”（Sinatra style），还有的戴着可爱的珠饰贝雷帽。加利亚诺想尝试更多材质，于是斯蒂芬·琼斯推荐了木材。他从朋友那里借来一件非洲雕塑，并拿到帽型模具供应商“Le Forme”处让 Mr Re 先生进行复制。

●该系列中，“鸦片战争时期中式风格”的貂皮镶边刺绣披肩款连衣裙可谓是商业化标准之下最成功的作品了。它们出现在全世界各大主流时尚杂志上，并在之后的成衣系列中被再次演绎。斜裁刺绣粤式披肩连衣裙饰有棕色貂皮镶边，并有两种颜色——玫瑰粉和查特酒色（黄绿色）。同年后期，妮可·基德曼身着这款名为“苦艾酒”礼服出席奥斯卡颁奖典礼，记者们纷纷评价这种特别的查特酒色在她的红发衬托下更显独具一格。

造型17，手绘豹纹印花的米萨（Mizza）吊带裙，边缘饰有米萨丁香紫色加莱（Calais）蕾丝

妮可·基德曼穿着中国风的丝缎制成的
“苦艾酒”礼服出席奥斯卡颁奖典礼

造型 39. 黛比 · 肖身着马赛 / 博尔迪尼“Kitu”礼服，丝缎鱼尾裙摆上印着吉纳维夫 · 科特手绘的非洲兰花

多年来活跃在 Dior 的各大广告中的非洲风格椴木帽，帽檐为桑巴木。由斯蒂芬·琼斯制作

●马赛／博尔迪尼（Maasai/Boldini）造型部分则融合了非洲风格的珠饰与珠宝工坊 Goosens 出品的斑马条纹头饰和领饰，并搭配 Manolo Blahnik 的栗鼠皮镶边款斗士凉鞋和 Mr Pearl 先生（法国著名的束身衣设计师）制作的珠饰胸衣、奢华的钉珠衣领和束腰紧身胸衣。

●爱德华 S 形礼服（灵感来自博尔迪尼肖像和玛切萨·卡萨蒂）则与部落风格珠饰和爱德华风格的珍珠项链相结合碰撞出了独特的火花。同年的晚些时候，麦当娜就身着丁香紫色塔夫绸 S 形紧身束腰鱼尾裙（名为 Cleo）出席了奥斯卡颁奖典礼，裙身上覆盖着奢华的黑色尚蒂伊蕾丝。

●多年来活跃在 Dior 的各大广告中的非洲风格椴木帽，帽檐为桑巴木。由斯蒂芬·琼斯制作。

●加利亚诺在大秀结束之后登场，他身着剪裁精致利落的西装，戴着丝质手帕装饰的特里比帽，耳垂上戴着珍珠水滴形耳环，留着铅笔胡子，他还佩戴了蓝色隐形眼镜。

●加利亚诺的经典款晚装包括：黑白短款鸡尾酒礼服（讽刺的是该作品与他的春夏系列相似，灵感也是来源于 20 世纪 50 年代的 Dior 原创礼服）、标志性的20世纪30年代风格的 Marescot 工坊（Riechers Marescot laces, 法国顶级蕾丝工坊）蕾丝斜裁礼服，裙身上饰有大量的小纽扣，以及“极致浪漫”的丁香紫色网纱礼服（名为 Mitzah）和象牙色舞会礼服（名为 Lina）。

●阿诺特在 Dior 身上投下的赌注获得了回报。在法国时尚媒体大肆批评麦昆 Givenchy 首秀时，加利亚诺在 Dior 的作品获得了媒体和买家的一致称赞。加利亚诺赢得了掌声和欢呼。Dior 最重要的高定客户穆娜·阿尤布也宣布，她将取消上午其他时装订单而专注在 Dior 上，因为“这才是重头戏”（美国版 *Vogue*，1997年1月4日）。

1997/1998秋冬 Autumn/Winter

Dior 高级成衣系列：Dior 甜心海报女郎 DIOR READY-TO-WEAR Dior's Little Sweetheart Pin-Ups

1997年3月11日，下午2点30分 巴黎吉美博物馆（Musée Guimet） 45套时装造型

“穿越好莱坞和东方的巴黎时刻。”
苏珊娜·法兰克尔，《卫报》，
1997年3月12日

商标信息：专用于成衣系列的织有 Christian Dior 精品店字样的领标。“7”代表1997年，H 代表 Hiver（冬季）系列

●随着 Dior 1997 春夏高级定制系列的“中国风”大获成功，赢得了众多客户，设计师在成衣系列中也加入了这一部分。加利亚诺表示：

> “想象一下性感猫女郎、海报女郎、瓦格斯女孩（秘鲁海报画家阿尔贝托·瓦格斯绘制的女孩们）、卡洛尔·隆巴德、简·曼斯菲尔德和中国风的海报女郎们。”

《时装女报》，1997年3月10日

● Dior 的新闻稿描述了这5种海报女郎的类型：

> “甜心女郎：天真烂漫、童心未泯的女演员，通常穿着浅色调的迷你裙、短裤和皮草。”
>
> “傲慢、妩媚又危险毒辣的性感女郎：华丽、高贵，喜爱黑色燕尾服，梅子和兰花的光影。”
>
> “皇家女郎：巴黎人、充满异国情调，通常穿着泡泡裙、一字形 / 平罩型（Balconette）紧身胸衣，材质多为富有光泽感的提花绸缎。”
>
> “波希米亚女郎：优雅、奢华，富有鼓舞人心的力量，敢于穿着具有异国风情刺绣服饰、饰有悬垂褶皱和流苏长裤。”
>
> “漆光女郎：当红的歌舞伎明星，性感而热情，散发着迷人的魅力。”

●史蒂芬·玛莱创造出了“艺伎”妆，特点是嘴唇鲜红，并在眼睛和双颊也刷上浓郁的胭脂。奥黛尔·吉尔伯特为模特梳上了40年代海报女郎的刘海造型，搭配具有东方气息的发髻。凯特·莫斯和克劳迪娅·希弗则分别戴上了红色和黑色的假发。模特们伴随着东方音乐从走廊入口的一块简单的屏幕后走出来。

> “时装秀以略微褪色的薄荷绿、蓝色和丁香紫等柔和的颜色作为开场，随着夜幕渐深，色调则逐渐转为深梅子色、花岗岩色和黑色，显露一丝危险气息。最后一部分则以红黑为主色，张扬着歌舞伎之美。”

《女装日报》对加利亚诺的报道，1997年3月10日

●第一套造型是名为“Marylin”的淡粉色方平编织粗花呢套装，包括饰有抽丝流苏边的束腰夹克（Bar Jacket）和超短款迷你裙。

●在该系列中的裙装多为超短裙或是不对称式 L 形长裙，这对 Dior 来说也是全新的尝试。第二套造型是一件丁香紫色锦缎迷你旗袍，搭配同色系的丁香紫色貂皮披肩、白色短袜和设计有脚踝饰带的坡跟凉鞋。对比色蕾丝镶边的吊带裙以柔和的色调再次出现，紧身旗袍采用柔软的安哥拉针织制成。旗袍的开衩则是不分场合地开到大腿最高点。

●晚装造型中，旗袍的高开衩部位装饰有镀金龙头款式的开合扣件。琳达·伊万格丽斯塔身穿镶嵌了珍珠的黑色长款旗袍，搭配一件硬挺的日本武士风格的黑色锦缎宽肩袖夹克。另一位模特则一身红色，她身穿红色皮革制交叉式燕尾服，搭配斯蒂芬·琼斯制作的超大号斜檐软呢帽。其他配饰包括经典的 Maasai 颈链、浅色系的 Lady Dior 手袋、宝塔形状手袋和蝴蝶结手包等。

●在1997年春夏的“马戏团”系列中，加利亚诺就曾在裙装上使用过中国披肩上的印花，到了 Dior 后，他开始真正意义上的运用真丝刺绣和披肩式流苏，摄影师尼克·奈特也曾经将这些元素搬上广告大片的舞台。

●加利亚诺身着 Dior 定制的双排扣灰色羊毛套装，搭配兰花胸花，头上裹了头巾，外面一顶黑色特里比帽。

● Dior 为吸引年轻客户付出的努力得到了回报。Christian Dior 公司董事长伯纳德·阿诺特向股东表示，加利亚诺的第一个成衣系列取得了巨大成功。Dior 总裁弗朗索瓦·鲍夫梅确认订单数量已实现预期（尽管他没有透露相关细节），同时 Dior 还计划在1997年底于全世界范围新开设10家精品店，并在1998年在巴黎左岸再开设一家新店。同时，Dior 时装的营业额也比前一年增长了 19%，达到 2.148 亿美元（《女装日报》，1997年5月30日）。

超短款迷你裙和抽丝流苏饰边为造型亮点

“皇家女郎”裙身上悬垂的褶皱制成的“迪奥式蝴蝶结”用来强调这款用东方元素提花织物制成的鸡尾酒会礼服是受20世纪50年代风格影响而设计的

“甜心女郎” Mizza 为灵感的丁香紫皮草披肩和锦缎旗袍

Galliano
高级成衣系列：苏西·斯芬克斯
GALLIANO READY-TO-WEAR Suzy Sphinx

1997年3月13日，
晚7点30分
法国古迹博物馆
巴黎夏悠宫，
特罗卡德罗广场
40套时装造型

请柬：
校长 Finniky Buttocks 女士
签发的苏西·斯芬克斯
学校成绩单

商标信息：
织有 Galliano Paris 字样的
酒红色缎带领标。编号7
代表1997年，8代表
1998年，以此类推；
E 代表 été(夏季)，
H 代表 hiver(冬季)，
欧洲和美国的尺寸选项
如图上的表格所示。
Galliano 品牌的首个预展
系列于1997年7月推出，
如果商标前缀带有 P 字样，
则证明来自预展系列。
这种商标一直沿用
至2002年

●苏西·斯芬克斯系列是结合了多个灵感来源的折中主义产物：如结合有漫画及影视作品《乌龙女校》(*St Trinian's*)中女学生们的形象，和在1917年的经典电影中饰演埃及艳后克莉奥帕特拉（Cleopatra）的默片明星蒂达·巴拉（又名"吸血鬼"），还有朋克乐队苏克西与女妖（Siouxsie and the Banshees）的主唱苏克西·苏克斯（Siouxsie Sioux）。

●加利亚诺向《女装日报》这样描述她的女主角：

> "苏西是一个调皮的女学生，梦想着能成为一名女演员，她参加了试镜，挑战扮演蒂达·巴拉……最终，她获得了这个所有女演员梦寐以求的角色，并开始为饰演埃及艳后做准备。"
>
> 《女装日报》，1997年3月10日

●设计师让-吕克·阿尔杜因为时装秀布置了迄今为止最华丽的背景和T台——巨大的孔雀王座、小沙丘、倾倒的瓮，还有涂鸦装饰的玻璃纤维狮身人面像。摄影师在伸展台上一直跟随模特来回移动，所以买手和媒体都抱怨他们看不清衣服了。

●时装秀开场时，一名穿着条纹校服，似乎没穿短裤的"女学生"跳上了王座。女演员克里斯汀·斯科特·托马斯正坐在前排寻找一套奥斯卡礼服，美国版*Vogue*捕捉到了她此时流露出的惊讶神情。我们所熟悉的Dior日装的迷你短裙在这场秀中也出现了。"我又爱上短裙了——超级爱！"（加利亚诺接受《女装日报》采访，1997年3月10日）

●这个系列还包括更大方（实穿）的灰色的20世纪40年代风格灰色法兰绒套装和连衣裙，在衣片前身上还装饰有椭圆形的缩褶绣（smoked），搭配天鹅绒骑马帽和鳄鱼皮背包。

●该系列还包括淡紫红色系的雪纺、绉缎斜裁晚礼服，这也是Galliano品牌中商业价值较高的标志性作品。

●然而，最引人注目的还属琳达·伊万格丽斯塔和海莲娜·克莉丝汀森演绎的被金属扣覆盖的珠母钮女王裤、猩红色格子呢短裙套装和黑色羊毛短裙套装，散发着浓郁的伦敦气息。

●酒红色和海军蓝的真丝吊带裙外则搭配了应用安全别针制成的精致修身外衣（参考苏克西·苏克斯Siouxsie Sioux的朋克风），因此"就像真正的埃及女王们穿得特别华丽"（加利亚诺接受《女装日报》其中一件金色的，模特交叉的双手紧握纸莎草的造型（埃及木乃伊风格），苏珊娜·法兰克尔打趣地评论道："图坦卡门从没这么漂亮、时尚过。"(《卫报》，1997年3月19日）

●米拉·乔沃维奇曾穿着该系列中肩头饰有玫瑰花束的银色网纹连衣裙参加了戛纳电影节，她还曾穿着另一款异国风情的金色网纱刺绣舞衣出席了奥斯卡颁奖典礼，并登上了头条，所以看来也并不是所有女演员都被这场面吓到了。

●加利亚诺头戴黑色埃及艳后式假发、身穿海报女郎T恤、做旧军装夹克和条纹裤、搭配灰色方格呢短裙，佩戴蓝色隐形眼镜登台致谢。

●玛利亚·莱莫斯回忆：

> "因为约翰的每场时装秀风格都与之前的截然不同，零售商们很难从中与客户建立起稳定的连续性。这个系列很棘手，因为女学生风格又是和之前完全不同的方向，很难引起买手的共鸣。谁会想买昂贵的校服夹克或者校服裙呢？谁又会买文身款的连体紧身衣呢？作品虽然很精致，但是却不太符合约翰的买家们的喜好。我记得那套灰色缩褶绣套装倒是卖得还不错。买手们其实都很喜欢这场秀，所以想购买一些单品，但同时他们也需要考虑如何把衣服卖给顾客。当LVMH买下Galliano品牌，他们花费很大的心血维持其创造性和商业性的平衡。"
>
> 玛利亚·莱莫斯接受作者访谈，2017年2月1日

●值得注意的是，莱莫斯在这个系列之后就离开了Galliano。

斯特拉·坦南特穿着轻薄的斜裁连衣裙，里面搭配的是文身式紧身衣

海莲娜·克莉丝汀森的珠母钮女王埃及风格造型，服装上饰满镀金纽扣装饰

米拉·乔沃维奇在戛纳电影节上穿着Galliano金属质感连衣裙，1997年5月7日

畅销的 20 世纪 40 年代风格的缩褶绣灰色羊毛套装，由史蒂文·菲利普收藏

“销售额才是真理”

“The Only Truth Is in the Sales”

●自 1996 年夏天 LVMH 成为“John Galliano”的大股东以来，弗朗索瓦·鲍夫梅就一直在监督该公司和 Dior 之间的合作，并任命瓦莱丽·赫尔曼（接替雅克·法特）为董事总经理，负责日常运营。高级定制系列的使命是吸引媒体报道，以促进配饰、化妆品和香水的销售，而 Galliano 品牌则不同，加利亚诺必须考虑如何促进服装的销售。

●鲍夫梅承认秀场上的服装并非大批量销售的服装，

> “也许不在秀场上展示的系列会卖得更好。在秀场上，人们的视线容易被宏大的场面吸引，而忽略了衣服的细节。但只有销售额才是真理。”
>
> 《女装日报》，1997年3月14日

●尽管如此，他仍表示公司自收购该品牌后，它一直保持了“强劲的增长”，为了进一步提高销售额，他计划进一步扩张美国业务，当时美国的销售业绩在品牌销售中占比为 35%。此外，Galliano 首个春夏预展系列上市了（其标签上的尺码编号前会标注 P）。

●波道夫·古德曼（Bergdorf Goodman）的约瑟夫·波艾塔诺对推出预展系列的策略表示了肯定：

> “为了稳定业务，这些过渡系列是必不可少的，这样才能保持商品的新鲜感和顾客的兴奋感。”
>
> 《女装系列》，1997年3月14日

●加利亚诺的成功也获得了他的出生地——直布罗陀的认可，并将他的知名设计作品印在了邮票上，在当地发行。

Dior 高级定制系列：爱德华时期英属印度王朝的Dior公主们或玛塔·哈里
DIOR HAUTE COUTURE The Edwardian Raj Princesses chez Dior or Mata Hari

1997年7月8日，
下午2:30
巴黎巴加泰尔花园
45套时装造型
商标信息：
Christian Dior
高级定制
haute couture

“时尚明星们
沉浸在对辉煌过去
的幻想之中。”
《卫报》，
1997年7月9日

●继上一季大获成功之后，人们急切地期待着加利亚诺的第二场 Dior 高级定制系列的到来。加利亚诺的目标是塑造女性之美，并为人们编织一场如梦似幻的梦境。（《女装日报》，1997年7月9日）“玛切萨·卡萨蒂”风格的托胸式束身衣和 Dior 首个高级定制系列中的恩德贝勒族（Ndebele）风格的颈链也在本季得到了进一步的改良。在这里几乎看不到日常服装的痕迹，也毫无实用性可言。重浪漫而轻实用性的理念贯穿整个系列。

●高定秀的场地由迈克尔·豪威尔斯负责设计搭建，这是他第一次和 Dior 合作大秀。他在巴黎巴加泰尔玫瑰园建造了一座“水晶宫”，可以容纳1000名宾客。

●那天天气很热，Dior 慷慨地为宾客提供了日式团扇、草帽和香槟来缓解不适。室内的水晶吊灯上挂满了灰紫色的缎带，鸽子灰色的伸展台上散落着玫瑰花瓣、羽毛和闪粉，旁边的玫瑰花丛中则蜿蜒地摆放着金色的椅子。

●像往常一样，加利亚诺的灵感来源于一系列坚强的女性英雄形象，如印第安公主、歌舞剧演员莎拉·伯恩哈特、舞蹈家伊莎多拉·邓肯、阿尔丰斯·穆夏与古斯塔夫·克里姆特画作中的美女，图卢兹·罗特列克的缪斯珍妮·阿弗莉或拉·古留以及著名的间谍玛塔·哈里。

> “我们想起了玛塔·哈里和她所有的国际化身份——她出生在荷兰、嫁给了印度王子，住在巴厘，又活跃在文坛。”
>
> 《女装日报》，1997年7月3日

●加利亚诺的素材本中塞满了各种照片，包括珠光宝气的印度大君、穆夏画中的美女、爱德华时期的异国风情舞娘还有非洲部落等。

●高定秀以“拉吉公主”造型开场——戏剧性的妆面、一丝不苟的中分发型、印度大君风格的包头巾饰以彩色羽毛。Goossens 为大秀提供了美轮美奂的珠宝：包括巨大的手掌形耳环、各种头饰、从胸部一直延伸到整个颈部的胸甲式项链，以及让人联想到恩德贝勒部落妇女的加高颈圈。“闪耀夺目的钻石链、镶嵌了水晶或琥珀的古董银饰，处处洋溢着浓郁的爱德华时期的英属印度（Raj）氛围”（引自 Dior 公司的新闻稿）。“公主们”则穿着由多美（Dormeuil）和贺兰德 & 谢瑞（Holland&Sherry）出品的轻薄花呢制套装，剪裁利落而考究。“花呢下隐藏着华服，透露出间谍一般的气息”（《女装日报》，1997年7月）。

● Dior 经典的“Bar”夹克在版型上做了修改，延伸成锥体状，下装搭配斜裁燕尾式拖尾长裙。

●还有一些夹克也剪裁有爱德华时期风格的长燕尾，其中用毛料裁制的夹克上饰有 Lanel 的刺绣，其他则是用压有鳄鱼皮纹的小牛皮制成。内搭金银锦缎裙或中国风格的披肩裙，搭配精致的饰有宝石的银色蕾丝紧身上衣。廓形简洁，考究，充满力量。加利亚诺说：“我想通过剪裁表达出力量感和自豪感。”（《女装日报》，1997年7月7日）

●穆夏画中的莎拉·伯恩哈特风格造型的模特们装扮着一头毛躁的红发，戴着浅色古董金项链，项链上挂着新艺术时期风格的点缀着橄榄石或石榴石的圆盘吊坠。她们身穿内部附有束身衣的礼服长裙，腰被束的很细，上部呈“鸽子式凸胸状”廓形，有的裙身上布满闪亮的珠饰，有的饰有埃及风格的 Azute（1920年代流行的一种埃及风格的金银丝线刺绣图案，通常绣在轻薄透明的面料上）刺绣图案或真丝贴花，有的是银色天鹅绒上点缀着珍珠串挂件。

●波烈风格的蓝绿色天鹅绒罩衫式（歌剧款）长外套面料上浮起的金色百合和麦穗图案是由 M. 亚历山大手绘设计的。搭配窄摆裙和貂皮披肩（造型25）。

●加利亚诺 1987 春夏系列中的爆款“蛤蜊 Clam”连衣裙，这次重新推出了黑色和渐变绿色真丝款，其中一件设计成了正式的长款舞会礼服，上身是绘有老虎斑纹的紧身上衣。

●本系列最精致的一套礼服还属“伊莎多拉·邓肯”（造型 24）。这是一条珠光绿色长款紧身鱼尾裙，裙身饰有鸢尾花花环和绿色、紫色、粉紫色、红色的孔雀，刺绣和贴花图案，均由 Galliano 工作室精心制作，并由 Hurel 完成钉珠工作。

●除此之外，加利亚诺还带来了以“玛塔·哈里”为灵感的造型，与那些腰身纤细的束身衣造型形象形成了鲜明的对比。

> “她不再是那个被阴谋和谎言困住的间谍，而是散发迷人魅力的异国风情印度舞女，她身上的钻石胸衣里满是黑豹般的柔情。玛塔·哈里偏爱阿拉伯服装、束身衣、蕾丝、刺绣丝绸、褪色般的色调和女性化的柔美气质，这些元素让人联想到爱德华时代的美好时光和印度的神秘与辉煌。”
>
> 引自 Dior 公司的新闻稿

●娜奥米·坎贝尔身着镶金色刺绣的角斗士鸡尾酒礼服“Matatarse”惊艳全场（造型 42）。莎洛姆·哈罗佩戴黑玉珠串饰品和金链（造型灵感来自摩洛哥海娜文身），穿着丁字裤，以几乎全裸的姿态漫步在玫瑰园中，吸引了全场的目光。另一套造型则是借鉴了克里姆特的绘画风格，用老虎印花马皮夹克搭配透明的蕾丝裙和金色刺绣连裤紧身衣。

● 2006年5月，安娜·温图尔在大都会博物馆以“Anglomania”为主题的 Met gala 慈善庆典上穿了一件改良版本的“Fritza”礼服——黑色鱼尾裙，用银丝锦缎制成，上面覆盖一层黑色真丝网纱，网纱上鲜艳醒目的刺绣是由 Lesage 工坊绣制的粉色缎带玫瑰图案。

造型 8，“卡拉特公主”（Princess Kalat）套装搭配 Goossens 珠宝工坊出品的胸甲项链

RUCK

玛塔·哈里的图片来自加利亚诺的素材本

造型 1，斯特拉 · 坦南特身着设计有金字塔形衣领的“阿夫沙尔公主”(Princess Afsharid) 粗花呢 Bar 夹克

造型 42. 娜奥米 · 坎贝尔穿着玛塔 · 哈里风格的镂空鸡尾酒裙“Matatarse”

造型24."伊莎多拉·邓肯"鱼尾裙礼服

造型 25. 受在“穆夏绘画作品中新艺术时期艺术家们的灵感缪斯”系列中的“洛伊·富勒”（Loie Fuller，知名现代舞蹈演员的名字）的影响设计的剧院披肩罩衫式（歌剧款）长外套

1998春夏
Spring/Summer

Dior 高级成衣系列：
闺房密话
DIOR READY-TO-WEAR
In a Boudoir Mood

1997年10月14日
下午2点30分
巴黎卢浮宫
卡鲁塞尔大厅
44套时装造型

“我认为千禧年的末尾我们即将迎来
浪漫主义和优雅的回归，
这将是属于我们的美好时代。”
约翰·加利亚诺，1998年3月

● Dior 在卢浮宫下专门搭建了一个帐篷，重现了一幢豪宅在世纪交替之时的内饰风格。模特们穿着以 Dior 上一季高定设计为灵感升华的玛塔·哈里的精选服饰，从闺房走到沙龙里，仿佛身处美好时代（Belle Époque），优雅地弹着钢琴或打台球。

●满腹浪漫情怀的加利亚诺说，许多粉丝都希望看到类似的单品回归，于是——“英属印度（Raj）公主”珠宝（较之前高定款式稍小）、镀金马赛环形颈圈和臂环（由珠宝商 Erickson Beamon 制作）、华丽的金银丝锦缎、Assuit 织物（埃及金银丝刺绣面料）、提花织锦缎和弧形长款夹克等元素都在该系列悉数登场。上个系列中备受瞩目的加莱蕾丝也再次出现在玫瑰色粗纺花呢或平织羊毛 Dior 经典套装（Bar Suits）上，搭配同款齐腰高开衩裙，以及短款内衣式吊带裙和低后背荡领款斜裁鱼尾裙。

●凯特·莫斯身着丁香紫的直筒裙，腰部采用钻石形镂空设计，搭配人字纹流苏，莎洛姆·哈罗演绎了另一惊艳之作——裙身前后都拼有 V 字形裸色网纱裁片的猩红色经典法式手绘印花（Toile de Jouy）棉制连衣裙，搭配了 Manolo Blahnik 的高跟鞋，细高跟与鞋底是一体的，搭配蕾丝长袜。

●除了部分性感的黑色商务套装和白色燕尾服，日常服装在这个系列中屈指可数，这个系列更重视的是幻想而非现实。

莎洛姆·哈罗穿着经典法式手绘印花棉制连衣裙，搭配马赛颈圈

琳达·伊万格丽斯塔穿着“美好时代”风格的网纱刺绣礼服

Galliano
高级成衣系列：时髦的波希米亚
GALLIANO READY-TO-WEAR Haute Bohemia

1997年10月14日
巴黎郊区
温森城堡
33套时装造型

“想象 Ginger Rogers 从银幕上走过。”

对约翰·加利亚诺的访谈，

《时装女报》，1997年10月14日

商标信息：
深红色标有巴黎字样的领标与尺码标（上面带有8E前缀的数字）

●与在卢浮宫举行的 Dior 成衣秀不同，加利亚诺这次选择了巴黎东部的一座皇家城堡来举办自己的同名品牌时装秀。二楼的房间里挂着富丽堂皇的挂毯，摆满了古董家具和闪闪发光的烛台，地板上撒满了玫瑰花瓣。时尚界抱怨说，为了加利亚诺的另一场遥远的时装秀他们不得不再一次长途跋涉。

●该系列的灵感来源之一是美籍非裔明星多萝西·丹德里奇，娜奥米·坎贝尔曾在六个月前将她的传记送给了加利亚诺。

●时装秀以两位美丽的黑人女孩的演唱开场，她们手牵着手穿过房间，娜奥米·坎贝尔紧随其后，身穿轻薄精致的蕾丝婚纱，内搭真丝吊带连裤内衣，伴着电子音乐声，从天鹅绒窗帘后缓缓走出来。

●整个系列营造出了一种强烈的 20 世纪 30 年代中期氛围，设计有许多肩部和下摆部位的装饰荷叶边。第一部分“周日学校”的主色为白色，搭配羽毛头饰和斯蒂芬·琼斯制作的涂色海草装饰。

●加利亚诺将精致的白色针织内衣（通常是长裤或背心）改造成斜裁晚礼服，搭配至大腿根部位的裸色网纱吊袜带。（它首次出现是在“卢克丽霞公主”系列中）。

●加利亚诺在第二部分“Dotties Club”中呈上了数条粉色斜裁礼服。莎洛姆·哈罗梳着粉色波浪卷发，身着颜色呼应、饰有精美玫瑰贴花的斜裁礼服长裙“Gloria”，让人联想到 20 世纪 30 年代的 Vionnet 礼服，Bergdorf Goodman 百货以17695美元的惊人价格将其出售。

●紧随其后的是色彩明亮的“多萝西·丹德里奇”系列，设计师将危地马拉手工织物制成了日常可穿的甜美风夹克（售价 2820 美元）和配套短裙（Saks 百货的售价为2375美元）。还有图案鲜艳的开襟羊毛衫和配套连衣裙——终于有适合日常穿着的单品了！

●该系列还包括亚洲中部的扎染真丝制成的波希米亚风格和服外套和短裙，搭配万花筒般色彩缤纷的圆盘帽和复古风格的鳄鱼皮或斑马纹手袋。

●《女装日报》表示：加利亚诺“完全释放了自己”（《女装日报》，1997 年 10 月 20 日）。模特们扮成女服务生的样子在观众中穿梭，手中还拿着一个精巧的托盘，装着饼干和糖果。

●一些顽皮的女孩还坐在了她们最喜爱的零售商或时尚编辑的腿上，让他们既尴尬又欣喜。

●在“时髦的波希米亚”成衣秀的结尾，模特们梳着凌乱的深色长发，头发上插着杂色花枝，睫毛膏晕染在眼睑上，仿佛走在鸦片弥漫的烟雾中，抑或是斜倚在点缀着奢华珠饰的黑金四柱床上，有些模特仅穿着 Mr Peal 的紧身胸衣；戏剧性十足！

●加利亚诺身着西服套装，梳着光洁的波浪发型，在观众的欢呼声中，演出了求婚的场景，将一枚假的订婚戒指戴在娜奥米·坎贝尔的手指上。

● 1997 年对加利亚诺来说是美好的一年。10 月，他第四次被选为英国年度设计师（和麦昆共享该头衔）。12 月，他在 Bergdorf Goodman 百货开设了一家专卖店，扩大了美国的市场份额。新店铺的邀请传单上写着：

> “别害羞，一起翻翻这些装满情书、诗歌、香水、衣服和配饰的抽屉吧，或许你能从中得到时尚灵感呢？”

Bergdorf Goodman 的专卖店开业传单

●与此同时，他也表示：“如果有一天能拥有我自己的店铺，那对我来说就是梦想成真了。”（《女装日报》，1997年12月9日）

娜奥米·坎贝尔穿着"Who's that Girl?"新娘礼服

加利亚诺的素材本，里面收藏的20世纪20年代初期的 Vionnet 作品照片

身穿“Gloria”的莎洛姆·哈罗。设计与上图的 Vionnet 有相似之处

中亚扎染图案真丝连衣裙，来自 Resurrection Vintage Archive 古着精品店

加利亚诺被模特们环绕着

Dior 高级定制系列：对玛切萨·卡萨蒂诗意般的赞颂
DIOR HAUTE COUTURE A Poetic Tribute to the Marchesa Casati

1998年1月19日
下午4点30分
巴黎歌剧院
（加尼叶歌剧院）
38套时装造型

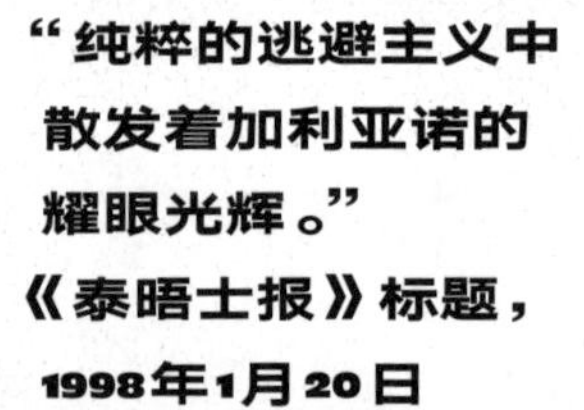

“纯粹的逃避主义中
散发着加利亚诺的
耀眼光辉。”
《泰晤士报》标题，
1998年1月20日

●在本系列加利亚诺再次从他最爱的灵感缪斯玛切萨·玛丽亚·路易莎·卡萨蒂处汲取灵感（详见 Galliano 1996 春夏系列和 Dior1997 春夏高级定制系列）。19世纪的花花公子和评论家罗伯特·德孟德斯鸠是这样描述她的："卡萨蒂夫人散发着独一无二的高贵气息，她的神秘感、她的狗、她那夸张的帽子还有手捧的花束，只需看一眼就能给你留下深刻的印象。"她的威尼斯宫殿中满是异国风情的鸟，她还养了一只宠物猎豹和数只猎犬。夜晚，她牵着宠物漫步运河边，身旁有鸟儿为伴，脖子上还挂着一条蛇作为装饰。

●时装秀在富丽堂皇的歌剧院内拉开了帷幕，秀以开场白和六幕演出的形式恰如其分地呈现给观众。在没有预算限制的情况下，迈克尔·豪威尔斯将歌剧院改造成了卡萨蒂宫殿的盛大蒙面舞会场景。大理石柱子上缠绕着丁香花和杏色的玫瑰，盖着人造斑马皮的桌子旁放着古董座椅和躺椅，桌上的烛台闪耀着耀眼的光芒，仿佛用完晚餐的客人们刚刚离开。地毯上有柑橘香水的味道。当客人们到来时，演员们重现芭蕾舞和歌剧中的著名角色翩翩起舞，豪威尔斯回忆道，探戈舞者们好似要"舞到生命的尽头"。

●据豪威尔斯回忆：

> "玛切萨每次举办舞会后，都会将房子卖掉来支付舞会的费用。有一次她将整条车道都铺上了金子，所以我们想如果能让金色的叶子从天花板落下应该会很棒，就仿佛旧时的金箔散落在客人身上一样。然而消防队员却不太满意这个想法，因此，我们制作了蝴蝶形的彩色纸屑，让它在大秀的结尾缤纷落下。"
>
> 豪威尔斯接受作者采谈，2017年9月

●这场秀在每个场景都做到了极致。英俊的青年男子们搀扶着脚踩 10 厘米恨天高的模特们摇摇晃晃地走下令人眩晕的大理石楼梯。

●在"序曲"中，神秘的玛切萨·卡萨蒂身穿黑色长袍（内附裙撑的长款礼服，头上戴着三角帽搭配用法国尚蒂伊蕾丝制成的连帽斗篷）登上布满玫瑰花瓣的陡峭大理石楼梯，仿佛一只幽灵，打量着舞会现场。（礼服现被大都会博物馆收藏）

●所有材料来自 Dior 新闻稿，除了另作说明的部分。

●第一幕"田园诗歌——赛夫勒瓷器风格"：卡萨蒂在巴黎郊区的勒韦西内拥有一座美丽的特里亚农风格的宫殿，加利亚诺以八套白色为主色调的日装造型诠释了卡萨蒂对这种新凡尔赛式装饰风格的喜爱。造型灵感来源于一座名为"甜蜜侯爵"（Sugary Marquises）的瓷制牧羊女雕塑，选用卡昂（Caen）蕾丝、织锦缎和饰带为主要材料，搭配珍珠项链和由 Goossens 出品的、尚塔尔·米拉波特（Chantal Mirabaud）绘制的赛夫勒瓷器风格的立体花卉瓷片串珠颈链。

●剪裁融合了20世纪30年代妩媚、又非常女性化的夹克（莲花系列）搭配荷叶式下摆及膝裙，18 世纪晚期的宫廷风格大衣，饰有浅色貂皮领子搭配马裤或"suivez-moi jeune homme"飘带式长拖尾裙（原指 19 世纪女帽后面的两条飘带），也就是 Dior 所称的不对称式裙后装饰垂带，既可以垂下来也可以打结成环状。赛夫勒的田园瓷器主题也在牧羊女帽（bergère hats）上得以延续，帽体采用亚麻稻草编织而成并点缀有贝壳和珠饰，还有菠萝纤维的大丽花和瓦朗谢讷（Valenciennes）蕾丝蝴蝶结。Blahnik 鞋履和拖鞋也同样装点了瓷片和刺绣。以及 Dior 最新"莲花"（lotus）系列夹克，在腰部收紧腰线，并以巴洛克式设计风格勾勒精致的臀部曲线。

●第二幕"乡村花园中的英国故事"：包括了以著名花园（浪漫邂逅场景）命名的六套奢华晚装造型，如"Garsington"，象牙色的平绒外套上绘有拉乌尔·杜菲风格的玫瑰，衣领和下摆处饰有 Salomon（Yves Salomon 法国品牌）出品的深色貂皮，以及绘有粉色和绿色花环图案的银丝网纱"Blenheim"探戈系列连衣裙。

●第三幕"头等舱的旅行故事"：这一幕把卡萨蒂这位经验十足的旅行者想象成"丽都岛（The Lido）上神秘女子的模糊身影"，配饰上选用真丝网纱包裹的特大号爱德华时代草帽，帽上别着超大的别针，流线型颈背系带连衣裙和设计有不对称悬垂下摆的奶油色西装套装。每套造型都以一艘著名的游轮或游轮线路命名。

●第四幕"探戈曲调中的情欲故事"："这支摄人心魄的舞曲终于捕捉到了紧身连衣裙包裹下肉体的激情，腰部设计松弛而柔软，肩带上的宝石熠熠生辉。"该系列包含五款，金银色轧花（压花）或彩绘锦缎的"探戈"舞裙，低胸口一字形设计，腰线较低，肩带镶有莱茵石。搭配蕾丝面纱，羽毛头饰和金银丝锦缎制玛丽珍鞋。

●第五幕"巴克斯特与东方的邂逅"：灵感来自卡萨蒂密友巴克斯特——俄国芭蕾舞团的布景师和服装设计师。"Thamar"晚礼服采用黑色乔其纱制成，覆盖着蓝色和金色的圆形刺绣和贴花出自 Vermont 刺绣工坊，设计有和服样式的袖子和垂荡式的露背细节。

● Dior 素材本里写明了黄水晶色刺绣贴花天鹅绒蚕茧形晚礼服外套“Shéhérazade”的灵感来源，为1911年波烈的原创设计礼服“Battick”。

●第六幕“莱昂尼宫化装舞会的故事”：七套华丽的裙装造型，包括紧身胸衣款蓬松大下摆礼服，周身上下布满深绿色和白色相间的菱形格图案。（译者注：robe-de-style 是指上衣紧身，蓬松大下摆廓形礼服，是浪凡的代表性廓形）、圣女贞德风格的银色天鹅绒连衣裙搭配 Verolive 出品的雕花金属盔甲袖，以及 18 世纪风格的蓝绿色波点塔夫绸制成的正统舞会礼服搭配“圣塞巴斯蒂安殉教者”头饰和长柄眼镜风格的威尼斯面具。Dior 素材本中记录了以上所有造型的灵感，包括20世纪20年代女演员伊达·鲁本斯坦扮演 St Joan 的剧照，带裙撑长袍的草图，还有跳探戈的瓦伦蒂诺（鲁道夫·瓦伦蒂诺），拉乌尔·杜菲为波烈设计的木版印花大衣，以及大量的历史研究素材。

●为完成大量的刺绣工作，品牌聘请了众多专业供应商，包括 Lesage、Lanel、Vermont 工坊，专业的面料印染商 Alexandre、Krivoshkey，装饰切花由 Bucol 提供（Bucol 是面料商），珠宝提供商 Goossens 和腰带制作商 Leroux Fraboulet，等等。

●加利亚诺身着鲁道夫·华伦天奴（Rudolf Valentino）探戈风格的黑色服装，眼睛上戴着黑色蕾丝面罩，在热烈的掌声和一阵阵飘落的蝴蝶彩屑中鞠躬谢幕。

●这场高定秀轰动一时。时尚记者蒂姆·布兰克斯表示在他所看过的秀之中，这是他最爱的一场。可以说，它是迄今为止巴黎时尚盛典历史中最为惊艳的一笔。

造型 31，饰有奢华刺绣的黑色乔其纱连衣裙“Thamar”，刺绣图案灵感来自俄国画家莱昂·巴克斯特

造型9，第一幕中的“Marquis de Poserais”的法国卡昂（Caen）蕾丝套装

造型 15，第二幕中的“Stowe”，模特穿着绘有异国风情花朵的象牙色丝绒锥形礼服罩衫，饰有棕色貂皮领，内搭金色提花锦缎制的配有珠宝吊带的紧身连衣裙

第四幕，Bianchini（Bianchini-Férier：法国真丝面料制造商）出品的金银丝织锦缎金银线织物“Tango”连衣裙和“suivez-moi jeune homme”拖尾裙

1911年，波烈设计的演员服装

造型29，“Shéhérazade”由 Lanel 刺绣工坊绣制的锥形天鹅绒和服式晨衣，内搭黄玉色露背紧身连衣裙

Ida Rubenstein as St. Sebastien →

← Anton Rubenstein 1887

← Costume for Ida Rubenstein 1922 Artemis Troublée

载满华服灵感的素材本

高定秀结束时，蝴蝶彩屑缤纷飘落

1998/1999秋冬 Autumn/Winter

Dior 高级成衣系列：优雅运动风 DIOR READY-TO-WEAR Sportswear on Heels

1998年3月10日，
下午2点30分
巴黎卢浮宫
卡鲁塞尔大厅
42套时装造型

“7号站台上也很难见到的连帽防寒短夹克。”
《时代》周刊，1998年3月

●这一次时装秀的宣传与以往不同，没有长长的媒体通稿，取而代之的是一张白色小卡片，上面用红色大字写着“Sportswear”。然而，如果你期待在大秀中看到莱卡面料或者运动鞋的话，可能就会失望了。加利亚诺风格的运动装仍运用了貂皮、狐狸皮和精致的刺绣元素，还搭配了调性相符的 Blahnik 高跟鞋。此次他的灵感缪斯是意大利摄影师、模特、演员和政治活动家蒂娜·莫多蒂（1896—1942）。她移民美国，后来又到了墨西哥，和画家、诗人鲁博·里谢还有他的朋友、摄影师爱德华·韦斯顿都谈过恋爱，之后她加入了共产党。

●布景设计师迈克尔·豪威尔斯将卢浮宫卡鲁塞勒大厅改造成了曼哈顿的屋顶，有星光璀璨的天空、刻了 CD Logo 的垃圾桶和喷出火焰般的红色布料的烟囱。布景十分复杂，以至于一些模特在走秀时完全迷失了方向，甚至没有走完全程。

●也许是为了回应设计中缺乏日常服饰，以及过度沉迷于过去的美好时代的种种批评，他终于推出了年轻、色彩明亮、具有实穿性的设计。

●虽然我们还是可以看到爱德华七世时期的套装廓形和出自斯蒂芬·琼斯的 1910 风格宽边帽，由金属丝和彩色有机玻璃材质制作而成。但系列中也能看到设计有棒球帽式卡扣的贝雷帽，以及让人联想到 10 年前的 Galliano 系列中的大号金属发夹。每当工作室里有人告诉媒体“约翰在做休闲装了”，他总会皱皱眉解释说，这是都市日常装、18世纪探戈运动装（不论这到底是什么）和搭配高跟鞋的运动装的结合（《女装日报》，1998年3月11日）。

●该系列采用了鲜明而清新的颜色：粉红色、黄色和红色拼接在一起；淡黄色和淡蓝色交织应用；优雅的灰与白和一部分黑色形成了鲜明的对比。

●面料方面则选用爱尔兰多尼戈尔（Donegal）灰色细条纹粗花呢（白色加莱蕾丝饰边的灰色多尼戈尔粗花呢长款吊带裙售价为3200美元）、亮粉色粗花呢和奢华的印花金银丝锦缎。除长款波烈式茧形外套外，大多数夹克都参考了派克大衣、风衣和羽绒服（法国人称之为 doudoune）的设计。

●加利亚诺告诉《女装日报》：

> “我很喜欢羽绒服搭配晚装的感觉。时尚应该是不设限、无界定的。羽绒服代表了随性的态度，和当今的 Dior 精神十分契合。”

● Dior 派克大衣在设计上是别有巧思的，兜帽部分选用灰色狐狸皮或单色貂皮，腰部收紧，内搭紧身上衣。羽绒服上的压纹沿用了“Lady Dior”手袋上的设计，两侧配有宽大的“袋鼠”口袋。还有 20 世纪 40 年代不对称之字形长裙，腰部以宽松棕色皮带作为点缀。同时，针织面料也是该系列重点，设计师将针织和加莱蕾丝花边装饰拼接制成长款开衩吊带裙和同款短裙。

●加利亚诺表示系列中他最喜欢的单品是琳达·伊万格丽斯塔演绎的西藏风格的拼缝飞行夹克。大秀的最后，他留着山羊胡，黑色短发垂到一只眼睛上，身着一身朴素的黑色西装登台亮相。

●有媒体批评该系列不过是加利亚诺代表元素的堆砌，你能从中看到如马赛 / 大君风格项链、斜裁裙摆和长款窄身的爱德华时期剪裁等多种元素重复的痕迹。而加利亚诺却回复道，如果没有这些元素，那不就变成“没有山茶花的 Chanel”了。（《泰晤士报》，1998年3月11日）。

● Dior 的顾客终于能买到日常装了，据伯纳德·阿诺特表示，在加利亚诺的领导下，Dior 的销售额与去年相比增长了50%。

素材本中的一张，大约1927年保罗·科林的手绘稿，画的是在跳舞的乔瑟芬·贝克身穿颜色相近的服装

饰有加莱蕾丝的撞色针织裙

Christ
BOU
MADE
Fabriqu
8H

an Dior

TIQUE

ARIS

N FRANCE

en France

2066240

R	D	USA

加利亚诺在舞台上谢幕

Galliano 高级成衣系列：卡巴莱歌舞表演 GALLIANO READY-TO-WEAR Cabaret

1998年3月14日
巴黎 Cabaret Sauvage
32套时装造型

请柬：150位客人收到了人造动物毛皮钱包，里面有紫色口红、卡片、皱巴巴的印有加利亚诺头像的魏玛共和国纸币（还泛着廉价香水的味道）、药丸、烟蒂和彩纸带（其余的客人收到了装有以上物品的信封）

“对约翰加利亚诺来说，
生活就是一场卡巴莱歌舞表演。”
《泰晤士报》，1998年3月13日

印有加利亚诺头像的
魏玛共和国风格纸币

●加利亚诺用帐篷天花板和圆形木制马戏圈状舞池，再现 Sally Bowles 风格没落的战前柏林酒吧的景象。中间是一个缓缓旋转的小舞台，舞台上摆着梳妆台和钢琴，布满了临时女演员，她们的装扮就像夜幕下的落魄女郎。英俊的临时男演员则巧妙地安排在观众中，穿着女性内衣、渔网、背带裤，戴着羽毛围巾。甚至在秀场开始前，就有类似女权主义者的黑人女活动家，她们闯进来吹口哨，向人群大喊“约翰·加利亚诺工作室”，宣称“我们的目标是用震撼人心的时尚宣言，颠覆现有秩序，抵制对某些服饰盲目崇拜的低级品味”。穿着皮裤的轮滑女服务员给包括布莱恩·亚当斯在内的名人顾客送上饮料和法兰克福香肠。

●一开始上场的模特是戴着头巾的严肃修女形象，身着黑色斜裁花缎绉套装，高领口、饰有无数的小纽扣和美人鱼尾下摆，有的上衣有明显的 Dior 经典“Bar”型臀部风格。这种造型与该系列其他造型形成了鲜明的对比，后者热衷于奢华的20世纪20年代风格的时髦礼服，用以维纳·渥克斯达特艺术馆（Wiener Werkstatte）为中心的“工艺美术运动”风格为灵感的奢华图案梭织面料制成，搭配索妮娅·德劳内风格的串珠或彩绘茧形外套。这件20世纪20年代时髦礼服由 Lesage 工坊负责绣制，在哈罗德百货的零售价为3390英镑。日常服装占比很小，包括淡紫色格子呢或马海毛日装连衣裙，带有刺绣细节、白铁矿石纽扣和压褶裙边的深红色羊毛混纺套装。

●加利亚诺对针织品的热爱体现在紧身全长针织蕾丝连衣裙上，后背是呈凹状椭圆形领口的露背式设计，裙身上缀满了管状珠饰。

●时装秀结束时，彩色泡泡和印有加利亚诺头像的魏玛假币从天花板上纷纷落下，伴着丽莎·明尼里的倾情演唱《金钱让世界运转》(*Money Makes the World Go Around*)。

● 加利亚诺穿着军装外套向大家鞠躬谢幕。他留着山羊胡子，穿着黑色皮靴，头戴黑帽，帽子旁边垂着一缕长发。

美人鱼廓形被继续沿用设计出的覆盖着蕾丝的渐变色真丝礼服，来自 Resurrection Vintage Archive 古着时装精品店

娜奥米穿着金色锦缎“Tango”连衣裙，光彩照人，这一主题是Dior 高级定制时装秀的延续

假币飘撒在苏珊娜·冯·艾金格周围

Dior
高级定制系列：迪奥快车之旅或宝嘉康蒂公主之旅
DIOR HAUTE COUTURE A Voyage on the Diorient Express or Princess Pocahontas

1998年7月20日，
下午2时30分
巴黎奥斯特里茨火车站
33套时装造型

“加利亚诺在时尚幻想中偏离了轨道。”
《泰晤士报》，1998年7月21日

造型 5，“Twilight Sun”。宝嘉康蒂公主穿着彩绘印花压褶雪纺裙装出现在“迪奥快车”的车头

●这是 Dior 有史以来，或者说全世界有史以来最奢华的时装秀。加利亚诺表示，该系列跨越了“时空界限”(Dior 新闻简报)。请柬上夹着一张“迪奥快车”的火车票。迈克尔·豪威尔斯又一次不受预算限制，按要求构想出宝嘉康蒂公主乘火车去英国会见伊丽莎白一世的场景。

●加利亚诺有一种将设计、艺术、历史元素融合在一起，创造出全新事物的神奇能力。卡特尔·勒布希斯是这样描述的：

> “对我来说，约翰是一个万花筒。他对任何逻辑和历史都不感兴趣。他能在大脑中融合大量的视觉图像，创造一些独特的东西，一个当下的景象。谁能把宝嘉康蒂和弗朗西斯一世宫廷，与电影《人面兽心》(*La Bete Humaine*，1938) 中火车上的演员让·迦本联系在一起呢？没有人像他一样。我很快意识到，对约翰来说，所有的音视效果都像蛋黄之于蛋壳一般平淡无奇。”
>
> 卡特尔接受作者采访

●在最繁忙的春夏时装周，豪威尔斯接管了奥斯特里茨车站的一个站台，在站台铺上亮橙色的建筑用沙（它毁掉了一些客人的鞋子），布置了摩洛哥帐篷和棕榈树，沿着站台巧妙布置了一些老式路易威登行李箱（由 LVMH 公司提供）。一列运行中的蒸汽火车从法国南部驶出，当天改名为“迪奥快车”。

●这场秀的开场时间晚了几个小时，炎热让站台上的嘉宾（包括高级定制时装客户 Jocelyne Wildenstein)、媒体和模特们感到不适，他们穿着闷热的皮革、羊毛和毛领服饰。

●火车冲破了一块橙色真丝，坐在前面的宝嘉康蒂公主惊艳出场，两名装扮奇特的美国土著“勇士”陪伴左右。更多戴着羽毛头饰和涂有战斗彩绘的演员气势汹汹地在观众群中徘徊和呼喊，观众则不顾天气炎热坐在长椅上。

●穿着各种服装的模特随之而来：文艺复兴时期的美第奇公主与法国火枪手、亨利八世、17 世纪骑士，以及宝嘉康蒂公主与她的族人。

●秀上仅展示有 33 套造型 [法国高级时装公会规定是 50 套]，但每一套都做工精致。其中一件杰作是一件亨利八世风格的白色驼丝锦大衣，由 Maison Muller 制作的碎花枝图案刺绣和贴花，并使用了180米长的金色穗带，花了2 000个小时才完成。

●因刺绣细节太多，Dior 公司委托了多家刺绣工坊：Cecile Henri、Montex、Lanel、Hurel、C. Henri、Vermont。皮革加工和通常用于书籍装订的烫金技术委托给 Bizarro、Mary B 和 Hervé Masson。衣服内部的结构也同样复杂。Mr Pearl 为打造理想的体形而制作了精致的束身衣。因为每套服装都需要专业的染色师、刺绣师、画家、印刷师、皮革工人、皮草匠、珠宝匠和鞋匠，所以时间临近，许多服装仍未完成。Dior 工作室焦急地等待着各种部件的到来。最后一件待完成的作品是名为“Cavalier Inconu”的皮革上衣，衣身上布满了精致的皮革切口装饰细节。演出都要开始了，工作室成员 Lars Nilsson 才乘坐出租车将其送过来。他回忆说，堵在路上时，有种越来越慌的感觉。

●该系列首次推出了新的“Zephyr”子系列——短款的气球形或“随风飘扬”下摆，如象牙色的 Bucol 出品的真丝制晚装大衣，其整体划痕设计就像被鸟啄过一样。

●配饰与服装一样制作精良。过膝长筒靴上面饰有金色百合花，有着超 11 厘米高“rocket-line”鞋跟的 Manolo Blahnik 鞋，或饰有真丝刺绣“lily-foot”坡跟鞋，搭配一组中国风刺绣的美第奇公主礼服（灵感来自佛罗伦萨乌菲兹美术馆中的画作）

●加利亚诺研究的素材还包括克拉纳赫、荷尔拜因的画作、安妮·博林的肖像和莱昂·巴克斯特的素描。镶有羽毛的帽子由斯蒂芬·琼斯设计。精致的珠宝，包括点缀有瓷珠的“feather quill”胸甲和配有吊坠流苏的银制衣领由备受尊重的高级时装珠宝商 Goossens 制作。

●像往常一样，这个系列的日常服装很少，而且大多数造型对现代生活并不实用。现代生活中，晚上外出穿紧身短上衣和长筒袜是一种后天养成的品味。

●《女装日报》的采访曾问道：

> “衣服呢？你了解约翰设计的衣服吗，还是只是买回来，挂起来，然后穿上？”
>
> 《女装日报》，1998年7月21日

●最贴近媒体质疑声的是四件庄重的酒红色或黑色天鹅绒“美第奇传教士”紧身外套式礼服，贴合式鱼尾裙下摆，设计有高领和小拉夫领。事实上，第二天，Dior 总裁西德尼·托莱达诺证实，已经有人下了订单。新闻报道往往带有谴责性。《国际先驱论坛报》的苏西·门克斯写道：

> “为什么加利亚诺如此顽固，拒绝正视客户的需求？这场秀以独特的方式创造了奇迹。但这列火车似乎是一个不祥之兆，这位设计天才似乎即将精疲力竭。”
>
> 1998年7月21日

“尽管如此，托莱达诺（Toledano）还是公开表

造型31，“La Belle Corisande”。17世纪风格的套装，装饰有金色花边和Vermont工坊绣制的摩尔式(Moorish)刺绣图案

示支持，当下，高级定制时装并不仅仅是装扮少数女性，它的使命是让一个设计师，一个真正的设计师尽情发挥想象力。约翰为 Dior 带来无限可能。昨晚的秀场即是如此”。

英国版 *vogue*，1999年10月

●然而，他宣布下一次秀将在 Dior 的蒙田大道总店举行，这样买家就可以近距离地欣赏到精美的细节，当然，花费也会少很多！

加利亚诺皮革命系列

Galliano Fur

●加利亚诺皮革命系列于1998年6月2日在纽约大都会俱乐部发布。

“奢靡之光。”

1998年6月4日，《女装日报》封面文字

● 1998 年 2 月，Dior/Galliano 与纽约皮货商 Stallion Inc. 公司的彼得·乔治亚德斯达成合作。第一届“约翰·加利亚诺皮草秀”于 6 月 2 日在大都会俱乐部举行。这些设计源于过往 Dior 高级时装系列和 Galliano 高级成衣发布秀，包括一件华丽的俄罗斯猞猁皮毛镶边，饰有贴花图案的天鹅绒茧形大衣（Dior 高级定制 1998 春夏），一件套在维纳·渥克斯达特艺术馆风格印花连衣裙之外的黑色大尾羊羔羊皮（Breitschwanz）燕尾服（Galliano 1998/1999 秋冬），以及许多优质貂皮、狐皮和黑貂皮制成的“性感”披肩和皮草开衫。

●当天，俱乐部被打造成卡萨诺瓦（Casanova）之家。房间里摆满了 4000 朵玫瑰、600 朵 Catalea 兰花、堆积如山的葡萄、梨和柚子，还有穿着皮草的半裸“卡萨诺瓦”男孩。

●由于巴黎 Dior 决定自己生产毛皮，很快便中断了合作关系。据说出自加利亚诺之手的貂皮大衣零售价高达 90 000 美元。2005 年，两件标有“John Galliano Fur Paris”的大衣在纽约 Doyle 拍卖行售出；一件俄罗斯猞猁皮毛镶边的茧形大衣（Dior 1998春夏设计）以5000英镑售出，一件用貂皮装饰、袖子上配有仿豹纹斑点衬里的金丝大衣以 14 960 英镑售出。

造型 8，最华丽的刺绣造型之一，“花园中的阿尔贝拉·斯图尔特（Arabella Stuart）”，精纺驼丝锦（doeskin）刺绣大衣

“Cavalier Inconnu”皮革作品的细节展示，就是这件作品搭乘出租车匆忙地穿过巴黎

造型28，“Principessa Idana”。蓝色真丝双绉宴会礼服，设计有“随风飘扬”式下摆，刺绣部分是由Montex和Muller工坊绣制完成的，Goossens制作的大的银制轮状衣领。刺绣花型取自19世纪中国传统妇女裙子上的刺绣图案

一件金丝锦缎罩衫式（歌剧款）长外套，饰有貂皮镶边，袖口内衬上饰有仿豹纹斑点式钉珠图案

1999春夏
Spring/Summer

Dior 高级成衣系列：构成主义者
DIOR READY-TO-WEAR Communist/Constructivist

1998年10月13日，
下午2点30分
巴黎蒙田大道30号，
Dior 总部
70套时装造型

“加利亚诺给资产阶级带来了革命。”

《泰晤士报》，1998年10月14日

一个不寻常的文化组合——用最轻薄的真丝制作的褶皱福图尼 Fortuny 式旗袍，来自 Resurrection Vintage Archive 古着时装精品店

●继“迪奥快车”秀的精彩表现之后，Dior 管理层希望低调行事，把精力集中在衣服工艺上而非场面上。秀场被搬到了蒙田大道，近来这里由建筑师彼得·马里诺重新修建过。加利亚诺表示，这并不是一项紧缩措施，“对于这一季来说，这似乎是正确的……我想让大家都轻松一点。你需要听到织物的声音和塔夫绸的沙沙声。”(《女装日报》，1998 年 10 月 1 日）与往常不同的是，往常有 800~900 人，这次只有两场秀，每场最多 250 人。

●这是一场精简的秀，不光体现在场地方面，更体现在服装方面。加利亚诺的主题是革命：一场融合了中国军装风格造型的鸡尾酒会，结合俄罗斯的构成主义（风格），大胆的条纹和图案织物的灵感来自艺术家亚历山大·罗德钦科。以往的超级模特没有出现，其中有相对较新的模特艾琳·欧康娜。

●造型的数量是平时的两倍，加利亚诺以强大的“真实可穿的”时装阵容回应了他的批评者。至少色调不同寻常，军队的战斗绿配红色领章，戴着军装帽或纽约义务警员的红色贝雷帽，配上杰里米·希利打造的传统京剧音乐。

> “此系列的前半部分，我一直在关注中国的军装——颜色、金色的点缀。一些红色的小细节，红色的钉珠装饰和真丝臂章。”
>
> 加利亚诺与安德鲁·博尔顿的对话，
> 摘自“中国：镜花水月”的展览目录

●本场秀上展出了许多剪裁精美的服装——饰有镀金星形或刻度圆盘状纽扣的精美小夹克，“别出心裁”的裙子和高腰长裤，波浪起伏的压褶哈伦战斗裤和雪纺与针织拼接上衣。各个年龄段的“时髦的妇人们”可能没有意识到设计的主题，她们购买的裙装要么是橄榄绿羊毛，要么是“女皇”的御用黄色。

●白色的“waif”裙装让人联想到加利亚诺 1990 春夏系列，以及加利亚诺 1990/1991 秋冬系列中弧形裁剪的裙装。之后是布尔什维克风格（类似于”伏尔加船夫”的风格），包括波烈风格的茧形大衣，搭配涡状构成主义风格印花窄摆裙，还有一系列耀眼的黑白红色相间印花的晚礼服。

●格温妮斯·帕特洛在男友本·阿弗莱克的陪同下，第一次参加巴黎时装秀，她身着 Dior 1998/1999 秋冬系列绿松石色和黄色相间粗花呢裙），在前排落座。

●加利亚诺证明了他可以设计出一系列理想日装和“真实可穿”时装的能力（不包括“美好时代”式紧身衣），他甚至不需要布景的修饰。

后台图片——两套“军装风格”套装

后台图片——带有醒目图案的构成主义风格晚装

Galliano 高级成衣系列：俄罗斯芭蕾舞团 GALLIANO READY-TO-WEAR Ballets Russes

1998年10月16日
巴黎天堂大街
32套时装造型
商标信息：
编码为“9E”

“通往梦想的通行证。”
《纽约时报》，1998年10月18日

华丽的晚装造型，橙色与金色的锦缎和天鹅绒歌剧款外套，搭配设计有深凹型低胸领口的晚礼服

●该系列的主题是俄罗斯舞蹈家尼金斯基和俄罗斯芭蕾舞团，其造型令人联想到尼金斯基的《牧神的午后》。模特梳着古希腊风格的波浪卷发，像是1912年的原舞者。布景富丽堂皇，充满酒神节的狂欢气息，喷泉散发着香味，蜿蜒的玫瑰花瓣伸展台，不时出现只有腰部裹着闪亮布料的男舞者——其中一人穿着斜裁雪纺连衣裙，显得极不协调！

●秀场以一缕蓝色的烟雾拉开帷幕，随后是一串水柱，不幸淋湿了Manolo Blahnik鞋子。尽管大多数超模都缺席本场时装秀，但娜奥米和莎洛姆亮相其中，艾琳·欧康娜也再次亮相。

● Dior时装秀很少有浪漫风格，而这一场Galliano秀却很浪漫。

●欧康娜身穿黑色透明薇欧奈风格的圆领连衣裙，搭配暖腿套，为本场秀拉开序幕。莎洛姆·哈罗则身穿浅杏色蕾丝精致细褶裙，在T台上优雅踱步（此服装在哈罗德百货的零售价为2886英镑）。

●还有Boué Soeurs（法国时装屋）风格饰有丝带刺绣的金属丝织蕾丝连衣裙，以及其他黑色钉珠网纱套装或东方风情的金银丝锦缎套装。

●福图尼的德尔斐褶皱裙（Delphos）风格的真丝压褶连衣裙，外搭饰有希腊钥匙刺绣镶边的披肩，系在裙装外面。有些晚装看起来并非20世纪30年代的服装，而是一种新的创造。一位记者问道："这是加利亚诺的复古风格还是普通复古风格？"（《伦敦标准晚报》，1998年10月16日）

●日装包括20世纪30年代的秘书套装，有精美剪裁的夹克、印花衬衫、高腰裙和围裙式礼服，让人联想到Galliano 1989春夏系列。有趣的面料细节，编织装饰和镂空工艺，提升了服装的档次。

●在Dior的精简"革命"系列之后，加利亚诺似乎将所有的浪漫和奢华都融入了此系列。

●《时尚》杂志认为

> "……有趣的是，看到加利亚诺回归本真，在这场秀中，模特们只是简单地来回踱步，看起来并未传递伊莎多拉·邓肯精神。"
>
> 英国版*Vogue*，1999年1月

●《女装日报》在谈及真正的女性很少有机会穿这些富丽堂皇的服装时，也承认道：

> "现实是，我们都偶尔渴望一点幻想。"
>
> 《女装日报》，1998年10月19日

●加利亚诺身穿白色背心和灰色裤子，留着自然的波波发型亮相秀场。

薄纱般精致的 BouéSoeurs 风格金属丝织蕾丝晚礼服

Dior
高级定制系列：
超现实主义
DIOR HAUTE COUTURE Surrealism

1999年1月18日
Dior 总部，
巴黎蒙田大道30号
43套时装造型

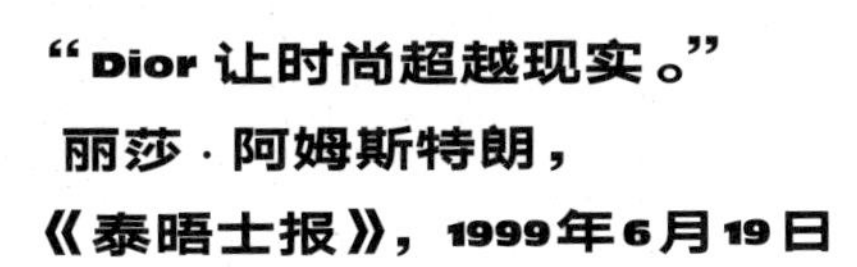

“Dior 让时尚超越现实。”
丽莎·阿姆斯特朗，
《泰晤士报》，1999年6月19日

在 1999 年的奥斯卡颁奖典礼上，席琳·迪翁穿着反穿式上衣，观众反响不佳

●该系列再次在 Dior 总部展出，但由于规模限制，全天需要进行六场表演，每场有 6 到 70 位嘉宾。为增加活动的亲切感，加利亚诺亲自介绍了这个系列，并解释其背后的创作灵感。

> “这场秀带有超现实主义情绪，就像 Dali 和 Cocteau 理解的那样——有时诙谐，有时令人惊愕，但浪漫不变。”

Dior 品牌新闻简报

●男模特被涂成白色，看起来像雕像——时间长了，恐怕会很难受。撕碎的白纸背景让人联想到 20 世纪 30 年代叶万达夫人拍摄的社会肖像画，她擅长拍摄贵族模特的庸俗形象，常把模特打扮成雅典娜或狩猎女神戴安娜。

●加利亚诺说：

> “很难相信，叶万达夫人和我一样来自伦敦南部的斯特里汉姆。”

（《独立报》，1999年2月20日）

●他还提到了受摄影师安格斯·麦克贝恩和曼·雷的影响：“他们在身体周围应用光线并重新定义轮廓的实验非常迷人。我抓住了这种情绪，并用最柔软的面料诠释，以营造同样诗意的品质。”（出处同上）比如，在悬垂的针织面料上覆盖一层斑点状的薄纱。

●黑和白色日装上衣配有眼睛形胸针，胸针表面带有眼睛虹膜。

●为回应最新系列的批评，此系列加入许多日装款式。连衣裙和短裙带有灰色、白色和格纹的性感下摆。衬衫和夹克上饰有“Loop of love”领结。长裤的主要特征是长裤套装，许多长裤套装配有威尔士亲王格纹的反穿式上衣。席琳·迪翁在当年的奥斯卡颁奖典礼上穿了一件反穿式白色丝缎上衣，但媒体对它的评价很低。几年后，她在接受卡拉·沃纳的采访时，她说：

> “只有我穿了加利亚诺的反穿式服装，现在穿这种衣服会很潮。只是当时还不流行。”

2017年6月9日

●后半场秀主要由 20 世纪 30 年代风格的晚礼服组成，其中三件是用象牙色的真丝绉和网纱制成，网纱上绣制有让·谷克多的手绘图案——包括半人马、马和性感人物。皮埃尔·伯格（伊夫·圣洛朗的合伙人）同意复制这些作品，因为他是原件的所有人。

●其他的包括一件绘制有错视效果的（Trompe-l'œil）垂坠褶饰的“女神”式礼服；另一件是搭配珠宝项链的黑色人鱼紧身连衣裙。这些晚装都是有意为之的诱人之物。

●加利亚诺说：

> “我喜欢达利和他的妻子加拉的亲密关系，他们在争夺性方面的主导权。”

Dior 品牌新闻简报

●彩色的马鬃被制作成裙摆的装饰荷叶边和袖子的网纹花边。赛璐玢（玻璃纸）(Cellophane)，一种 20 世纪 30 年代流行的新型面料，夏帕瑞丽和其他设计师都使用过，这款面料被重新引入用于制作舞会礼服和华丽的新娘礼服，并隆重推出（仿照波提切利的《维纳斯的诞生》），巨大的圆形裙身应用多层网纱和玻璃纸制成，须由六名花童随行搬运。

●有趣的是，这场秀在其他方面也体现了精简：这些设计只是被赋予了数字，而没有名字。此前加利亚诺习惯为 Dior 高级定制系列设计起名字。

●谣言开始流传，加利亚诺的合同到期将不再续签。西德尼·托莱达诺对此进行了反驳，称该系列不仅具有高度创造性，而且具有商业性，他和阿诺特先生都很满意，销售“显示了其真正的进步”（《女装日报》，1999年2月2日）。

造型 22 和 21，正面和背面都采用超现实主义眼睛带扣

造型 32，紧身胸衣款，饰有剪刀式交叉裁片的银色亮片礼服裙，由 Hurel 工坊负责刺绣钉片，让人联想到 Galliano1986春夏“堕落天使”系列

造型 26、27、28，网纱覆盖的丝绉连衣裙，裙身上饰有向让·谷克多致敬的刺绣图案，由 Vermont、Muller 和 Montex 工坊绣制

1999/2000秋冬 Autumn/Winter

Dior 高级成衣系列：运动装 Sportswear

1999年3月9日，下午2点30分 Dior 总部 巴黎蒙田大道30号 72套时装造型

“消失行为是加利亚诺秀中唯一的魔法。”

希拉里·亚历山大，《每日电讯报》，1999年10月4日

商标信息：Dior 精品店。20世纪90年代最后一季 Dior 成衣领标。“A”表示美国的订单，而不是欧洲的 E 或 H

丝绉连衣裙，搭配20世纪40年代末风格的锦缎饰带

● Dior 再次强调了简约。时装秀在两层楼内上演，银色的伸展台蜿蜒穿过白色房间，就像艺术家的工作室，背景是带有灰色框架的油画，偶尔还会出现非洲雕刻。加利亚诺列举了设计的参考资料，包括艺术家莫迪里阿尼为情妇珍妮·赫布特尼画的肖像，马里共和国多贡部落的象征生育能力的非洲雕塑，以及 Dior 的传统。这个系列很庞大，主要是日装；过去有些记者评论日装太少，现在则批评日装过于商业化。加利亚诺将其描述为“运动装”，但称其“针织衫”更合适。加利亚诺在新闻发布会上表示，他邀请女性“到 Dior 专卖店买一件价格亲民的毛衫！”

●秀场上琳琅满目的针织设计，从带有“反光”绒球的短款阿兰毛衣到晚装金属丝织蕾丝针织品，应有尽有。反穿式阿兰毛衣搭配斜裁紧身真丝绉鱼尾裙。这些设计在六英尺高的模特身上很漂亮，但零售商们表示，普通人很难穿出这种效果。服装按色彩分段展出：米白色、渐变灰、孔雀蓝、绿色、斑马纹、黄绿色、深紫红、黑色或白色，搭配各种日装，包括经典定制款 Bar 夹克、工装款连衣裙和阔腿裤。晚装则相对较少——斜裁的丝绉连衣裙，其他都是应用绒面革（麂皮）的设计款式。加利亚诺从“迪奥快车”时装秀（那场秀采用了皮革斜线装饰）中汲取元素，制作了一系列应用皮革穿孔工艺制成精美的镂空装饰图案斜裁绒面革连衣裙、饰有内衣式蕾丝镶边和配套夹克。

●不寻常的是，在时装秀开场时，加利亚诺不见踪影（据传他还没有起床），结束时，他来到了现场，一再道歉说他在大楼里迷路了。时尚媒体普遍认为，加利亚诺在商业化的促使下，丧失了创造性的魔力。一年来，法国媒体一直流传着加利亚诺与 LVMH 集团关系不和的文章，4 月初又刊发另一篇文章，称加利亚诺将在 8 月与 Dior 集团分道扬镳——Dior 集团总裁西德尼·托莱达诺对此予以强烈否认。4 月 20 日，托莱达诺（Toledano）正式宣布与加利亚诺的合同延长三年至2002年，谣言随之终止。

> “LVMH 希望强调约翰·加利亚诺在 Christian Dior 的创意、形象和销售方面所取得的非凡成就。自从他来到 Christian Dior，成衣销量增加三倍以上，品牌的全系列产品吸引了全球的新客户。”
>
> 《女装日报》，1999年4月20日

●合同中规定，除了担任时装创意总监外，他还将监督配饰、香水系列、市场营销、商店内饰和橱窗，为突出每季的新系列，这些都会相应调整。卡特尔·勒布希斯在谈到续签合同时表示：

> “由于报酬丰厚，约翰变得无所不能——宣传、营销，乃至一切。他的需求得到了满足，但约翰只懂设计，并不适合其他工作。人们对产品的胃口越来越大，像 Zara 这样的商店每两个月就会有新的设计出现，而那些老牌时装店不得不参与竞争。加利亚诺现在面临着巨大的压力。他得到了金钱和权力，但最终会毁了他。”
>
> 作者访谈卡特尔·勒布希斯

绒面革连衣裙，整体穿孔制成镂空饰面和加莱蕾丝饰边

针织品类是这个系列的主要特色

Galliano
高级成衣系列：毛利人
galliano ready-to-wea
Maori

1999年3月15日
巴黎，卢浮宫卡鲁塞尔厅
61套时装造型

“加利亚诺踏上了回归时尚之路。”

《每日电讯报》，1999年3月12日

● 上届时装周中，加利亚诺的 Dior 秀得到的反响不佳，因此他的同名品牌系列备受期待。灵感来自新西兰艺术家 C.F. 戈尔迪绘制于 20 世纪初的毛利人酋长画像，脸上有装饰性的文身，有时穿着复杂的羽毛披风以示权威。

● 道路工程布景，设有一辆撞毁的汽车、碎石铺成的伸展台和一个破旧的"加利亚诺车库"（Galliano garage），以霓虹灯招牌为背景。本场秀在千斤锤的敲击声中拉开帷幕，头戴安全帽、身穿短裤和靴子的帅气工人站在一旁帮助布置现场。只是不清楚古代部落的人和道路工程有什么联系，但加利亚诺接受希拉里·亚历山大采访时说，"我想到女性码头工人和体力劳动者"。（采访者希拉里·亚历山大，《每日电讯报》，1999年3月12日）

● 本场秀以黑白色相间的宽松茧形毛毯式斗篷开场，饰有抽丝流苏边和用拉菲草缝制上的超大纽扣（零售价为1250英镑）。

● 拉菲草刺绣和细节设计是这个系列的主要特点。这些大纽扣的灵感可能是来自威斯特伍德"朋克风潮"（Punkature）系列中的 Vim-Lid 纽扣（用 Vim 洗涤粉包装盖子制成的），因为在加利亚诺的素材本中发现了这些纽扣的图片。

● 《泰晤士报》的丽莎·阿姆斯特朗表示，开衩至大腿的裙子和看起来像是扭曲的不对称拼接风衣，预示着下一场高级定制时装秀的主题，"一定是本季最性感的裙装"。压轴的"红衣女郎"演绎了一系列从大红到酒红色的经典紧身斜裁裙，用斑马条纹雪纺制成或裙摆饰有拉菲草刺绣花边。

“毛利”斗篷，拉菲草嵌缝纽扣，以及Blahnik 出品的激光切割蕾丝款皮靴，成为本场秀的一大亮点

羽毛（灵感来自酋长的披风）装饰的大衣套装

为“黑客帝国”（Matrix）系列奠定基调的风衣裙

日装有芥末黄和酒红色的针织衫、合身的羊毛套装和连衣裙，适合都市着装

加利亚诺与他的压轴之作“红色女郎”

Dior 高级定制系列：新世代或黑客帝国
DIOR HAUTE COUTURE The New Generation or Matrix

1999年7月19日，
晚上8点
凡尔赛宫橘园
46套时装造型

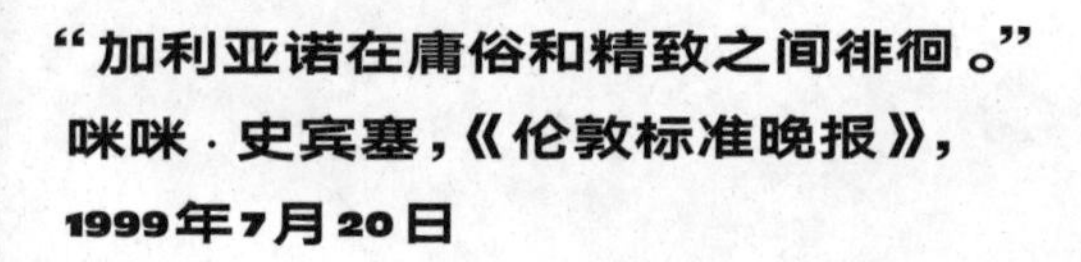

“加利亚诺在庸俗和精致之间徘徊。”
咪咪·史宾塞，《伦敦标准晚报》，
1999年7月20日

● Dior 为世纪末系列放松了紧缩制度，加利亚诺获准在凡尔赛宫举办本场高定秀。Dior 总裁托莱达诺 Toledano 表示："近来，我们非常低调，现在，呼吸新鲜空气的时机已到。"(《女装日报》，1999 年7月2日)

●他再次重申了 Dior 对设计师的支持。"Dior 值得改变，而约翰 · 加利亚诺可以做出这种改变。今天的迪奥先生就是约翰 · 加利亚诺。"(英国版 *Vogue*，1999年10月)

●大约 1 000 名宾客乘坐马车从巴黎市中心前往凡尔赛宫。发出邀请函时，许多人（对加尼叶歌剧院和奥斯特里茨火车站的大秀记忆犹新）期待这场凡尔赛宫的奢华盛宴。然而，本场高定秀在凡尔赛宫简朴的橘园上演，这里有巨大的拱形天花板，未见丝毫金箔或洛可可式装饰。橘园最初用来种植果树，供国王路易十四冬季食用。加利亚诺说，他发现这里"现代且带有天主教风格"。(《女装日报，1999年7月20日)

●这座受人尊敬的古老建筑被打造成带有金属升降门的超现代布景。伸展台入口处的"CD"标志在红色灯光映照下闪闪发光，800 英尺长的伸展台上铺满了注水塑料板。品牌的新闻简报说道："疾风吹过新一代 Dior 系列，吹向永远虚实莫测的帝国。"

●本次时装秀从最新上映的科幻电影《黑客帝国》(*The Matrix*) 汲取灵感，造型性感而强硬，以黑色或红色为主。"束缚"是本季秀的主题，如紧身胸衣系带、将裙子绑在腿上的带子以及装饰有 D 形环或降落伞绳索的服装。中性装扮的男女模特留着长直发，戴着贝雷帽，化着浣熊眼妆，穿着长款漆皮大衣和系带过膝长靴大步流星地走在台上，一些年长的、保守的客户似乎感到很震惊。

●皮草是该系列的一大特色，搭配大红色筒状褶皱大衣，引用1989/1990秋冬系列的黄色"波烈"外套。接下来的"打猎、射击、钓鱼"造型时装灵感来自英国贵族在"萨维尔街"的定制款式，并结合了托马斯 · 庚斯博罗的田园画和肖像画中的浪漫历史主义风格。加利亚诺的素材本中贴有狩猎杂志的页面和飞行员照片。女猎手的主题包括马裤、粉色猎装、柔软的棕褐色麂皮革马甲和豪华鳄鱼皮革制成的不对称拖尾长裙。加利亚诺回顾了他的另一个经典造型，酒红色织蕾丝、刺绣雪纺制成的精美斜裁礼服和内衣，都参考了加利亚诺过往的成功作品，甚至复刻了 Goossens 设计的"玛塔 · 哈里"系列的"吊灯"耳环、头饰、"马赛"系列的串珠项链和"玛切萨 · 卡萨蒂"系列的浮雕宝石项链。

●在压轴之作中，加利亚诺展望未来，采用色彩鲜艳的丝缎"战士"礼服，饰以塑料饰片、亮片和织带，搭配色彩协调的护膝。亚马逊女战士装扮的模特的皮肤上涂以棕色条纹，丝带编织的头发打造成莫西干式发型。卡门 · 凯丝最后出场，身着红粉渐变服饰，拖着一个巨大的粉色降落伞。Dior 描述了理想女性："与时俱进、创新，内心浪漫，Dior 女性完美演绎第三个千年的优雅时尚。"(Dior 品牌新闻简报)

●在 20 世纪最后一个系列中，加利亚诺不仅参考了过往系列，也展望了未来。

●加利亚诺擅长的、Dior 客户期待的美丽与浪漫姗姗来迟。

造型2，穿着黑色皮制连衣裙，击剑靴，戴着贝雷帽的“黑客帝国”战士

造型16，斯特拉·坦南特身穿米色羊毛骑装外套，系着皮革绑带，戴着由狐狸皮草和白鸽造型组成的帽子，气场全开

造型32，一件淡粉色的饰有蕾丝的钉珠网纱连衣裙，搭配波蕾若外套

卡门·凯丝身着红粉色饰有塑料亮片的丝缎降落伞式连衣裙，堪称令人难忘的压轴之作

2000春夏 Spring/Summer

Dior 高级成衣系列：商标狂 DIOR READY-TO-WEAR Logomania

1999年10月5日
巴黎夏约宫
国家剧院
53套时装造型

“巴黎新富人万岁。”

《伦敦标准晚报》头条，1999年10月6日

●加利亚诺以嘻哈歌手劳伦·希尔和她的专辑《劳伦·希尔的错误教育》(*The Miseducation of Lauryn Hil*)中的歌曲为灵感，在秀场上播放了该专辑。模特留着脏辫发型，戴着有色太阳镜、环形耳环，穿着“黑客帝国”系列风格的系带过膝靴。这个系列年轻、有趣，采用大量牛仔布——甚至连斜裁雪纺都被印成了牛仔样式，用于设计超短礼裙。CD 标志，以前仅位于太阳镜侧边，或者作为挂件挂在 Dior 女士手提包的边上，现在所有新品都装饰有此标志——不仅编织成提花棉布用于制作时装（20 世纪 70 年代首次用于 Dior 行李箱），就连腰带和肩带上的镀金扣，以及加利亚诺在此系列推出的、很快成为经典款的马鞍形肩包都印有 CD 标志。

●马鞍包的廓形也用于设计牛仔裤、短裤和裙子的口袋。加利亚诺延续奢华商标主题，设计了一款“诙谐的爱马仕围巾”(《女装日报》，1999 年 11 月 1 日)，被用来制成奢华的真丝印花里布、颈背系带上衣、裹身裙，甚至是靴子。

●黑客帝国系列的剑术／骑士造型简化版，包括饰有侧面褶饰的连衣裙和长外套，不对称裁片拼接制成的束身衣，运用绗缝和辑明线工艺，还有各种面料制成的装饰带和扣件，如涂蜡亚麻、薄皮革、橡胶涂层棉和弹性缎背绉。一件半透明的上衣，零售价为920美元，绒面革胸衣零售价为1 490美元——较为昂贵。

●晚装方面，延续了赛马主题，丝缎和烂花绒的斜裁连衣裙上织有大面积的斑点和星星，灵感来自英国赛马会的骑师彩衣规则，模特脸上涂有白色的数字，戴着斯蒂芬·琼斯设计的配套骑师帽。加利亚诺的造型与模特呼应，同样留着脏辫，戴着有色太阳镜，穿着皮衣搭配牛仔裤。尽管一些主要记者，如《纽约时报》的凯西·霍琳对该系列的赛马造型和她认为更老土的贫民造型嗤之以鼻，“天赋这么多，造型这么少，极其罕见”。(1999 年 10月6日）但这场秀受到了零售商们的热烈欢迎，他们喜欢那些适合穿着、高度商业化的日装，他们知道这种时装对年轻化的市场很有吸引力，能够大量出售。

“黑客帝国”系列风格的白色橡胶涂层棉布套装

爱马仕风格的丝巾搭配 Dior 提花编织面料，还有说唱风格的巨大镀金项链

鲜艳的颜色和硕大的数字标志表示已经进行到“骑师彩衣”（racing silks）系列展示阶段了

译者注：早先因许多骑师穿着颜色相近的服装参赛，会干扰裁判视角。为了让裁判员更容易判断比赛的最终名次，1762年10月4日，英国赛马会（The Jockey Club）制定了“骑师彩衣（racing colours/ silks）”规则，规定了特定的颜色以及图案，参赛骑师需选择自己的彩衣颜色和样式并注册在马主名下。

Galliano 高级成衣系列：音乐偶像 GALLIANO READY-TO-WEAR Music Icons

**1999年10月7日，晚上7点30分
巴黎，马拉科夫，
勒克莱尔将军公寓大道18号 /
Espace Claquesin,
35套时装造型**

“加利亚诺玩转20世纪的流行文化。”
《泰晤士报》，伦敦，
1999年10月8日

邀请函：
“约翰·加利亚诺唱片”
单曲

●本次时装秀的场地是马拉科夫的一个酒厂，距巴黎市中心数小时车程，很不方便。这是一个巨大的仓库似的空间，设有凸起的白色T台，两个有机玻璃立方体立于其上，一黄一红，模特需穿行其间。此系列基于不同年代的音乐偶像的标志性着装风格——摩登派、摇滚乐手、泰迪男孩式套装，舞会礼服配白色短袜，还有朋克风格。本次时装秀以黑白条纹、斑点、格纹套装拉开帷幕，其灵感来自20世纪60年代的摩登和欧普艺术运动。斯特拉·坦南特戴着一顶网纱包裹的高帽，身穿条纹束腰外衣，其背部构思巧妙的脊椎骨图案是由卡罗尔·拉斯尼尔绘制的，并且她还为秀上的每件衣服都设计了独特的搭配妆容图案。舞会礼服的上身是贴合身型呈扭转形态的设计，似乎是用男士西装夹克搭在多层网纱裙上制成的。摩登西服套装造型有很强的视觉冲击效果，是用饰有黑灰色波浪状条纹图案的毛料制成，搭配平顶卷边帽（pork-pie hat），其他套装则搭配"太空竞赛"银色、透明塑料制或拖地款丝缎派克大衣。

●朋克造型包括透明蕾丝和乳胶绑带裤，宽松的马海毛针织衫和向薇薇安·威斯特伍德致敬的海盗靴，大号安全别针装饰和用拉链打造的"眨眼"式接缝细节。吉赛尔·邦辰戴着凯撒·威廉风格的尖钉头盔；其他模特头戴淡雅色系的第二次世界大战风格的帽子，上面镶有银色星星，用来搭配她们的"机车"款连衣裙。

●总的来说，时尚评论家宣称这个系列不适合穿着，或者过于"时髦"，《女装日报》则直言不讳地谴责它"荒谬可笑"，是"在舞会上出洋相的时刻"（《女装日报》，1999年10月11日）。然而，这个简化版在预售中卖得很好。加利亚诺最后亮相秀场，留着脏辫，穿着粉色背心和破洞牛仔裤。1999年12月Galliano 品牌再次推出了手袋产品线，又增加了他的工作量。与此同时，曼哈顿新开了一家 Dior 精品店，开业当天众星云集。

颠覆性的淡粉色牛仔“机车”款连衣裙搭配钻链镶边的军装帽

欧普艺术图案的摩登套装与金属银色的派克大衣

曼哈顿精品店的牛仔马鞍形手袋式开业邀请函

一件粉红色丝缎礼服，扭转式束身衣拼接蕾丝裙是本次时装秀的亮点，因为它既实穿又漂亮

Dior 高级定制系列：流浪汉或无家可归者
DIOR HAUTE COUTURE Les Clochards or Homeless

2000年1月17日，
下午2点30分
巴黎，小皇宫博物馆
42套时装造型

“加利亚诺撕毁规则手册。”
《泰晤士报》头条，
2000年1月18日

●黑色屏幕背后是18世纪巴黎小皇宫美术博物馆(Petit Palais Museum of Fine Art)的华丽内饰布景，映衬着长长的玻璃制伸展台。

● Dior 的“黑客帝国”秀的最后一段表明新千年的新方向——与传统决裂。加利亚诺承认道，“我对Dior 的老客户不那么感兴趣。”(凯西·霍琳,《纽约时报》，2000年1月18日)加利亚诺的客户所期待的优美、浪漫和复古形象不复存在。最终，童话故事主题受限，加利亚诺试图利用解构主义、不对称性和奇招取而代之，拓展时尚的边界。

●“四年了，我还在做那些朱莉夫人风格的套装。在某些时候，必须要与过去决裂。”

> 加利亚诺接受蒂姆·布兰克斯采访，选自 *The Fashion* 的文章《野蛮的公司》

●加利亚诺为了身体健康(他已经戒酒，饮食规律，每天去健身房)，每天早上在塞纳河边跑步，在那里他目睹了流浪汉露宿街头。这些流浪汉将成为他下一个系列的主要灵感，同时融入其他思路，包括黛安·阿勃斯的精神病人照片、埃贡·席勒的画作和20世纪30年代科隆的“慈善募捐舞会”上喜欢穿得很寒酸的富人。

●加利亚诺解释他的灵感：

> “孩子们从小就看《小姐与流氓》、查理·卓别林和《小淘气》。我不是要发表政治言论。我是一名服装设计师。在塞纳河畔慢跑的经历，让我对巴黎有了全新的认识。我称其为‘潮湿世界’……有的人就像形象专家，他们把大衣穿在肩上，歪戴着帽子。这很奇妙。”选自《纽约时报》，作者莫琳·多德，2000年1月23日

●让备受尊敬的时装屋的核心“巧手”工匠们手工撕碎上等真丝，在锦缎上挖洞，烧焦薄如蝉翼的细棉纱做装饰，再饰以 Lanel、Montex 和 Cecile Henri 工坊的刺绣，这些做法确实疯狂。第一段上场的是“流浪汉舞会”，“大贵族打扮成流浪汉”(引自 Dior 的素材本)配有麦当娜尚未发布的音乐美国派(American Pie)伴奏。妆容自然、头发蓬松的模特穿着不对称的马甲，搭配破旧的报纸印花真丝长裤，闪亮登场。

●从真丝面料上使劲抽出丝线，打造成格子图案。男式夹克元素的连衣裙，内衬带花式缝法的之字形刺绣(通常是隐藏的元素)，假口袋外面贴有傲人的Christian Dior 标签。色调为 Dior 的经典柔和色调象牙石灰色。衣服上饰有用绳子绑着的破碎眼镜、开瓶器、微型酒瓶和肉豆蔻研磨器(有些“堕落天使”和“阿富汗拒绝西方观念”系列中的影子)。

●第二段为“疯狂的乐曲舞会”，希利的播放列表应景地切换为《乐一通》(*Loony Toons*)和《疯子占领了疯人院》(*The Lunatics Have Taken Over the Asylum*)。妆容变换为查理·卓别林“小流浪汉”造型，戴有白色面具的脸部画着巨大的黑色睫毛。模特们穿着反穿式工装裤，搭配宽大的小丑裤，还有更具女人味的红色雪纺鸡尾酒礼服裙，或不对称式金色和棕色真丝做旧效果的刺绣和服。三名穿着白色破旧款连衣裙的模特被一张破烂绷带网状物连接在一起分前后一同出场，紧随其后的模特身穿紧身束缚式连衣裙。“束缚”主题延续了下来，胸罩和吊带袜当作装饰品使用。模特们拿着可爱白色纸袋，上面画有手提包图案。

●第三段“困难时期，跳蚤叮咬，摇曳生姿”，两名“精神错乱”的芭蕾舞者(萨蒂亚·阿泰奥的一只胳膊打着石膏)，立起足尖行走，在伸展台上旋转，赢得了热烈的掌声。

●“埃贡·席勒”一段颇为精彩的系列，成为压轴之作。灰色塔夫绸舞会礼服，带有19世纪90年代的气息，从常规款反转成非常规的设计，束身衣系带沿着身体的曲线变化从垂直方向被扭转成螺旋状。其中一件束身衣的金属衣骨露了出来，形成了一个尖刺状的拉夫领。模特们被涂上各种颜色以匹配亚历山卓所绘制的连衣裙的色彩，形成和谐的色调。斯蒂芬·琼斯设计制作了一顶巨大的高顶礼帽，帽子顶部被狠狠地敲击成凹状，这顶礼帽，成为整个造型的点睛之笔。

●本系列造型既疯狂又精彩，而评论却褒贬不一。《纽约时报》的凯西·霍琳认为加利亚诺试图解构的不仅是服装，还有 Dior 的品牌光环。她无法想象有人会为这样的时装买单。

> “很难想象一个高级定制时装的客户花25000美元买一件衣服，只是为了看起来像个流浪汉。”
>
> 《纽约时报》，2000年1月18日

● YSL 公司的皮埃尔·伯格讥讽道，他们“卖给流浪汉，会很好卖的。”(《爱尔兰时报》，2000年1月22日)，而《世界报》则评论说，Dior 的乞讨杯里有硬币了。同行 LVMH 设计师马克·雅可布说，听起来像是“让他们吃蛋糕吧……他们为此砍掉了玛丽·安托瓦内特的头！”(译者注：典故，表示难以理解)

●希拉里·亚历山大表示，想象一下辣妹打扮成葛洛丽亚·斯旺森，打扮成查理·卓别林，就明白了。(《电讯报》，2000年1月18日)。然而，高级定制时装的常客穆娜·阿尤布非常喜欢这种设计，一口气预订了三件衣服，包括加利亚诺说的那件看起来像火燎过的“烧焦”外套。演出结束后，阿尤布的反应是：

造型1，长裤上印有《国际先驱论坛报》对加利亚诺的评论文章

造型6，身上的装饰物还包括一张工作室助理艾丽莎·帕洛米诺的手写便条，内容是感谢加利亚诺给了她一份工作

造型 31，白色橡胶涂层亚麻紧身束缚式连衣裙搭配气球头饰，头饰由斯蒂芬·琼斯设计

造型 35，“精神错乱的芭蕾舞者”。模特身穿带有精致刺绣的波纹绸、金银丝锦缎、网纱和塔夫绸连衣裙

造型39，“埃贡·席勒”，粉色和灰色塔夫绸连衣裙，由亚历山卓绘制

“天才！太棒了！要是没有加利亚诺这样的人，我们只能穿那些老掉牙的衣服！大多数人不会理解，这种表达太强烈了！”《金融时报》头版，采访者瓦妮莎·弗里德曼，2000年1月22日。

●这场秀不仅登上了时尚版面，也成为全世界的头条。《纽约时报》的文章《流浪汉的高级时装》描述其为“乏味的时尚”。帮助精神疾病和法国无家可归者的慈善机构感到震惊。法国所有的主流报纸都抨击了这场秀，《费加罗报》的珍妮·萨梅警告道：“加利亚诺每次选择一个主题，就会一直延续下去，因为伯纳德·阿诺特信任他。现在阿诺特觉得加利亚诺有趣，也许有一天，会觉得不胜其烦。”后来的情况不幸被此话言中。(《女装日报》，2000年1月19日）几周的骚动最终在1月底达到高潮，防暴警察被召集到位于蒙田大道的Dior总部，控制那些愤怒的、意图闯入店铺的流浪人士。这些人穿着垃圾袋，高呼“我们是来参加选拔赛的——这是流浪汉的造型”，商店被迫关闭了两个小时。

●对此，约翰·加利亚诺说：“我不介意人们说我疯了。归根结底，我们是做生意，而且做得非常好”（蒂姆·布兰克斯，《时尚档案》)。事实上，Dior 1999年的销售额比上一年增长了10%，达到2.203亿。Dior发言人发表声明为该系列辩护，称它“关乎新奇，在新千年开始之际，Dior再次展现出最具独创性的构思。”(《女装日报》，2000年1月28日）

2000/2001秋冬 Autumn/Winter

Dior 高级成衣系列：飞行女孩
DIOR READY-TO-WEAR Fly Girl

2000年3月2日，
下午2点30分
巴黎夏约宫国家剧院
60套时装造型商标
信息：Christian Dior
精品店，编号OH

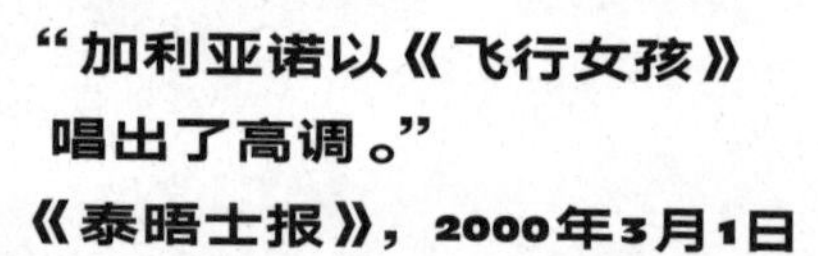

“加利亚诺以《飞行女孩》
唱出了高调。”
《泰晤士报》，2000年3月1日

浮夸的漂白牛仔裤搭配奢华大衣

●继 2000 春夏高级成衣"商标狂"系列取得商业成功后，加利亚诺决定重新审视标志，增加"闪亮"元素，并从"流浪汉"高级定制系列中汲取元素。目标客群是"在互联网上赚取了巨额财富的女孩们"，她们不害怕展示财富。"如今，如果你买了 Dior，你希望所有人都知道。"(《女装日报》，2000 年 3 月 1 日）为突出"闪亮"，他们在夏约宫国家剧院的黑暗处安装了 100 英尺高的金色反光伸展台。"飞行女孩"灵感源于说唱歌手——梅西·埃丽奥特、弗克茜·布朗、玛丽·布莱姬和莉儿金。有浮夸炫耀般的拖地貂皮大衣、水貂皮外套，栗鼠皮大衣和夹克，长款皮风衣搭配漂白斑纹牛仔裤（有的覆盖着透明的亮片），鸵鸟皮革裙搭配特里比帽和软呢帽。

●黄绿色调的雪纺连衣裙内搭丁字裤，与 Dior 太阳镜相得益彰。豹纹图案被更多地运用在牛仔和蕾丝上。一件带有少许毛皮装饰的短牛仔夹克零售价为 4300 英镑，一件牛仔雪纺裙的零售价为 1145 英镑。不对称式短裙搭配"颠覆"(bouleversé）性的，用印有鳄鱼纹的皮革、豹纹雪纺或牛仔面料制成的紧身胸衣。CD 品牌标识印在精美的斜裁印花雪纺连衣裙上，或打造成厚重的镀金金属配件，用来做连衣裙的肩带链或腰带上的金属扣件。

●第二段"性感的芭蕾舞者"，展示包括粉色和灰色雪纺、蕾丝或报纸印花真丝制成的斜裁裙，裙摆破碎凌乱。有些模特身穿解构主义风格阿兰针织样式的舞蹈款波雷诺外套。巨大的镀金安全别针（在加利亚诺的"音乐偶像"系列中出现过，如书中 P195 所示）用作装饰及外套的扣合固定。最后一段被称为"酷炫的热巧克力女孩"(《女装日报》，2000 年 3 月 1 日），有一系列深棕色蕾丝、丝缎和雪纺制成的紧身性感的长款和短款斜裁连衣裙，Dior 品牌的新闻简报称其为"奥斯卡和戛纳电影节的完美选择"。

●马鞍包再次亮相——这次采用颜色丰富的皮革，制成微型马鞍包戴在胸前，或作为晚间钱包，搭配手铐样式的镀金手链。为了突出"闪亮"元素，高跟鞋和靴子都配有镀金金属制细高跟，鞋头和鞋底都饰有水钻铆钉。加利亚诺身穿金色皮革牛仔裤搭配白色背心，留着飘逸的长发，向观众鞠躬致谢。这个高度商业化的，充满街头风尚态度的系列取悦了零售商，但一些时尚评论家认为，这只是对以前造型的重复，没有任何新品。凯西·霍琳认为：

一切"不言自明。靴底上的水钻，只有从伸展台往上看才会注意到，这就说明了一切——谁会需要它们？"

《纽约时报》，2000年3月3日

不对称的牛仔裙，饰有豹纹印花。来自 Resurrection Vintage Archive 古着精品店

“性感芭蕾舞者”连衣裙，金属丝织锦缎制紧身上衣上拼接装饰有“Dior每日新闻”款面料，上面印有迈克尔·伍利于1986年为西比尔·德·圣法勒（造型师，portrait of Sibylle de Saint Phalle 指她个人的造型作品集中的加利亚诺肖像）拍摄的肖像作品

“酷炫的热巧克力”蕾丝连衣裙搭配微型马鞍包

Galliano 高级成衣系列：欢迎来到我们的游乐场 GALLIANO READY-TO-WEAR Welcome to Our Playground

2000年3月2日，晚上7点30
巴黎拉维莱特演出大厅
52套时装造型

"狂妄的加利亚诺服装嘉年华。"
《卫报》，2000年3月3日

Galliano 新千禧年商标：OH（欧洲）或 OA（可能用于美国）

●秀场被定在前身是维多利亚时代的一座大型肉类市场，未添格外装饰——只布置了一条狭长的镜面伸展台。虽然这次时装秀的邀请遵循传统，但内容却打破传统。后台模特的提示卡粘着糖果，模特名字用亮彩蜡笔书写。

●没有让模特试衣彩排，因为加利亚诺想设计一场惊喜之秀，展现自己将时尚视为儿童游戏。

●这次的主题是童年、纯真和变装，加利亚诺上一次在 1986/1987 秋冬“被遗忘的纯真”系列中探索过此类灵感。他想：

> “找回遗忘的纯真。在上学被教如何去想、如何去做之前，是在自行思考、自做决定。”
>
> 《女装日报》，2000 年 3 月 6 日

●杰里米·希利制作的混合配乐，包含深受儿童喜爱的英国电视节目主题音乐，如《蓝色彼得》和《神奇旋转木马公路》。男女模特们穿着色彩鲜明的惠灵顿长靴和特大号鞋子，表现出小孩子们穿妈妈衣服的装扮游戏画面。

●卡罗尔·拉斯尼尔打造的妆容极具想象力，包括生日派对的动物面部彩绘、雀斑、胡须和浅色大号纸睫毛。男孩风格的模特身穿 Galliano 品牌标志性的漂亮连衣裙（其中一位头上顶着一口带长柄的煮锅作帽子）；女孩风格的模特穿超大尼龙“加利亚诺流浪者队”足球球衣，用“佩克汉姆”（Peckham，伦敦南部某地）谐音双关“贝克汉姆”（Beckham）。Galliano 品牌的足球包及手提包是这一季的主推配饰产品，有模特一次携带两或三款不同风格的包包。绞花针织板球衫被穿成裙子或搭配不对称芭蕾网纱（tulle）舞裙。

●其他夸张的造型配饰还包括有故意将超大号束腰和紧身褡（束身内衣）当作裙子来穿，将紧身内衣作为帽子佩戴在头上，圣诞拉炮皇冠和灯罩帽子。（译者注：Christmas cracker，圣诞拉炮，是一种英国人在圣诞日使用的亮光彩色纸筒，在吃圣诞大餐前，他们会把这纸筒拉响，拉开时会发出轻微的爆炸声。筒里面往往装有一件玩具、一顶纸帽以及一则笑话。）

●当纸板造型出场后，观众感到难以置信，造型有巨型青蛙、鸵鸟等各种动物，数字与颜色组成的纸板裙，还有船、红色箔纸车都出现在伸展台上！

●一群穿白色解构风服饰的女孩出场，她们的卷发上饰有碎纸条。接着出场的造型是性感“女教师”（吉赛尔·邦辰），棕色皮革紧身裙，袒胸露肩的性感领口。《伦敦标准晚报》称“加利亚诺已疯”。（2000 年 3 月 6 日）

●加利亚诺身穿薄透感雪纺衬衫和补丁式迷彩长裤，鞠躬谢幕。

●虽然许多观众问哪里有真实可穿的衣服，但在奇思妙想的设计背后是显而易见的真材实料——漂亮的印花雪纺、绝妙的手工剪裁。加利亚诺说想用更大，更简单的形状，作为对之前系列中一些高度详细工作的解毒剂，去消除以往的不愉快。此系列作品丰富，秀场只展示了其中的 30%，其余作品被保留在工作室，展现给感兴趣的客户和媒体。

●《纽约时报》资深记者凯西·霍琳时常批评加利亚诺，但这次评论说，虽然这场时装秀的“校园嬉戏”惊吓到很多人，但也

> “引起某种罕见的触动，它有以往加利亚诺别扭的 Dior 时装秀完全没有过的欢快”。
>
> 《纽约时报》，2000 年 3 月 7 日

儿童化妆打扮游戏造型搭配特大号鞋和大颗珍珠配饰

用柔和色调的格子呢制成的大衣和西装，有些还饰有毛皮镶边

纸板青蛙连衣裙，游戏学校终场的部分造型

Dior 高级定制系列：弗洛伊德与恋物
DIOR HAUTE COUTURE Freud/Fetish

2000年7月7日，
下午2点
巴黎，法国
国立高等美术学院
45套时装造型

“加利亚诺展示了恋物时尚。”
希拉里·亚历山大，
《每日电讯报》，2000 年7月8日

●“流浪汉”系列曾轰动全球，怎样的系列才能超越它，比它更引争议？加利亚诺怎么超越自己呢？似乎是一种施虐与受虐的关系。大多秀场的时装会让你目不转睛，但也有一些秀场的时装会被你排斥拒绝！

●“弗洛伊德”系列诠释性压抑、幻想与恋物主义。加利亚诺将该主题诠释为 Dior 遗产——借 1947 年的“新风貌”证明，其笼状束身衣和衬垫具有束缚性，强调身体性感曲线以及迪奥先生对母亲的崇拜，其实是带有施虐受虐倾向的。

> “我相信迪奥先生是第一个真正恋物主义设计师。他有俄狄浦斯情结，他崇敬母亲，他设计的‘新风貌’风格服饰充满恋物主义象征。你只需看高跟鞋，强调胸围和收紧腰身的束身衣，强调臀部的大裙摆，就明白了。”
>
> 希拉里·亚历山大采访加利亚诺，《每日电讯报》，2000 年 7 月 8 日

●荣格于 1909 年写信给弗洛伊德讨论恋物主义的起源，加利亚诺借此信作解释。

●此系列极为特别，展现暴力美学，用鞭子、束身衣和束缚带作配饰，这些从未在巴黎时装秀上出现过，可能这些东西在雷夫·波维瑞臭名昭著的“禁忌”俱乐部中出现会自在些。

●血红色的玻璃镜面伸展台装置在洞穴似的黝黑空间中，一排一排的“CD”泛光灯从地板延伸至天花板。色情电影配乐中的呻吟声和鞭打声营造着场景氛围。

●时装秀以一位主教挥动香炉开场，香烟缭绕，他身着由 Cecile Henri 绣制的精美金色刺绣、象牙白色真丝制蜂腰长袍，配以主教冠。

●开场环节的“幸福家庭”主题包括一场费里尼式婚礼。

●新人之后是双胞胎女孩装扮成“面容沮丧”的伴娘，穿戴束腰紧身胸衣。马里莎·贝伦森（女演员，艾尔莎·夏帕瑞丽的外孙女）扮演新娘母亲，身穿爱德华时代风格的修身长裙，头戴纱网大帽，她身旁英俊的蓄着胡须的“丈夫”穿着传统礼服，但都是全身白色。“祖母”由年长但同样美丽的模特卡门·戴尔·奥利菲斯扮演。其他宾客紧随其后；一位女士身穿高领纯白串珠礼服，其他女宾身穿饰有貂皮或皮革镶边的灰色真丝礼服，携手帅气男伴。“一群朝气十足的年轻人”穿着 20 世纪 30 年代风格的斜裁作品。史蒂文·斯皮尔伯格的妻子凯特·卡普肖订购了覆盆子色条纹丝缎秀款礼服，此款礼服上还装饰有人造宝石的手镯和项链式的镶边。

●“父之律法”主题紧随其后，主要展示军事或马术造型。

●接着是“儿童的噩梦与创伤”主题，创作包括婴儿玩具和成人的欲望对象：苏菲·达尔扮演一位佩戴珠宝、唇似玫瑰花蕾、手持羽毛掸子的女仆；18 世纪玛丽·安托瓦内特“发条”玩具娃娃；阴险的“小丑妈妈”身穿饰有迪奥字母贴花和羽毛的条纹外套；“中式人偶”和“迪塞尔护士（Nurse Diesel，1977 年电影《紧张大师》中的人物）与黄蜂女”头缠绷带，面涂全白，嘴唇上遮盖着红色塑料十字架，身穿白色亮片连衣裙和绿色束身衣，手拿注射器。

●最后的“Real Dior”主题最抽象。模特安娜·苏菲扮演身穿束身衣的古怪“Dior 法官”，猩红色半透明雪纺连衣裙、法官假发套和刽子手的绞索款项链。“Dior 女骑手”头戴黑色皮革套马缰绳、马眼罩和喉革，穿着束有皮带和带扣的透明塑料紧身胸衣和淡紫色塔夫绸连衣裙，双手紧握马鞭。

●这位施虐新娘身穿红色丝缎拼接蕾丝制成的礼服，头戴高顶礼帽，还配有一件系带式束身衣。

●加利亚诺身穿剪裁考究的晨礼服，头戴高顶礼帽，鞠躬谢幕。

●此系列惊人又美丽，展现了 Dior 工坊“匠心巧手们”（petites-mains）的精湛工艺，但时尚评论家难以判断加利亚诺是疯子还是天才。

●《女装日报》未被打动：

> “只有加利亚诺知道，维持自己时尚狂人形象的压力是否也过于影响到自己的决定。”
>
> 《女装日报》，2000 年 7 月 10 日
>
> “问题是为什么？加利亚诺脑子里到底在想什么？”
>
> 《观察家报》，2000 年 7 月 9 日

●但柯林·麦克道威尔为加利亚诺辩护：

> “他是目前时尚界真正的革命者，他以绝对的自信与审美来展示他的革命。只有傻子才会转身离去。”
>
> 《星期日泰晤士报》，2000 年 7 月 16 日

开场造型，“恶魔主教”套装，Cecile Henri 工坊绣制的华丽刺绣，Mr Pearl 设计制作的束身衣塑造出纤细的蜂腰

美丽新娘（唯一微笑的人）身穿斜裁丝缎礼服；新郎头上套着塑料发套（在礼帽下面），身穿剪裁精美的晨礼服，双手被一串珍珠绑在背后

造型 29，“龙女”人偶，连在巨大的十字架形控制杆下，蓝色真丝刺绣和服配黄色连衣裙

玛丽·安托瓦内特发条娃娃造型，裙子上绣制有 Hurel 工坊的精致刺绣，复刻了她被送上断头台的场景

造型 45 和 44，新郎（“Dior Groom”）身穿黑色配本色真丝礼服，新娘（“Dior Bride”）是女性施虐者，身穿红色蕾丝拼接丝缎束身衣款连衣裙

2001春夏 Spring/ Summer

Dior 高级成衣系列：时髦的拖车场 DIOR READY-TO-WEAR Trailer-Park Chic

2000年10月10日
巴黎夏约宫国家剧院
46套时装造型

“让人头痛的天才。”

《印度时报》，2001年5月31日

●上一季加利亚诺探索了纽约说唱歌手文化的无节制行为，现在把目光转向品味的含义——“好、坏或根本没有品味！”（视频采访对此系列的分析）。这场时装秀以希利挑衅性的音乐混曲开场，歌词有些淫秽，冒犯到一些人，却令其他人震惊和高兴。凯西·霍琳在《纽约时报》写道：

> “这真是讽刺，它是加利亚诺先生之前未能完全做到的，但也是一种编曲的流行感，将事物拆分再以新形式重新排列。”

2000年5月11日

●加利亚诺设想了一个威斯康星州（Wisconsin，美国州名）拖车式房屋停靠场（trailer trash，指住活动房屋的废物，一种侮辱性的说法，指地位低下品类范围。

●迪奥成衣、“马鞍”手提包、凯迪拉克箱包系列和“时髦拖车场”T恤的强劲销售令品牌收益提升了35%，达到2.774亿美元，Christian Dior（母公司）的净收入增长了11%，达到8.249亿美元。

拉链装饰镶边迷彩比基尼

新款“汽车”包的设计灵感来自一辆20世纪50年代的凯迪拉克（Cadillac）汽车内饰，包上的卡扣被设计成车门把手形

拖车房屋停靠场中身穿着印花比基尼的选美皇后，该款式为新推出的泳装系列中的其中一套

Galliano 高级成衣系列：毕加索 GALLIANO READY-TO-WEAR Picasso

2000年10月13日
巴黎夏约宫国家剧院
50套时装造型

“小丑加利亚诺将自我剽窃提升到了新高度。”
《卫报》，2000年10月13日

●这场时装秀不仅与几天前展出的 Dior 成衣秀的秀场相同，还使用了相同的（对一些人而言）令人反感的配乐和背景，并附加了 JG 标志。同批模特身穿 Dior 时装，手拿凯迪拉克包，走上镜面伸展台，同时在上方屏幕反向播放着 Dior 时装秀的视频。

●失误？开个玩笑？一些评论家认为是加利亚诺已经用光了创意——毕竟每年他需要设计多个时装系列。但并非如此，加利亚诺解释说希望能借巴勃罗·毕加索的视角重新审视这些创作，正如历史事件能启发艺术家，Dior 时装秀也能激发全新灵感。Dior 服装元素越变越撕裂和解构，直到演变为“立体主义”外观，灵感来自毕加索的画作《格尔尼卡》、其红颜知己朵拉·玛尔，及其妻子杰奎琳·洛克。加利亚诺称其为“能量满满的加利亚诺”。（摘自 Galliano 2001春夏成衣秀后台视频）

●加利亚诺希望品牌超越早年的浪漫、童话般的造型风格，同时坚持自己标志性的斜裁设计——“以前我们盛装打扮，现在我们随心打扮”。他指出新趋势是“都市女性气质；要更贴近现实能激发人们挑战梦想。”（他在内部交流时曾说）

●此系列以饰有镂空图案和拼缝贴花的紧身裤为特色。大号皮革拉链用作腰带或夹克的固定扣件，还有巨大号的装饰性摁扣。

●白色紧身连体服和比基尼上印有涂鸦，无政府主义标志和各种口号如“朋克时尚”“我们活在阶级斗争中”和“我想见到些男人”，这些在千禧年显得格外过时和俗气。

●长裙和风衣采用全新“Galliano Gazette”报纸印花面料，重新演绎 Dior 高级定制“流浪汉”系列中的造型。

●最后出场的是一组极富争议的造型，八名男模特大步地走上伸展台，穿着用球衣解构制成的连衣裙、托加袍、短裤、皮革下体护身和模仿耶稣基督的镀金荆棘冠，这在观众中引起了进一步的困惑和惊愕。一些上衣上印有“加利亚诺5号”和“加利亚诺教派”字样。一个模特甚至做了一个头垂在一边的受难姿势——难道他没有任何神圣的信仰吗？显然不是。尽管有亵渎神明的指控，加利亚诺为这些宗教元素辩解道：

> “像大卫·贝克汉姆这样的足球运动员被捧上神坛。他们是人们崇拜的偶像，耶稣是世界上最美丽的男人。”

希拉里·亚历山德访谈，
《每日电讯》，2000年10月13日

●评论褒贬不一，许多记者发现这个系列既让人困惑又有被冒犯到的感觉。丽莎·阿姆斯特朗（Lisa Armstrong）写道：

> “没有一件是可以穿的…但这是一场令人意想不到的奇观。”

《泰晤士报》，2000年10月13日

●《卫报》Guardian 的杰西·卡特纳·莫莉（Jess Cartner-Morley）在报道中这样问道：

> “在场的各位已经被加利亚诺成功地冒犯到了，他又会在下一个系列中做出什么？”

2000年10月13日

●加利亚诺满不在乎地袒露着胸脯，穿着两侧印有“Oh Picass So!”字样的白色慢跑裤。

凯伦·艾臣身穿橙色尼龙抽褶夹克搭配裹身裙，裙身印有矩阵式数字，她在玻璃镜面地板上摔倒了

6
Fucking
Hell
Sex
COMMERCIAL

舞蹈款紧身连体服，最初设计手稿和最后成品外观

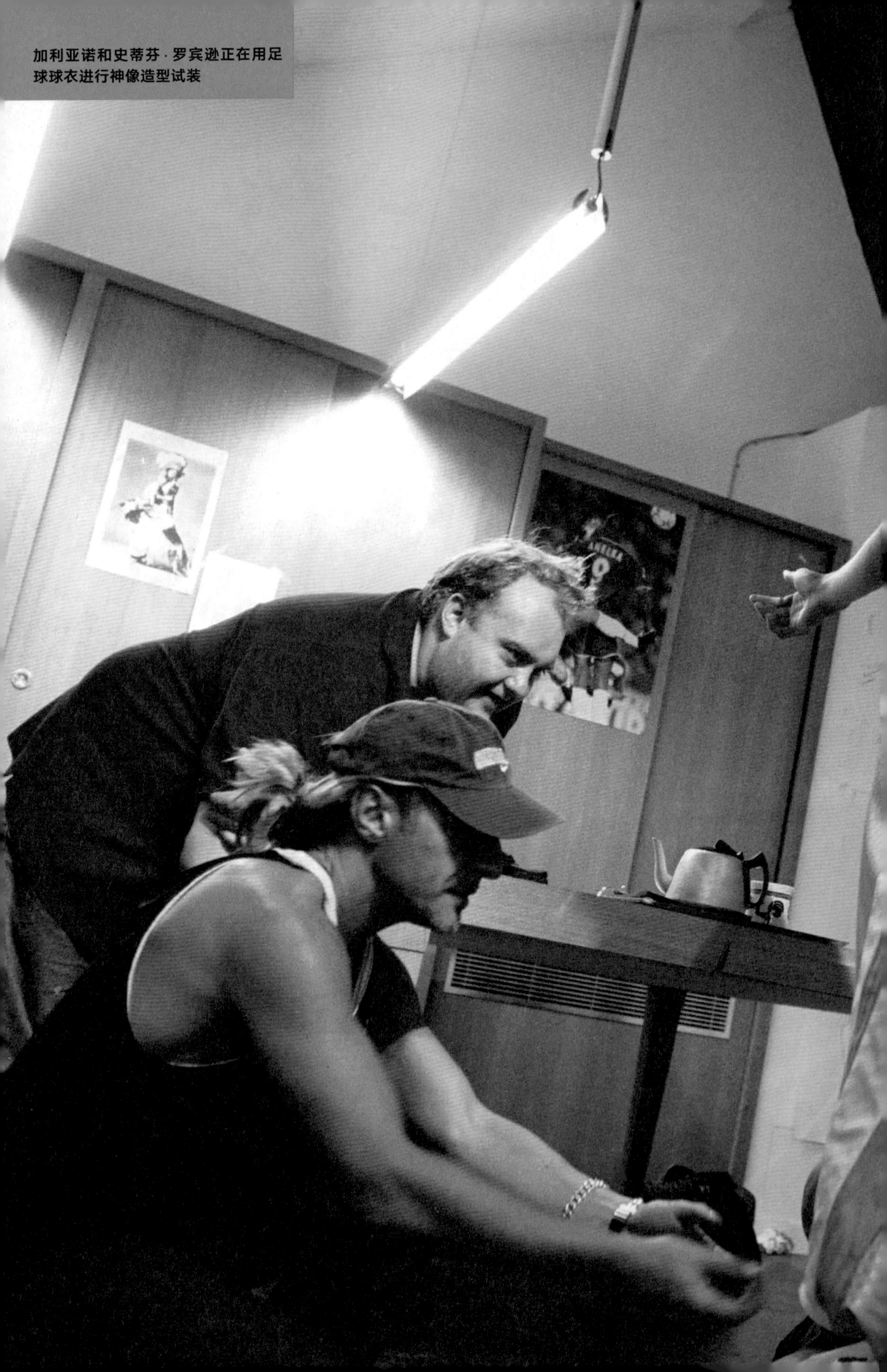

加利亚诺和史蒂芬·罗宾逊正在用足球球衣进行神像造型试装

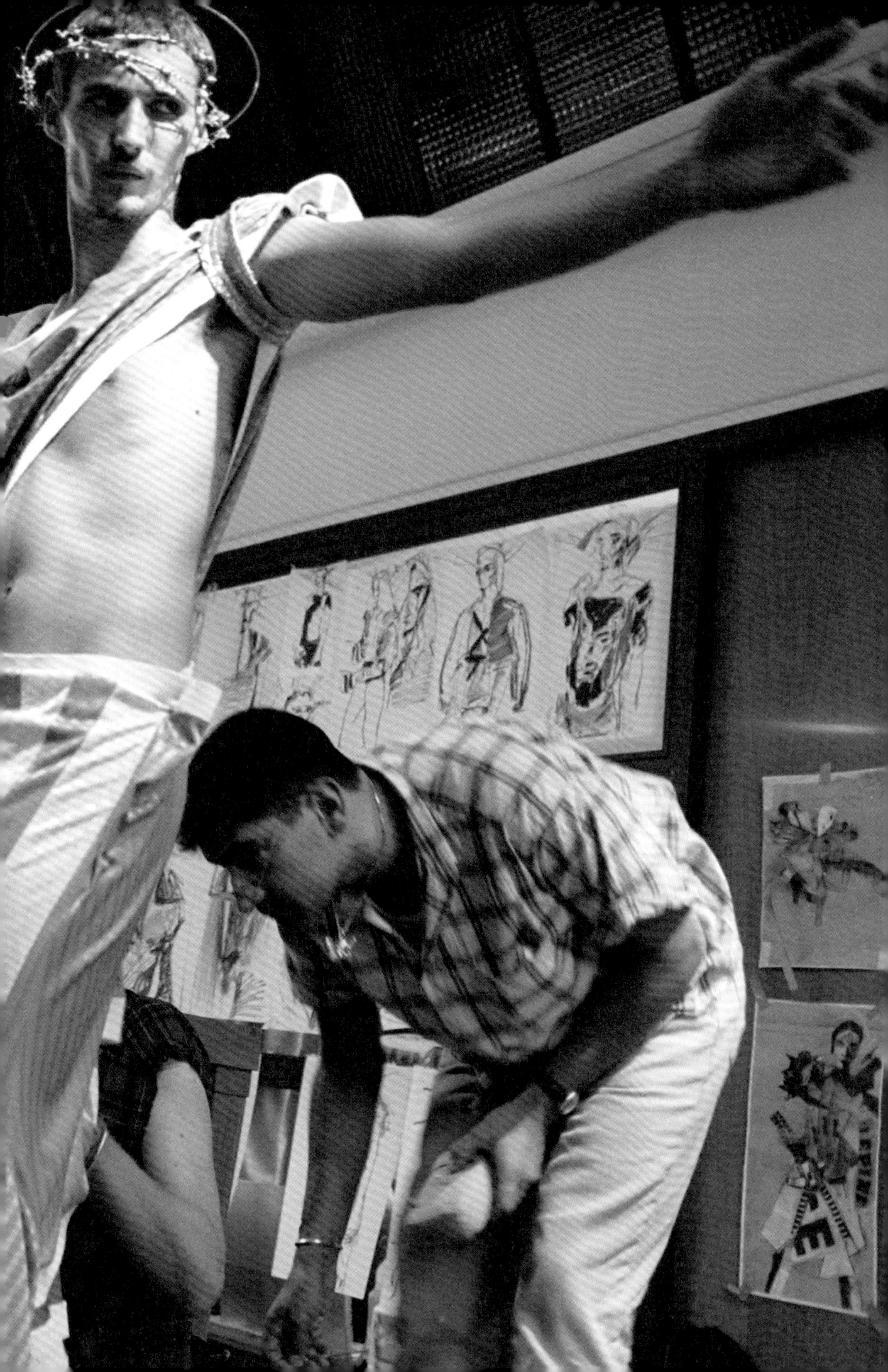

Dior 高级定制系列：漫画勇士
DIOR HAUTE COUTURE Comic Strip Warriors

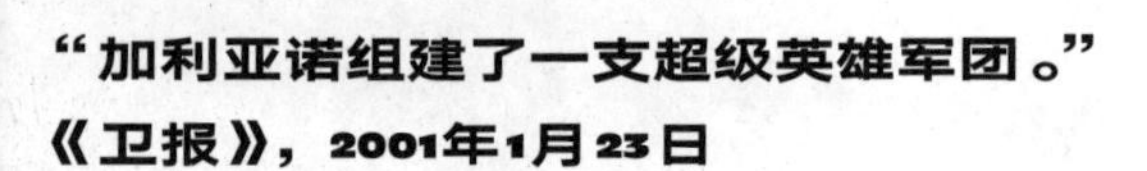

法国国立高等美术学院（École Nationale Supérieure des Beaux-Arts），巴黎
42套时装造型

“加利亚诺组建了一支超级英雄军团。”

《卫报》，2001年1月23日

● Dior 官方新闻稿这样陈述：

> “加利亚诺在伸展台上呈现了一组20世纪50年代美国漫画中的英雄形象。这些形象又被重新审视解构，运用他那海阔天空的，无穷的想象力，和我们讲述了有关‘神奇女侠’的故事，她的形象可以是多面的，可以是一位秘书，洋娃娃或摇滚明星，又或是亚马逊丛林中的女战士，她可以任意地展现出神气十足的女性气质。”

●秀的开场是一组女版克拉克·肯特（Clark Kent）式的压抑的秘书形象，这组时装影射了“性挫折”（sexual frustration，美国版*Vogue*，2001 年4 月）。模特们看上去一本正经，戴着黑色边框眼镜，穿着性感的黑色或白色套装，包含一些掩饰性的印花、缝合线、束缚带、束身衣、款式凌乱的夹克、吊袜带和蛛网状裤袜。

● 接下来出场的“成长地带（Grown Down Land）”的几套造型是梯形廓形的，用多层白色欧根纱制成的，内附紧身内衣的洋娃娃式连身裙，裙身上印制有许多手绘图案，还拼贴有借鉴了安迪·沃霍尔设计的 Birllo 香皂的图案并改成了 Diorillos 字样，马汀尼（Martini）框架眼镜，泰迪熊，盘子上的羊排，园艺和各种家庭生活元素。这些 20 世纪 50 年代“多丽丝·戴”（Doris Day）式的家庭主妇们抱着仿真娃娃，头发用卷发夹卷起，用头巾包裹着，并在下巴位置牢牢地将头巾系紧。

●接下来出场的是将之前的压抑得以消除并释放的—— 十位女超级英雄形象，其中包括有神奇女侠、女超人、蜘蛛女、毒藤女、猫女、火焰星、月星和暗影少女等。她们穿着丝缎制美国国旗款或亮片牛仔紧身胸衣，镶有铆钉的丁字裤套在短裤的外面，撕破的网袜和分别由 Lesage，Lanel 和 Cecile Henri 三家刺绣工坊绣制的以漫画为主题的摇滚风格夹克，还绣有“Ka Pow”“Boom”和“Zap”字样。在那套摇滚明星造型中有一件绣有可口可乐字样和耶稣受难像图案的白色 T 恤，据说售价在 5 万美元（如果再配上那条饰有蕾丝边的雪纺裙的话价格会额外高）。

●在秀的最后展现的是“天堂岛”（Paradise Island）（一个住着一群年轻女性，既美丽又安逸的地方）色调变成了金色、橄榄色、橘黄和玫瑰色。她们像是从《风中奇缘》中走出来的宝嘉康蒂（Pocahontas，头顶戴着印第安酋长式的羽毛头饰），穿着刺绣绒面革，羚羊皮，装饰着流苏和手绘开衩式皮夹克，还有一件华丽的至地面长度的毛边大衣，在大衣的背后贴有女勇士的图案。加利亚诺还将这组设定如“疯狂的麦克斯”般的群体 —— 造型极具风格，半裸露的胸部，青铜肤色，高大强悍的女战士们，挥舞着曲棍球杆、棒球棍和手持有机玻璃制成的透明盾牌。《女装日报》评论道：如果将那件用雪纺纱和丝缎制成的斜裁连衣裙稍加修改可能会成为很受欢迎的流行款（换句话说，就是应该用足够的面料遮盖住胸部）！

●虽然这些设计可以被视作令人叹为观止的艺术品和具备令人赞赏的高定工坊的工艺技术，但还是会有人批评说其中的很多套造型都是从早前加利亚诺 / 迪奥系列中挪用过来的 [（时髦的拖车场（Trailer- Park Chic 2001 Dior 春夏）、宝嘉康蒂（Pocahontas 遇见伊丽莎白女王一世 2000 Dior 春夏）和《黑客帝国》（Matrix，1999 Dior 秋冬高定）系列]。最令人失望的是那些时装不具备实穿性的特点还在反复出现，在设计上看不到新的突破。

●加利亚诺身穿压花款机车骑士风格牛仔背心和牛仔裤出现在伸展台上，在背心的背后装饰着用亮片绣制的“黑色安息日”图形字样（Black Sabbath，英国重金属摇滚乐团）。

●艾迪·斯理曼（Hedi Slimane）被从 YSL 挖过来于2001年1月28日推出了他的第一个“迪奥男装（Dior Homme）”系列，巴黎的业界开始流传出相关的谣言称加利亚诺对此事表示很不开心，因为他一直都很喜欢自己亲自去设计男装。2000年12月，加利亚诺宣布将要推出个人同名品牌的男装系列，并计划该系列将不迟于 2003 年上市，这个决定将更进一步增加他的庞大工作量。

造型 7：性感的女秘书形象作为秀的开场。加利亚诺将她们描述为“欢乐谷（*Pleasantville*，1998年的美国电影）中呆板的人们。但从这些时装中你看到的是她们将要解放蜕变的暗示”（Vogue.com）

造型 12：手工绘制印花欧根纱洋娃娃连身裙

造型 16 : Lesage 刺绣工坊绣制的“神奇女侠”套装

造型 26：“亚马逊女勇士”身穿丝缎制“女神款紧身长裙”

2001/2002秋冬
Autumn/Winter

Dior 高级成衣系列：拳击手、波希米亚与狂野
DIOR READY-TO-WEAR Boxers, Boho & Rave

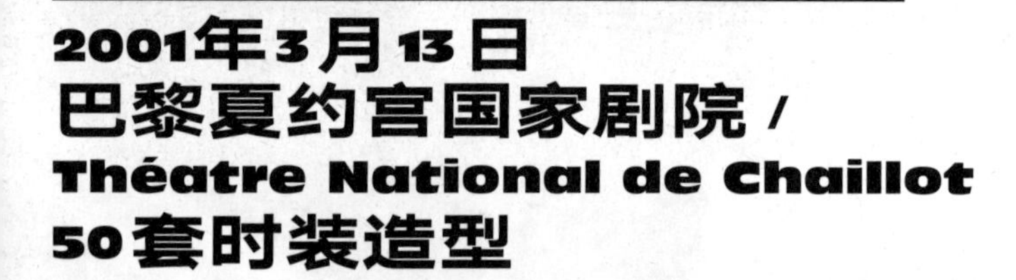

2001年3月13日
巴黎夏约宫国家剧院 / Théatre National de Chaillot
50套时装造型

“加利亚诺的反建制主义（anti-establishment）
宣言就像是秀场上的电音合成乐一样的
透彻响亮……
这个系列的设计风格年轻，性感，
清晰地展现了一种既放肆又浪漫的
乐观向上精神。”
希拉里·亚历山大，《每日电讯报》
Daily Telegraph，2001年3月14日

●就在大秀开场的前几分钟，加利亚诺对媒体宣布这里将会发生“迪奥式的大爆炸”,这一系列的色彩运用，创意和能量完美地应验了他的这一说法。尼克·奈特同加利亚诺和模特凯伦·艾臣合作创作了这场充满活力的迪奥宣传活动；整场秀充满了年轻活力，多姿多彩，能量爆棚的氛围。

●这场秀的开场是一组受锐舞（译者注：rave，起源于英国的一种文化现象）文化影响的系列单品搭配组合造型——彩色全息图，涂鸦式图案印花皮夹克和宽松阔腿裤，T恤和雪纺连衣裙。

●接下来出场的一组是具有强烈的男性化剪裁风格的组合：剪裁干净利落的女式长裤套装，是用细条纹毛料或花哨的格子面料制成，这组造型的灵感源自电影《偷拐抢骗》（*Snatch*）中爱尔兰不戴拳击手套的拳击手和马贩子的形象。

●模特们的眼妆是效仿青肿的眼眶，带着瘀伤，手上缠着绷带。紧裹臀部的低腰皮裤和印有蛇皮纹的长裤搭配用羊皮或毛皮做衬里和装饰镶边的夹克和大衣。

●奢华的丝缎印花衬衫，马甲背心和连帽衫搭配金属制重量级拳手腰带，男款皮质特里比帽（译者注：trilby，窄边低冠，前下后起的帽子，英式传统男士帽），奸商装扮式的领带和装着“工具套组”的金属手提箱。广受大众喜爱的印有“J’adore Dior”字样的T恤在这季又一次推出，同时还推出印制着不同图案的T恤，包括有酸性浩室（Acid-house）使用过的笑脸图案,并将笑脸的眼睛改成C和D字样，另一件上印制有拳击元素如“Champion 1947”（表示的是高定时装屋成立的那一年）。

●下一组出场的造型（灵感源自一位吉卜赛流浪者）更加女性化，波希米亚风格装扮的女孩头戴超大码圆顶针织帽，穿着缀有闪光亮片的伊斯兰式长裙，紧身上衣上装饰有拉贾斯坦邦的镜面刺绣。

●有些设计元素展现了相当“成熟”的一面，像是复杂巧妙的织锦真丝晚装大衣的内衬和边缘都嵌缝着水貂皮，但整个系列的风格是年轻化的，非常适合夏季节日着装。该系列中出现了20世纪30年代风格的经典雪纺印花，还有出自中亚或印度等地区的色系和印花，拼贴牛仔裤和圆片状镜面刺绣，拼贴皮革或毛皮大衣和背心，这些元素都会带给人一种20世纪70年代快乐的嬉皮氛围。

饰有蕾丝边和贴花的牛仔印花吊带裙。来自 Resurrection Vintage Archive 古着精品店

模特身着锐舞式装扮，涂鸦印花皮裤，扛着一台大型手提式录音机

以爱尔兰赤手搏击的拳击手形象为灵感，花哨格子款男性化西服套装，“衣冠楚楚的奸商”风格的皮制特里比帽和领带

饰有毛皮镶边的华丽织锦缎外套搭配拉贾斯坦邦镜面绣上衣，闪亮的网纱裙和圆顶针织帽

加利亚诺在谢幕时装扮成职业拳击手，上体涂着润滑油，化着黑眼圈效仿青肿的眼眶

Galliano 高级成衣系列：科技感浪漫 GALLIANO READY-TO-WEAR Techno-Romance

2001年3月15日
巴黎帝国剧院 / Théâtre de l'Empire
51套时装造型

“俱乐部风潮时装。”
《女装日报》，2001年3月19日

梭织领标——
最后一次被应用

●这是加利亚诺设计的又一季在商业上取得成功的系列，整个系列的造型融入了自行车快递骑手的形象，结合应用了英国轧光印花棉和海盗主题元素。模特们头戴固定有皮制发带的假发。

●较为突出的设计款式包括有水手服样式的前饰双排扣长裤，超大阔腿牛仔裤和呈反差对比的海盗风格卷边长裤。钩针编织的“奶奶款方巾”被改制成裙子、披肩和外套，与应用高科技运动面料制成的派克大衣、上衣、裙装和氯丁橡胶夹克形成对比。

●爱德华七世时代的老式玫瑰款式印花被应用在晚装上，塔夫绸和雪纺制礼服裙上（有些礼服上设计有内置款的连帽或带有一些风雨衣上的小细节），还应用在双排扣牛仔夹克的领面上，和印制在象牙色的丝缎上做茧形外套里襟的饰面。彩色花格图案被印在皮夹克、派克大衣、抹胸和一些雪纺单品上。不同面料制的瓜皮帽上用激光切割成圆形和花型装饰图案，在绒面革和皮制时装上还切割有自行车快递骑手所用的无线对讲机图案（代替海盗主题的交叉骨图案）。

●配饰有伊迪·塞奇威克（Edie Sedgwick）风格的低跟靴和款式新颖的卵球形皮革手拿包。这个系列在零售市场非常受欢迎，该系列的成功在于加利亚诺将白天街头的动感风格与夜晚浪漫的经典斜裁款式结合应用在一起。

●加利亚诺出场谢幕时身穿印花衬衫搭配方格花纹海盗裤。

●同年4月24日，加利亚诺推出个人品牌年轻女装线，将推出价格更为便宜，更偏向运动风格的时装，包括莱卡制 T 恤和泳装系列。

奶奶方巾裙。来自 Resurrection Vintage Archive 古着精品店

激光切割工艺皮制大衣搭配乙烯基和高科技面料

Dior 高级定制系列：时髦的叛乱者
DIOR HAUTE COUTURE Rebel Chic

2001年7月9日
巴黎夏约宫国家剧院
39套时装造型

“在别人眼中，
加利亚诺的设计中应用各种文化参照与
收集行为近乎于偏执，
但他却乐在其中。”
《卫报》，2001年7月13日

●这场秀的背景音乐是由巴黎歌剧院的管弦乐队与杰里米·希利的电子合成乐技术配合演绎的。这种传统古典与当代流行文化的结合也同样反映在了秀上的时装造型搭配中。很明显的可以看出，加利亚诺最近在做有关民族特色的研究，如日本武士着装，华丽的织锦缎，巴基斯坦镜子或装饰工艺，藏式贴花绣（出自巴黎），他巧妙地将传统的法国约依印花（Toile de Jouy）棉工艺，绣有亮片的都市套装，甚至还有一些军事元素融入进这个设计系列中。最开始出场的是游牧民族造型，细条纹夹克上装饰有中士头衔条纹搭配嵌缝着硬币的透明雪纺连帽裙或是臀部装饰有刺绣腰带的连体服。

●对于他来说，时装的穿着动感和设计比例很重要所以他塑造了多层次的穿搭造型—— 裤子外面套着裙子，在裙子的外面又套着短袍。

> "我想要创造出新的更具影响力的声音——去探索更多有关于面料和刺绣所展现出的意境。"
>
> 美版 *Vogue*，2001年9月

●裙子是用一种名为古特拉（Ghutra，一种传统男士头巾面料）的红白格纹编织的头巾面料制成。 他希望这条裙子可以作为独立的设计单品，可以是被单独定价出售，还可以与运动装任意搭配。

●接下来出场的是一组"果阿女孩"(译者注goan，印度果阿人)，身穿手绘迷幻图案和飘逸的预示着"爱与和平"的扎染连衣裙，裙摆是包臀百褶设计，上身印有酸性浩室的笑脸图案、"社交达人"的卡通形象、大麻叶子、还有充满活力，令人兴奋的色彩斑斓的蝴蝶图案。有一些造型还伴有随意的名称如"迷幻女子"和"海洋之心"。

●在秀的最终部分是一组华美的"芭比去西藏"造型加利亚诺的民族勇士们身穿拼贴和绗缝皮革制羽绒大衣，用不同花型的织锦缎拼贴缝制的"武士"大衣与和服，还搭配着皮制护腿套裤和厚重的毛皮靴。

●这些万花筒般的图案、外形和质地纹理，需要更近距离地欣赏才能够完全领会其精湛的工艺。

> "'所有关于民族特色的研究为我提供了源源不断的灵感，'加利亚诺说道。'但是这场秀最终呈现出的是一种关于面料与服饰的感情抒发。'"
>
> Vogue.com

●加利亚诺身穿一件红色衬衫，头上包着黑色阿拉伯头巾，下身是中东印花长裤配靴子。

●同年7月，Dior 宣布计划于11月30日在伦敦设计博物馆举办加利亚诺代表作品的设计回顾展，但在9月11日恐怖分子袭击了双子塔事件之后，Dior 以"国际局势不稳定"为由取消了这次展览计划。

造型1：伊斯兰特色与军装风格。亮片连衣裙搭配橄榄绿羊毛夹克

造型 19：高定款“御寒短上衣”（译者注：pac-a-mac，是英国人俗称的 Anorak，一种轻便的御寒连帽短夹克）是一件被作为头部装饰，由 Lanel 工坊绣制的短上衣

造型 24：超模艾莉克·万克身穿手绘扎染雪纺“果阿女孩”连衣裙和比基尼

造型38：华美的“芭比去西藏”套装，拼缝“武士”大衣，皮制护腿套裤和厚重的头盔出自斯蒂芬·琼斯

2002春夏 Spring/Summer

Dior 高级成衣系列：街头时尚 DIOR READY-TO-WEAR Street Chic

2001年10月9日
巴黎马球俱乐部
56套时装造型

“加利亚诺为 Dior
引入了街头风格。”
《印度时报》，2001年10月11日

●2001年“9·11”事件发生后，巴黎变得异常冷清，往常挤满游客的奢侈品店空无一人。时装周期间，多场秀由于美国的几大买主拒绝乘坐飞机前往巴黎而被迫取消，但LVMH集团仍坚持举办了秀。一些时尚媒体人表达了自己对浪漫时装风格的渴望，借以逃避当前悲观的国际形势，但加利亚诺没有迎合这种期待，而是创作了一个颇为犀利的街头风系列。

●秀开场相当惊艳，以女士内衣为灵感设计的白色和粉色雪纺连衣裙，搭配“颠覆”/扭转式束身衣，维多利亚时代经典剪报（scrap album）主题图案印花真丝，饰以与之形成鲜明对比的军装风格织带和搭扣，以及内衣风格的蕾丝。

●模特们穿着新款细高跟凉鞋，涂白的脸在棕褐色军帽下若隐若现，腰间饰以“弹药”腰带，搭配可拆卸小袋子。接下来的“黑帮女孩”主题，穿着超大号运动背心、多层雪纺裙内搭红色品牌标志运动裤、“瘾君子”T恤、蟒蛇皮夹克、头戴贫民窟发网，饰有文身的模特低吼着阔步走过镜面伸展台。

●粗犷造型之后，身着设计有连帽式头巾的中东风格雪纺连衣裙和Sirwal式哈伦裤内搭连体服灯笼裤的女模特们款款走出，叠穿搭配多种单品，包括那件饰有血迹效果刺绣的“J'adore Dior”T恤。

●这些“伊斯兰化”的作品与风靡全美的“拉斯维加斯万岁（Viva Las Vegas）”造型形成了鲜明对比，其中包括一条白色“Elvis”长裤搭配“Memphis”夹克组合而成的西服套装，上面饰有彩色亮片拼成的吉他图案。

●接下来的赌博主题造型以一件饰有骰子钉珠图案的马甲（加利亚诺的1989/1990秋冬系列有相似款）和印有老虎机的水果（fruit machine，指赌场老虎机）符号的T恤开始。条纹泳衣继续应用军用款织带、腰带和小袋子作为装饰。结尾部分的“牛仔女孩”造型展示有多层雪纺连衣裙、连帽衫、牛仔和蟒蛇皮夹克、针织长裤、牛仔阔腿裤和颇具特色的哈瓦那雪茄印花面料。

●加利亚诺穿着白色衬衫和长裤，油亮的前胸印着“Dior 47”字样，向现场来宾鞠躬致意。

●事实证明，伊斯兰风格的造型为加利亚诺引来了争议。苏西·门克斯谴责他们在当时的政治背景下表现得“麻木不仁”。作为回应，该周晚些时候她也被拒绝进入Galliano成衣时装秀秀场。

● 1999年春天续约时，加利亚诺可能就已经开始与阿诺特就剩余25%股份出售问题进行谈判。2001年3月春夏时装周和10月秋冬时装周品牌名称的变化意味着公司所有权的变更，可能就是在那时，加利亚诺最终放弃了其同名品牌的控制权。

备受争议的“J'adore Dior”T恤，红色亮片拼成的J'adore Dior字样下方饰有人造血迹

剪报主题丝网印花真丝连衣裙，来自 Resurrection Vintage Archive 古着精品店

设计有连帽式头纱的伊斯兰风格雪纺连衣裙，来自 Resurrection Vintage Archive 古着精品店

丝缎刺绣“Memphis”长裤套装

最后出场的牛仔女孩造型，牛仔帽搭配纳瓦霍风格（Navaho）印花雪纺连衣裙

Galliano 高级成衣系列：非洲风格
GALLIANO READY-TO-WEAR Africa

巴黎帝国剧院 55套时装造型

“说加利亚诺极尽奢华之能事都是低估了他。”

《女装日报》2001年10月15日

梭织领标改为裸色橡胶领标，上面有撕掉一半的黑色哥特式“John Galliano”字样

●该系列的主题包括：一级方程式赛车（包括印有“Team JG”标志的真丝、盾形纹章牛仔布印花和拼贴有鞋子和包包印花图案的连体工装裤），非洲风格（灵感来源于 Bobson Sukhdeo Mohanlall 于20世纪 70 年代早期拍摄的祖鲁人的肖像照片，照片中他们混搭穿着传统与 70 年代嘻哈服饰），珠串式衣领和作为装饰用途的多色印花细绳袜带。

●这一季延续了前几季的叠穿风格，牛仔和细条纹羊毛夹克及长裤，搭配 T 恤、漂亮的 20 世纪 30 年代风格优美印花和前卫的万花筒印花连衣裙。

● 2001 年 11 月 27 日，加利亚诺被英国女王授予大英帝国司令勋章。令他又惊又喜的是，白金汉宫乐队以一首《你好，多莉》欢迎他的到来。他穿着传统定制的布里奥尼灰色晨礼服，但没有穿衬衫，骄傲地裸露着自己涂了油的胸部，这也算是一定程度上遵循了严格的着装规范。几年后，他将勋章送给了他的朋友和支持者安德烈·莱昂·塔利。安德烈·莱昂·塔利在1994 帮助加利亚诺找到了资金支持。

●妮可·基德曼穿着一条雪纺连衣裙登上了英国版 *Vogue* 的 4 月刊。裙子拥有丰富的色彩、图案和层次，外搭传统阿盖尔针织衫和用蛇皮拼缝制成的阿盖尔纹样（菱形格纹）西装。尽管这些作品每件都很有趣，但并不是所有人都喜欢这种仿佛“摸黑混搭”出来的造型。

● 《纽约时报》的吉妮娅·贝拉凡特写道：

> “世上真的有让人精力过剩的事物，如果你要寻找加利亚诺先生的替代品，也许利他林可以满足你的要求。”

2001年10月16日

●加利亚诺身穿一件黑色皮夹克，裤脚用细绳袜带绑紧，腰间搭配编织皮带，金色挑染的头发显得很凌乱。

非洲部落风格条纹装饰的细条纹西服套装

接受女王陛下授予的大英帝国司令勋章之后的加利亚诺先生

Dior 高级定制系列：从蒙古到俄罗斯
DIOR HAUTE COUTURE From Mongolia to Russia

2002年1月21日
巴黎马球俱乐部
42套时装造型

“华丽的疯癫。”

《女装日报》，2002年1月22日

化妆师帕特·麦克戈拉斯为模特画上白色的面具脸妆容，涂上俄罗斯娃娃的花瓣状红唇，仿照俄罗斯偶像用金色网眼装饰纸围绕脸部贴满一圈

●加利亚诺与他的亲密团队在11月前往俄罗斯进行了为期12天的采风之旅。他们去了圣彼得堡和莫斯科，探索了叶卡捷琳娜大帝的夏宫（沙皇村，Tsarskoye Selo）和冬宫、俄罗斯国家博物馆的纺织品收藏（如俄罗斯传统服饰、因纽特人及西伯利亚一中国地区文化藏品），参观了蒙古马戏团和芭蕾舞学校。此行的所有经历与灵感迸发都融入了本季时装系列和秀场中，呈现了一场色彩华丽、质感独特和廓形大胆的感官盛宴。舞台上半裸的日本鼓童乐团（KOTO）鼓手随着亚当与蚂蚁（Adam & the Ants）乐团的“*Kings of the Wild Frontier*”配乐节奏打鼓，由此揭开大秀的序幕。加利亚诺的“俄罗斯”系列与圣洛朗的1976同名系列迥然不同。加利亚诺并不青睐奢华的俄罗斯芭蕾舞剧或哥萨克造型，而是从俄罗斯收藏中的珍宝、俄罗斯芭蕾舞团的少女、蒙古马戏团的色彩和戏剧中汲取了丰富灵感。

●《卫报》将这场大秀描述为：“如同马戏团表演一般，就差没有空中秋千了。”2002年1月22日。

●华丽大衣或由奢华锦缎制成，或嵌有皮革和毛皮镶边，搭配浓烈鲜艳的毛皮高顶帽。袖子长至脚踝，袖口上饰有毛皮，有尖角状的肩部细节，衣身上还饰有华丽刺绣或珠饰。

●模特们穿着高筒软靴，有些带有高防水台。鬼才帽匠斯蒂芬·琼斯还设计制作出高耸的锥形波纹纸板帽，以及其他类似由凌乱毛毛虫细线或粗针织物制成的巨型绒球。

●一位头顶鹿角和10英尺长的触角、戴着龙面具、展示东方形象的模特沿着伸展台一边跳跃前进，一尚界的一剂强心针。这一时装系列展示出的纯粹能量、热烈活力、无可挑剔的质量以及无可比拟的想象力，证明了高级定制时装仍然生机勃发。在秀后的采访中，加利亚诺确信：

> “这是下一代的高级定制时装。高级定制永远不会结束”。

●《女装日报》表示认同：

> “加利亚诺的每件作品都是一件珍宝，熠熠生辉……（尽管圣洛朗宣布退休）高定时装并没有消亡，在对的人那里，仍具有灿烂的生命力”。

《女装日报》，2002年1月22日

●2002年1月，加利亚诺再次推出同名品牌的内衣系列，他的工作量因此飙升。1月25日至28日，Innerwear系列在巴黎举行的国际内衣沙龙上展出。

飘逸的外衣上拼缝玫瑰印花布片，搭配蓝色毛皮高顶帽（Busby）和（爱斯基摩人）慕克拉克靴 / 海豹皮靴 / 高筒软靴（mukluk boots）（此印花首次用于 Galliano 2001/2002 秋冬 Techno Romance 系列 ）

加利亚诺身穿紧身斗牛士裤，上身赤裸，留着埃罗尔·弗林式小胡子，鞠躬谢幕

造型42，手工绘制的塔夫绸舞会礼服，四位裁缝耗时 300 小时完成，由圣地亚哥服饰博物馆收藏

2002/2003秋冬
Autumn/Winter

Dior 高级成衣系列：放克式的民间风俗
DIOR READY-TO-WEAR Funky Folklore

2002年3月7日
巴黎特罗卡德罗宫
51套时装造型

“约翰·加利亚诺的最佳时装秀，
一场跨越文化的欢乐游行。”
《女装日报》封面，2002年3月8日

●吉赛尔·邦辰身着点缀金色刺绣的酒红色弹力针织棉制迷你连衣裙，头戴“莫西干”式秘鲁花式编织帽，跟随夏奇拉的歌曲“*Whenever, Wherever*”的欢快节奏，以强大的气场走上伸展台。尽管这件连衣裙采用的是T恤面料，但售价却为1184英镑，仍是本季的“必备”单品。该系列借鉴了Dior春季高级定制时装的环球旅行元素，包括饰有拉贾斯坦镜面绣的牛仔喇叭裤、饰有纽扣的阿富汗罩衫、中国风格刺绣、饰有印度小铃铛的荷叶边短裙和因纽特靴子。

●时装色彩鲜艳，与图案搭配十分大胆，令人眼花缭乱：在漆皮、真丝和雪纺等不同面料上印有俄罗斯佩斯利涡旋花纹印花，还有彩虹条纹，以及牛仔拼接格子棉。外套设计彰显大师级的精湛工艺，如双面皮草，外部饰有缝合麂皮的拼缝装饰线。T恤和裙子上均绣有“铁十字”勋章图形，图形中间还绣有CD首字母和“20 02”字样。

●外套和大衣采用彩色鳗鱼皮和鱼皮等特殊皮革制成。大秀的压轴时装是经典斜裁雪纺和蕾丝晚礼服，一件饰有贴花蝴蝶结图案（灵感取自Galliano 1998春夏“时髦的波希米亚”系列），另一件上面印有扑克牌图案。

●秀上展出多种颜色的马鞍包，尺寸包括晚宴迷你款和特大号毛皮拼接款。还有一款新月形单肩包采用牛仔和皮革制成。

●加利亚诺身穿黑色西装，未穿衬衫，留着一头黑色短发。媒体和买家都钟爱这一系列，因为这一系列造型对于色彩的使用独特而有趣，而且十分耐穿。

●10月4日，Dior推出“魅惑”香水，在巴黎的丽都酒店举办了一场盛大派对。

吉赛尔·邦辰身穿该时装系列最畅销的单品

无肩带上衣和连衣裙用皮腰带系在胸前，头戴针织莫西干帽或角斗士帽

秘鲁绒线球编织毛衫搭配饰有丝带贴花装饰的斜裁蕾丝连衣裙，让人联想起“时髦的波希米亚”系列

该系列中很多服装都贴有 Dior 魅惑香水的“Addict”字样

Galliano 高级成衣系列：爱斯基摩 GALLIANO READY-TO-WEAR Esquimeau

2002年3月10日，
下午7点30分
巴黎帝国剧院
42套时装造型

请叫他“成吉思·约翰。”
《女装日报》2002年3月12日

●在 Dior 高级定制和高级成衣秀上，加利亚诺深刻演绎的民族风情得到了进一步的探索。本次时装秀的重点在于展现爱斯基摩和中国风格的造型形象，稍加点缀秘鲁绒球、苏格兰格纹和弗拉门戈的荷叶边裙摆等元素。化妆师帕特·麦克戈拉斯创作出十分出众的妆容——运用白色勾勒出模特下巴轮廓，沿鼻梁画出一条直线，还有艺伎式的花瓣状唇形。其他模特的一只眼睛周围饰有彩色羽毛或毛皮，或如同新发现的外星种族，从眉毛或脸颊横向长出羽毛，羽毛和毛皮用线串在一起装饰于头发之间。斯蒂芬·琼斯设计了一款由织物和毛皮制成的巨型圆垫状帽饰。该系列从头至脚对细节的关注令人难以置信，绒球针织长袜搭配厚底人字拖或精致的爱斯基摩靴（高筒软底靴），饰有刺绣或漂色牛仔挎包。

●从飘逸的斜裁连衣裙到硬朗廓形的绒面麂皮派克大衣，用毛皮和面料拼接而成的星星图案随处可见。

●用漂色牛仔制成的，内嵌有臀部衬垫的经典“Bar”夹克再次展现在时装秀上（接下来也会出现在 Dior 高级定制时装秀上）。

●采用麂皮面料制成的棕色和服大衣上点缀的刺绣蝴蝶图案，T恤和连衣裙上的龙面具图案，以及装饰于衣服后面及镶边的中式披肩流苏，可见中国元素对加利亚诺的深刻影响。秘鲁针织与东方锦缎的奇妙搭配，竟出乎意料的和谐。

●加利亚诺赤膊上台，颈项间系着红色丝巾，扎着辫子，身穿羊皮马甲和金丝锦缎长裤，脚踩雪人靴。

雪纺连衣裙上饰有中式披肩流苏、毛皮流苏和羊毛绒球，来自 Resurrection Vintage Archive 古着精品店

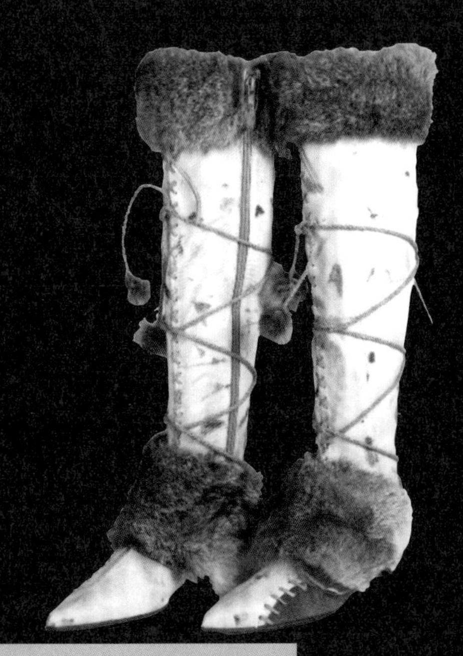

“爱斯基摩”靴。布莱恩·珀迪和罗杰·维尔收藏

裙装的设计灵感源自中国戏曲服饰，羽毛妆由帕特·麦克戈拉斯设计，织物头巾由斯蒂芬·琼斯设计

Dior 高级定制系列：新魅力
DIOR HAUTE COUTURE New Glamour

2002年7月9日，下午2点30分
巴黎布洛涅森林畔的奥特伊赛马场
Hippodrome d'Auteuil
41套时装造型

“Dior 在收集有关凯特·摩丝的资料。”

《女装日报》，2002年7月9日

●加利亚诺和他的团队经历了一次从墨西哥到好莱坞电影道具仓库的调研之旅，寻找和激发新一季的创意灵感。他想要创作一个集好莱坞黄金时代女性的诱惑魅力与超模身上的那种悠然自得，特别是像他的朋友凯特·摩丝的那种气质相结合的时装系列。他这样描述道

> “今日的玛丽莲·梦露……她会穿着印有性感煽动字样的T恤（Seditionaries，70年代朋克文化流行服饰）搭配一条20世纪50年代的Dior裙装，Balenciaga的古着经典款搭配诺埃尔·加拉格尔（Noel Gallagher）式的派克大衣！”
>
> 美国版*Vogue*，2002年10月

●伦敦社区福音合唱团（London Community Gospel Choir，专程为这场秀而来）站在伸展台的两侧，紧随着杰里米·希利的电音节奏唱着莫比（Moby）的《在我心中》（*In My Heart*）。

●秀的开场是一件毫无诱惑魅力的时装，是一件超大码带有薄薄的海绵夹里的派克大衣，这层海绵起到突出和保持廓形的作用。加利亚诺的得力助手史蒂芬·罗宾逊（Steven Robinson）曾告诉《女装日报》在创作的每个阶段，工作室的团队成员们都会问自己，“凯特穿上这件时装会是怎样的感觉？”（《女装日报》，2002年7月9日）；在这种情况下，似乎鹿皮和鳄鱼皮制厚底坡跟鞋带有前端卷起土耳其式的露趾鞋面，令人回想起20世纪40年代的Ferragamo的经典鞋款设计。

●琴吉·罗杰斯（Ginger Rogers）式的羽毛装饰风格也是秀上的一大亮点，如那件特别壮观的马海毛编织舞会礼服用秃鹳羽毛做装饰；饰有一缕缕羽毛的鸵鸟皮大衣，用羽毛装饰满内衬的带有海绵夹层的特大号风雨衣。玛丽莲·梦露在电影《七年之痒》中的经典时刻在秀场上得以重现，模特们在伸展台上的通风口上方摆好姿势，裙摆被吹起并盘旋上升至头部，露出装饰在内衬上飘动着的鸵鸟毛。

●秀上大量展示着超大号大衣外套搭配窄摆裙（wispy）或蹒跚裙（hobble skirts）的造型。还有许多外套大衣和连身裙上都有独特的波纹状前门襟扣合设计，这种特别的扣合方式曾首次出现在1985年加利亚诺推出的名为“阿富汗人拒绝西方观念”的个人首秀上。

●薇薇安·威斯特伍德／马尔科姆·麦克拉伦曾推出的降落伞式系带上衣款式被重新打造，应用结实的涂色棉织带作为装饰系带，该主题还延伸出与飞行相关的搭配设计，如工装裤和真丝长拖尾半裙。

●其中还有一些更富有挑战性的造型，如金属材质的“人体雕像（body sculptures）”，设计有圆锥形高耸的胸部，膨胀的肚子（凯特·摩丝当时正处于孕期）和垫起的臀部饰片。这些造型让人想起了无声电影《大都会》中女性机器人的形象，还会令人想起20世纪初轰动了巴黎，影响了毕加索和众多艺术家的非洲雕像。包括他们在内，加利亚诺希望该系列能引发出观众的共鸣。

●在秀的尾声，全体观众都站起来，随着合唱团欢快的歌声一起共舞。加利亚诺向观众鞠躬致意，一身白色，头戴美洲土著居民的头饰，在通风口上方摆出造型姿态，创造了一个自己专属的玛丽莲时刻。

● Dior总裁西德尼·托莱达诺（Sidney Toledano）非常高兴地宣布，截至6月底，Dior旗下的130家精品店的销售额增长了50%；上半年皮饰和鞋类销售额增长了60%，成衣系列的销售额增长了40%。

出场造型，棕色尼龙长袜和橙色真丝里衬派克大衣，派克外套大衣是凯特·摩丝最喜欢的时装款式

造型 11：装饰有鸵鸟毛衬里的海军蓝尼龙风雨衣，羽毛在造风机上方飘动盘旋

造型 13：粘胶针织连身裙拼接装饰着马克莱姆（macramé）手工绳编蕾丝饰片，头戴如巴斯比·伯克利（Busby Berkeley）导演的好莱坞歌舞片中女歌舞演员所戴的羽毛头饰，彩妆大师帕特·麦克戈拉斯用鲜红色小亮片贴满了模特的嘴唇

造型 15：受毕加索 / 部落艺术的影响，由勒鲁·弗拉布利特（Leroux Frabou-let）制作的金属人体雕塑之一

Dior 高级成衣系列：严苛的时尚
DIOR READY-TO-WEAR Tough Chic

2002年10月2日
巴黎特罗卡德罗宫（Trocadéro）
51套时装造型

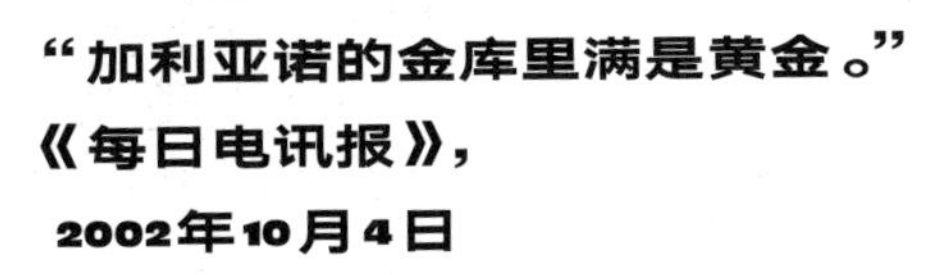

“加利亚诺的金库里满是黄金。”
《每日电讯报》，
2002年10月4日

●这个系列中的许多设计元素大都出自高级定制新魅力系列，并针对大众市场而进行了改进。该系列中没有长款连身裙的设计，而是造型更偏向年轻化的、性感的短款设计，如上身是大量堆叠的蝙蝠袖式剪裁，长度至臀部下方并紧贴于臀部的连体服和蝙蝠袖款短夹克。

●荧光粉、黄色、金色和银色的莱卡面料被用来制作设计简洁的比基尼和泳装。悬坠质感的针织酒会小礼服的装饰褶皱间还拼有马克莱姆（macramé）手工绳编蕾丝。

●帕特·麦克戈拉斯将蓝色蕾丝或亮片呈拱形状黏合在模特们的眉毛上，并画出了更严厉的新式眼线，还在下眼睑处用笔画出浓密的睫毛，有一些记者称这个妆容是变装皇后（dragqueen）妆。其中有一个评论称吉赛尔看起来像“一个易装癖”（Vogue.co.uk）。

●这个系列中有剪裁精致的“吸烟装”以及解构式男式西装外套的设计，在外套的腰部装饰有褶皱并用镶有小碎钻的腰带卡扣固定。夹克上特别的波纹状前门襟扣合设计又再次出现在这一季中。

●配饰是秀场上的造型亮点，如朋克风格的链子和腰带，这些链子和腰带搭配在银色金属丝锦缎工装裤上，还有些紧身性感的酒会小礼服搭配“降落伞”式腰带装饰配件，与霓虹亮彩色漆皮腰带形成鲜明的质地反差效果，在腰带后部连接着镶满闪亮莱茵石碎钻的“Dior”标志。模特们穿着装饰有铆钉和链条的皮革、麂皮和霓虹亮彩漆皮制成的厚底坡跟鞋，这些坡跟鞋险些令其中的几位模特摔倒。

●在限量版的带有“Victim”字样的涂鸦印花哥伦布大道手提包上还配有多个可拆卸的军装风格样式的小口袋。加利亚诺身穿黑色马甲背心和长裤，在阵阵散落的五彩斑斓的金色纸片中鞠躬致谢。佩内洛普·克鲁兹、克莱尔·丹妮丝、罗珊娜·阿奎特和格温·史蒂芬妮，他曾为她设计制作了婚纱礼服）都是这场秀的头排嘉宾。

厚底坡跟绑带鞋，穿着它行走会有潜在的危险

艾莉克·万克一身白色看上去已经准备好要与弗雷德·阿斯泰尔共舞了，她上身穿着装饰有鸵鸟毛的棉质夹克搭配下身饰有鸵鸟毛裙边的雪纺裙

面料包括有轻柔的丝缎，印有“25% off”字样的雪纺纱（曾在高级定制系列中使用过同款），和印有“Uproar”字样的，涂鸦款式的或性手枪乐队风格的便签式字体的印花雪纺纱

Galliano
高级成衣系列：
宝莱坞
GALLIANO READY-TO-WEAR Bollywood

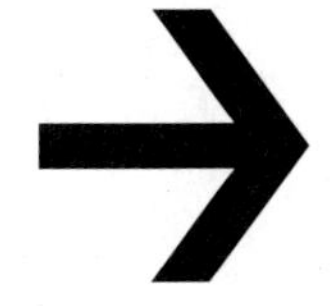

2002年10月6日
巴黎帝国剧院 /
Théâtre de l'Empire
31套时装造型

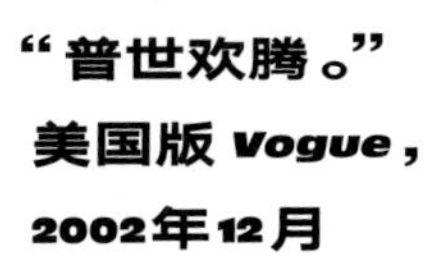

“普世欢腾。”

美国版 *Vogue*，

2002年12月

克里希纳蓝色身体彩绘和金属材质假发造型

●这场时装秀更像是一场行为艺术表演，记者劳拉·克雷克表示在这个系列中“根本没有可以穿上身的服装”《伦敦旗帜晚报》(*London Evening Standard*)，2002年1月7日)。

●杰里米·希利播放着融合了电音节拍，传统印度小夜曲风和多莉·帕顿（Dolly Parton）演唱的《朝九晚五》(*Working 9to 5*）歌曲的快节奏混音版配乐。但现实生活中的职业女性很少有敢穿着这类五颜六色，层次感强烈的时装去办公室工作。这个设计系列结合了雷夫·波维瑞，(伦敦夜店传奇，时装设计师和艺术家）那声名狼藉的禁忌夜店俱乐部（Taboo）的前卫造型风格和宝莱坞式的迷人诱惑力，向这位以夸张的服饰造型而闻名的行为艺术家和他早期创作的时装系列“Pakis from Outer Space”致敬。在雷夫·波维瑞的这个创作系列中，他和他的情人特罗扬（Trojan）将身体涂成蓝色，画着传统的印度教妆容戴着面部珠宝，穿着饰有装饰褶边的娃娃式短外套，圆点花纹面料上点缀着巨大号亮片，还有闪闪发光的金银丝提花和金属丝织面料。

●参演这次发布秀的顶级模特在帕特·麦克戈拉斯所画的浓重妆容和身体彩绘的覆盖之下都变得面目全非，完全辨认不出原有的样貌。首先出场的一批模特的四肢和面部都被涂上了克里希纳（Krishna）蓝色，嘴唇上贴着亮片，脸上戴着金色金属面纱，头上顶着巨大金属丝球假发，脚上穿着高高的闪光厚底日式“木屐（geta)”鞋。

●这些时装的颜色和图案的搭配都显得非常嘈杂，有扎染印花、动物图案、闪闪发光的上衣、银色打底裤、多层荷叶边连衣裙、娃娃裙的裙摆上嵌有裙撑网带和鸵鸟毛饰边，以及纱丽式的连帽。还有一些超大码的夹克外套设计，有些夹克上印有克里希纳的肖像，另外一些夹克的设计则是受到了军装风格的影响，上面还装饰有蕾丝贴花和抽褶系带细节。纱丽服带有对比鲜明的装饰镶边或孔雀羽毛饰边。这些时装都带有异国情调的名称，“坦焦尔（Tanjor)”短袍、“伦达（Runda)”连身裙、设计有尼赫鲁领（Nehru collar，传统的印度服饰衣领，又称印度领）的“果阿（Goa)”夹克、闪光银色“帕尔瓦蒂（Parvati)”长裤、“印地（Hindi)”半裙、金银丝镶边的“加瓦(Java)”和“罗山(Roshan)”大衣。

●帕特·麦克戈拉斯将另一组出场模特们的正脸涂成白色，脸庞周围是蓝色还贴着一层金色闪粉亮片。

●单色的面料代替印花面料以制造出一种看似不太杂乱的更具雕塑感的廓形。如牛仔茧形外套、设计有分段式长袖的夹克搭配荷叶边装饰褶皱、真丝纱丽和短衬裙，还配有斗笠形帽子。最后出场的几套时装在后台准备时都被投掷了对比鲜明的彩色粉末 — 红对粉、蓝对黑、黄对红。当模特们在台上走动和旋转时，她们身上的彩色粉末会大量甩到前排观众的身上，令场下观众发出阵阵尖叫和大笑声。

●当加利亚诺从伸展台上走下来时，他面对观众提出疑问道：“是时候该享受一下生活中的乐趣了，不是吗？”

●安娜·温图尔表示赞同。她喜欢这场秀并在美国版*Vogue* 中这样写道：

> “‘时尚在精神层面、政治层面从未像现在这样有如此高度的提升，’她说，‘我们现在比以往任何时候都更需要像约翰这样的引起人们关注的戏剧化人物，特别是因为他们的创造力会启发零售商们将更多可穿性的衍生商品摆满他们的商店。’”

美国版 *Vogue*，2003年1月2日

●模特们在后台排队等着卸妆，但是艾琳·欧康娜已经不愿再等而是迫不及待地要赶回酒店去洗掉身上的黑色涂料，看到她身上的彩绘令酒店接待员大为吃惊。

●秀场上极端造型的简化版设计被零售商们抢购一空。纱丽被设计改制成斜裁式夏装连衣裙，衬衫搭配军装款式夹克。粉末涂料效果被转变成印染图案印在牛仔布上，看起来就像是粉末被随意飞溅在布料上一样。时尚评论家们后来一致认为，这是他职业生涯中最快乐、最热情洋溢的一个设计系列，在严酷的政治和经济形势下，这场秀满足了他对逃避现实的渴望。

为了更进一步延展整体廓形，模特们的头发被梳成卷曲状并嵌入进派对气球加以固定

在秀的最后展现的是印度的色彩和活力，灵感源自印度一年一度的传统节日胡里节，又称色彩节（Holi Festival of Colours），庆祝节日的人们会互相投掷彩色粉末以庆祝春天的开始

艾琳·欧康娜的煤矿工人造型

加利亚诺身穿被投掷满身粉末涂料的白色西服套装鞠躬谢幕

Dior 高级定制系列：极端浪漫
DIOR HAUTE COUTURE Hardcore Romance

2003年1月20日
巴黎布洛涅森林畔的奥特伊赛马场
40套时装造型

“这是关于亚洲的，

但不是我们所知的那种样子。”

萨拉·摩尔，vogue.com，

2003年1月20日

●加利亚诺和他的团队在中国和日本度过了为期三周愉快的探索之旅，为了新的设计系列寻找灵感。加利亚诺为这两个国家的历史与传统而着迷，并且对传统与新式建筑对比融合的现代化大都市的规模而感到震惊，特别是北京和上海。在中国，他们参观了长城、紫禁城、博物馆和画廊，在参观一家收藏有 16 世纪手工艺术珍品的艺术博物馆和去跳蚤市场时，加利亚诺脱掉了他的李维斯夹克换上了一件由年轻藏族男孩手工制作的毛皮衬里外套。在东京，他去了一家歌舞伎剧院，欣赏了原宿区的街头时尚。

●秀被推迟延后了两个半小时，在后台拥挤狭小的空间内气氛十分紧张。尽管 Dior 团队的那些“小手（译者注：petites mains，指工作室的工匠们）”们已经连续不断地日夜工作，但衣服始终还是没有全部完成，甚至在乘着穿梭于巴黎街道前往秀场的出租车上还在仓促赶制。顶级模特们的脸在此刻已经无法被辨认，她们戴着结构复杂的假发，脸上涂着厚厚的由帕特·麦克戈拉斯团队负责的妆容，长时间的等待确实令她们感到非常不舒服。加利亚诺描述道，这场秀的开场是由一群太极功夫少林和尚 / 杂技演员开始表演的，他们用长矛和看起来有些危险的链条在表演武艺特技。为了反映出受中国文化巨大的影响，模特们穿着一系列令人眼花缭乱的，手绘、织锦、印花和刺绣真丝、皮革制成的尺码超大的和服。

> “混乱。我的意思是混乱。你可能不会相信。我的秀场上有少林僧侣，中国杂技演员，所有这些演绎者……有僧侣跳过斯特拉·坦南特（Stella Tennant），她依然得体大方，但衣服非常地厚重。”他模仿着一位出身贵族的时装模特咬牙切齿地咆哮着“给我一把椅子！”
>
> 《独立时尚杂志》（*Independent Fashion Magazine*），
>
> 2003年3月22日

●其中一些设计是如此的庞大，甚至有些模特被包裹得严严实实仅能看到她的鼻尖。另一些模特则被画成白色面具脸，涂着玫瑰花蕾般的嘴唇。她们穿着超高厚底坡跟鞋蹒跚行走在伸展台上，这些坡跟鞋有的设计有 S&M 式绑带，另一些则是用丝带紧紧地缠绕系在腿上。模特们行走得非常艰难，当一个身穿多层淡紫色窄裙摆的可怜女孩蜿蜒行进至伸展台的尽头时，显得格外脆弱。衣服堆叠累积的重量最终导致台上的一块红色漆板断裂。

●上海 - 北京戏曲团的演员们在行进的模特们中间翻滚扭动地表演着；一名男子高举和旋转着一把阳伞，有一名小女孩在这把旋转的阳伞上正骑着单车。

●苏西·门克斯在第二天早上的《国际先驱论坛报》的文章中描述道

> “自路易十四建立了集权制的奢华凡尔赛宫以来，这是一场最令人感到震惊的，自我放纵式的奢靡时装秀。”
>
> 2003年1月21日

●加利亚诺为 Dior 又上演了一场精彩的发布秀和设计系列，这场秀更像是一场行为艺术表演秀，因为秀场上展示的设计几乎鲜有可以被如实地描述成为是可以穿戴的时装。这种高级定制“时尚实验室”的想法和尝试会如何将高级时装转化成下一季实用可穿戴的成衣系列，还有待观察。

●加利亚诺身穿着露出上臂肌肉线条的白色背心和牛仔裤，头戴一顶镶满珠母扣的珠母钮王帽（Pearly King，珠母钮王和珠母钮女王是伦敦的一个传统。他们主要是一些慈善募捐者，身着缀有珠母扣的华丽服装），这顶帽子出自他在1985年伦敦时装周发布的名为即兴游戏的秋冬系列。

●尽管处在贸易条件艰难时期，Dior 的商业报告称 2002 年高定时装屋收益比去年增长 50%，收入达到了 5.22 亿美元（对比过去四年的销售额翻了一番），营业利润占销售总额的6%~7%。

造型 19：灵感源自日本的图案，由 Cotte 绘制的缎背绉大衣，搭配 Lesage 刺绣工坊绣制的饰有貂皮镶边的网纱连衣裙，还配有一把鲤鱼形纸扇

来自上海、北京戏曲团的杂技演员们

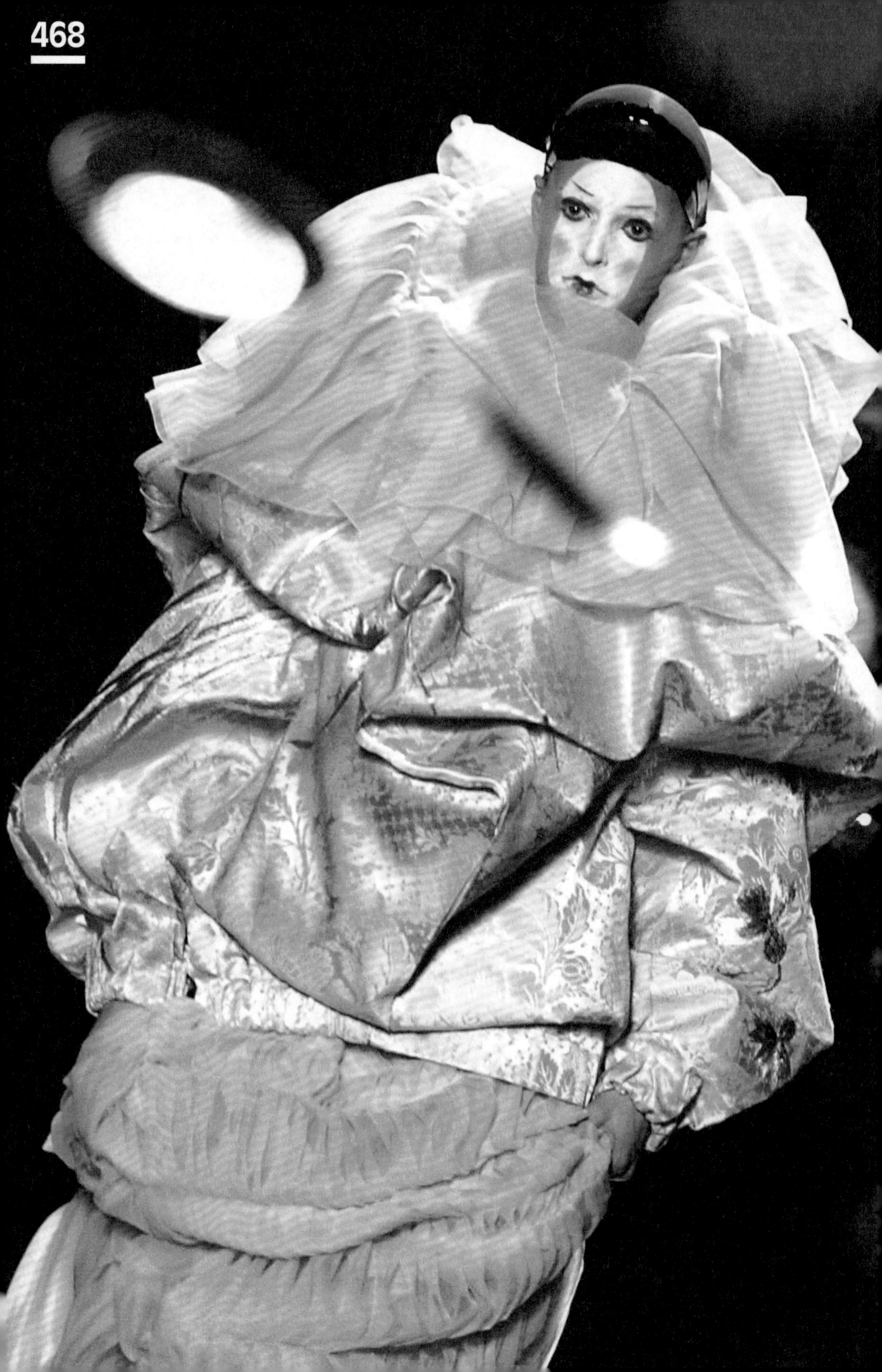

造型 10：一件由 Lesage 绣制的玫瑰粉锦缎夹克搭配设计有小丑领的玫瑰粉色雪纺连衣裙，在小丑领的上方露出一张白色面具脸

造型 14：斯蒂芬·琼斯用鸵鸟毛饰满向一边倾斜的女士阔边帽，作为东西方文化融合的象征以致敬女王的母亲（奇怪但很真实）

2003/2004秋冬 Autumn/Winter

Dior 高级成衣系列：极端迷恋或恋物癖和日本 DIOR READY-TO-WEAR Hardcore Fetish and Japan

2003年3月6日
巴黎特罗卡德罗宫 / Trocadéro
43套时装造型

“橡胶离开俱乐部走向伸展台。”
《观察家报》，
2003年9月21日

设计有箱形领口的黑白相间立绒长礼服

●加利亚诺将拜物主义、日本肖像画和篮球号码相结合,创作出这个系列。他在圣马丁艺术学院的老朋友,在"House of Harlot"(译者注:这是一家由技术娴熟的工匠组成的公司,他们制造出令人难以置信的服装,专门为A级客户和拜物场景生产乳胶橡胶。)工作的罗宾·阿切尔接受委托制作了大约20件闪亮的乳胶橡胶服装,包括有多层荷叶边裙、紧紧包裹住部分面孔的贴身上衣和乳胶系带式紧身裤。这些乳胶橡胶服装有黑色、红色、透明和艳丽紫色。

●模特们的头发被紧致地梳起,用鞋带以穿插十字方式固定在脑后,与系带裤的设计相呼应。

●帕特·麦克戈拉斯创造了面具风格的妆容,戴着夸张的黑色假睫毛;伸展台上一半好似歌舞伎妆,另一半则像变装皇后妆。

> "Dior的一位女发言人将该系列描述为,'极端魅力——穿在情色乳胶中的美丽。约翰认为每位女性都值得被渴求。'"
>
> 《观察家报》,2003年9月21日

●秀的开场展示的是漂亮的淡粉色系夹克,夹克上设计有皮埃罗式的立体柱式小丑领(Pierrot collar)和压褶欧根纱荷叶边袖口。设计有悬垂荡领的丝缎短款"女神"连衣裙,上面绣制有银色日式鲤鱼图案或布满水钻光泽的亮片。一系列制作精美的,饰有丝缎刺绣、皮革、鳄鱼皮和塑胶制超大码夹克,有复杂的褶皱,处理得像羊腿状的袖子;其中一件设计像是被嵌入进了长方形橡胶游泳浮袋,四四方方的接缝。乳胶或蟒蛇皮制紧身超短裙搭配超高的厚底高跟鞋,用饰有蝴蝶的束缚带将鞋面与鞋跟连接在一起。有两位模特(其中一位是艾莉克·万克)滑倒在黑色镜面伸展台上。

●到目前为止,Dior的手袋系列销售为该品牌带来了颇丰厚的收益,并定期会推出新的包款设计。模特们手拿着最新款式的,像一把半月形厨刀(a mezzaluna)的弧形闪亮皮革手包,包上装饰着细细的"束缚"带,还有日式风格的"马鞍"包。秀场上有几件大衣和夹克是用染成渐变淡紫色和绿色系的毛皮制成,一位反对使用毛皮的抗议者突然跳上伸展台被其中一位走秀的模特挤到一边后,随即被保安带走,并没有对时装秀造成太大的干扰。

●带有层次感的、漂亮的欧根纱连衣裙上印有大大的、棱角分明的篮球号码和粉绿相间的传统日本明治时期图案。

●欧根纱连衣裙的上身印有日式鱼形图案和圆形刺绣图案,在秀的最后有黑白相间立绒面料制成的宽松超大款夹克,设计有箱形领口的斜裁连衣裙,和一件内搭红色乳胶连体服的舞会礼服,乳胶连体服的高领遮住了鼻子以下的面部。

●加利亚诺披着一头又长又直的金发,身穿黑色西装,向观众鞠躬致谢。他看上去非常开心和放松,可能是因为Dior最近宣布了2002年的利润为3600万美元(2400万英镑),预计到2006年销售额将达到10亿美元。

舞会礼服搭配红色乳胶紧身连体服

时尚媒体捕捉到了加利亚诺的时尚拜物主题

Galliano
高级成衣系列：好心情（心境）
GALLIANO READY-TO-WEAR In the Mood

2003年3月9日
巴黎帝国剧院
32套时装造型

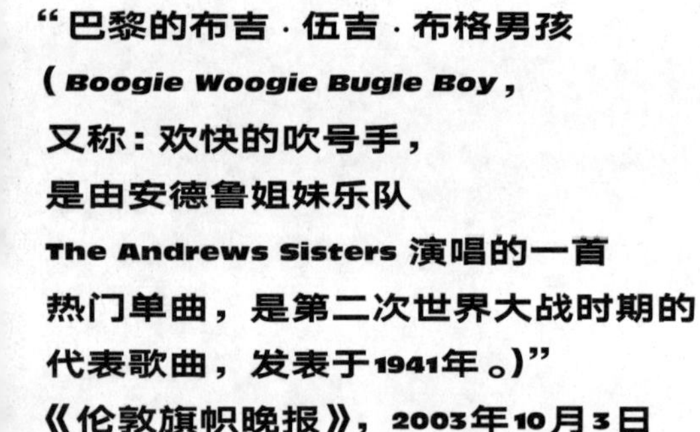

“巴黎的布吉·伍吉·布格男孩
（*Boogie Woogie Bugle Boy*，
又称：欢快的吹号手，
是由安德鲁姐妹乐队
The Andrews Sisters 演唱的一首
热门单曲，是第二次世界大战时期的
代表歌曲，发表于1941年。）”
《伦敦旗帜晚报》，2003年10月3日

●随着世界强国纷纷被卷入伊拉克战争的背景下，加利亚诺回顾了20世纪40年代的第二次世界大战时期的时尚。在新的设计系列中他重申了战争主题，在秀上选用了安德鲁姐妹（Andrews Sisters）的翻唱版歌曲“《布吉·伍吉·布格男孩》”。模特们画着如影星琼·克劳馥风格的，卡通人物般夸张的妆容，脸上点有一块巨大的美人痣，画着夸张的鲜红色嘴唇，在厚重的眼影上贴着彩色的水钻，眉毛上还贴着拱形的塑料眉形贴片。

●该设计系列色调散发着20世纪40年代的气息，有灰绿色、芥末黄、空军蓝、牡蛎粉，米色系和大量印花——以美丽的花朵图案印花为主，还有印在摇曳多姿的真丝段和雪纺纱上的特大号樱桃装饰图案。

●模特们穿着带有前中和后中接缝的长袜，佩戴着大号胸针、珍珠项链和夸张的面料制胸花，头戴特里比帽和带有面纱的头巾帽，脚上穿着蛇皮厚底高跟鞋。加利亚诺形容该系列是“来自地狱奶奶”的造型（Vogue.com）。

●剪裁合身的裙装套装的领口设计有巨大的叠褶制成如蝴蝶结式的领子，下身是受20世纪40年代风格影响设计的巴斯尔裙（bustle），裙子面料被堆叠抽褶并聚拢至裙侧成垂摆效果，有些巴斯尔裙上还装饰着镶钻腰带卡扣。肩部嵌有垫肩，呈弧线状，以增强纤细的腰身效果。

●葛丽泰·嘉宝（Greta Garbo）风格的阔腿长裤搭配真丝和雪纺制成的女士晨衣。海报女郎（Pin-up）风格的连体服，女士紧身褡（girdle）样式的特迪式连裤内衣（teddy），搭配吊带袜［这是贝蒂·格拉布尔（Betty Grable）在家里感觉最自在的穿搭］，外搭毛皮披肩。

●为了展现出舞会皇后的魅力，加利亚诺设计出银幕妖姬（silver- screen-siren，指好莱坞女星）般沙漏身型的晚装。其中最引人注目的是一件芍药粉真丝斜裁鱼尾式长拖尾礼服裙，非常适合参加红毯活动时穿着。

●最后一套造型是一身白色和银色组合，用象牙色真丝缎制成的露腰式套装，上衣装饰的水钻是吊带领袒肩式设计，外穿一件不对称式，由里至外镶有白色狐狸毛皮的大下摆女士大衣（swing coat）。

●加利亚诺大概是为了回应本周早些时候发生的反对使用毛皮的抗议活动，他身穿设计简洁的黑色西装，挑衅性地将一件古着狐狸毛围脖（还保留有完整的头部）搭在自己的一侧肩膀上。

●加利亚诺的第一家个人品牌精品店在五月底开业，他长久以来的雄心壮志终于得以实现。店面橱窗朝向主街，位于圣奥诺雷路385号，店内装潢是让·米歇尔·维尔莫特设计的。试衣间内铺有仿鳄鱼皮纹皮革地面砖，盥洗室内装饰有大量丰富的刺绣花型。店内陈列出售着季前早期设计系列和秀上展示的时装款式。

●品牌Galliano的销售额在前年已达到2970万美元，每年持续增长约25%。时装占80%的销售额，其余的销售额来自手包、鞋履、内衣和太阳眼镜系列，这些配饰产品系列在日益增长的销售业务中占有越来越重要的位置。加利亚诺甚至还宣布，将于6月27日推出他个人品牌全新的男装系列。加利亚诺同时兼顾着女装和男装系列的设计直到1986年，他当时的赞助人佩德·贝特尔森停止了这一做法。之后艾迪·斯理曼为Dior成功地推出了男装设计系列，因此在下一季看到两个品牌男装系列之间的较量会很有趣。

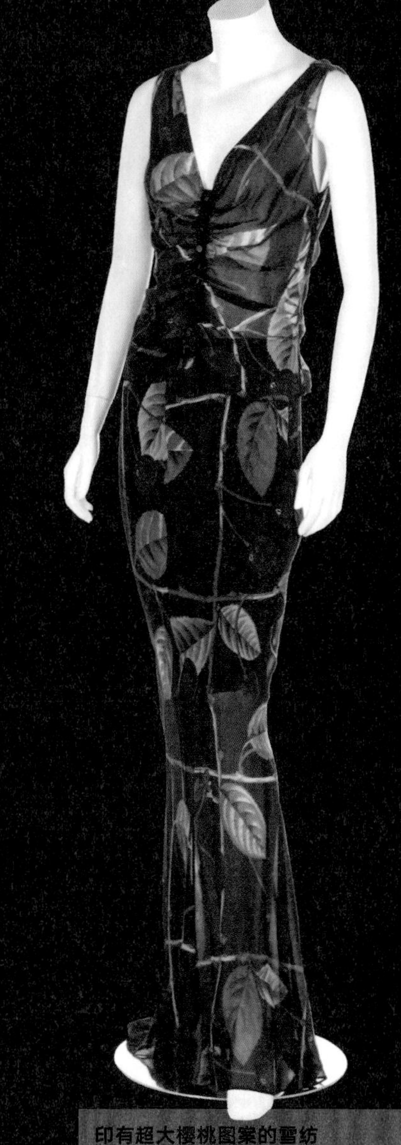

印有超大樱桃图案的雪纺

一身灰绿色羊毛套装嵌有樱桃印花丝缎，是从紧身上衣外套的拉链接缝处露出的，制造出灯笼袖和巴斯克紧身衣（basque）效果

吊带领紧身胸衣和真丝铅笔裙，有心形领口和凸显乳沟的紧身设计

最后的压轴造型是纯粹的好莱坞式迷人魅力

Dior 高级定制系列：创造一种新的舞蹈
DIOR HAUTE COUTURE Creating a New Dance

2003年7月7日，
下午3点05分
巴黎布洛涅森林畔
的奥特伊赛马场
49套时装造型

“加利亚诺式令人愉快的舞蹈。”

《纽约时报》，2003年7月8日

造型 45：受芭蕾舞影响的，淡黄绿色芭蕾舞短裙搭配细剪孔绣（Broderie Anglaise，又叫马德拉刺绣或英国刺绣）紧身背心、短款灯笼裤、还装饰有常用于远足装备上的尼龙线绳和锁扣

●只有少数人知道，加利亚诺的父亲就在这场秀的开场前三天在直布罗陀去世。尽管加利亚诺很悲伤，但他坚定地坚持这场秀要如期开始，尽可能地做到不被干扰。伯纳德·阿诺特体贴地安排了他的私人飞机送加利亚诺去参加葬礼，在葬礼上人们会跳起传统的弗拉门戈舞（flamenco）。加利亚诺在秀开场的前一天返回，继续投入到秀前的最后调整和试装工作。

●加利亚诺为这场秀的主题融入了各种形式的舞蹈元素，这是因他在印度的一次探索之旅而引发的，在那里他看到一位年轻女孩在跳一种传统的舞蹈，而令他产生疑问关于舞蹈是如何在世界范围内并随着时间的推移而逐渐演化形成的。

> “从仪式性质的非洲舞蹈到牙买加街头舞（dancehall又称拉丁嘻哈舞，强调胸和腰的波动，现在经常会融合一些 hiphop、爵士、非洲舞蹈的元素，是当下流行舞种之一），从芭蕾舞技术到更多关于玛莎·葛兰姆（Martha Graham）的现代舞技术。在舞蹈排练时所捕捉到的那种情感是最令人感动和最能激发创作灵感的！”
>
> Dior 新闻稿

●他看了西德尼·波拉克导演的电影《孤注一掷》（*They Shoot Horses Don’t They?*），电影里讲述了在为期八天的马拉松斯式舞蹈大赛中，满身汗水和污垢的舞者们将自己推向了人类耐力的极限。加利亚诺想创造出强调动感，能与身体共舞的高级时装，要不同于近期的一些强调体积和比例的设计系列。一些白坯样衣甚至要经过反复 16 次之多的修改才能达到预想的效果。

●秀的开场以弗拉门戈长而高的哀鸣声、脚的踏击声、拍手声和响板声开始。面色阴郁的模特们被胡乱涂抹上油污，是模仿电影中马拉松舞蹈比赛选手的妆容（其中一个背后贴着 47 号牌的选手），周围的气氛昏暗阴沉。他想要女孩们

> “看起来像是已经连续跳了八天八夜，我想要看到汗水、污垢、疲惫和恐惧，还有痛苦。我想要展现的是服装和极为痛苦的情感表达。我想感受到这种情感。我想要撕开，扯破，剪开它直到能感受到服装之下的痛苦。”
>
> 《观察家杂志》（*Observer Magazine*），2003年11月30日

●舞蹈系列的设计灵感源自各式各样的舞种，如万花筒般的组合。

●弗拉门戈——大波点荷叶边舞裙搭配染着污垢的刺绣紧身束身衣，胸罩款无吊带紧身褡式和连身长裙是用西班牙披肩制成。

●查尔斯顿舞（Charleston：是美国 1920—1930 年代流行的一种摇摆舞，音乐是拉格泰姆爵士乐）——多层的，20 世纪 20 年代时髦女郎风格低腰珠饰连衣裙搭配真丝针织嘻哈风格运动夹克。

●国标舞（Ballroom）——如波浪般翻滚的多层网纱裙。

●印度舞——奢华的裙子用真丝纱丽制成，上面还装饰有拉贾斯坦邦刺绣。

●芭蕾舞——有舞者款式的紧身连体服、缎面材质束身衣、缠绕饰于网纱裙腰间的保暖开衫和护腿套。

●非洲加勒比海舞——鲍勃·马利（Bob Marley）风格印花【这类被应用在成衣系列中“牙买加雷鬼（译者注：rasta，又称拉斯特法里派信徒）”式印花产品成为非常流行的款式单品】。

●探戈——应用立绒，金属丝织面料和丝缎制成的斜裁连衣裙。

●蒂勒女孩舞（Tiller girls）——装饰有闪光亮片连体紧身衣和羽毛饰品。

●康康舞（Can-can）——束身衣搭配带有装饰边的短裤和半裙。

●立方体式剪裁技术首次被应用在一月份的极端浪漫设计系列中，用来制作层叠的荷叶边，在本系列中使用该技术制作的时装上饰有大量花朵般的装饰。常用于远足服饰装备上的尼龙线绳和锁扣被用作固定真丝面料上的褶饰和流苏装饰。

●在这一系列中应用了高科技材料，还一如既往地保持着高级时装屋精湛的定制工艺技术。这些复杂的礼服需要高密集型劳作配合完成——仅此一件的酒红色真丝“弗拉门戈”舞裙的袖子和裙身上共有310片的手工压褶荷叶边，荷叶边还缝有黑色蕾丝边、设计有唇袋细节、饰有亮片和珍珠珠饰。这件舞裙经 19 位工匠之手共耗时420个小时才制作完成的。

●加利亚诺出场鞠躬谢幕，表现出一种汗流浃背，满身尘土的状态，穿着侧面缝有亮片的阿拉伯花式图案的越野机车裤（出自他未曾对外发布的 2004 春夏男装系列），上身搭配舞蹈连体衣和 T 恤。当他在后台被人问及他的感受时，他回答说，

> “今天的这场秀是献给我父亲的。我希望我能令他感到骄傲。”
>
> 《观察家杂志》，2003年11月30日

造型5：多层、压褶欧根纱弗拉门戈舞裙搭配丝缎制紧身褡，这组时装耗时420个小时制作完成

在定制系列中显露出潜力的牙买加雷鬼印花（Rasta），在随后的2004年春夏成衣系列中，被更充分地应用在一系列的畅销服饰和配饰设计中

大量以舞蹈为灵感的时装造型优雅地行进在伸展台上

HAGGA

2004春夏 Spring/Summer

Dior 高级成衣系列：向玛琳致敬 DIOR READY-TO-WEAR Homage to Marlene

2003年10月8日
巴黎杜伊勒里宫 / Les Tuileries
50套时装造型

“加利亚诺的这种简约风格令整个巴黎感到愉悦。”
《卫报》，2003年10月9日

文身图案印花连衣裤搭配束身小礼服，小礼服上还设计装饰有交叉系成的绑带

●加利亚诺自年轻时就很仰慕玛琳·黛德丽（Marlene Dietrich），在他的名为布兰奇·杜波依斯（Blanche DuBois）1988春夏系列发布会中，玛琳的肖像被用来做秀场背景。2003年6月，在巴黎时尚博物馆（Palais Galliera）举办的一场展览上展示了许多出自该系列的时装。

●伴随战时警报声音的响起，时装秀拉开了序幕。模特们头戴贝雷帽，帽子下面是蓬松卷曲的金发，纤细弯弯的眉毛和贴有施华洛世奇水晶的眼影。施华洛世奇还为这场秀提供了大量的耳环、项链和其他珠宝配饰。紧身的、线条婀娜多姿的、银灰色和粉色弹力丝缎，具有强烈的20世纪40年代感的棉质威尔士亲王格子西装（Prince-of-Wales checked suits），内搭刺绣紧身褡或印有精致文身图案的紧身连衣裤。

●设计有交叉式绑带的束身衣接缝于袖子、裙子和富有弹性的吊袜带。简洁的比基尼上设计有银色的交叉吊带，有些是用金色金属丝织或白色针织面料制成的，上面还设计有黑色漆皮吊带，外面搭配狐狸毛皮夹克或嘻哈风格的针织运动装。

●新款的Dior“D-Trick”手包是用打孔皮革制成，配有珍珠链附件或饰有狐狸毛皮的肩带。加利亚诺设计的晚装款有金属丝织面料制成的斜裁拖尾连衣裙和带有肩部和下摆装饰荷叶边的弗拉门戈式印花雪纺裙。这些晚装连衣裙外面搭配长拖尾式丝缎风衣或镶有狐狸毛皮边的灰色麂皮夹克。

●加利亚诺身穿黛德丽标志性风格的银色丝缎衣裤套装鞠躬谢幕。

简约的金属丝织面料制成的比基尼和新款“D-Trick”手包，设计灵感源自黛德丽脚上的一双拼色观赛鞋（co-respondent brogues是英式英语的名称，又称Spectator shoes）

Galliano 高级成衣系列：漂亮宝贝 GALLIANO READY-TO-WEAR Pretty Baby

2003年10月11日
巴黎帝国剧院
30套时装造型

“晕头转向的宝贝儿们突然从婴儿车里跳出来。”

凯西·霍林（Cathy Horyn），

《纽约时报》，2003年10月14日

●不同于本周早些时间的 Dior 成衣秀，在这个系列中，加利亚诺再次突破了自己的界限推出夸张的洋娃娃装廓形，设计有超大的装饰褶边、巨大泡泡袖和大量的荷叶边。

●他告诉 *Vogue* 网站的萨拉·摩尔：“为了进展到下一个阶段，这是我必须要做的。”这一季的灵感来自维多利亚时代的玩偶，以及波姬·小丝（Brooke Shields）在 1978 年的电影《艳娃传》中所演绎的并非纯真的童年故事。这些时装的设计融合了一些孩童装上的英式细剪孔刺绣装饰元素和第一次世界大战前美好时代时期的颓废形象。

●模特们脸上被涂成白色，看起来就像是图卢兹·劳特雷克（Toulouse Lautrec）画中的女人形象，高耸的发型和珍珠项链让人联想到爱德华七世的配偶，优雅的亚历山德拉王后（Queen Alexandra）。该系列中包括有以白色和粉色为主的棉布上印有漂亮的花朵图案，细节复杂的拉夫领（译者注：ruff collar，又称轮状绉领），大量装饰荷叶边和缎带。

●束身衣是这个系列的重要主题 — 有至腰部的短款和长款两种束身衣，下身搭配吊袜腰带，白色蕾丝长筒袜、膝盖袜、内衣式真丝裙和爱德华时期样式的短靴，还有毛茸茸的秃鹳毛装饰边。

●模特们穿着设计有纽扣装饰细节的短靴，手握长包链，这些皮制零钱包有弧形闭合式翻盖设计并随着模特们的行进而摆动着。秀的最后部分是更加成熟的晚装造型组合，以深紫红色为主，还有黑色和红色，是纯粹的红磨坊（Moulin Rouge）色系。

●加利亚诺穿着他的“Galliano Gazette”印花长裤，搭配碎片式牛仔夹克和黑色皮革特里比帽鞠躬致谢，这些服装都出自即将要发布的 Galliano 男装系列。

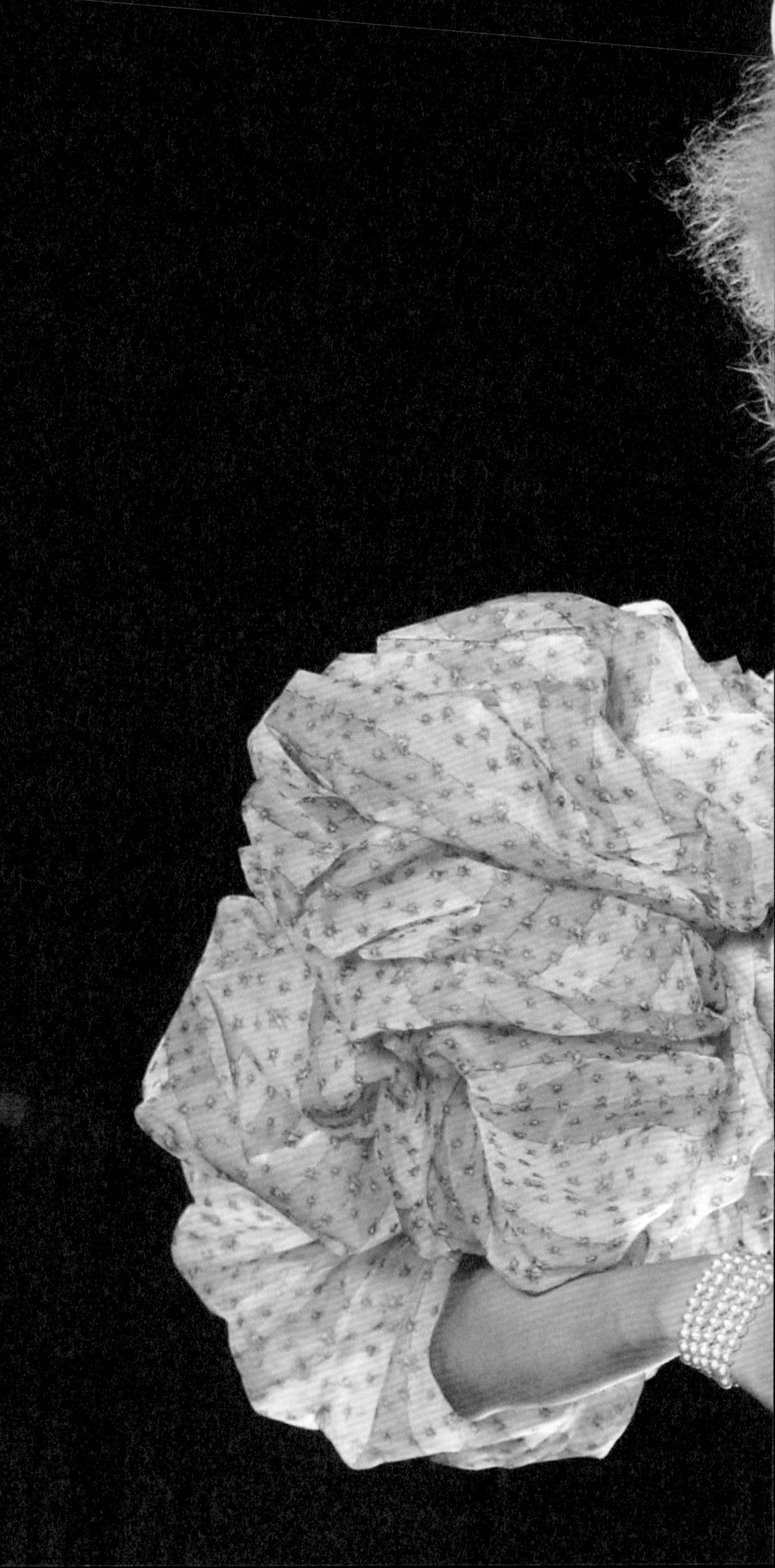

维多利亚时期的玩偶造型，模特头戴着摇摇晃晃的小平顶草帽，身穿设计有巨大泡泡袖的薄棉纱印花连身裙

效仿爱德华七世时代的水手服造型元素，在高高耸起的发髻上佩戴着平顶硬草帽

护甲形丝缎束身衣搭配条纹欧根纱荷叶边裙

Dior 高级定制系列：埃及记
DIOR HAUTE COUTURE Egyptian

2004年1月19日
下午2点半
巴黎马球俱乐部/
Polo De Paris
31套时装造型

“受尼罗河热度的深刻影响。”
《金融时报》，
2004年7月17日

●加利亚诺最近对埃及的探索之旅是从开罗的古代文物博物馆开始的。他乘坐热气球沿着尼罗河飞行到达卢克索和阿斯旺，中途停留参观了帝王谷，是英国考古学家霍华德·卡特（Howard Carter）于1922年在那里发现的图坦卡蒙墓（Tutankhamun's tomb）。这一发现在当时引起了全球范围的“图特马尼亚（Tutmania）”热潮，在家居装饰、珠宝设计，从玛德琳·薇欧奈和帕康夫人的高定时装到日常的街头服饰中应用了大量的埃及象形符号和传统图像。

●然而，加利亚诺在他的这个系列中并不是仅专心于埃及风格元素。正如他的印度之旅后，最终呈现的时装系列是以探索“舞蹈”为主题，这次的时装秀绝不仅限于“表演”古埃及风貌。该系列融合了古埃及图像和20世纪50年代巴黎的时装风尚，打造出有史以来最为壮观的经典时装秀系列。

●加利亚诺偶然看到理查德·阿维顿和欧文·佩恩的时尚摄影照片，照片中展示的是Balenciaga戏剧化的运用面料和时装的比例，以及Dior为强调提升的高腰线而设计定义的H线。20世纪50年代傲慢与优雅的气质，模特们被精心安排的、不自然的、凹造型姿态和显得格外纤细的廓形都给加利亚诺留下了深刻的印象。

●艾琳·欧康娜身着闪闪发光的金色短上衣，搭配戏剧效果十足的“金字塔”袖子、宽大的多层裙摆和王后纳芙蒂蒂的王冠，再配上法老的假胡子，完成威严庄重的登场。

●所有出场模特身着特制的齐臀束身衣，双手撑在后腰，向后摆放衣袖以塑造所需的狮身人面像线条。束身衣，再配上奢华的珠饰和超高的水台高跟鞋，意味着模特走的每一步都称得上了不起。每位模特在天桥上走到一半时，都会停下来模仿20世纪50年代走秀风格，摆出身体后倾的姿势。

●时装秀的主色调为金色，以绿松石和珊瑚色为主，应用蛇皮、羽毛、金银线织物、薄纱以及双宫真丝，模特脸部装饰也采用相同色调。加利亚诺的作品运用层层叠叠的特殊手工染色的织物，织物色调取自20世纪50年代浪漫复古调色板（翻阅大量复古杂志研究得出），包括尼罗河绿、烟灰、水蓝色、银色和淡紫色。尽管工作室成员通宵达旦不停工作，但由于制作涉及的专业外包工人与工匠数量庞大，在秀的前两天也仅有几件衣服被制作完成。刺绣方面，委托高级工坊Lanel、Muller Atelier Dynale以及Cecile Henri等，其中一个造型（造型28）的刺绣由法国最古老的工坊Lesage完成。其中一条长裙使用浸润过金漆的羽毛；另一条则以真丝为画布，象形文字跃然于裙摆。在各件作品中，有精心镶嵌的埃及莎草花瓣，有马赛克图案的宝石色鳄鱼皮，还有制作成“金字塔”形袖子与长裙的金片。巴黎首饰品牌Goossens的珠宝同样大放异彩，包括甲虫形状的头饰和鹰翼胸甲。伦敦女帽商斯蒂芬·琼斯和25名助手组成团队，共同制作了埃及神Horus（猎鹰）、Bast（猫）和Anubis（胡狼）的面具，以及图坦卡蒙死后所戴的黄金面具。

●两条连衣裙由白色丝带和灰色欧根纱布条组成，闪烁着亮片与珠饰，暗示着木乃伊的裹尸布。

●其他人则穿着宽松短裙、蓬松的褶饰披肩和后袋式拖尾裙，观众觉得埃及王后纳芙蒂蒂于20世纪50年代从坟墓中复活，并在Dior购物。

●在这场高定秀中，“像埃及人一样走路”（walk like an Egyptian，美国摇滚乐团冠军单曲）这种说法有了全新的含义。摇摇欲坠的模特们穿着这些令她们步履蹒跚的设计，行进得如此缓慢（尽管很庄严），以至于这一场秀的模特没有重回舞台参加谢幕，只有加利亚诺身着粉笔条纹西装、头戴皮制特里比帽，独自一人出现在热烈的掌声中鞠躬致意。这些作品适于穿着吗？并不适合。然而，第二天早上，全球媒体都对这个系列进行特别报道。这是一场时装工艺和想象力的巡回演出。

●2004年1月24日，加利亚诺推出了他的第一个同名男装系列。

造型 11，模特头戴阿努比斯头饰，身穿蓝绿色蛇皮纹套装，套装用 Dynale 工坊手工绘制的三层欧根纱面料制成，并由 Cecile Henri、Lanel 和 Muller 三家工坊联合完成的刺绣和贴花。这身套装耗时 280 个小时才制作完成

造型1，艾琳·欧康娜饰演埃及王后纳芙蒂蒂，身穿的欧根纱紧身胸衣和山东绸裙均由 Lanel 工坊负责刺绣与缝制镀金贴片

模特定点亮相。造型 10，一件饰有珊瑚和金色羽毛的手绘绿色欧根纱舞会礼服，配珊瑚圣甲虫珠宝

造型 16，由 Vermont 工坊绣制的白色雪纺和丝绉制“木乃伊”连衣裙

2004/2005秋冬 Autumn/ Winter

Dior 高级成衣系列：泰迪男孩与波烈 Teddy Boys & Poiret

2004年3月3日
巴黎杜乐丽花园
49套时装造型

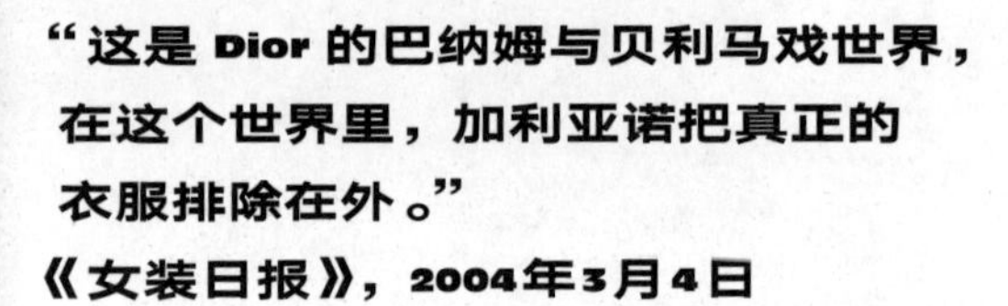

“这是 Dior 的巴纳姆与贝利马戏世界，在这个世界里，加利亚诺把真正的衣服排除在外。”

《女装日报》，2004年3月4日

●负责开场的吉赛尔·邦辰身着花格和豹纹拼接印花真丝制成的波烈风格茧形大衣，衣领上饰有巨大的玫瑰花形装饰，下摆饰有类似玫瑰的褶皱，与黄绿色真丝长裙相得益彰。

●该系列造型灵感来源于20世纪20年代爱德华多·贝尼托的装饰艺术插图，配上泰迪男孩的俏皮背头发型。

●秀场作品没有日装。但晚装有柔和色调的宽松直裁连衣裙，可以搭配茧形大衣或一系列闪闪发光的面料制成的多彩宽肩泰迪男孩夹克。

●该系列中的毛皮非常惹眼——染成绿色和黄褐色，用渐变色的水貂皮来做“金字塔”式高领或者白狐毛皮配上白色丝缎。翻领的设计被拉得很高，几乎要变成连帽款。灰狐毛皮也被不切实际地用来做银色丝织锦缎长裤的下摆镶边，同样忽视实用性。高级定制时装系列中的豹纹、金属丝织物、蛇皮图案、金色鳄鱼皮和在高级定制时装系列中使用过的漩涡卷曲状欧根纱饰边下摆再次出现，其中还饰有赌徒骰子装饰。整体色调从黄色／绿色到浅绿色／蓝色，再到棕色／金色，最后是深红色、粉色和紫色。

●模特们穿着蛇皮和豹纹图案的厚底鞋，鞋底为生胶底，高防水台。其他配饰包括带有Dior标志的新款有机玻璃手镯、身份吊牌项链和饰有巨型金属骰子吊坠的“保龄球”手提包。

●这场秀在新闻界没有激起太多水花。颜色、图案、金属和质地的混合似乎过多，对许多零售商来说，缺乏日装是个问题。人们似乎渴望回归简单——少即是多。*Vogue* 杂志的萨拉·摩尔回忆并对比了加利亚诺在1994/1995秋冬“黑色”系列的完美之处。在那个系列中，加利亚诺仅使用简单的黑色面料，结合出色的剪裁和克制，成就了一个真正神奇而又难忘的系列。

●加利亚诺身穿精致的格纹西装，腰间搭配Galliano 2004/2005秋冬男装系列中的男士背带，梳得油亮的泰迪男孩式经典背头登台致谢。

条纹、格子图案和豹纹图案印花都融入进了开场造型的这件茧形大衣里，来自Marilyn Glass线上时尚零售商

蛇皮印花锦缎宽松直裁连衣裙，搭配“赌徒”饰品和厚底靴

饰有镀金骰子的豹纹“赌徒”手袋，来自 Resurrection Vintage Archive 古着精品店

特大号的泰迪男孩夹克搭配设计有爆炸式网纱美人鱼裙摆的宽松直裁连衣裙

Galliano 高级成衣系列：描绘世界 GALLIANO READY-TO-WEAR Mapping the World

2004年3月
巴黎帝国剧院
44套时装造型

"加利亚诺带来的叉子与花边。"
《纽约时报》，2004年3月8日

●这个系列色彩丰富，民族风格各异，从玻利维亚农民的花裙子到也门部落妇女的硬币头饰和面纱，穿着乱世佳人 Scarlet O’Hara 同款猩红色衬裙的流浪女子，拉着装满废物的购物车，她们的上衣都是用绳子系着。其中一条裙撑太大了，无法走上伸展台。

●斯蒂芬·琼斯用钩编羊毛制作假发，上面饰有硬币、金属餐具甚至可口可乐罐。模特头戴用米老鼠 T 恤制成的小草帽或头巾，脚穿镶有绒球边的短靴。其中有位可怜的女孩被购物车绊倒后，脚上穿的用报纸印花布裹着的鞋子被甩飞了出去。餐具、细绳、杂物装饰让人想起加利亚诺早期的“即兴游戏”和“被遗忘的纯真”系列。

●事实上，没人指望顾客会购买 10 英尺长、无法穿过大门的裙撑，但这些反常的展示作品是为了确保获得媒体关注，以及这一切都是为了打造一场奇观。在色彩斑斓的疯狂中，有许多精致、适于穿戴的单品，包括贴身的、绣有粉色花朵的绒面夹克，以及其他剪裁精美、覆盖着无数褶皱的单品。“Galliano Gazette”印花面料首次用于加利亚诺 2000/2001 秋冬“欢迎来到我们的游乐场”系列之后，得到了广泛使用，并用于搭配印有粉红玫瑰的经典精致斜裁雪纺长礼服。针织物包括彩色绒球羊毛衫和多色图案的长外套。束身衣是最近许多系列中的主要特色，在这场秀中也占据着显眼位置，但这次在胸部以上的位置饰有层叠的褶绉。

●随后参观展厅时，零售商们发现许多更为古怪的适合零售的单品，比如“Galliano Gazette”服装已改用不太具有挑战性的棉质针织，并配有同款印花的手套和配饰。

●在时装秀结束之际，为了效果最大化，加利亚诺在背景板前站了几分钟，粉色霓虹灯投射下他的剪影，最后他伴随着“荣耀，荣耀，哈利路亚”的曲调出现在众人眼前。

成功登上伸展台的大型裙撑套装之一，配以报纸印刷袋女鞋，让人联想到薇薇安·威斯特伍德的“水牛”（Buffalo）系列

红色印花棉布连衣裙，束身衣胸部饰有堆叠的褶皱，佩戴着用杂物件和硬币制成的首饰

不和谐的印花棉布，搭配加利亚诺报纸印花包包

Dior 高级定制系列：茜茜皇后与莎莎·嘉宝
DIOR HAUTE COUTURE Empress Sissi/ Zsa Zsa Gabor

2004年7月6日
下午2点30分
巴黎马球俱乐部
29套时装造型

“狂野的幻想和丰富的现实。”

《女装日报》，2004年7月7日

造型 4，深红色波纹绸和天鹅绒制成的长礼服，礼服上的奢华刺绣由 Lesage 工坊绣制，包括下摆选用兔毛仿照貂皮效果缝制完成的镶边

●加利亚诺选择了两位奥匈美女作为他的缪斯女神——茜茜皇后（即奥地利伊丽莎白皇后，1837—1898 年），以优雅著称；女演员莎莎·嘉宝，以富有魅力的生活方式和拥有过九位丈夫而闻名。她曾经打趣地说：

> "我是一个超级棒的管家，每次我离开一个男人，都会留住他的房子。"

●最近加利亚诺从伊斯坦布尔、中欧和维也纳的研究之旅归来，那里有一流的艺术收藏和博物馆。该系列结合了19世纪的历史主义、20世纪50年代的魅力和奢华的婚纱造型。没有成衣，只有 29 件过于"公主"的礼服，一件比一件华丽。

●翡翠绿、淡紫、韦奇伍德蓝、皇家紫、深红色和纯白等色调的丝缎和真丝被用作画布，以法贝热彩蛋（Fabergé egg's）和塞夫勒瓷器（Sèvres porcelain）的图案为灵感，进行绝妙的刺绣和手绘。一条礼服摇曳的裙摆前饰有一只普鲁士双头鹰，其他的则饰有金色和银色的阿拉伯花饰以及孔雀羽毛刺绣图案。模特们的脸蛋和睫毛都抹上了白粉，戴着冠冕、王冠、人造宝石首饰套装和象征皇室命令的星形胸针，配上权杖和王权宝球，穿过体积超大的玫瑰拱门隆重登场。

●束身衣紧紧地束起模特们的腰身和托起胸部，胸衣上的裸色拼接部分增强了袒胸露颈的效果，凸显了 15 英寸腰围和浑圆臀部的立体感，打造完美的沙漏轮廓。胸前装饰的褶皱形成圆锥状和臀部饰有如"凯迪拉克保险杠"式层层叠褶的紧身礼服。曼妙的身形在一件衣服上表现得如此极端，让模特们看上去就像是在百合花中脱颖而出。

●模特们别无选择，只能以缓慢、庄重的方式行走，因为紧身式裁剪和爆炸式的鱼尾裙摆，让人联想到美国杰出设计师查尔斯·詹姆斯的作品"树"和"灯罩"的轮廓。

●庞大的礼服、珠宝和皇冠的重量，比某些穿着它们的模特更重。裙撑的体积大到模特们发现实在是难以掌控。第一个出场的模特卡罗莱娜·科库娃无法找到下台的台阶，"皇后"模特们在狭窄路段慢慢聚集起来，直到卡罗莱娜被四名魁梧的保镖抬离伸展台，问题才得以解决。艾琳·欧康娜在三次绊倒后完全停了下来，在热烈的掌声鼓励下鼓起勇气完成了走秀。

●西班牙、荷兰和丹麦在那年举行了一系列的皇家婚礼，这也许就是加利亚诺在最后一个造型上选择婚纱的原因——这个选择对他来说很不寻常。或许是因为他知道梅拉尼亚·克诺斯在巴黎，她是唐纳德·特朗普未婚妻，正在寻找一件女式嫁衣时，特地受这场高定秀的拍摄方 *Vogue* 之邀来到巴黎。加利亚诺安排的新娘模特穿着一件宽大的、带皱褶如同蛋白酥一般的婚纱，沿着伸展台走下去，就像一场在 Dior 之家举办的"吉卜赛热闹婚礼"（Big Fat Gypsy Wedding，英国纪录片）！

●其他坐在前排的一线明星包括奥普拉·温弗瑞、朱丽叶·比诺什、凯蒂·霍姆斯和前特朗普夫人伊凡娜（巧妙地坐在离现任妻子梅拉尼娅很远的地方）。有人偶然听到伊凡娜说这场秀"棒极了"。加利亚诺的战术奏效了。梅拉尼娅也非常喜欢。2005 年 1 月，当她成为特朗普的第三任夫人时，她穿了一件加利亚诺设计的略显低调的"新娘"礼服。美国版 *Vogue* 杂志刊登了一篇长达 14 页的婚礼专题报道，并将梅拉尼娅的华丽形象登载在 2 月刊封面上。这款新娘礼服采用了300米质量最高端的公爵夫人缎，耗时500个小时缝制，据传造价为 10 万美元——这在当时是一大笔钱。

穿着第 16 套造型的艾琳·欧康娜。蓝色波纹绸和黑色蕾丝制成的礼服，饰有毛皮镶边和 Lefrane 绣制的珠饰，制作耗时420个小时

穿着第 25 套造型的艾莉克 · 万克，这是一套由 Lesage 工坊负责绣制的饰有银色刺绣图案的浅紫灰丝缎套装，让人联想到美国杰出设计师查尔斯 · 詹姆斯设计的“灯罩”的轮廓

造型 29，米色公爵夫人缎和欧根纱制成的新娘礼服，由 Vermont 工坊负责刺绣

CD

2005春夏 Spring/ Summer

Dior 高级成衣系列：最新的金发女郎 DIOR READY-TO-WEAR The Latest Blonde

2004年10月5日
巴黎杜乐丽花园
67套时装造型

“Dior 的真人秀。”

《女装日报》，2004年10月6日

充满活力的阿盖尔菱形花纹针织衫，部分鞋上饰有绒球

T 恤和外套的风格以凯特·莫斯和 Biba 为灵感，装饰有“Dior 支持和平”（Dior for Peace）和“Dior 反对战争”（Dior not War）的字样图形

●时装秀开始时有汽车发动的声音和轮胎与地面摩擦的声音，但秀台上的衣服风格却与不良青年恰恰相反。这个系列非常商业化，适于穿戴。造型已不再是极端的民族或恋物风格。时装秀分为四个部分，灵感来自加利亚诺最爱的四个女人——莱莉·科奥、克斯汀·邓斯特、凯特·莫斯和吉赛尔·邦辰。

●开秀阶段的色调主要是米色和灰色，有精致的簇绒羊毛套装、灰色牛仔套装和隐藏式翻驳领（译者注：disappearing lapels，加利亚诺的标志性设计之一，将领头缝进前胸合缝。）的连衣裙，以及布满 Dior 标识的绣花套装和配饰（装饰有标志的夹克的零售价为3180美元，裙子的零售价为535美元）。

●秀场氛围既年轻又有趣。项链由心形挂锁制成，上面有人造糖果或水果挂件。彩虹色比基尼搭配同色系的手镯，和地面长度，嬉皮风格的阿富汗毛毯式无袖外套，或弗拉门戈式荷叶边塔裙，还有甜蜜色调的上衣和裙子。

●晚装部分，色调变成更引人注目的黑色、银色和葡萄酒色，包括迪斯科风格的亮片裤装套装以及大量弗拉门戈风格的斜裁褶边连衣裙。模特们戴着 20世纪80年代风格的饰有面纱的无边帽。

●随着约翰·列侬版和后来麦当娜翻唱版的《想象》（*Imagine*）的响起，一群披着卷曲头发、戴着闪光钩针无边便帽的 Biba 娃娃，穿着 Pucci 风格的印花、褶边裤出现，紫红色、卡其色和李子色各放异彩。新艺术主义风格的金属项链和腰带模仿英国品牌 Biba 古着标签拼出了“Dior”字样。

●零售商们很高兴（《女装日报》的报道以“谢谢你，谢谢你，谢谢你”开头），因为加利亚诺设计出大量漂亮、年轻、休闲的服装和配饰，非常适合夏天。也许加利亚诺当时情绪低落，也许是 Dior 的管理层让他屈服了，但尽管销量很好，这一系列却缺少了他一贯的争议性和闪光点。

● Dior 方面则对结果非常满意，上半年净利润增长59%，达到 1.57 亿欧元，同期高定时装销售额上升至2.74亿欧元。

●时装秀结束时，加利亚诺站在白色背景下的剪影中，打扮如同喜剧大师查理·卓别林，头上罩着四角系着结的手帕再戴上圆顶礼帽，穿着宽松的黑色西装并带着一把雨伞。

中性色调的端庄日装造型

Galliano 高级成衣系列：太有钱走不动路
GALLIANO READY-TO-WEAR Too Rich Too Walk

2004年10月9日
巴黎帝国剧院
73套时装造型

“在巴黎……出来玩吧。”

《纽约时报》，2004年10月11日

●这次的时尚童话是媒体名人和女演员西耶娜·米勒邂逅美国零售连锁店 Woolworth 继承人芭芭拉·哈顿，她是20世纪50—60年代最富有的女性之一，也是电影《可怜的富家小姑娘》（*Poor Little Rich Girl*）主角原型，两人一起去格拉斯顿伯里参加聚会。秀场 DJ 杰里米·希利先播放歌手涅槃乐队的 *Come as You Are* 1分钟，再播放海滩男孩 的 *Good Vibrations* 来叙述时间线。

●整个系列都有一种夏日愉悦的氛围。配饰都很引人注目。斯蒂芬·琼斯发明了一系列充气塑料帽子，让人联想到海边的玩具，其中包括一只橙色龙虾、一对巨大的粉红色嘴唇，它后来成为意大利时尚传奇编辑安娜·皮亚姬的最爱，以及花瓣圆顶、覆盖着锡箔的松软嬉皮帽和看起来像稻草的流苏橡胶浴帽。

●巨大的塑料花和贝壳被制成手镯和耳环，并运用在一些连衣裙的紧身衣上。晚装和日装都配上笨重的短皮靴（它适合格拉斯顿伯里音乐节的泥地）。

●高定摇滚范与20世纪60年代风格的混搭结合，打造全新的原创外观。手提包和长牛仔外套上绣着俗气得惊人的粉色贵宾犬。脏棕色与灰色特大号 T 恤裙垂下盖住身躯，与漂亮的花朵和 Galliano Gazette 报纸印花混在一起。查特酒绿、黄色、粉色和迷幻图案的性感泳衣，搭配新奇的太阳镜和手织亮粉色火烈鸟开襟羊毛衫。晚装包括奢华的造型——绣球花印花真丝锦缎帐篷外套、闪闪发光的粉色锦缎和金色或铜色金属绣线斜裁长袍，搭配不协调的羊皮帽子，模特们顶着自然的头发和妆容（很长一段时间以来模特们第一次没有顶着浓妆出现），挂着动物形状的游乐场气球出场。

● 20世纪60年代的卡夫坦和纱丽长袍，边缘嵌有大量钉珠，非常有哈顿女士的风格特色，而充满迷幻色彩的亮片刺绣喇叭牛仔裤、夹克和晚礼服则非常有米勒小姐的风格特色。

●加利亚诺穿着一件撕碎的白色 T 恤和一件带有军用臂章的棕色风衣，头戴针织帽子，再加一顶牛仔帽，手里抓着一束银色星形气球，鞠躬谢幕。

斯蒂芬·琼斯的充气“唇”帽

最后一款造型，渐变色雪纺舞会礼服，将20世纪50年代舞会礼服的轮廓与格拉斯顿伯里夕阳的颜色相结合

Galliano 报纸印花裙子搭配实穿的靴子

Dior 高级定制系列：当伊迪·塞奇威克邂逅约瑟芬皇后
DIOR HAUTE COUTURE Edie Sedgwick Meets Empress Josephine

2004年1月24日
巴黎杜乐丽花园
43套时装造型

“鲍勃·迪伦曾经说过，
‘安迪·沃霍尔是
穿着破衣烂衫的拿破仑’，
他的时尚之旅便由此启航。”
加利亚诺在 Dior 新闻稿中谈道

●本季秀场被改造成沃霍尔的工厂，贴着铝箔的墙壁、银色氦气球、成堆的电视监视器、破旧的扶手椅和地毯全部沐浴在一片明媚动人的红色灯光中。自20世纪90年代以来，这是时装秀第一次没有设置伸展台，座椅沿着模特走秀的路线一一摆好，使观众能够与精美华服近距离接触。一位上了年纪的女歌手用颤音登台献唱了一首玛丽安娜·菲斯福尔于1964年发表的热门单曲《时光流逝》(*As Time Goes By*)。

●60年代风靡一时的“It girl”伊迪·塞奇威克（鲍勃·迪伦是其男友）成为沃霍尔的缪斯女神。沃霍尔被她出众的容貌和家世所吸引，便预约她参演自己1965年拍摄的电影《可怜的富家小姑娘》。加利亚诺上个系列作品的缪斯女神西耶娜·米勒则继续出演了传记电影《工厂女孩》(*Factory Girl*)。

●黑色连体上衣、渔网裤袜搭配鳄鱼皮革紧身上衣和半身裙，并配以平跟鳄鱼皮革“go-go”靴，本季时装周的开场造型十分简约。模特们佩戴着大大的莱茵石耳环和鳄鱼皮革报童帽悉数亮相。

●加利亚诺说：

> “我想用60年代清新脱俗的少女风格与帝政风格一较高下。”
>
> Dior 新闻稿

●秀场音乐变成了著名作曲家菲利普·格拉斯的作品，由弦乐四重奏乐队倾情演奏，情绪和音调也随之发生了变化。迪奥先生曾说道，“红色在烛光下是最讨人喜欢的颜色”。因此，加利亚诺用粉色和波尔多色代替黑色，并将这种颜色运用到双排扣连衣裙和水手服短外套中，搭配执政时期风格的腰带、大的尖角状“拿破仑”领和超大卡扣。孕肚款式的灵感来自16世纪的克拉纳赫的肖像画，面料经过煮沸、拉伸和压花处理后，赋予全新的轻盈质感。

●在本场秀的最后阶段，音乐换成了迪伦的《像一块滚石》(*Like a Rolling Stone*)配乐，出场的是用丝缎、真丝网纱和细棉纱制成的白色系列礼服。吊灯式的水滴挂件被编织点缀在“蓬巴杜夫人”式的发型上，礼服上的水晶亦闪耀着璀璨光芒。

●曾执导电影《绝代艳后》(*Marie Antoinett*)的著名导演索菲亚·科波拉坐在玛丽安娜·菲斯福尔（她在电影中扮演王后之母）和著名女演员莫妮卡·贝鲁奇旁边。

Lesage 绣制的黑白亮片上衣和连衣裙让人联想到 Saint Laurent 的1966春夏系列，模特手中拿着一款“侦探”包

一头红发，戴着一顶拿破仑风格双角帽的加利亚诺，身穿厚大衣和印有“Galliano Gazette”图案的裤子魅力登场

造型 43，这是最后一款造型，是一件 18 世纪风格的侧裙撑式礼服，极具执政时期腰部设计风格（Directoire-style，1790's 时期），礼服上的花朵刺绣和鹅毛装饰图案由 Lesage 工坊绣制，令人联想到 18 世纪的荷兰代尔夫特陶器

造型 29，莉莉·科尔穿着彩绘渐变色的天鹅绒执政风格大衣惊艳亮相

2005/2006秋冬 Autumn/Winter

Dior 高级成衣系列：休闲偶像 DIOR READY-TO-WEAR Off Duty Icons

2005年3月1日
巴黎杜乐丽花园
57套时装造型

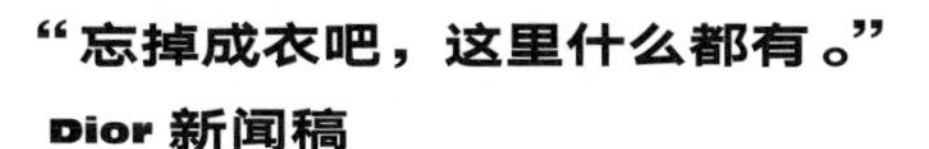

“忘掉成衣吧，这里什么都有。”

Dior 新闻稿

●一位年纪轻轻，到处周游世界的富豪可以随时把这些衣服扔进手提箱，然后飞往一个充满异国情调的地方，这就是加利亚诺最新设计的服装系列。他观察过去各个时代的女性，想象她们今天的穿着会是什么样子。

> “想想穿着飞行服的阿梅莉亚·埃尔哈特、嘉宝、伊迪丝·琵雅芙……想象一下他们被狗仔队跟踪的样子。我想要现代的偶像，让这些造型拥有自己的风格。”
>
> Dior 新闻稿

●两位钢琴家位于伸展台两侧，以歌曲 Downtown 隆重开场，纷纷演绎 20 世纪 60 年代的其他经典作品。破洞条纹马海毛毛衣裙，搭配鳄鱼皮革报童帽和低跟及膝靴，以“It girl”伊迪·塞奇威克为灵感的造型（提取了1月份发布的高定系列的精华）率先登场。

●贴着“Twiggy”假睫毛的模特们手中拿着新款大容量的皮革“侦探”包，侧袋挂有 C 和 D 字母吊坠。金属 D 形环和超大卡扣是衣服上的装饰亮点，并贯穿整场大秀。衣服上挂着带有“Please remove before a flight”（起飞前请脱掉）字样的橙色吊牌。

●绒面革和羊皮不仅是剪裁精美的大衣和飞行夹克（袖子上饰以类似手提包的口袋）的关键材料，也是背心裙、半身裙和工装裤等休闲系列的重要元素。

●晚装的色调变为银色、黑色和浓郁的浆果色。饰有“Blown Away”口袋的柔软的天鹅绒连衣裙和上衣，与鳄鱼皮革的硬朗光泽精致融合。秀场上充斥着精致华美的貂皮披肩和风衣，让驻扎在外面的反毛皮游说组织十分恼火。银灰色亮片真丝和金银丝织锦缎连衣裙上设计有不对称的领口和 D 形环固定的肩带，彰显非凡魅力。

●加利亚诺将这一系列概括为“羊皮和金银丝织锦缎的巧妙融合，一切尽在不言中”。

●在 Dior 连续举办的第二场全球高级成衣发布秀（RTW）上，每件华服既性感迷人，又适合穿着，这让服装零售商们颇为高兴。

●加利亚诺身穿银灰色真丝晚装西服套装，头戴同色系小礼帽，从饰有金色流苏镶边的幕布中款款走出，深情演唱《上路吧，杰克》（*Hit the Road, Jack*）。

伊迪·塞奇威克造型再次出现，这次是身穿马海毛毛衣裙

新款“侦探”包

皮革背心裙搭配伊迪·塞奇威克（Edie Sedgwick）式低跟靴

Galliano
高级成衣系列：
蕾妮
GALLIANO READY-TO-WEAR Renée

2005年3月5日
巴黎圣德尼
法国工作室
48套时装造型
邀请函：带标注的
电影剧本

条纹运动夹克搭配“约翰·韦恩”牛仔裤，饰有摄影底片“眼睛”印花图案

●加利亚诺最后一次邀请蕾妮·珀尔作为他的缪斯女神是在其1988/1989秋冬的发夹Hairclips系列。她的挚爱，摄影师雅克·亨利·拉蒂格，成就了她的不朽形象，而加利亚诺如今又让她出演了一部无声电影。时装秀邀请函以电影剧本的形式发出，剧本上似乎有蕾妮用铅笔写下的标注。工作室舞台被改造成早期的电影场景，以电影导演的照片和场景转换者的剪影作为背景，上面装饰着弧光灯。一把刻有“加利亚诺工作室”的导演椅靠在蕾妮的梳妆台上，镜子上用红色口红印着“今晚7点在海明威酒吧和约翰来一场浪漫邂逅”，本场秀同样没有布置升高的伸展台，观众可以近距离观看表演。

●如同20世纪80年代的时装秀一样，模特们的原生眉被遮住，取而代之的是弓形高挑的细眉，深黑浓重的眼线搭配同色系口红，此款20世纪30年代风格的妆容透露出一丝诡异气质。靓丽卷发搭配白色安哥拉山羊毛贝雷帽（宛若蕾妮拍摄时的造型），尽显迷人魅力。该系列以男性化的嘉宝Garbo式剪裁和飘逸的斜裁连衣裙为一大亮点。加利亚诺的“约翰·韦恩”（John Wayne）加长版长裤（首次出现在其2004年的男装系列中）设计有弧形裤腿以及在裤子下摆处饰有纽扣细节（类似于衬衫的袖叉细节），搭配剪裁精美的双排扣夹克和饰有流苏鞋舌的高跟款高尔夫鞋。

●该系列的各阶段展示都伴随着摄影技术的发展，从黑白和棕褐色色调开始，一直到彩色结束。牛仔布上印有摄影底片眼睛图案，让人联想到威斯特伍德1992年“永远在镜头前”（Always on Camera）系列。玉色丝缎睡衣套装和夹克上饰有巨型贴花花型，裙摆和晚装外套的袖口处装饰有抽褶饰边。

●黄绿色丝缎制连帽式上衣饰有中国龙纹刺绣图案和水貂皮镶边。超大的充气纺缝晚礼服上印有沃霍尔风格眼睛印花图案，斜裁真丝和雪纺连衣裙上印着大朵大朵色彩鲜艳的康乃馨和蝴蝶，并用一些漂亮的欧根纱花朵作点缀。

●加利亚诺的谢幕仪式布置得越来越精细。本次时装秀终场时，全场灯光变暗，加利亚诺在一团烟雾中出现，火花从屋顶上倾泻而下。在保镖的护卫下(可能是为了防范反毛皮组织的攻击)，加利亚诺穿着贴花波普艺术风格的细条纹夹克、破洞牛仔裤，头戴一顶大毛毡帽，脚穿流苏麂皮靴昂首阔步地踏上伸展台。突然，他在中途停下，一股气流将他头上的帽子吹了下来，于是他来到一台风机前大摆造型，尽情享受了好几分钟才作罢。他将夹克打开，露出一件印花T恤，上面的沃霍尔风格印花图案是他在上一场高定秀中扮演的拿破仑形象。

●蒂塔·万提斯坐在前排，她只穿了一件低胸粉色雪纺鸡尾酒会礼服，在一众穿着羊毛大衣和皮大衣的观众堆里瑟瑟发抖。

加利亚诺在风机前大摆造型

轻柔内衣式粉色晚装礼服外套，饰以金丝锦缎贴花和鹳毛饰边

Dior 高级定制系列：迪奥先生诞辰100周年
DIOR HAUTE COUTURE Monsieur Dior's 100th Birthday Anniversary

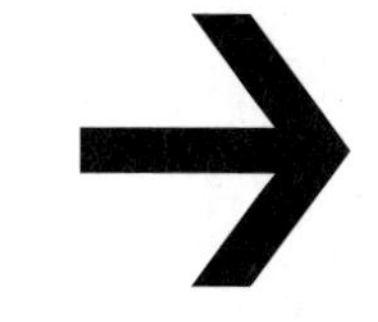

2005年7月6日，
下午2点30分
巴黎大皇宫，
43套时装造型

“新式‘新风貌’。”

《纽约时报》，2005年8月28日

●加利亚诺发挥天马行空的想象力，凭借这一系列在迪奥先生诞辰 100 周年之际作为献礼，致敬迪奥先生及共同缔造 Dior 成功之路的贵人们、高定工坊的匠人和客户。他还谈及图像艺术家对本系列作品的影响，如摄影师塞西尔·比顿和莉莉安·巴斯曼，以及插画师雷内·格茹和克里斯蒂安·贝拉德，这些艺术家对于 20 世纪四五十年代的时尚风潮了如指掌，也是当时时尚和视觉文化的传播先锋。

●本场时装秀分为十个主题阶段，首先以“年轻的克里斯汀·迪奥严格遵循爱德华时代礼服的着装要求”作为开场（摘自 Dior 新闻稿）。

●高定秀开场极具戏剧效果：烟雾缭绕中，一辆黑色马车停在迪奥童年时的故居格兰维尔的大门外，常春藤凌乱地爬满外墙，伸展台上洒满黑色沙子，上面散落着破碎的雕像和废弃的枝形吊灯。

●迪奥夫人（艾琳·欧康娜饰）从马车上下来，她身穿灰色渐变刺绣网纱，裹罩在裸色束身衣之外，臀部内衬有弧形裙撑。头戴宽大的阔边帽，脖颈间佩戴珍珠项链，还戴着长长的透明刺绣手套，俨然一副爱德华时代的贵妇模样。

●“创作”阶段（第 4 至 7 套造型）是一组看似未完成的礼服连衣裙造型。部分坯布，部分裸色束身衣，还有部分是 Stockman 人台，这些都以迪奥钟爱的模特的名字命名，如 Lucky、Praline 和 Victoire。

●秀场笔记上写道：

> “本次高定工坊的作品选用透明真丝网纱，而巧手们虽在幕后，但他们的精湛技术在这些华美时装上一览无遗！”
>
> 摘自 Dior 新闻稿

●“贵人”阶段（第8至10套造型）向 米扎夫人（迪奥的缪斯女神）、玛格丽特（技术天才）和 雷蒙德（工作室负责人）致敬，一如加利亚诺深受插画师雷内·格茹的艺术审美影响。加利亚诺借鉴了摄影艺术家莉莉安·巴斯曼20世纪50 年代的实验性照片，从照片上氤氲的黑白光影和亦真亦幻的模糊线条中汲取灵感，在模特的束身衣上包裹层层黑色网纱，打造魅惑迷幻效果。“我想在制衣过程中秉承这种技术和精神”，他说（《纽约时报》，2005年11月10日）。穿搭在裸色束身衣外面的透明网纱连衣裙上饰有用真丝和酒椰叶纤维刺绣而成的Dior经典标志性图案，如豹纹、波尔卡圆点和猎犬齿格纹。

●为纪念具有开创性的迪奥的 1947 年“卡罗尔”或“新风貌”系列（第 11 至 16 套造型），本次时装秀中多次使用了曲线优美的经典芭蕾舞裙线条。这一次是黑色覆盖裸色网纱，时而呈现彩色。加利亚诺在最近的秘鲁采风之旅中发现“新风貌”与传统秘鲁服饰在廓形方面存在惊人的相似性，由此一改以往明艳色调的设计风格。

●迪奥曾为众多好莱坞明星设计服装，接下来的几套长裙便展示了迷人的红毯诱惑，由娜奥米·坎贝尔、琳达·伊万格丽斯塔、伊娃·赫兹高娃和莎洛姆·哈罗等模特展示。（第17-23套造型）

●一阵激情鼓点过后，短款鸡尾酒会礼服“Clients”上场（第 24-27 套造型）。这是一系列内搭裸色束身衣的黑色网纱刺绣小礼服，目标群体为年轻的 Dior 新买家。

●“Debutantes”礼服（第 28-32 套造型）灵感来自塞西尔·比顿为21岁的玛格丽特公主身穿 Dior 服装所拍的肖像。这些奢华的淡色调多层网纱制成的甜美礼服上饰有花瓣状的褶皱荷叶边，与迪奥 1950 年设计的 Venus 和 Junon 礼服颇有几分相似。尽管第 31 套裙装上的骷髅和骨头图案会令人感觉不适，但荷叶边、凸花刺绣和点缀的欧根纱花朵尽显纯真浪漫。

●进入“德加”（Degas）篇（第 33-35 套造型），一套套艳丽长裙依次登场，本篇灵感来自迪奥的客户玛戈特·芳婷。在设计师的想象中，这位舞蹈家为克里斯汀·迪奥、让·谷克多和克里斯蒂安·贝拉德表演了一段秘鲁芭蕾。

●“圣凯瑟琳节”（Catherinettes）篇（第 36-39 套造型）展示了多套亮眼的黄绿色雪纺裙，向织娘和玉女守护神圣凯瑟琳（St. Catherine）的纪念日致敬，彼时工作室员工会按照传统惯例，装扮成蜜蜂或戴上黄绿相间的帽子。

●灯光暗下，钟声响起，随着一阵雷鸣电闪，一辆马车驶近大门，设计师探身下车。他上身穿着细条纹马甲，下身穿印有“Galliano Gazette”的丝缎长裤，宽边牛仔帽下披着飘逸的金色长发，向观众鞠躬致谢。

●华衣美服，意犹未尽，终篇“化装舞会”（Masked Ball）（第 40-43 套造型）中，各式纯白色刺绣礼服闪亮登场。该篇灵感来自宗教肖像、教堂内的镀金装饰和库斯科画派的殖民画作，画中挥着翅膀的天使手拿步枪。艾莉克·万克一袭黑衣，如暗夜女王现身，莉莉·科尔则是一头卷发的天使形象，身着蕾丝镶边欧根纱礼服，背着亮片点缀的翅膀，头戴镀金王冠，王冠上插着的闪耀星星犹如恒星的光环。

场景布置：儿时的迪奥身穿传统水手服，与扮演迪奥母亲的艾琳·欧康娜一起走下马车

在第2套造型中，斯特拉·坦南特身穿“Jaqueline”，一件透视灰色渐变网纱长裙，运用了经典的交叉裁片式设计，头戴饰有鸽子标本的女帽，颈间是缠绕包裹有网纱的超长垂穗珍珠项链

造型5，“Praline”，展示了在人台上的立裁技巧，如悬挂，剪裁，用大头针固定白坯布；模特们手臂上戴着立裁专用针垫当作手镯

造型21，好莱坞性感女星伊娃·赫兹高娃魅惑登场，这套名为“Vivien”的礼服是用手绘渐变紫罗兰色真丝网纱和塔夫绸制成，透出裸色束身衣，礼服上的刺绣图案由 Vermont 工坊绣制

造型 12，“Pandora”黑色网纱“新风貌”连衣裙，裙上饰有灰色雪尼尔秘鲁花卉刺绣，内搭裸色束身衣

造型 31，娜塔莉娅 · 戈西身穿丁香紫色真丝网纱制社交舞会礼服“Cecile”，饰有3D 骷髅和十字骨

莉莉 · 科尔身着第42套造型“Vierge”，这是一件白色丝缎制长礼服，礼服上饰有 Lesage 工坊绣制的图案和内搭凯瑟琳 · 贾汉手绘的束身衣

2006春夏 Spring/ Summer

Dior 高级成衣系列：裸色 DIOR READY-TO-WEAR Nude

2005年10月4日
巴黎大皇宫
34套时装造型

“裸色风潮来袭。”
《女装日报》，2005年10月6日

●秀场设在宏伟而朴素的玻璃金属建筑，巴黎大皇宫内。巴黎大皇宫是为1900年世博会而建，长期花重金修缮，于近期重新开放。玻璃穹顶素净而雄伟，Dior品牌名赫然其上。1000名宾客挤进白色地板两侧的座位区。秀场使用玻璃破碎声和雄壮的鼓声做音效，与柔美飘逸的女装形成鲜明对比。

●加利亚诺从他的秋冬大秀中提取出层次、透明和裸色主题，在新一季时装秀中进行扩展。别致的棕色纸板上列出了各篇节目单——“Dior裸黑、Dior裸色蕾丝、Dior裸色印花、Dior裸色层次、Dior裸色渐变”。

●时装秀进入尾声时，裸色雪纺搭配的面料变得更为厚重——“Dior水洗牛仔、Dior水洗皮革”。陆续出场的简约款裸色鸡尾酒会礼服，是吊带式或荡领式剪裁的连衣裙，饰有风格迥异的网眼和蕾丝，形成强烈的视觉冲击。连衣裙和夹克上用胶带和珠饰勾勒出裤线、口袋和束身衣轮廓。缝线也运用了对比强烈的白色线，同样口袋盖也用白色条纹带勾勒出轮廓，Dior标签上看似红墨水着色的“1947”字样印于外侧，与加利亚诺在20世纪90年代推出的“大姐大”系列女装类似。

●渐变的洋红色、粉色和橙色不仅在裙摆上灿烂绽放，也活跃在繁复的中式灯笼和漩涡玫瑰结构的褶皱上（渐变雪纺连衣裙零售价为3800美元）。在意式西部音乐中，几套日装造型登场，如酒绿色和棕色皮革制成的背心、夹克、风衣和喇叭裤。一款更为柔软的皮革和水洗牛仔材质新款马鞍包，亮相秀场，尽显慵懒风格。

●加利亚诺出场谢幕时，头系印花围巾，身穿V领黑色T恤、搭配马甲、裤子和长筒靴，身旁还跟着一对保镖。刘玉玲、蕾切尔·薇兹和莎朗·斯通均在前排就座。

贴有仿Dior 1947标签的里外反穿式夹克

一排裸色造型的模特走过伸展台

Galliano
高级成衣系列：每个人都很美
GALLIANO READY-TO-WEAR Everybody's Beautiful

2005年10月8日
巴黎圣丹尼斯
法国工作室
35套时装造型

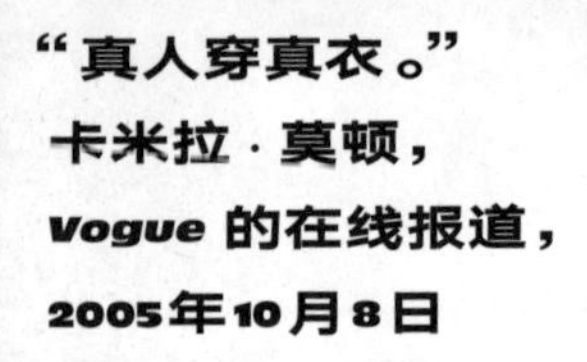

“真人穿真衣。”
卡米拉·莫顿，
Vogue 的在线报道，
2005年10月8日

●经迈克尔·豪威尔斯巧思设计，一座20世纪20年代黑白艺术风格的剧院跃然眼前。布景内摆着一架音乐钢琴，几盆棕榈和一只北极熊标本。实际上演出的场景与人们的想象却大相径庭，穿着白色连体工装裤的技工非常扎眼，他们随着演出推进变换着笨拙的场景。而每个座位上放着雷·史蒂文斯的歌词："每个人都有属于自己的美丽"，进一步预示着一切非比寻常也是整个场景的个性宣言。

●这一次伸展台上出现的不再是千篇一律的高挑的冷面模特，而是身高身材各异的普通人。

●率先亮相的是衣装整齐的中年女演员玛丽安·奇切罗·博尔戈，她穿着一件覆盖着黑色网纱的西装夹克，身旁男子荡然不羁，他衬衫敞开，搭配裤装，还戴着一串念珠。加利亚诺将2006春夏男装系列与女装一同展出，所以本次时装秀上你将有幸见到一次出场两套造型，而且展出尺码也尤为丰富。年轻人、老年人、黑人、白人、亚洲人、东方人、同性恋、异性恋、帅气的、丑陋的、巨人、侏儒、黝黑的应召男、优雅的都市青年、白发大佬、弗拉门戈美女，颠覆想象的奇异组合在伸展台上轮番登场。

●一对对双胞胎依次登场，其中还有穿着锦缎外套的表演艺术家莫内特和马迪·马尔鲁克斯（其中一人衣服上缀着多个蝴蝶结）。漂亮的红发女孩穿着金色的亮片直筒连衣裙，像要参加儿童选美比赛。

●当红模特嘉玛·沃德身着紫红色网纱长裙，手提一个穿同款长裙的木偶，同行的老绅士身材矮小，穿着"Galliano Gazette"印花连体衣。

●一只加利亚诺木偶出现，向观众鞠躬谢幕，但人们拒绝离开，直到设计师本人在如雷掌声中现身。

●这次时装秀俘获了大半观众的心，也引发了多年来人们对于伸展台包容性的争议，尤其是身材和种族方面。

●不过精彩的时装秀让本该是焦点的服装黯然失色。其实如果你细心观察，会发现很棒的牛仔刺绣和牛仔套装，剪裁犀利、绣着"时尚潮人别为我哭泣"的东方晚礼服，还有颇受商店青睐的漂亮的斜裁雪纺舞会礼服。

莉莉·科尔穿斜裁雪纺连衣裙，身旁的老绅士穿着中式刺绣长袍，上面还绣着“时尚潮人别为我哭泣”的字样

大码模特穿着闪亮的云状网纱裙昂首阔步，自信地展示真实的态度

留着胡子的双胞胎身穿斜裁女士长裙，身材若隐若现

嘉玛·沃德提着本人同款造型木偶

加利亚诺和本人同款造型木偶一起向观众鞠躬致谢

一对身材矮小的新娘和新郎在昆登·塔纳的歌曲 *Everybody's Free to Feel Good* 中结束了此次时装秀

Dior 高级定制系列：激情
DIOR HAUTE COUTURE The Passion

2006年1月23日，下午2点30分
巴黎马球俱乐部
30套时装造型

“红色是新的浪子，

铂金是新的绝代艳后，

皮革是新的奢华，

面纱是新的诱惑，

Dior 是新的情欲。”

Dior 新闻稿

●邪恶的红色灯光笼罩着伸展台，音响上方一位女士正在吟诵《启示录》第13.1节“野兽”的诗句。

●模特都漂白了头发，扑白脸蛋，灰色眼影涂满眼周，像极了后末世、反乌托邦的新世界产物，许多人脖子上还印着法国大革命爆发之年“1789”的黑色字样。

●2005年10至11月，法国发生了自1968年来最严重的暴乱。巴黎与革命似乎前缘未尽，加利亚诺也不例外。他在 1984 年的毕业作品中首次使用革命作为主题。毕业前一年的夏天，他前往法国南部采风，在诺伊尔别墅稍作停留。

●诺伊尔别墅是第一批现代主义建筑，由艺术赞助人、超现实主义缪斯玛丽 · 洛尔 · 德 · 诺阿耶和她的丈夫查尔斯委托建造。她是以作风放荡出名的作家和革命者萨德侯爵的直系后裔。在里昂，加利亚诺参观了20世纪50年代生产 Dior 束身衣的“Scandale”内衣厂。在阿尔勒，他见到了毕加索的朋友艺术家吕西安 · 克莱格，他的作品大多和激情的斗牛运动相关。

●加利亚诺说，本系列的主色调红色不仅传达了激情，它还是迪奥先生最喜爱的颜色。束身衣、情色、激情、流血和革命，这些元素融合交织，呈现了一场怪诞的时装秀。

●裙子和披肩上或印或绣着被处决的王后玛丽 · 安托瓦内特的肖像，同样出现的还有枭雄拿破仑一世。

●法国大革命的口号“自由、平等、博爱”被绣在袖口上、印在皮衣上。皮衣有着斜切的领口，下摆处还雕刻有镂空骷髅装饰图。

●大号木制十字架和嵌有石榴石珠链的珍珠项链被涂上血色。有些模特被雪纺面纱遮住头部，面纱缠绕礼服至背面用大号锥子固定。Hurel、Cecile Henri 和 Safrane 用高超的刺绣和钉珠工艺，在纯净的白棉纱裙和白色鳄鱼皮裤角边上绣制出血迹效果，形成强烈的视觉冲击，模特们看起来像走过大屠杀现场。

●这些衣服适合的场合让人很难想象，毕竟带血的礼服并非红毯常客。苏西 · 门克斯在《国际先驱论坛报》上称这场时装秀为“大屠杀风格时装”，但不失为一场精彩的演出。法国媒体的态度却尤为刺耳，他们称这些颇有争议的内容亵渎了神明。

将紧身胸衣后背的对襟绑带错位排列，重新解构制成的束身衣，同样在该系列裤装上也应用了绑带装饰。造型14，用米色皮革、塔夫绸、雪纺和网纱制成的手绘连衣裙

造型 30，白色网纱、蕾丝和 crin 制成的礼服，内衬有筐式裙撑，由 Lanel 绣制的加利亚诺扮演的拿破仑为自己加冕的肖像

由 Safrane 负责绣制的血红色真丝礼服，内衬有筐式裙撑，搭配棕色皮革骑士靴和大号十字架项链，这套造型灵感来自1787年伊丽莎白·维格·勒布伦在凡尔赛宫绘制的最后一幅王后及其子女的肖像

演出结尾，灯光暗了下来，弗拉门戈乐曲奏响，身穿一袭黑色皮衣的加利亚诺现身，他挥舞锐剑，头发杂乱而油腻

一队反乌托邦人物形象，身着饰有精美刺绣和手绘血迹效果的时装

2006/2007秋冬
Autumn/Winter

Dior 高级成衣系列：哥特时尚
DIOR READY-TO-WEAR Gothic Chic

2006年2月28日
巴黎大皇宫
50套时装造型

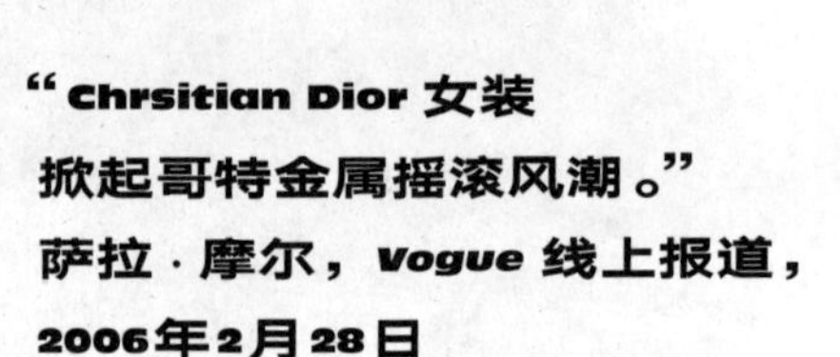

“Chrsitian Dior 女装
掀起哥特金属摇滚风潮。”
萨拉·摩尔，*Vogue* 线上报道，
2006年2月28日

●该系列忧郁阴沉，采用多种面料，杂糅各类处理工艺和花纹，色彩丰富，以黑白两色打底，随后过渡到灰色，最终转为浓厚的梅紫色，以及晚装的波尔多酒红色。他使用的渐变与阴影效果，让各类织物相互融合，几乎成为一体。时装秀节目单中提供了面料清单，“粗纺花呢配雪纺、羊毛配欧根纱、金银丝提花配塔夫绸、金银丝织锦缎配真丝”。

●气势恢宏的巴黎大皇宫内，摆放着一个玻璃箱，其中神色严肃的模特，伴着音乐 My Sharona 和布莱恩·亚当斯和佩·班娜塔的 20 世纪 80 年代金曲大步走出。她们黑色或漂白的直发上，缠绕裹紧了一圈头巾。手中提着新款 Gaucho 包，脚踏来自春季高定时装秀的过膝平头骑士靴。

●大框太阳镜要么是全黑的，要么镜片上布满水钻，尽管佩戴它的模特们可能很难看清方向，依然气场全开。

●这些女孩可不是好惹的——她们有着属于酷女孩的专属冷酷时尚。超大丝状金属扣，搭配小十字吊坠(源自春季的高定系列)，惹人眼球。呈放射状的压花图案饰于袖口和衣尾，作为微妙的装饰细节。将一件黑色粗纺花呢夹克穿搭在一件绣制有花呢的雪纺连衣裙上，仿佛两种不同的面料融合在一起，从而打造出一种渐变效果。裙装面料，如牛仔布、欧根纱、塔夫绸和橡胶亚麻面料，罕见地涂上了一层蜡。黑漆和橡胶底也被用来打造印花效果。

●从短款紧身夹克到长款白色羊皮拼接外套，都大量使用了羊皮和其他皮革。

●压轴造型为雪纺和天鹅绒面料的斜裁长款礼服，以及梅紫色和波尔多红色的蜡染塔夫绸吉卜赛裙。该系列又是另一个高度商业化的典范，能满足白天和夜间的着装需求。

●加利亚诺身着一袭黑衣谢幕，金色直发上裹着头巾，与模特们的造型相呼应，他的脖颈上佩戴银十字架，并由四位保镖陪同出席。

新款牛仔面料 Gaucho 包

太阳镜和 Gaucho 包、巨型皮带扣和
十字项链是本季的主要饰品

印花梅紫色毛毡拼接皮制夹克饰有蒙古羔羊毛皮镶边，内搭漆印梅紫色真丝连衣裙

Galliano 高级成衣系列：美式乡村 GALLIANO READY-TO-WEAR Gothic Americana

2006年3月4日 法兰西体育场 53套时装造型

“巴黎的姑娘再次成就了这片自由之地。”

卡米拉·莫顿，*Vogue* 线上报道，2006年3月4日

●这场时装秀在一个大雨滂沱的夜晚，于偏僻的法兰西体育场举办，这也是加利亚诺首次举办纪梵希高定秀的地方。舞台布景相对简约，沿着镜面伸展台两侧，排列着高大的镂空纸板烛台。背景音乐先是一阵风呼啸而过，希利的音乐紧随之后，然后是琼·贝兹等歌手婉转迂回的乡村乐和西方古典乐，比如《1965年的冬天》(*The winter of 1965*)《老迪克西被赶走的那一晚》(*The night they drove old Dixie Down*)。加利亚诺这次的女性形象是过去的拓荒妇女和南北战争随军妇人，她们陪同自己的心上人走向战场。

●奥兰多·皮塔和团队一起，为模特们卷发编发，她们头戴南部邦联的军帽，或斯蒂芬·琼斯用旧羊毛毡团制成的复古宽檐羊毛帽，甚至撒上了木炭灰，以增加真实感。

●帕特·麦克戈拉斯这样描绘这场秀的妆容：美式西部狂野混搭哥特风，模特面色苍白，带一抹玫瑰色腮红，白色睫毛，毫无血色的嘴唇用高光点缀提亮。模特脚踩新款肥大、厚重的棕色皮靴，踢踏着行走，鞋面沾满泥点，仿佛经过了一次远征。如同本周早些时间，在Dior大秀上展现的哑光色调，不过这次用的是大地色，红棕、靛蓝、灰，还选用了打蜡漂白的牛仔面料、皮革和羊皮。大量使用海军细条纹，结合蓝色格纹、佩斯利纹样、美钞图案印制的草原色雪纺，旅行包式印花细条绒。

●加利亚诺对这些面料进行再加工，增添了疲惫、生活化的气息，他说想要为这些新衣注入“灵魂”，仿佛其拥有自己的历史。长而宽松的军大衣、紧身短夹克，让人不禁联想起南北战争期间的军服。“古老的光荣”星条旗，被印刻在紧身牛仔裤、雪纺胸衣和外套、夹克的拼缝上。新版“加利亚诺”手写体字样被贴补绣在牛仔布上，或绘制在白色连衣裙上。加利亚诺将柔软垂顺的斜裁和低腰连衣裙与坚硬结构的皮革外套相结合，以达到他所期望的怀旧的美国哥特式效果。

●除美国西部女性的元素之外，加利亚诺没有突破太多界限。该系列服装易于穿着、休闲、舒适，但是《女装日报》称其缺乏“高压式魅力”且加利亚诺的拥趸们不希望自己穿得像个“村妇”(2006年3月6日)。

●与此同时，麦昆时装秀上，凯特·摩丝的全息影像，在层层雪纺包裹下旋转着压轴出场，创造出无与伦比的视听盛宴。

●加利亚诺头戴南部邦联军帽，身穿美国国旗T恤和布满灰尘的灰色牛仔裤，白色长款拼接羊毛大衣(与本周早些时候Dior大秀上的装扮类似)，脚踏靴子，出场谢幕。

斯蒂芬·琼斯制作的南部邦联军帽，
配以印花雪纺草原色连衣裙

上衣布满星纹和新推出的“加利亚诺”手写体字样

纳瓦霍风格印花，旅行包式细条绒外套

Dior
高级定制系列：
波提切利星球
DIOR HAUTE COUTURE Planet Botticelli

2006年7月5日，
下午2点30分
巴黎马球俱乐部
39套时装造型

“甲胄与危机。”

《女装日报》，2006年7月6日

●高定秀场地位于一个天马行空的花园，其间布满了修剪成 CD 形状的灌木和立方体树篱，并用赤土砖搭建成伸展台。随着大秀的进行，背景从黄昏时赤红的夜空，变幻为星盘和闪闪星辰。加利亚诺将各个主题组合起来，包括 1942 年马塞尔·卡内的经典电影《夜间来客》（*Les Visiteurs*，由女演员阿莱蒂主演，故事发生在 15 世纪的法国。撒旦派来的使者让人类陷入了绝望）、文艺复兴时期的绘画、萨尔瓦多·达利的作品、圣女贞德、好莱坞的魅力、朋克摇滚、银翼杀手和不列颠风格的战士。

●该系列作品分为七个部分，以“圣女贞德”开场。黑色、金色、铜色和粉色的沙漏形刺绣或亮片晚礼服，配有完整的单层盔甲袖。

●斯蒂芬·琼斯设计的发饰包括垂坠的珠串或玻璃水滴，其中还有一顶海马冠。接下来的爱德华时代与朋克主题，混合了黑色和红色的漆皮、银箔和鳗鱼皮。巨大的筒状叠褶裙子上有手印和复古数字装饰，上衣搭配美好时代风格的蓬蓬袖，并用红色降落伞绑带做装饰。模特们的脸像鬼一样苍白，眼睛周围被画上黑色眼圈，戴着奇异的黑色头饰。

●“萨尔瓦多·达利”部分呈现了色彩明亮的羊毛绉呢和乔其纱鸡尾酒会礼服，带有奢华刺绣的 Dior 经典 bar 夹克，搭配铅笔裙，帽子的形状由龙虾钳和鱼的形状组成。

●“骑马比武”部分包括帝政腰线裙撑礼服，红色和黄色条纹丝缎上衣和波浪形的卷曲褶皱，搭配中世纪风格的交叉剑和小号头饰，一切就像《爱丽丝梦游仙境》中的造型元素。

●接下来是“刀锋战士”的造型，模特们留着漂染短发，化着黑色的浣熊眼妆。紧身裤搭配红色、黑色和铜色金银线织造的夹克和罩衫，边缘饰有毛皮或羽毛，其中一件绣有蛇的图案。

●20 世纪 40 年代风格的粉色晚礼服散发出好莱坞式的魅力，但这些礼服也饰有亮片“盔甲”袖和侧臀褶饰。压轴部分是一组重工刺绣舞会礼服，面料如箔纸一样，有夸张蓬松的拖尾裙摆，绘制成渐变色系，搭配角斗士头盔。

●加利亚诺一句话总结了该系列：

> “它是波提切利星球上的 Dior 高级定制之梦。”
>
> Dior 品牌新闻稿

●加利亚诺似乎为了强调这场秀与地球之间的关联，他出场谢幕时，身穿从宇航员克洛迪·艾涅尔处借来的太空服。这套太空服曾于1996年在和平号空间站内使用，要四个人才能帮他穿进去。加利亚诺顶着泰迪男孩式飞机头金发造型，拖着沉重的步伐艰难地移动着，此次谢幕与以往相比，匆忙而慌乱。

●这个系列似乎并未引起轰动，可能是继最近一次高度商业化时装秀之后，加利亚诺想要做一些极致而不具备日常穿着性的服装，让天马行空的想象力分流泉涌。美国天后雪儿、德鲁·巴里摩尔、丽芙·泰勒都坐在前排观秀。一位记者采访泰勒，问她想要入手秀中哪一件单品，她回答：“有几双鞋子还挺好的。”

造型 2，金色刺绣连衣裙上的图案由 Vernoux 绣制，Carel 制作的仿黄铜涂层盔甲

造型 10，红色漆皮外套搭配束缚带，
绘制有取自古籍的图案（朋克部分）

造型17，Vermont 绣制的 Dormeuil 羊毛绉外套，搭配象牙色乔其纱短裙（萨尔瓦多·达利部分）

模特斯特拉·坦南特身穿压轴款舞会礼服，礼服面料被绘制呈铝膜效果，由 Vermont 负责绣制

加利亚诺从这个世界向外观望

2007春夏 Spring/ Summer

Dior 高级成衣系列：回归基础 DIOR READY-TO-WEAR Back to Basics

2006年10月3日，
下午7点
巴黎大皇宫
50套时装造型

“Dior 奏响低音符。”
《爱尔兰时报》，
2006年10月5日

●加利亚诺的 Dior 首秀 1997 春夏“马赛”系列已经过去十年了，他一直致力于重新塑造这个备受尊敬的时装屋。

●该系列风格保守，从邀请卡的色调、秀场的背景，乃至衣服的颜色，均借鉴传统的 Dior 灰。背景音乐播放的是克里斯蒂安·阿奎莱拉的歌曲，“回归最初，一切开始的地方”（歌词，出自其专辑 *Back to Basics*）。虽然复杂繁复的设计是高级定制的惯用技巧，但西德尼·托莱达诺认为，成衣需要销售出去，加利亚诺应该为女性设计一些真正的衣服。

●精致、自持的都市套装和裙子，呈现出不同灰度、白色和卡其色，设计细节精巧，雅致的原色 guipure 手工编织蕾丝花边覆在胸前和裙摆上，更添一种质感。

●秋季高定系列中的“圣女贞德”造型的精髓也在该成衣系列中再现，手袋、皮革袖口和下摆嵌入锁环，袖肘处的精致切口细节，在肩部和臀部饰有盔甲式的弧形装饰褶片。奥兰多·皮塔创造了“圣女贞德”发型，在头发中间编有锁环状发辫。晚装部分有漂亮的垂褶针织礼服和丝缎鸡尾酒会礼服，有些欧根纱礼服上拼贴有真丝制成的花叶，有些则绣制有银色链环构成的装饰图案。长款“女神”礼服以柔和的中性色调为主。该系列中唯一颠覆性的元素是细尖头高跟鞋，和设计有倒置效果的或嵌有铆钉的鞋跟。

●尽管缺乏“令人惊叹”的元素，却很受零售商们的欢迎。

●加利亚诺鞠躬谢幕时穿了一身经典的双排扣休闲西装，并佩戴了浅顶卷檐软呢帽，这身西装他在1997年1月的马赛（Maasai）系列发布会上也穿过，这次恰逢他在Dior就职10周年，在秀后高兴地告诉一位记者：“它依然合身”。

饰有蕾丝贴花和褶边的套装，袖口上还嵌有金属锁环装饰（Chainmail，用来制作锁子甲上的锁环）

锁环装饰的丝缎连衣裙，搭配以盔甲为灵感的高跟鞋

十年之后，加利亚诺再次身穿曾在马赛系列谢幕时穿过的西装，身边是阿诺特夫妇

Galliano
高级成衣系列：透过杰夫·昆斯和罗伊·利希滕斯坦的眼睛，欣赏法贝热作品
GALLIANO READY-TO-WEAR The Work of Fabergé, As Seen Through the Eyes of Jeff Koons and Roy Lichtenstein

2006年10月7日
巴黎圣殿市场
51套时装造型

●加利亚诺选择了一个新的场地，一个 19 世纪的室内蔬菜市场，以板条百叶窗为背景，一排排的金属顶灯照亮了伸展台。

●看过本周早些时候发布的矜持保守的 Dior“回归基本”系列时装秀之后，观众原本期待会看到绚丽的设计，却最终失望了。

●加利亚诺试图通过当代艺术家杰夫·昆斯和波普艺术家罗伊·利希滕斯坦的眼睛，重新想象奢华的法贝热珐琅。秀场以剪裁得体的白色西装、连衣裙和饰有钩扣和钩环的大衣开场，有些款式在臀部设计了三层口袋，搭配脚踝系带的白色钩针编织厚底鞋。

●巨大的罂粟花（昆斯）和巨大的圆点（利希滕斯坦）被印在或镶在裙子上，做成胸花或装饰在斯蒂芬·琼斯设计的爱德华时期风格的框架结构帽子上。

●粉色缎面、雪纺制作的女神修身连衣裙，设计有不对称的领口，用丝缎拧成绳状的单肩带（设计源自薇欧奈）。双色调的鸡尾酒会礼裙延续了垂坠感和亮片细节，一些金属丝织物制成的连衣裙上绘有爱德华时期的玫瑰花束（灵感来自法贝热）。

●压轴造型是一组受 20 世纪 40 年代风格影响的礼服，其一侧饰有用亮片绣制成的图案。

●钟情于日装和豪华鸡尾酒会晚装的《女装日报》却对这次大秀颇有微词，称其日装“平淡无奇”、晚装“花里胡哨”、刺绣“看起来像街角的 Hallmark 商店里的金属贴纸”。

●加利亚诺戴着黑色鸭舌帽，身穿拼缝有蕾丝的黑色衬衫、牛仔裤，胸前挂着皮枪套。不过这次没有带保镖，又变了个花样。

阿格尼丝·戴恩化着粗眉，穿着白色斜纹棉套装，夹克上饰有大的包布子母扣（揿扣/按扣），脚踏钩针编织酒椰叶纤维厚底鞋

多数鸡尾酒会礼服上都装饰有巨大的
金属丝边框雪纺花朵

模特戴着斯蒂芬·琼斯制作的爱德华时代风格的框架式帽子，用黑色和金色的彩绘纸做的特大号丘比特之弓形状的嘴唇

Dior 高级定制系列：蝴蝶夫人
DIOR HAUTE COUTURE Madame Butterfly

2007年1月22日，
下午2点30分
巴黎马球俱乐部
45套时装造型

“这是加利亚诺最意气风发的时候，
十年过后，似乎不再有人能像他
一样叙事。”
卡米拉·莫顿，*Vogue* 线上报道，
2006年3月4日

●迪奥先生发布的“新风貌”，已经过去60年了，距加利亚诺一战成名的“马赛”系列，也已经过去10年了。这对品牌和设计师来说都是值得纪念的。

●最近，加利亚诺前往日本开展了一次研究，在那里探索了更多的日本乡村生活和文化传统：纺织品、艺伎和茶馆。他把普契尼的悲剧歌剧《蝴蝶夫人》当作这个系列的催化剂，《蝴蝶夫人》讲述了美国中尉平克尔顿抛弃巧巧桑（他的“蝴蝶”）的故事。演出以马尔科姆·麦克拉伦对这部歌剧的演绎拉开序幕，《蝴蝶夫人》专辑的封面是加利亚诺和哈莱克在1984年首次合作的作品。

●迈克尔·豪威尔斯设计了一个复杂的Dior灰色的爱丽丝梦游仙境风格的布景，布景中有一个镜面旋转平台和一个拍照平台，两者由陡峭的楼梯连接，模特需要在保安的帮助下穿着木屐在其间穿梭。拍照平台上有一把巨大的Dior椅和白色花枝作装饰。

●在这个“中西合璧”的系列中，加利亚诺将日本的折纸、小袖（译者注:Kosodes，一种民间日常便服，和服是江户时代之前的小袖的派生物）和武士盔甲等元素与Dior“新风貌”相结合。

●开场造型的灵感来自日本的乡村和大自然，紫藤和樱花色调的鸡尾酒会套装和连衣裙，带有挺括的Dior经典Bar夹克的紧身束腰廓形、折纸式叠褶和方平编织雪纺等元素。

●赤褐色稻草质地的真丝连衣裙上绣有跳跃的鲤鱼，一件白色亚麻布制成的帐篷大衣（宽下摆女士大衣）的上衣和领子上装饰有细塔克褶，还绣制有葛饰北斋的海浪，并用白色亮片点缀出海面的泡沫。筒状褶皱领子与他1989/1990秋冬的香蕉色“波烈”羊毛大衣相呼应，其灵感来自一张粘贴在他素材本上的老杂志照片（见第90页）。

●其中有几件黑色鸡尾酒会套装，线条棱角分明，其中一件完全用羽毛覆盖，将折纸式叠褶与传统的武士盔甲结合起来，其他的则是用鳄鱼皮制成或衣身上装饰有钉珠条纹图案。

●然而，总的来说，色调令人陶醉——甜美的粉红色、淡紫色、海泡绿与石灰、橘色形成对比。

●斯蒂芬·琼斯在头饰上重新突破自我，作品包括三把打开的扇子、大块的竹子、枞树的树枝、巨大的发梳、太阳伞或方平织纹的斗笠帽，呈现了20世纪50年代初的Dior造型。

●渐变（一种颜色过渡到另一种颜色）是和服的一个关键特征。“布兰奇·杜波依斯”系列中的“蛤蜊”连衣裙被重新设计成黄色过渡至绿松石色的舞会礼服，由模特黛布拉·肖展示，并佩戴一顶饰有粉红色真丝牡丹花的无边帽。他选择了莎洛姆·哈洛（自20世纪90年代以来一直为他做模特）作为压轴“新娘”，她穿着饰有刺绣和钉珠的白色真丝折纸式礼服，光彩夺目，波浪涌动的长拖尾裙摆是用真丝网纱制成的，她的黑色艺伎发型上镶嵌着摇摆的吊坠水钻。

●就纯粹的美丽、天才般的创意、工艺和轰动程度而言，这个系列将作为有史以来最精彩、最浪漫的系列之一，载入巴黎高级时装的史册，而且迪奥先生本人肯定会批准这个系列出现在品牌的周年纪念日里。

●加利亚诺称：

> “60年前的女性希望看起来有女人味、浪漫、坚强，更富有诱惑力。真正变化的是什么呢？”
>
> 美国版*Vogue*，2007年4月

造型 13，“Koji-San”，稻草效果的真丝晚礼服，上面有 Lanel 绣制的鲤鱼图案

造型1,“Konnichi Kate”,粉红色刺绣,饰有折纸式叠褶的真丝 gazar(一种高定常用真丝面料)套装

造型 8，“Cee-Shi-San”，基于传统和服造型的晚装外套和紧身连衣裙，用 Taroni 织造的酸绿色真丝制成，由 J.P.Ollier 绣制

造型 17，“Suzurka-San”白色亚麻布大衣，安妮·盖尔巴德绘制的葛饰北斋的“海浪”图案，由 Safrane 绣制

莎洛姆·哈洛身着“CiaCi-San”刺绣真丝 Gazar 和网纱制成的新娘礼服，头戴摇曳摆动的“艺伎”头饰

当金色卷发的加利亚诺装扮成平克尔顿中尉出现时，无数的纸蝴蝶纷纷落下

2007/2008秋冬 Autumn/Winter

Dior 高级成衣系列：重回奢华 DIOR READY-TO-WEAR Return to Luxury

2007年2月27日，
下午2点30分
巴黎杜乐丽宫
58套时装造型

“加利亚诺的色彩掀翻了房顶。”
《爱尔兰时报》，2007年2月28日

这个商标被用来替代
惯用的 Dior 精品商标

配件包括“Samurai”手袋和水台高跟鞋

●上一季的高级成衣系列充斥着平淡无奇的灰色套装，而这一季充满了极致的光辉魅力。迈克尔·豪威尔斯设计了一对宽阔的楼梯，两旁是白玫瑰，背景投射着一盏枝状吊灯的剪影。

●该系列具有明显的琼·克劳馥和劳伦·白考尔 20 世纪 40 年代的好莱坞风格，肩部、袖子和臀部的亮片让人联想到好莱坞设计师吉尔伯特·阿德里安。引人注目地大量使用皮草，特别是狐狸皮，装饰在袖子和裙子下摆上，或与大尾羔羊皮结合用于西装和大衣。

●模特们以琼·克劳馥的造型为蓝本，浓密的眉毛，柔和自然的面容，白考尔一样轻轻卷起的头发。日装是鸽灰色绒面革套装，上面装饰有精致的细塔克褶，剪裁精良的灰色粗花呢和羊毛连衣裙，搭配了细腰带，裙子后面有臀部褶饰和拖尾设计。

> “它是奢华、质感和深入考究的设计的回归，也是一次魅力的回归，鞋子和手袋这些迷人搭配，自20世纪40年代以来，我们都没有真正见识过。”

秀后采访记录，Dior 档案馆

●鸵鸟皮夹克的围巾领被做成了猫咪蝴蝶结。来自高定秀的折纸式叠褶被巧妙地作为口袋或闭合细节，其中一件白色丝绉晚礼服上的层层叠褶被交叠缝合在一起。

●其他提炼自高定秀的元素包括“蛤蜊”舞会礼服和鸡尾酒会礼裙，以及丰富色调，从鸽子灰和淡粉色到浓郁的紫红色、深紫色、墨蓝色和深浅各异的绿色——翡翠色到黄绿色，所有这些都与鞋和包相匹配。

●尼克·奈特拍摄了一系列引人注目的单色广告。继一件夺人眼球的礼服之后，紧接着出现另一件珠宝色系的礼服，非常适合全球各地的红毯活动，看起来不像是成衣，更像是高定时装。

●这个系列受到了观众、买家和媒体的普遍赞誉。

> “没有人像他一样。”

伯纳德·阿诺特对《纽约时报》表示，2007年2月28日

●《女装日报》称：

> “Dior 如今正笼罩在迪奥本人辉煌时代以来从未见过的光芒之下。”

《女装日报》，2007年2月28日

●加利亚诺这次穿着故作端庄（对他来说），穿着一身黑色服饰，留着铅笔胡，戴着贝雷帽，出场谢幕。演出结束后，谈到他在 Dior 的任期时，他说：

> “好吧，我希望他们只是在期待未来的10年，因为对我来说，这只是一个开始……首先我从来没有想过我会来到 Dior，接受采访时算了一下，我已经在这里工作 10 年了，任职时间已经比得上迪奥先生了。”

《女装日报》，2007年2月27日

●奢华、魅力和鲜艳的色彩是这个系列的缩影

折纸式叠褶装饰的白色欧根纱晚礼服

Galliano 高级成衣系列：一日三餐成就圆满的家 GALLIANO READY-TO-WEAR The Family That Eats Together, Stays Together

2007年3月3日
巴黎圣殿市场
44套时装造型

“这是一个华丽的场所，
没有什么能与这些衣服相媲美。”
《女装日报》，2007年3月5日

受吉尔雷启发制作的
立体弹开式邀请函

●加利亚诺旧时的美好时光。一封有趣的邀请函被送来，上面印有一幅怪诞漫画，摄政时期一个家庭正在用餐。马莱区的室内市场已经被迈克尔·豪威尔斯改造成了舞台场景，布满了英国乡间别墅的装饰，为周末聚会做好了准备。道具包括一只老泰迪熊骑着的毛绒雄鹿，一面墙上挂着英国国旗，一个点燃的烛台、古董家具，一间鸡舍和干草包。演员包括年迈的玛丽·波平斯和一位身材魁梧的乡绅的女儿。当模特们走过时，一位水手和一位戴着平顶帽的乡下人躺在床上偷看他们。

●然而，这些周末拜访的客人远非贵族，他们来自布拉赛的镜头和20世纪二三十年代的蒙马特酒吧。加利亚诺尤其被“La Môme Bijou”（珠宝夫人）和“钻石小姐”的肖像照片所吸引，摄影师布拉赛在日记中这样描述：

> “她闪亮的眼睛，魅力动人，被美好时代的灯光照亮，毫无岁月的痕迹，一个漂亮女孩模样的幽灵似乎在微笑。难道钻石小姐真的是一个妖精……或者她曾经走过红磨坊到皮加尔广场的街道？”
>
> 布拉赛，《30年代的秘密巴黎》，1976年

●时装秀以一部20世纪20年代风格的黑白默片开场，该默片被投射在一张旧床单上，内容展示了加利亚诺在他的工作室里检查面料和调整模特身上的织物的场景。

●开场造型主要是酒红色和黑色，其中一件羊毛大衣上缝有一片片呈螺旋状的装饰褶片，另一件则完全覆盖满阶梯式的装饰褶边。

●这些披挂天鹅绒装饰、戴着黑玉串珠、穿着设计有19世纪90年代的羊腿袖时装和斜裁印花连衣裙的模特们像是头戴朱利安·戴斯设计的红色和黑色假发的巴黎女神琦琦。其中一个模特抱着20世纪20年代的闺房玩偶，其他人挥舞着根据复古原件设计的晚装包。裙子的轮廓从1917年的筒形开始，然后是20年代 Flapper 女郎风格和30年代的斜裁，采用裸色雪纺、黑色丝缎和酒红色天鹅绒面料，并装饰有更繁复的褶边。

●随后是剪裁考究的黑色骑马服和透明的网纱和雪纺晚礼服。模特们的头发打了蜡，涂了睫毛膏，就像被水淋过一样。

●加利亚诺穿着黄色的真丝晨衣鞠躬致意，条纹睡裤，佩戴奖章的马甲，在发网外面戴了一顶平顶帽，脚上穿的是绿色的 Hunter 高筒雨靴。

各种面料的层叠褶皱和装饰褶边是本系列的特点

莉莉·科尔身着爱德华时期风格的珐
饰多层荷叶边大衣

史蒂芬·罗宾逊之死

●史蒂芬·罗宾逊（1969—2007）英年早逝，年仅38岁，这是他参与的最后一个系列。他是加利亚诺的朋友、知己和得力助手，2007年4月1日被发现死在公寓里。罗宾逊于1988年作为实习生加入加利亚诺工作室，后来基本没有离开过。他见证了加利亚诺职业生涯的起起伏伏，从早年身无分文睡在朋友家的地板上，到Christian Dior闪亮的高定时装世界。

●无论加利亚诺的想象力有多么天马行空，罗宾逊都能将其变为现实。他非常忠诚，保护加利亚诺不受工作室日常琐事的影响，使设计师能够专注于创作。罗宾逊才华横溢，将工作作为生活的全部，参与了设计过程中的每一个阶段，从最初的草图到秀场上模特被推上伸展台。

●与他所处的奢华时尚世界恰恰相反，罗宾逊的生活很简单，通常穿着普通的 Polo 衫和牛仔裤。腼腆、羞涩和拘谨，他不喜欢被拍照，喜欢避开众人的目光。他将得到朋友和家人深深怀念，尤其是加利亚诺，他形容这位无比依赖的老朋友是“我的后盾，我最亲爱的朋友”(《每日电讯报》讣告，2007年4月11日)。

Dior 高级定制系列：艺术家的舞会 DIOR HAUTE COUTURE Le Bal des Artistes

2007年7月2日，
晚上8点
凡尔赛宫橘园
45套时装造型

“我们探索了迪奥先生的第一个系列，不是时装，而是他最喜欢的艺术家的作品。利用他的画廊所代表的新浪漫主义艺术家的精神，我们创造了终极艺术家的舞会，向史蒂芬·罗宾逊致敬。”

Dior 品牌新闻稿

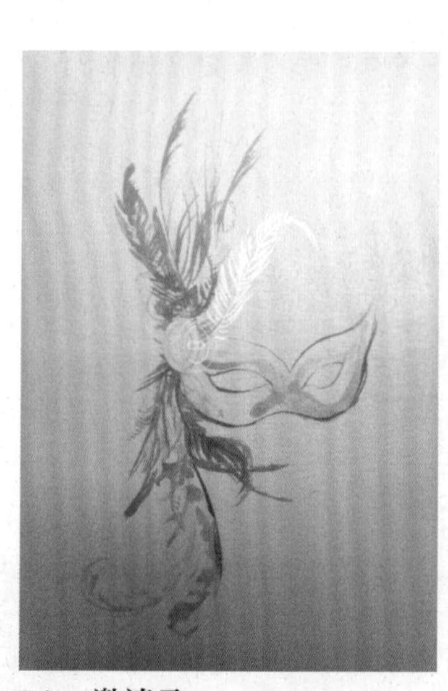

Dior 邀请函

● Dior 上一次在凡尔赛宫办秀是在 1999 年 7 月，当时加利亚诺以其大胆的、未来主义的新千年“黑客帝国”系列，震惊并激怒了大量传统客户。然而，他在 Dior 品牌成立 60 周年和本人担任创意总监 10 周年之际，呈现了一个又一个奢华浪漫、让人愉悦的造型。这些作品不仅展示了他自己的设计才能，还展示了工作室员工、高度熟练的专业刺绣师和染色师的技术才华。

●加利亚诺选择了伟大的视觉艺术家作为他的主要灵感来源，时尚插画师、摄影师和艺术家，从古代大师到毕加索和谷克多。为了致敬迪奥先生，“新风貌”的剪裁比比皆是，还囊括了他从学生时代就开始使用的历史主义造型。其中带有强烈的西班牙元素，这源于他的一次塞维利亚之行。在塞维利亚的一次旅行中，他遇到了著名的斗牛士米格尔·阿贝兰，将他带进了内室，并在斗牛前与他一起祈祷。

●“复活节之后，也就是在我们失去史蒂芬之后，我去了塞维利亚，我和吉卜赛人、斗牛士在一起，他们提醒我，死亡可以是一种庆祝的方式。生与死之间的界限是多么微妙，要懂得庆祝。”

Dior 档案馆的秀后采访记录

●不惜一切代价。迈克尔·豪威尔斯用一条 130 米长的高架镜面伸展台填满了这个空旷的空间，并用一对从白玫瑰花丛中奔腾而出的白色石膏马做装饰。其他古董雕像被戴上白色的科克泰厄斯式的面具，这些道具可供模特摆出各种姿势或靠在上面，特别是当穿上新款16厘米高的隐形坡跟鞋异常难以行走时。

●吉赛尔·邦辰在后台说：

“为我祈祷吧，当你看到我的鞋子时，就会知道原因。”

《女装日报》，2007年7月3日

●背景音乐是弗拉门戈与弦乐乐队和福音合唱团的融合。演出进行时，1200 名宾客挤满了大厅，后来又有 1500 名宾客加入了在凡尔赛宫花园举行的“艺术家舞会”。用餐帐篷被装饰成西班牙摩尔风格，最好的弗拉门戈音乐家、舞蹈家和 DJ 杰里米·希利为大家带来了欢乐。邀请函建议着装要求为“极端优雅”。对加利亚诺来说，这一定是一个苦乐参半的时刻，这是第一个史蒂芬·罗宾逊未能参与的系列。前一天，加利亚诺提到他：

“他是我的朋友，我的家人，现在的我像是缺失了一块。但我感觉到了他，像启明星般挂在那里。”

《女装日报》，2007年7月3日

●吉赛尔·邦辰的开场造型灵感来自欧文·佩恩的一张照片，她穿着闪亮的黑色“Bar”夹克、铅笔裙，佩戴了铃兰花胸针。加利亚诺因此延续了迪奥先生的传统，即在系列的第一个造型上装饰一枝铃兰花以示幸运。在她之后出场的时装，是黑色和白色的，就像谷克多的铅笔画草图或佩恩的照片。

●颜色是逐渐引入的第一个暗示：一件无肩带鸡尾酒会礼裙，灵感来自格茹，腰腹部造型仿佛卷入了玫瑰形的漩涡中，它是手绘的粉色，并配上一顶艺术家调色板帽子，上面饰有亮片“颜料”。

●舞会礼服的颜色让人想起“艺术大师前辈们”及其追随者使用的颜料，洋红、群青、镉黄、孔雀石、钴蓝和生石榴。

●凯西·霍琳总结了这场奢华大秀。

“在凡尔赛宫内，穿上蛋糕。”

《纽约时报》，2007年7月5日

●这场秀有很多当红的年轻模特参加，成了超模们的重聚时刻。斯特拉·坦南特自20世纪90年代以来一直是加利亚诺大秀的中坚力量，穿着引人注目的猩红色丝缎舞会礼服，戴着黑色披肩式头纱，灵感来自埃尔·格利科；海伦娜·克莉斯汀森穿着黑色晚宴礼服，灵感来自霍斯特；娜奥米·坎贝尔穿着淡紫色的花朵覆盖的真丝筒形连衣裙，灵感来自拉斐尔前派艺术家阿尔玛·塔德玛；琳达·伊万格丽斯塔头发染成红色，身穿洋红丝缎礼服，上面点缀有立体的紫色刺绣花朵，灵感来自卡拉瓦乔；莎洛姆·哈洛身着绿色丝缎舞会礼服，上面饰有珍珠母亮片和刺绣，灵感来自米开朗基罗；艾姆博·瓦莱塔身着淡蓝色塔夫绸紧身裙，灵感来自雷诺阿；凯伦·穆德身着黑色亮片紧身连衣裙，身披饰有黑色刺绣图案的，体积庞大的象牙色罗缎晚装外套，灵感来自比亚兹莱；莉莉·科尔身穿紫色丝缎舞会礼服，灵感来自提埃波洛。

●加利亚诺身着紧身斗牛士“光之套装”出现，并进行了一次极长的谢幕，在响亮的掌声中在伸展台上徘徊，与他的模特朋友们打招呼。但他的面色比平时更加阴郁。

莎洛姆·哈洛身着第45套造型“Michel-angelo”，一件渐变绿色公爵夫人缎刺绣舞会礼服，由 Vermont 工坊绣制

造型7，吉纳维夫·科特绘制的“Bérard”礼服，用三层欧根纱制成，由Muller工坊绣制

吉赛尔·邦辰的开场造型“Irving Penn”（欧文·佩恩，以知名摄影师的名字命名），黑色羊毛刺绣晚装套装，配以铃兰花胸针和较危险的麂皮坡跟鞋

造型 6，受插画师格茹启发的白色真丝连衣裙，由安妮·盖尔巴德绘制，Muller 工坊绣制。斯蒂芬·琼斯的艺术家调色板帽子，上面饰有亮片“油彩”

加利亚诺身边围绕着超模们，她们身穿“Caravaggio”“Alma-Tadema”“Irving Penn”和“Renoir”

2008春夏 Spring/Summer

Dior 高级成衣系列：黑帮少女 DIOR READY-TO-WEAR Gangster Girls

2007年10月1日，
下午2点30分
巴黎杜乐丽宫
57套时装造型

“黑帮风卷土重来。”

《爱尔兰时报》2007年10月2日

●相比前一场高级定制系列的炫目奢华，此系列略显平淡。服装零售商喜闻乐见的是，以黑白系列作为开场造型，随后展示的服装完美无瑕，穿着舒适，每件均无懈可击。加利亚诺表示，这次发布会的灵感来自玛琳·黛德丽（此前也曾受其启发），还有艾娃·加德纳与葛丽泰·嘉宝，她们的风采透过摄影师彼得·林德伯格的视角和镜头得以完美呈现。加利亚诺说："因为我喜欢胶片的颗粒感。"中性的裤装三件套，以细条纹羊毛款作为日装，以条纹串珠款作为晚装，并搭配金边贝雷帽或软呢帽。

●斑马纹设计应用在大衣、时装单品、新款皮包和饰有金属穿孔圆锥鞋跟的水台高跟鞋上。

●日装有一件印有树叶图案的迷人雪纺衬衫，搭配一条下摆飘逸的斜裁裙，随即扑面而来一股20世纪40年代夏威夷之风。晚装的服装品类丰富，包括臀部饰有蝴蝶结的丝缎裹身连衣裙，以及各色各样的20年代风格的flapper礼服裙，下摆饰有流苏或层叠褶皱。

●一件印花缎面睡衣西装外套零售价为1990美元，一件配套的吊带背心和裤子售价为1590美元。

●随后亮相的是一系列灵感源自20世纪30至40年代的全长斜裁礼服，它们按照不同色系陆续亮相，首先出场的是淡粉色与淡玉色系列，最后登场的是亮眼的黑色、红色与斑马条纹系列。压轴的造型是白色长裤套装，配以高帽，以呼应黛德丽在其第一部好莱坞电影中的造型，该电影于1930年在摩洛哥拍摄。

●位于观众席的名流包括：伊万娜·特朗普、楚蒂·斯泰勒和斯汀。秀场上播放了斯汀创作的《纽约英国人》（*Englishman in New York*），以作为加利亚诺向昆汀·克里斯普的致敬。

●加利亚诺在时装秀结束时短暂亮相，他头戴黑色礼帽，身穿马甲、袜子和吊带裤，嘴里叼着烟，但他貌似忘穿外裤一般。（他说在模仿马龙·白兰度向玛琳·黛德丽进行自我介绍时的场景，具体内容详见《没拉拉链的马龙·白兰度》）

开场造型，剪裁利落的黑色羊毛细条纹黑帮风套装，搭配饰有金属扣眼的贝雷帽

再现 1997 年春夏系列的“米萨 · 布里卡尔”主题，豹纹连衣裙和连裤女士内衣（cami-knickers）（译者注：现在称为睡裙，combinettes），搭配镶有加莱蕾丝的锦缎真丝长袍

Galliano 高级成衣系列：一切尽在星空中与灰色花园 GALLIANO READY-TO-WEAR It's All in the Stars/Grey Gardens

2007年10月6日
巴黎法兰西体育场
52套时装造型

“伊迪·布维耶·比尔
和安迪·沃霍尔
在科尼岛度假时
邂逅伊迪·塞奇威克，
并撞上了西班牙节假日。”
迈克尔·豪威尔斯
接受作者访谈时说。

●硬纸板制无盖式邀请卡上正式写着："一切尽在星空中"，但加利亚诺选择的缪斯女神是"小伊迪"布维尔·比尔，她是杰基·肯尼迪·奥纳西斯的堂妹。她的父亲是富有的律师，母亲来自上流社会。她从小养尊处优，然而父母的教养方式多少有些反常。年轻时，她曾逃到棕榈滩郡，后来被她父亲找到并带回了位于东汉普顿的"灰色花园"。貌美如花、魅力四射的伊迪，在20多岁时，曾担任梅西百货公司的时装模特。1952年，当时34岁的她乐观地宣布自己即将在演艺圈突出重围。她的母亲50多岁，离婚，曾从事卡巴莱歌舞表演事业。母女两人后来的演艺事业均无疾而终。

● 1975年，艾伯特和大卫·梅尔斯拍摄的一部纪录片揭示了她俩古怪的生活。当时她们生活在一所破旧的房子里，屋里到处都是猫、野浣熊、跳蚤，垃圾满地，穷困潦倒。当地政府以破坏环境卫生为由发出了驱逐通知，但两位表亲杰奎琳·肯尼迪·奥纳西斯和李·拉德兹威尔出手相救，并出资对房子进行了熏蒸、清洁、垃圾清除，并安装了新水管。令人称奇之处在于，即使身处垃圾之中，即便境遇如此窘迫，"小伊迪"（此时已经脱发，因此戴着头巾）依然自带光环，保持着优雅与时尚，随后被意大利版 *Vogue* 和 *Harper's Bazaar* 报道。

●演出当晚的开场并不顺利，因为主体育场刚刚举行了一场重要的足球比赛，观众们不得不在喧闹的足球迷海洋中缓慢前行，去努力寻找加利亚诺的秀场。经过漫长疲惫的一天，业界众多关键的时尚编辑与嘉宾均已牢骚满腹，这也情有可原。

●然而，在他们踏入秀场的那一刻，映入眼帘的是一个破旧风格的海边游乐场，其间坐落着旋转木马，还有一位英俊的救生员正将康乃馨献给从他身边款款走过的模特，头顶的天花板上悬挂着鱼儿造型。

●这场时装秀以20世纪20年代风格的小甜心明星开场，她们身着各类粉色调的雪纺短裙，有些还穿着灵感源自爱德华时期的多层刺绣披肩。

●这些模特并未采用扑克脸走秀风格，而是自由地表达真实个性，在宽阔的伸展台上，一路手舞足蹈、展露风情，并在镜头前大摆造型。位于相机后方的吹风机卷起片片纸屑，扑面而来。此系列没有展出任何新奇的产品，但却显得朝气蓬勃、趣味横生、令人向往。在漂亮的碎花雪纺斜裁系列中，还有"小伊迪"的心爱之物——开襟羊毛衫变为贴身晚装，装，这些都是伊迪的挚爱。

● Flapper 裙和银色皮大衣则变成了超级迷你短款。压轴作品的灵感源自20世纪30年代的经典设计，用雪纺和网纱面料制成的斜裁弗拉门戈连衣裙，色调从粉色到红色，让人不禁联想起加利亚诺的1995/1996秋冬系列，甚至连发型都是如此相似。

●此系列没有展示任何新奇的产品，但却让人感觉轻松愉快，在漫长紧张的一天结束时，让人精神为之一振，正因如此，此系列非常畅销。

●加利亚诺出场时，头戴用绿色气球装饰的花朵太阳帽，身穿橙色马甲、黄色T恤、格纹短裤、印花打底裤，脚踩灰色靴子，他笑容满面，让秀场熠熠生辉。

“小伊迪”开衫连衣裙，设计有纽扣门襟装饰和连帽式头巾

玫瑰雪纺连衣裙的灵感源自弗拉门戈风格

夹克的灵感源自爱德华时期披肩的剪裁工艺

Dior 高级定制系列：X 夫人与克里姆特 DIOR HAUTE COUTURE Madame X & Klimt

2008年1月21日
巴黎马球俱乐部
40套时装造型

“风格狂野奢华，工艺卓越精湛。”
《女装日报》2008年1月22日

●约翰·辛格·萨金特的肖像画《X夫人》，以一位名为阿米莉·高德勒的女士作为原型，她是一位成功的法国银行家的妻子。该肖像画于1884年在巴黎揭幕时，令上流社会大为震惊。以今天的标准来看，这幅作品的风格还是相对温和的：一个面色苍白、身材匀称的女士，身穿紧身的黑色细肩带长裙。但在当时，让人感觉有伤风化之处，不仅在于那身若隐若现的轻薄衣裳，还有那份露骨的性感。

●加利亚诺系列中没有一件衣服与画中的衣服相似，但这个系列的灵感源自优雅的诱惑女郎，并结合了克里姆特象征主义油画作品的绚丽色彩，“与迪奥先生的剪裁和廓形配合得天衣无缝”（摘自Dior品牌新闻稿）。这些廓形让人联想起巴伦西亚加20世纪60年代雕塑般的设计风格。加利亚诺玩起了体积游戏：梯形线条、热气球形袋式连衣裙、背部后袋式长拖尾、泡泡裙式下摆、帐篷大衣、呈玫瑰漩涡状的递进式折边下摆，所有这些都被用来营造戏剧效果。

●布景为墨黑色，伸展台中间流淌着一滩黑水，以烘托展品的色调：亮黄色、深紫色、洋红色、青柠色、赭石色和紫红色。厚重的公爵夫人缎和硬挺的Ziberline斜纹真丝被当作画布，刺绣和绘画挥洒其上。20世纪50至60年代高级时装的全盛时期之后，此类风格及其奢华程度就鲜少出现。此系列没有日装。刺绣是如此奢华，以至于需要十多个不同的专业刺绣工作室协同合作，并应用了层叠的塑料花和宝石般的水钻作装饰。后期的装饰图案让人联想到克里姆特的闪亮画作。

●斯蒂芬·琼斯的帽子以金属顶针、碟子和灯罩的造型出现。加利亚诺的素材本里收藏着克里姆特画作的图片，格洛丽亚·范德比尔特和黛安娜·弗里兰穿着与室内风格相似的花哨的印花服装，圣罗朗的非洲系列裙子以及帕科·拉巴纳的金属礼服。

●模特们试图摆出20世纪50年代那种高高在上的造型，她们能踩着那双带有尖鞋跟和金属鞋头的坡跟水台恨天高走秀就已经是非凡之举。

●加利亚诺身着伊丽莎白风格的黑色套装，梳着金色的卷发，鞠躬致意。

● Dior公司的凯瑟琳·里维埃尔称，前几年的高级定制时装销量高居公司历史销量之冠。如今，许多买家来自波斯湾或俄罗斯，可能正因如此，品牌才开始采用如此豪华的饰品。

饰有 3D 刺绣的奢华鸡尾酒会礼服与晚装

造型 37 细节，一件朱红色的米卡多真丝（米卡多真丝是斜纹真丝，有别于塔夫绸）大衣和裙子，上面点缀着由 Vernoux 绣制的克里姆特风格刺绣图案

造型 6，紫红色的米卡多真丝连衣裙，泡泡裙式下摆，由 Hurel 负责绣制，配以超高的水台坡跟鞋

2008/2009秋冬 Autumn/Winter

Dior 高级成衣系列：纯粹魅力
DIOR READY-TO-WEAR Pure Glamour

2008年2月25日，
下午2点30分
巴黎杜乐丽宫
60套时装造型

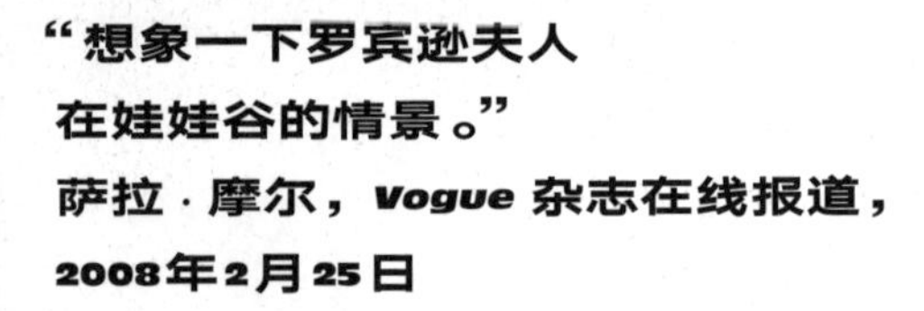

“想象一下罗宾逊夫人在娃娃谷的情景。”

萨拉·摩尔，*Vogue* 杂志在线报道，2008年2月25日

●迈克尔·豪威尔斯制作了一套黑暗的野兽派背景，水沿着玻璃墙流下，在台阶上形成瀑布。

● Dior 时装屋在1961年宣布："永远不要忘记女人"（摘自 Dior 品牌新闻稿）。模特们看似是塔卢拉·盖蒂与小珍妮·霍尔泽的克隆版，留着长而蓬松的发束和夸张的崔姬眼妆。加利亚诺似乎翻遍了 Dior 20世纪60年代末和70年代初的档案，以寻觅灵感。

●日装与晚装均是精致的淑女风格。一群"罗宾逊夫人"风格的优雅模特，身着奢华的貂皮大衣、时尚的都市西装，搭配宽松夹克和羊毛或鳄鱼皮制成的色彩丰富的 A 字裙，伴随着西蒙和加芬克尔的音乐，在 T 台上款款而行。

●黑白风服饰以花斑小马皮夹克、经典的犬牙格纹和黑色漆皮镶边的粗花呢的形式出现。

●印花大胆而生动：要么是迷幻的 20世纪60 年代风格的抽象图案；要么就是在日装与晚装上皆使用大的渐变圆形图案。

●配饰至关重要。淑女式的皮革厚底露跟鞋，模特们可以轻松换上它走秀。

●特大号草编宽边帽，搭配配套的手套、金属链式腰带和新款"61"手提包。纤细的筒状晚礼服采用石灰色、紫色、祖母绿和钴色，饰有超大亮片、刺绣和水钻。

●对于那些想成为杰奎琳的人来说，此系列就是为她们量身打造的！

●加利亚诺身穿黑色衣服，头戴黑色棒球帽，向观众鞠躬致意。

单色粗花呢日装套装

黄色丝缎礼服重新诠释了 Dior 1967 春夏系列的饰有金属环的领口设计

饰有刺绣图案的抽象印花鸡尾酒会礼裙

Galliano
高级成衣系列：
欢乐谷
GALLIANO READY-TO-WEAR Pleasure Dome

2008年3月1日
巴黎拉维莱特大厅
53套时装造型

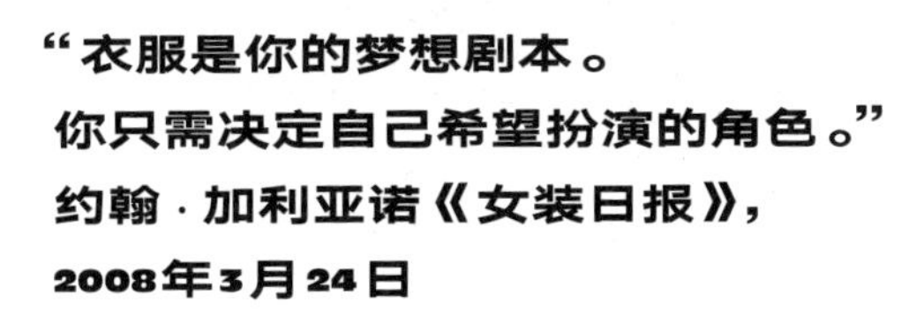

"衣服是你的梦想剧本。
你只需决定自己希望扮演的角色。"
约翰·加利亚诺《女装日报》，
2008年3月24日

伸展台绕着水池蜿蜒伸展，水池中的旋转平台上伫立着半裸的年轻人，他们打扮成苏丹人、天使或佛像的造型

●加利亚诺邀请客人参观他的“世外桃源”，这是一个位于巴黎郊区的室内蔬菜市场。在艰难地穿越市区之后，迎来的是演出晚了一个多小时开场，壮观的迈克尔·豪威尔斯欢乐谷布景并未缓解观众的沮丧情绪。

●加利亚诺设计此系列的初衷是将约翰·泰勒·柯勒律治的一首关于讲述东方宫殿神话的诗歌与1954年的邪典电影《极乐大厦揭幕》（*Inauguration of the Pleasure Dome*）相糅合。他和豪威尔斯决定，秀场背景应该围绕一部20世纪40年代的电影展开，就好像正式演员和临时演员准备拍摄一部“世外桃源”电影一样。临时演员包括玛丽莲·梦露和服装设计师伊迪丝·海德的“撞脸”模仿者。

●妆容、发型与配饰是这场秀的亮点。帕特·麦克戈拉斯设计的眼妆，采用了撞色的色块与巨大的睫毛，契合加利亚诺的设计初衷，展现了非传统与不羁的风格。斯蒂芬·琼斯超常发挥了帽子设计的功力，从巨大的爱德华时代针织骑行帽、鸵鸟羽毛光环帽，到20世纪60年代初希亚帕雷利风格的鲜花盛开的花盆帽。将尼龙小丑假发包在网中，制成了棉花糖状、彩云状的头饰和假发。鞋子的款式是铆钉饰带凉鞋，20世纪40年代的佩鲁贾风格或高贵的玛丽珍鞋。加利亚诺推出了新款珠宝系列，包括大胆的复古风大型珐琅胸针和项链。

●时装包括保罗·波烈的东方主义造型，以及采用柔软的天鹅绒、缎子和透明雪纺面料制作的Dhoti风格长裤。加利亚诺表示，他想打造一款将裙子与长裤融合的一体式服装。这些均可与剪裁精美的宽松大衣和双排扣夹克搭配，设计元素来自20世纪10年代。

●像往常一样，秀场展出了大量色彩淡雅的礼服、20世纪30年代的花卉印花派对礼服，以及Flapper风格礼服，它们深受买家的喜爱，销售一直不错。

●加利亚诺总结了他当时的时尚哲学：

> “我认为时尚的本质是诱惑、震撼，最重要的是，让你逃离。”

《女装日报》，2008年3月24日

●在那个信贷紧缩的暗淡时期，一点“世外桃源”的逃避主义可能正是我们所需要的。此系列虽然很有商业价值，但并无开创性。同一周，麦昆推出了他轰动一时的“住在树上的女孩”（The Girl Who Lived in a Tree）系列，广受赞誉。

精致剪裁的羊毛夹克搭配雪纺哈伦裤

加利亚诺一直是针织品爱好者，这套服装包括一件宽松的蓝色开衫外套，饰有绒线刺绣图案

Dior 高级定制系列：当代时装
DIOR HAUTE COUTURE Contemporary Couture

2008年6月30日，
下午2点30分
巴黎罗丹美术馆
44套时装造型

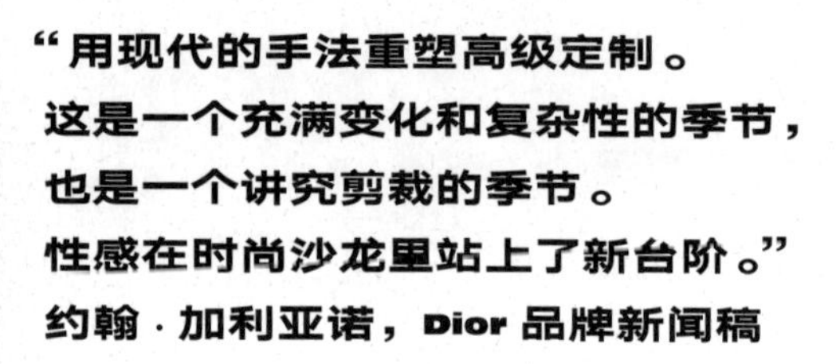

“用现代的手法重塑高级定制。
这是一个充满变化和复杂性的季节，
也是一个讲究剪裁的季节。
性感在时尚沙龙里站上了新台阶。”
约翰·加利亚诺，Dior 品牌新闻稿

●加利亚诺希望采用标志性的 Dior 元素，将其解构并呈现给现代女性。他心中有两个缪斯女神，她们均是 Dior 的模特。第一位是丽莎·方萨格里夫斯，她在20世纪50年代早期的 Dior 中，被其受业界崇敬的丈夫——摄影家欧文·佩恩赋予了不朽的时尚地位；第二位是法国的新第一夫人卡拉·布吕尼·萨科齐，她为20世纪90年代的 Dior 时装秀增添了很多光彩。

●这些时装对现代女性来说当然穿着舒适、美丽优雅，是带有现代色彩的经典“新风貌”造型。

●开场的日装造型主要为黑色和白色，采用对比鲜明的漆皮或饰有铆钉的皮革制成的夸张的“Bar”形紧身束腰带。毡制和皮革小礼帽的灵感来自爱德华多·加西亚·贝尼托的画作、20世纪20年代和30年代的 *Vogue* 杂志封面，礼帽上饰有金属扣眼。

●真丝外套搭在饰有格子状水钻镶边的羊毛裙上，打造出渐变效果。所有服装均结构严谨，都是以经典的 Dior 网纱束身衣的结构为基础。

●装饰性的纽扣门襟带与 20 世纪 50 年代早期的晚宴礼服相呼应，像是帝国腰线长度的白色羊毛夹克衣袖上的金色亮片镶边。紧随其后的是一系列以无肩带设计为主的浪漫鸡尾酒会礼服和全套舞会礼服，主要采用柔和色调，包括淡紫色、青瓷色和象牙色。它们将成为完美的新娘礼服。

●压轴作品采用建筑风格的结构，应用硬衬加固的夸张的后裙摆，让人联想起迪奥先生的1948年“Zig-Zag”系列，此外还增加了新款的“Bar”形紧身束腰带。用长达110码的网纱，并耗时400个小时缝制，再用 800 个小时点缀出 600 个依次排开的，从灰色到银色渐变的珠饰贝壳图案。这是一件令方萨格里夫斯和萨科齐夫人都推崇备至的礼服，称为“纯粹的迪奥”（Pure Dior）。

●加利亚诺头戴饰有哥特式 G 图案（代表加利亚诺）的黑色针织帽，身穿漆皮翻领的黑色晚宴礼服与黑色乙烯基长裤，留着长长的金发，与精致的礼服形成了鲜明对比。

造型 8，黑色鳄鱼皮夹克，钟形袖设计是模仿 Dior1950 年的款式，搭配用 crin 制成的裙子，是早先被 Dior 用来做裙撑的一种面料

造型 33，柔和色系的雪纺连衣裙搭配设计有夸张臀部廓形的，用饰有铆钉皮革制成的“Bar”形紧身束腰带

克里斯汀·迪奥设计的舞会礼服，出自1948年秋冬“旋风”（Cyclone）系列，是加利亚诺压轴造型的灵感来源

造型 39，淡玫瑰色真丝礼服，用欧根纱制成的拖尾裙摆，裙身上精致的银色水晶饰边由 Vernoux 绣制

造型 44，梦幻般的舞会礼服用黑色真丝网纱和硬衬 Crin 制成，搭配“Bar”形紧身束腰带，礼服上用紫水晶点缀的贝壳形图案由 Lesage 工坊绣制

2009春夏 Spring/Summer

Dior 高级成衣系列：部落风尚 DIOR READY-TO-WEAR Tribal Chic

2008年9月29日
巴黎杜乐丽宫
45套时装造型

“糅合甜美色与中性色，
寓意活色生香，尽显性感美腿。”
《纽约时报》，2008年9月30日

●随着华尔街危机的加深，尤其是零售业的股价暴跌，Dior 需要推出一个能够轰动一时、引人入胜的商业系列，此系列基本上做到了这一点。加利亚诺在谈到他的非洲主题时说：

> “你知道，就像几年前一样，我在马赛部落待了两天，深受触动，我无法分辨哪个是真实的世界：我们今天所处的是真实世界？还是那个部落才是真实世界？”
>
> 秀后采访，Dior 品牌档案记录

●尽管标题如此，但此系列并非完全以非洲部落为题材，其实更像是“匆匆一瞥”，其元素包含：作为饰带的小海螺壳，蟒蛇和棕褐色麂皮胸衣，手包与腰带上的斑马纹印花，以及常用于皮革或绣在针织品上的疤痕图案。

●有一件珍珠鱼皮夹克，“用了 48 张鱼皮，你瞧，最优质的鱼皮都被使用了，这是一件美丽且经典的作品”（摘自秀后采访）。

●本系列再次采用了被当代时装系列重新引入的金属扣眼和钟形袖。

●没有什么是适合你穿去办公室的，连条长裤都没有，只有几条打底裤。此系列散发出鲜明的 20 世纪 90 年代的范思哲气息，短而性感的连衣裙、妩媚的雪纺裙、带骨的紧身胸衣，以及压轴的女神式连衣裙，展示了大量的腿部线条，以吸引在经济衰退时期仍有闲钱的年轻女性，但这并没有达到加利亚诺一贯的闪亮标准。

●加利亚诺穿着黑色马甲和裤子，留着光滑的金色长发，当音乐响起后，他一如往常地在闪烁的镁光灯下登场。

鞋跟被塑造成了原始非洲生育神的形状（取自1997春夏高定系列的斯蒂芬·琼斯木制帽子造型）

黑色和裸色针织连衣裙，饰有疤痕图案，来自 Resurrection Vintage Archive 古着精品店

珍珠鱼皮夹克和象牙色百褶裙

Galliano
高级成衣系列：
英国
GALLIANO READY-TO-WEAR British

2008年10月4日
巴黎地铁维修车间
拉维莱特工作室
47套时装造型

“约翰·加利亚诺选择了恰当的时机，让一切如实上演。”

《女装日报》，2008年10月6日

●这是一个天寒地冻的周六之夜，来宾们在拥堵的交通中挣扎了一个多小时才抵达位于巴黎郊区的秀场——此处是维修地铁车辆的总站。邀请函形似一张超大的头等舱火车票。伸展台搭于轨道上方，顶部灯光朦胧，四周环绕车站长椅。原定于晚上 8 点开始的演出比原计划推迟了一个多小时，观众被迫在寒冷的室外排队等候。许多重要的时尚编辑当场对此表示不满，并于事后发文抨击。这场时装秀确实需要有所不同，以安抚人心。

●正如标题所示，这次的时装系列充满英国情调。造型的灵感源自王太后和詹姆斯 · 吉尔雷在 18 世纪末至 19 世纪初所创作的漫画作品，旨在讽刺当时皇室、社会和政治。加利亚诺在参观格林威治海事博物馆时发现了这些漫画。模特们的鼻子和嘴唇上均涂满了金色，头戴色彩鲜艳、造型夸张的卷发和辫子，有些还顶着造型各异的特大号帽子，诸如王室警卫帽、头巾式女帽，以及缎面双角帽。可怜的模特们再次踩着颇具挑战性的高跟鞋，这一次的鞋面由闪光皮革和多条窄带组成，鞋跟和鞋底采用树脂材料用模具制成。加利亚诺表示：设计灵感来自雕塑家布朗库斯。许多模特走台时脚底打滑、摇摇晃晃，重新站稳后才踩着小碎步走下伸展台。

●剪裁巧妙的扇形褶皱装饰连衣裙和带有拉绳的派克大衣风格夹克，搭配飘逸的雪纺短裤或短裙。另一大特色是从上至下依次排列的穗带袢，造型灵感源自维多利亚时代轻骑兵军官的巡逻夹克。

●紧随其后的是透明连衣裙，有性感的短裙和多层褶边。该款式的灵感来自诺曼 · 哈特内尔在 1930 年代为年轻的王太后创作的网纱作品。服装的色调逐渐增多，包括对比强烈的粉红色、青柠色、淡紫色、苹果绿和经典的 30 年代风格的花园派对花卉色，面料为雪纺和丝缎。

●一件饰有亮片的网纱连衣裙零售价为 3810 美元，与之相配的罗缎外套为 4945 美元。此系列的服装剪裁精美、优雅精致，颇具商业性。虽然内搭有吊带衬裙，穿起来非常舒适，但这些设计能否取悦时尚编辑呢？不尽然。加利亚诺在一对保镖的陪同下，头戴黑色鸭舌帽，身穿裤脚束进靴子的宽腿裤，扎着长马尾辫，向观众鞠躬致意。

令人眩晕的“布朗库斯”鞋，受布朗库斯启发

军队风格的猩红色和黑色系列时装拉开了秀场的序幕，模特们戴着高耸的卫兵式鸵鸟羽毛高顶帽，由斯蒂芬·琼斯设计制作

假发和印花

性感的长款透视斜裁晚礼服，前身和背部闪耀着亮片刺绣图案，尽显晚装魅力

Dior 高级定制系列：佛兰德的绘画大师
DIOR HAUTE COUTURE Flemish Old Masters

2009年1月26日，
下午2点
巴黎罗丹美术馆
39套时装造型

"大师之作。"

《女装日报》，2009年1月27日

●由于全球经济衰退没有减弱的迹象，加利亚诺再次从以往作品中汲取灵感。他采用了迪奥先生经典的束腰宽下摆裙的廓形设计，并将这些元素与伟大的荷兰古典绘画大师——维米尔和凡·戴克的调色板相结合。为了延续古老的感觉，服装在迈克尔·豪威尔斯设计的背景下展出，背景的灵感来自古老的彩色玻璃窗。第一件亮相的礼服是维米尔黄色的真丝礼服，设计有白色披肩领和灯笼袖，由饰有精细褶皱的薄棉纱和硕大的“四叶草”形状的内附有硬衬的罗缎裙身组成，这不禁让人想起查尔斯·詹姆斯的设计。与之相配的是一顶纤细柔弱的女士阔边帽和一双系带高跟鞋，鞋底是一体成型的洛可可式卷轴造型，颜色是与裙子相同的黄色。

●整个系列的特色包括：经典“Bar”夹克的廓形特色，以及17世纪的服装元素，诸如系带式紧身胸衣、扣袢式下摆和丝带的巧妙使用。丝带被缠绕着装饰在衣领上，或被叠成无数个环状饰满整件夹克，甚至是用来装饰带扣和穿过带扣制成腰带。一件漂亮的白色真丝连衣裙配上黑色丝带，与Dior 1957年春夏系列的原创作品非常相似。

●这个系列没有日装，但是随着时装秀的继续，漂亮的鸡尾酒会礼服套装和连衣裙变身为下摆散开的舞会礼服。紧身胸衣上饰有中国青花瓷和荷兰代尔夫特陶瓷元素风格的刺绣图案，这类图案还显露于晚礼服的下摆边缘内侧。

●礼服裙上一团团的装饰褶裥，有反穿式的束身衣设计，展示了精致的衬里和绷骨缝制细节。加利亚诺在翻遍档案馆的Dior早期原作后表示：

“我彻底研究了那些服装结构，并且发现了精髓”。

《女装日报》，2009年1月27日

●他一身黑衣出场，身穿黑色雪纺衬衫，系着一个巨大夸张的领结、黑色珠饰背心和裤子，头戴高毡帽。

造型1，黄色真丝和欧根纱外套，设计有披肩领，并饰有 Ollier 的刺绣

造型 19，漂亮的白色欧根纱连衣裙，配以黑色丝带，类似 Dior 1957 春夏系列中的原作

VAUDEVILLE

Christian Dior

30, AVENUE MONTAIGNE

PARIS-8e

Dior 1957 春夏系列的时装草图 © Christian Dior

CE DOCUMENT ÉTANT LA PROPRIÉTÉ EXCLUSIVE DE LA SOCIÉTÉ CHRISTIAN DIOR, NE POURRA SANS SON AUTORISATION EXPRESSE ÊTRE COMMUNIQUÉ A DES TIERS, REPRODUIT OU SERVIR A L'ÉXÉCUTION.

THIS DOCUMENT, WHICH IS THE EXCLUSIVE PROPERTY OF THE FIRM OF CHRISTIAN DIOR, SHOULD NOT BE COMMUNICATED TO A THIRD PARTY, REPRODUCED OR SERVE AS A BASIS FOR EXECUTION OF THE MODEL, WITHOUT THE EXPRESS AUTHORIZATION OF THE FIRM OF CHRISTIAN DIOR.

造型 34，玫瑰罗缎礼服，下摆用花卉印花塔夫绸制成，束身衣采用骨架外露式设计

造型32、31，饰有蓝白相间的“代尔夫特”刺绣（由 Muller 绣制）的褶皱欧根纱荷叶边礼服和饰有郁金香刺绣（妮娜·吉尔绣制）的象牙色罗缎礼服

2009/2010春夏 Spring/Summer

Dior 高级成衣系列：东方主义 DIOR READY-TO-WEAR Orientalist

2009年3月6日
巴黎杜乐丽宫
44套时装造型

“波斯细密画和富有东方神韵的美感激发出时装新风貌。”
摘自 Dior 演出节目单

● 加利亚诺在后台向记者表示：

> “信贷会紧缩，但创意不会枯竭。现在的女性将变得更加挑剔，并且更具慧眼。我当下的工作是让女性比以往任何时候都更有梦想。”
>
> 蒂姆·布兰克斯对加利亚诺的在线视频采访

● 该系列散发着奢华而精致的气息，价格公道（据设计师迈克尔·豪威尔斯所言）。外观华丽的背景幕布上镶嵌着朵朵镀金山谷百合构成的图案与金色镜面伸展台完美搭配。

● 拉开此次时装秀序幕的是灰色调的日装系列，这是对束腰套装“Veste Bar”风格的重新诠释。加利亚诺坦言：“Veste Bar”给予了他无尽的灵感。此外，压褶缝和叠褶细节使这些时装与众不同。波烈与波斯细密画被称作是影响其创作的关键元素。灯笼形的裙子下摆丰满，这种轮廓也让人联想到1960年伊夫·圣洛朗设计的 Dior。流苏腰带、从颈部至下摆的侧边扣合设计、盘扣以及丝缎和金银丝织锦缎灯笼裤，这些都是保罗·波烈在 1912 年左右采用的时装元素。

● 为了进一步强调东方主题，日装不再采用经典的 Dior 羊毛细条纹和格纹，取而代之的是灰色和黑色的扎染织品以及柔软、飘逸的连衣裙，上面饰有灵感来自布哈拉的色彩鲜艳的扎染印花或佩斯利花纹。

● 模特们戴着头盔状的波波头假发，每人头上都布满了约 250~300 个发夹（灵感来自无声电影女演员露易丝·布鲁克斯），这让人想起1988/1989秋冬造型。妆容采用紫色和金色色调，以契合波烈的东方神韵。仅有少许极具雕塑感的现代造型，由黑色和红色饰有水平叠褶的真丝斜纹绸制成［译者注：ziberline silk，一种100% 的真丝面料，表面有斜纹，材质挺括不易变形，与米卡多（天皇）真丝类似］。

● 深紫色和黑色的日装到晚装的过渡系列包括一件饰有宽大狐狸毛皮饰边的绒面革西装，蒂妮斯·波烈在 1914 年穿着这件西装应该会显得不合时宜。最近在加利亚诺的“灰色花园”系列中看到的灯笼裤（波烈的另一个代表作），以更加奢华的版本登场，采用了金银丝织锦缎和牡蛎色丝缎，搭配大尾羔羊毛皮和狐狸毛皮装饰的马甲。闪亮的金色和黑色锦缎打造出流畅的雪纺晚礼服，其色调包括水红色、洋红色、赭色、珊瑚色和白色，并搭配波烈风格的亮片图案。

● 加利亚诺身着他在春夏高级定制时装秀上穿过的黑色马甲和长裤，搭配了一件黑色燕尾服和一双设计有红色漆皮跟的靴子。

紫红色的层叠状真丝

醒目的扎染织品，充满了日本和中亚的气息

柔软的材质，毛皮与流动的象牙色丝缎相结合

Galliano 高级成衣系列：乌克兰新娘 GALLIANO READY-TO-WEAR Ukrainian Brides

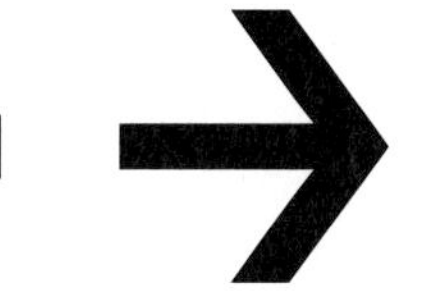

2009年3月11日，
晚上8点
巴黎法西奈货运
车站大厅
31套时装造型

“加利亚诺独自进入俄罗斯 - 巴尔干民间传说的冰雪荒原。”
萨拉 · 摩尔，*Vogue* 杂志在线报道，
2009年3月11日

●如果说本周早些时候的 Dior 系列是奢华精致风格，那么这个系列则是对传统的巴尔干和乌克兰民间时尚的现代诠释。加利亚诺曾在雅典的贝纳基博物馆待过一段时间，研究馆内大量收藏的来自巴尔干和奥斯曼帝国的 18 和 19 世纪民间服饰和纺织品。演出在一个20世纪20年代的火车站进行，布景设计师亚历山卓·贝塔克将其改造成了一条 70 英尺长的蓝色激光隧道，并伴有降雪设计。

●与 Dior 秀一样，该系列以灰色和黑色为主色调开场，但服装上面饰满了对比鲜明的织品和刺绣，其造型融合了 18 世纪的裤装、19 世纪的斗篷式夹克、阿尔巴尼亚大衣和希腊步兵短裙。

●拉奎尔·齐默曼（Raquel Zimmerman）身着银色丝缎服装，如同跳旋转舞蹈的伊斯兰教托钵僧一样轻快地转身。马其顿风格的金属皮带扣（译者注：buckles 和 pafti，都是指皮带扣或卡扣）不仅可用在腰带上，还可用作百搭的装饰品。模特们头戴银色真丝网纱头饰，脸庞周围饰满了银币。刺绣部分由 Lesage 工坊和其他顶级专家绣制而成。成衣由加利亚诺工作室采用高级定制时装专属工艺缝制。

●加利亚诺表示，凉鞋让他想起了雪橇，灵感来自布朗库斯的“飞行中的鸟”（*Bird in Flight*）的雕塑造型。

●袖子上布满了漂亮的刺绣花形的真丝“农妇衫”（Peasant Blouses）（每件零售价为 1370 美元），搭配红色和黑色附有硬衬加固的筐形迷你裙、背心和带有装饰性悬挂袖的夹克。一些超大号双排扣礼服沿用了爱德华时期的剪裁风格。

●结构化的剪裁融入了柔软、透明的压轴晚装造型，是七位“乌克兰冰雪公主”新娘闪闪发光的苍白脸庞裹着旧式的网纱面纱，睫毛巧妙地涂上了雪霜，她们单手紧抓串珠。裙子的款式包括紧身银灰色交叉流苏款、斜裁的银色金属丝织锦缎款和透明网纱款，色调涵盖了从银色到白色。贝塔克的精彩布景并未受到观众的欢迎。记者苏西·门克斯用邀请函遮住了眼睛，肥皂片状的暴风雪引起观众群一阵骚动，大家都飞快地朝出口冲去。

●该系列超凡脱俗，与同一周在巴黎展出的其他任何时装都截然不同，其风格独树一帜。

●加利亚诺戴着 18 世纪风格的白色假发，穿着大号棕褐色双排扣礼服大衣、搭配法式经典印花 Toile de Jouy 长裤和长筒靴现身谢幕。

高台凉鞋，鞋底由木头拼接而成，鞋带交叉系到膝盖处，并饰有希腊步兵风格的绒球

身穿灰色调羊毛时装的模特在暴风雪中登场

一位“冰雪公主”新娘

Dior 高级定制系列：模特间风尚
DIOR HAUTE COUTURE Cabine Fever

2009年7月6日
巴黎蒙田大道
Dior 总部
35套时装造型

“将塑造迪奥先生
标志性轮廓的叠层、
内撑和里衬
悉数展露给客户。”
Dior 品牌新闻稿

造型2，紫色羊毛连衣裙，配以硬衬制，形似“Bar”夹克式的束腰下摆

●加利亚诺打算模仿迪奥先生那个时代的做法，在 Dior 的鸽灰色沙龙里打造一场私密的传统时装秀。在翻阅 Dior 的档案资料时，他发现了一张创始人的照片，照片中的迪奥先生正在模特间对时装进行秀前调整。该系列的灵感正是源自这张照片。

●在时尚界，"Cabine"这个词有双重含义：可以表示模特拥有自己的房间，里面有镜子和梳妆台，以便进行表演前的准备工作；或者是指专门为时装公司工作的一群模特。

●迪奥先生尤其宠爱他的模特们（他喜欢称之为"Chéries"）。作为一个迷信的人，他认为"13"是个幸运数字，因此从 1955 年开始，他身边的模特数量就一直是 13 个。巴伦西亚加喜欢毫无特点的模特，因为他认为容貌俏丽或个性独特会弱化服装本身的效果。然而，迪奥先生更喜欢魅力四射、精致典雅的女孩，以赋予时装生命力。Marie-Thérèse 和 Lucky 颇具戏剧特质，她们会突然横扫伸展台，把裙摆甩得嗖嗖作响，以至于前排观众的铅笔都被扫得无影无踪。勒内拥有宛若橱窗模特般完美的丰满身材，适合穿着迪奥先生设计的所有时装。他曾经写道："她将时装演绎得如此优雅动人，以至于大家都忽略了她的容颜。"Victoire 在同龄人中以"男士杀手"著称。她身材瘦小，但肩膀结实，胸部丰满，臀部扁平，这让迪奥先生联想起来自圣日耳曼德佩区的帅气学生。迪奥先生喜欢 Victoire 的放荡不羁，她也获得了时任迪奥先生助手——年轻的伊夫·圣洛朗的宠爱。

●加利亚诺的模特中有些年仅 16 岁就模仿 50 年代的模特，尝试摆出高高在上的造型，并以后仰的姿势练习踩着高跟鞋走秀。她们不仅要穿高跟鞋，还要穿吊袜腰带和胸衣肩带装饰物。加利亚诺想让该系列时装传递出一种兴奋感和仓促感，即在演出正式开始之前，模特间里挤满了衣衫不整的模特。她们有的兴奋不已，有的则在仓促地进行最后一刻的准备。

> "好像姑娘们还没准备好，但已经有人在喊'快！准备开始'。"
>
> 《女装日报》，2009年7月7日

●时装秀以女孩们咯咯的笑声开场，模特们展示出各种"衣衫不整"的造型，束身衣、吊袜带和紧身褡全部展露在外。这并不是因为"裁缝们"没有按时完成工作，也无关信贷紧缩，而是因为加利亚诺想要突显内衣的重要性，尤其是束身衣。正如迪奥先生所言："没有基本款就没有时尚。"

●加利亚诺表示：

> "在当前经济环境下，我想聚焦 Dior 已有的时装元素：'Bar'夹克、黑豹、铃兰。"
>
> 出处同上。

●部分时装采用了加利亚诺自己的标志性造型，包括有"布兰奇·杜波伊斯"系列中首次演绎的隐藏式翻驳领设计、"玛塔·哈里"系列的金字塔领和"洛丽塔"系列的覆盖网纱夹克。还有少数几件已经完工的鸡尾酒会礼服，其主要面料是色彩鲜艳的公爵夫人缎，搭配窄边漆皮腰带。所有的服装均有对应的配饰：包、手套，有的还搭配了相应的帽子。

●甚至压轴的舞会礼服也结合了内衣的元素，裸色丝缎或覆盖黑色波点网纱束身衣显露在外，或搭配精心刺绣的短裙。

● Dior 高级定制时装的负责人凯瑟琳·里维埃尔夫人向所有不喜欢半裸款式的客户保证，这些服饰搭配短裙、紧身胸衣和不透明的内衣都不会出错。

●加利亚诺留着长长的金色头发，头戴软呢帽，身穿素雅的黑色西装，向观众鞠躬致意。

半裸造型，粗纺花呢制“Bar”夹克，搭配胸罩、紧身褡、裙撑或透明褶皱雪纺裙，色调为紫红色、淡紫色和橘红色

造型28，一个名为“finished”的造型，饰有 Lesage 刺绣的玫瑰色丝缎鸡尾酒会礼服

造型33，黑色蕾丝紧身胸衣，饰有Lanel刺绣的玫瑰罗缎礼服

2010春夏 Spring/ Summer

Dior 高级成衣系列：黑色电影风 DIOR READY-TO-WEAR Film Noir

2009年10月2日，
下午2点
巴黎杜乐丽宫
46套时装造型

“黑色电影的阴森气氛下创作出的迷人女郎造型。”

Dior 品牌新闻稿

●秀场布景试图营造出经典黑色电影的悬疑气氛和神秘感：金属质感的大梁让秀场显得像一座被炸毁的建筑，在干冰的云雾缭绕中，出现了一个头戴软呢帽的黑色人影，枪声之后随即响起一阵令人毛骨悚然的尖叫声。

●模特们都被化妆成劳伦·白考尔的模样（她曾是 Christian Dior 的忠实客户），包括第一个出场的女孩——卡莉·克劳斯，她穿着银色皮革“Bogart”风衣，搭配蟒蛇纹路的短裤，肩搭新款箱式挎包，脚上穿着及踝袜和仿鳄鱼皮制坡跟凉鞋，看起来就像一个迷人的间谍。

●这些短款风衣是一大亮点，涵盖诸多设计元素：金银丝锦缎、皮革、蟒蛇皮、酒椰纤维绣花和传统卡其色华达呢。短裙饰有褶边，紧身牛仔裤是金属色。亮缎鸡尾酒会礼服的设计灵感来自 1938 年的电影《北方旅馆》（*Hôtel du Nord*）中的阿莱蒂。

●为迎合大众市场，高级定制系列的内衣呈现出全新造型，包括蕾丝镶边的吊带短裤、法式内裤、闪亮莱卡针织紧身胸衣，以及淡紫色、紫红色和花卉色雪纺性感睡衣和吊带裙。有些内衣和吊带装饰袜圈让人产生“幻觉般的丝滑感”。

> “没有胸罩、腰带或长袜，它们都被融入了裙子的内衬之中，所以你只需穿上裙子即可。你甚至都无须穿内裤，这些衣服让人产生想要一丝不挂的念头……就像黑色电影给人引发的幻觉一样。”
>
> Dior 档案，秀后采访记录

●最后，在一如往常的喧闹声中，加利亚诺头戴软呢帽，身穿卡其色迪克·崔西风格的风衣登场，并从风衣翻起的衣领中抬眼凝视前方，向观众致意。

卡莉 · 克劳斯的开场造型

饰有蕾丝刺绣的紫红色真丝连衣裙，透视出内搭黑色吊带衬裙和装饰袜圈

银色金属丝织真丝连衣裙

Galliano 高级成衣系列：银幕
GALLIANO READY-TO-WEAR
Silver Screen

2009年10月7日
巴黎法西奈货运车站大厅
32套时装造型

"我走遍了好莱坞的老房子，
好奇诸如塔鲁拉·班克赫德，丽莲·吉许
和玛丽·毕克馥这样的明星是如何生活的。"
约翰·加利亚诺接受萨拉·摩尔采访，
Vogue 在线报道，2009年10月7日

●布景设计得摩登时尚、令人兴奋，红色镭射灯光打在伸展台上，巨大的不透明气泡从天花板上缓缓降落，随即便在半空消失，化为一团粉末。然后，背景声音响起："好了，德米尔先生，我的特写镜头已经准备就绪"。

●这场时装秀的邀请函形似一块微型演播室隔板。加利亚诺以那些未能成功转型到"有声电影"的过气偶像作为创作灵感。帕特·麦克戈拉斯的化妆灵感来自女演员波拉·尼格丽和诺玛。

●德斯蒙德的眼睑涂着深色眼影，嘴唇呈深紫色。模特们戴着糖果色假发，或者将真发后梳并藏于无边帽下，再用胶带贴在脸上，就像电影中在戴假卷发之前所做的那样。珍珠饰品是此系列造型的一大亮点，将珍珠用作发饰、手镯、项链、脚链，甚至用作高跟鞋上的点缀装饰和鞋跟。同本周早些时候的 Dior 秀一样，女孩们穿着及踝短袜，有些模特还拿着印有"Galliano Gazette"的透明塑料钱包。斯蒂芬·琼斯制作了破旧风格的阔边帽，上面装饰着鹳毛［好像包含有已经破败，光彩不再的寓意（as though they had seen better days）］，或用褪色的干花做头饰。

●服装是层叠式设计，一层叠着一层，有波点网纱、褶皱雪纺／顺纡真丝、蕾丝和波卡圆点印花。加利亚诺说："衣服变得'越来越轻'，就像你看到的泡泡那样。"（摘自 Style.com 的采访）。加利亚诺喜欢将硬朗的剪裁与柔软的长裙融为一体，还有一些很棒的夹克，其中一件夹克上运用切割工艺饰满了大的镂空雏菊花形，下摆边缘还点缀有超大的用胶片制成的花朵。有些夹克的下摆还饰有蕾丝与缎带镶边。

●晚装部分，内衣作为外套的主题仍在继续（就像之前的 Dior 高级定制和高级成衣系列一样），紧身短裙搭配长款睡裙或睡衣外套，图案和颜色对比鲜明。短风衣裙搭配吊带衫或夹克衫，配以窄小的水钻腰带。

●正式的晚礼服是女神风格，采用透明斜裁雪纺，这是加利亚诺的经典之作。

●此系列以怀旧风格为灵感，美丽典雅，同时兼具商业性。舞台设计得前卫且精巧，但从服装角度看，没有哪件是我们不曾见过的。在加利亚诺回顾往昔的那一周，麦昆选择了展望未来，推出了他的创新之作"柏拉图的亚特兰蒂斯"（Plato' s Atlantis）系列，并在全球进行现场直播，此系列轰动一时，广受赞誉。

●加利亚诺顶着一头金色长发，身着相当朴素的一袭黑衣，进行了短暂的谢幕。

一位模特在红色镭射光和噼啪炸裂的气泡中款款而行

棕褐色羊毛夹克上挂满贴有价签的胸针，这些胸针看似出自旧货市集。这件夹克零售价为2000美元

饰有交叠褶饰嵌片的雪纺女神礼服，让人联想起20世纪50年代的服装设计师让·德赛

压轴作品是一件饰有亮片的象牙色垂褶雪纺礼服，模特头戴颤抖的银色蝴蝶，还有皱皱的“Galliano Gazette”新闻纸头饰

Dior 高级定制系列：女骑手与查尔斯·詹姆斯
DIOR HAUTE COUTURE Equestrienne/ Charles James

2010年1月25日，
下午2点30分
巴黎蒙田大道 Dior 总部
34套时装造型

“最昂贵时装的缔造者。”
（Hot to trot，英式用语，
是对“高级时装”一词的玩笑式用法，
它指的是提供非常高档/昂贵服装的行业或个人）
《女装日报》封面，2010年1月26日

造型1，卡莉·克劳斯的"吉卜赛女郎"女猎手造型，红色精纺丝毛（真丝与羊毛混纺面料）骑马夹克搭配炭灰色格子裙

●高级定制系列再次在 Dior 的蒙田大道沙龙展出，灰白色的环境显得优雅且私密，还有 3000 朵盛开的粉色玫瑰和红色玫瑰点缀其间，空气中弥漫着迷人的花香。

●自 20 世纪 80 年代以来，加利亚诺就对查尔斯·詹姆斯着迷（参见加利亚诺1989春夏系列）。他最近还翻看了查尔斯·詹姆斯的高级定制系列，该系列的时装捐赠给了大都会艺术博物馆用作“美国女人”展览。他记得迪奥先生曾说过：“新风貌”的设计深受这位伟大的美国设计师的影响。

> “然后我看到一张查尔斯·詹姆斯正在试衣的照片，他身后的墙上有一张女士骑马的照片。就是它了！”

加利亚诺接受萨拉·摩尔采访，style.com

> “我猛然间瞥了一眼迪奥先生的作品，其中画着一位摩登女郎，还有各种不同的线条，我认为，此间必有关联，真是不可思议，收紧的腰身和凸起的部分等，均受侧鞍骑乘启发”。

Dior 档案，秀后采访记录

●加利亚诺理想的女骑手形象取自查尔斯·达纳·吉布森所创作的身穿束身衣呈 S 形的美女素描。

●马嘶声和马蹄声预示着秀场开幕，卡莉·克劳斯身着以吉卜赛女孩为灵感的骑装登场。

●她戴着高顶礼帽，头发束在硕大的网状发套里，上身穿着饰有银色纽扣的红色紧身夹克，下身搭配设计有侧面褶饰的灰色格子呢半裙。

●模特们从宽阔的楼梯向下走时，脚步摇晃不稳，有时需要手扶墙壁，以保持平衡。她们所穿的高筒黑色皮靴上设计有侧扣装饰细节，这是常见于爱德华时期的踝靴上的扣合设计，此外靴子上还饰有机车靴风格的卡扣。

●晚礼服展示阶段，首先亮相的是柔和色调的鸡尾酒礼服和套装。紧身胸衣上装饰有纹理刺绣、钉珠、缎带和立体的真丝制花朵，如“新风貌”般的束腰下是轻柔垂顺的褶饰裙或压褶半裙。

●最后一个阶段展示的是双色公爵夫人缎（Duchesse satin）鸡尾酒会礼裙和灵感源自查尔斯·詹姆斯的华丽舞会礼服，裙子和紧身胸衣通常采用对比强烈的颜色，“色调源自塞西尔·比顿的肖像画”（摘自 Dior 品牌新闻稿），比如橄榄色、海沫色、汽油蓝和巧克力色。有些还饰有 Lesage、Lemarié 和 Vermont 的精致刺绣，或者采用更微妙的对角线式纽扣设计（灵感来自 Dior1949/1950秋冬系列），这些礼服都非常适合即将到来的红毯季节。加利亚诺在时装秀结束之后接受采访时表示：

> “这有一种奇妙的另类腔调和撞色风格，非常美国化，深受蜜丽·罗杰斯的影响，顺便说一下，她是查尔斯·詹姆斯最出名的客户之一。”

●然而，华丽的压轴造型令人不禁想起Dior 1949秋冬Mid Century系列中名为“Junon”的晚礼服。

●加利亚诺穿着花式骑术套装：燕尾服、马裤与礼帽，手持马鞭，向观众鞠躬致意。

● 2010 年 2 月 11 日，另一位英国时尚天才亚历山大·麦昆自杀的悲剧消息震惊了整个时尚界。

造型 16，淡紫色网纱蕾丝外套，搭配灯笼形状的象牙色蕾丝边棉质短裙以及20世纪10年代风格的帽子和踝靴

造型 25，紫红色配玫瑰色的“James-ian”米卡多真丝（译者注：Mikado silk，是一款真丝斜纹缎面料）舞会礼服。莎拉·杰西卡·帕克曾穿着此款礼服登上了2010年美国版 Vogue 的5月刊

造型 34，浅粉色配浅灰色真丝舞会礼服，裙身上的 93 片钉珠刺绣花瓣由尼娜 · 吉尔绣制

2010/2011秋冬 Autumn/ Winter

Dior 高级成衣系列：放荡不羁的诱惑 DIOR READY-TO-WEAR The Seduction of the Libertine

2010年3月5日
巴黎杜乐丽宫
46套时装造型

“既然变化是自然法则，
那么一成不变则显得尤为奇怪。”
约翰·威尔莫特，
第二任罗切斯特伯爵
（英国诗人，1647—1680），
摘自 Dior 品牌新闻稿

●高级成衣时装秀上的马术主题仍在继续，但贵族淑女式的侧鞍骑乘习惯已不复存在，取而代之的是马靴和粗花呢。奥兰多·皮塔（发型师）将该系列描述为“法国浪漫主义与马倌”的结合，并效仿应用在盛装舞步马鬃毛上的辫子编织技术（奥兰多接受蒂姆·布兰克斯采访，Style.com）。秀场背景设计成类似于乡间别墅的大型回声大厅，内有大理石柱和巨大的拱形门洞。戏剧化的开场包括雷声、闪电和马匹疾驰而去的声效。

●加利亚诺在秀场记录里写道：

> “这一季 Dior 秉承了法式浪漫主义英雄精神和迪奥先生钟爱的英式骑装粗花呢。我的灵感来自那个时代的人物，以及她们身上的垂褶、线条和剪裁。我想在 Dior 令人着迷的自由主义浪漫中打造出一款全新的奢侈品，并令其成为时尚新宠。”

●皮革是该系列的一大特色，包括灵感源自 18 世纪的女式骑装外套，其边缘通常饰有英式传统的细剪孔绣（broderie-anglaise），还有挂脖马甲，有后交叉系带式高筒靴，这个系列大量使用了鸵鸟皮、蟒蛇皮、麂皮和鳄鱼皮。

●大尾羔羊皮、狐狸毛皮和睫毛状毛皮被用作镶边装饰。秀上还推出了一款手柄为“鞭绳”造型的全新‘Libertine”手提包。

●大胆采用马海毛和窗格纹大地色系的羊毛面料制作而成的防寒夹克和裙子，这些时装在城市中穿着同样显得摩登时尚。（一件马海毛毛毯大衣的零售价为 4300 美元，一件饰有蝴蝶结的短外套为 3000 美元，一条蕾丝针织裙为2900美元）。

●久未露面的针织时装这次以紧身真丝拉舍尔经编蕾丝连衣裙的款式亮相，并一同推出了妩媚的阶梯式塔裙，以及精巧的大号开襟羊毛衫外套和露肩毛衣裙，均装饰有蕾丝边和缎带。

●结构感十足的狩猎夹克和外套，搭配飘逸的雪纺短裙，印花灵感源自 18 世纪花卉图案和蕾丝针织长袜。压轴造型的灵感来自德拉克罗瓦的画作，设计有暗淡柔和色系的雪纺筒形连衣裙（Chiffon Columns）和丝质纤维绳编珍珠项链。这个系列使用的皮革和面料的品质上佳，并配以 Lesage 刺绣，整体的时装质量令人惊叹，因此，该系列更像是高级定制而不是高级成衣，但正如《纽约时报》的凯西·霍琳所言：

> “这个系列中的大部分时装都很眼熟。”
>
> 《纽约时报》，2010年3月6日

●时装秀在雷电交加的气氛中落幕，灯光亮起后，出现一个拜伦式的加利亚诺身影。引人发披散，手扶一根门柱，穿着 18 世饰褶边的衬衫、麂皮马裤和靴子。

具有像针织面料一样悬垂特性的小山羊皮，适合用于制作饰有褶边的短款小礼服裙

卡莉·克劳斯的开场造型：身披公路劫匪式皮质披肩大衣，内搭蕾丝花边裙，脚蹬过膝靴

木炭色马海毛格子外套和羊毛裤

Galliano 高级成衣系列：游牧部落的公主 GALLIANO READY-TO-WEAR Nomadic Tribal Princesses

2010年3月7日
巴黎喜歌剧院
33套时装造型
邀请函：
地图印在皮革之上

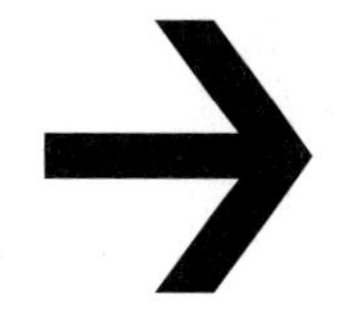

“内心犹如指南针，指引她向前。”

Galliano 时装秀文稿

●加利亚诺从世界各地（土耳其、埃及、日本、阿富汗、蒙古国和英国等国家）网罗各种民族图案和图形，并将它们融为一体后形成了自己独特的部落风格，记者蒂姆·布兰克斯将其概括为“多元文化”。

●相比本周早些时候 Dior 秀的精致优雅，与加利亚诺的同名品牌的游牧部落系列则风格迥异，两者形成了鲜明的对比。加利亚诺想象着“旅行者正在寻找一个全新的世界，她内心的引力正如罗盘上的指针一样强大且精准”(取自蒂姆·布兰克斯在演出之前对加利亚诺的采访记录)。有段时间，他习惯在后台拥有自己的私人更衣室，但这次时装秀期间，大家都挤在了一个大蒙古包里！

●布景是黑色的，设有白色闪光灯和镭射灯。在闪烁的银光之下，部落的女战士们穿着灰色条纹强缩绒外套和低腰裙撑式半裙大步走来。此情此景，似曾相识。因为在加利亚诺2009/2010秋冬系列中曾经展出过一组相似的民族风格和冰天雪地中的冰雪公主造型，也伴有镭射灯光表演和人工降雪的场景。

●模特们脸上涂有金属光泽的色彩，头戴超大的阿富汗毛毡帽，帽下是拉长的艺伎假发，脚蹬跟细如针的高跟皮靴。该系列时装多以灰色为主，只有一件选用的是明亮的橘色提花梭织面料。

●这些服装多为层次丰富的设计，给人的感觉是，随着游牧民族不断向前行进，在山区时，她穿着锦缎、灰色粗花呢和羔羊皮制成的服装；而在温暖的气候下，则换上印花真丝低裆裤和印花打底裤，后者搭配连衣裙和迷你裙。

●最后，他的“游牧公主”头戴硕大的水钻冠头饰，身穿斜裁雪纺晚礼服，其接缝处嵌着牦牛毛流苏饰边或珠饰。牦牛毛还被用来制成了项链，包裹环绕的手镯和耳环，还有衣袖上的螺旋形饰边；栗鼠毛皮被固定缝制成卷曲状饰满整件晚装外套。

● *Vogue* 杂志的妮可·菲尔普斯叹息该系列是旧调重弹，毫无新意。

> “如果你觉得似曾相识，那是因为你确实见过。”
>
> 2010年3月7日

●凯西·霍琳甚至谴责加利亚诺的这场时装秀：

> “充满烟雾与镜子。很容易找到那些做工精细的衣服：灰褐色仿羊皮上衣、印花部落裤子、打底裤和甜美的农妇衫，但这个场景却非常熟悉”。
>
> 《纽约时报》，2010年3月9日

●尽管如此，众多单品确实制作精美，只要你不介意无处不在的皮草，每件服装叠穿或单独穿着俱佳，斜裁礼服也不例外。

●伴随着鼓声和烟火，灯光再次先暗后亮，加利亚诺随即出场。

●邀请函的背面写着：

> “Galliano 是一切的开始，是我的初恋，是我的名字，将永远是我生命的一部分。Galliano 是我的心脏，Dior 是我的大脑？”

●他很快就会失去这两者。

卡莉·克劳斯穿着灰色条纹羊毛卡班大衣，下身呈裙撑状设计并在下摆处嵌有宽的毛皮镶边

一位“游牧公主”身穿灰色的真丝连衣裙，裙身上装饰有螺旋形的毛皮饰边

加利亚诺腰挎弯刀，以“土匪首领”的造型亮相并谢幕

Dior 高级定制系列：花卉系列
DIOR HAUTE COUTURE Floral Line

2010年7月5日，
下午2点30分
巴黎罗丹美术馆
30套时装造型

“我想给沙龙带来一束全新的不羁之花，
让花朵的颜色、质地和结构激发出崭新美感，
并创造出当代风格的花卉系列。”

Dior 秀场文稿

●美术馆花园里搭建了一个巨大的有机玻璃帐篷，迈克尔·豪威尔斯在里面摆设了一个巨大的橙色和黄色鹦鹉头郁金香雕塑，它不仅作为装饰，也是这个系列的灵感来源，即 Christian Dior 的 1953 春夏“郁金香系列”。Rodin 开玩笑说，该雕塑将罗丹的铜像都遮住了，这算是时装秀中有史以来最昂贵的道具。
●色调来自一束鹦鹉郁金香、兰花、紫罗兰、罂粟、番红花、水仙花和甜豌豆。非同寻常的面料组合融入同一件服装中，它们包括马海毛、羊毛和毛毡，以及与之形成鲜明对比的细棉纱、欧根纱和丝缎。裙子本身呈花蕾状，或者包裹在蓬松的细棉纱、褶皱的欧根纱花瓣、网纱碎花、三层欧根纱和欧根缎（译者注：缎面欧根纱，织纹较密，克重高，比欧根纱厚很多，真丝面料的一种）之中。这些服装均以渐变色调手绘出充满异国情调的花朵造型。
●模特们摇身变为美丽的花朵，戴着斯蒂芬·琼斯设计的玻璃纸（花商通常用它包裹鲜花）面纱 / 头饰，脸上涂着棱角分明的眼影，嘴唇是紫色的，头发卷成球根状的蜂巢形状，腰部用酒椰纤维缠绕得就像一束花。
●鸡尾酒会套装造型以对比鲜明的夹克搭配印花短款小礼服，既美观又耐穿。但是，以玫瑰、郁金香或三色堇为灵感的华丽浪漫舞会礼服系列才是真正的亮点，其中束身胸衣和手绘欧根缎，长拖尾裙摆是该系列礼服的设计特色。
●裙摆轻轻掠过头排观众的腿，坐在前排的有阿瑟丁·阿拉亚、杰西卡·阿尔芭和莉莉·科尔等。
●自“蝴蝶夫人”以来，大家再也未曾领略到如此美丽、浪漫和纯粹的作品，因而这个系列广受赞誉。

造型 25，玻璃纸包裹头饰，搭配上身是三层印花欧根纱制成的紧身胸衣和下身是绿松石色网纱裙

开场造型：卡莉·克劳斯身着 Ollier 绣制的紫色马海毛大衣，边缘饰有碎花，搭配橙色欧根纱短裙、绿松石色凉鞋和粉色玻璃纸面罩

造型19，安妮·盖尔巴德手绘的欧根纱连衣裙，形似郁金香花瓣的内侧

造型 26，欧根纱舞会礼服，其中的三色堇花瓣由 Atelier Dynale 定制工作室绘制而成，该款礼服耗时 400 个小时制成

憔悴的加利亚诺身穿夏季西装，脚蹬平底凉鞋，以一个养蜂人的装扮登场

2011春夏
Spring/Summer

Dior 高级成衣系列：南太平洋风格
DIOR READY-TO-WEAR South Pacific

2010年10月1日

巴黎荣军院

47套时装造型

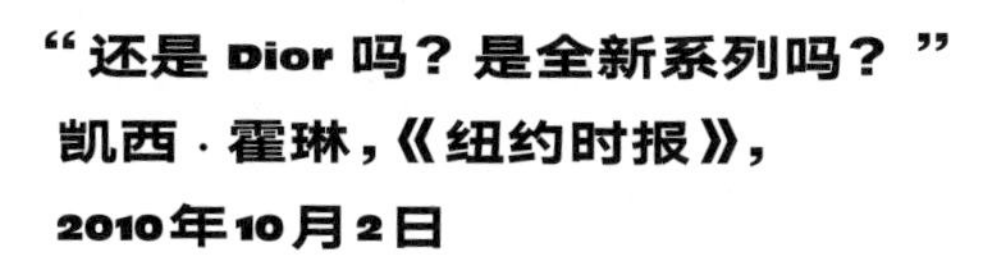

“还是 Dior 吗？是全新系列吗？”

凯西 · 霍琳，《纽约时报》，

2010年10月2日

● Dior 在新闻简报中宣布，他们已经在南太平洋的一个海军基地抛锚，所以迈克尔·豪威尔斯构造了一个高耸的布景，让人联想起破旧的码头和海滨。

●所有模特都打扮得像 20 世纪 50 年代美国炙手可热的贝蒂·佩吉，留着刘海、长卷发，涂着鲜红色唇膏。穿着交叉丝带绑腿式高跟鞋和戴着羽翼形太阳镜，使整体造型显得更加圆满。

●当红超模卡莉·克劳斯首先出场，她头戴海员帽，身穿一件简洁的白色棉制派克大衣，搭配一件夏威夷印花棉制短款连衣裙，并向观众致以俏皮的敬礼。

●剪裁灵感来自传统的航海服经典设计：双排扣水手大衣、饰有纽扣的宽松水手裤（或低腰六分裤）、防风大衣，以及一件肩部和肘部饰有皮革的厚实的防雨工装夹克（大概是海军基地码头工人的主题）。这些服装均可搭配透明的雪纺晚礼服。

●白色、海军蓝和灰色的皮革和棉织物的裁剪，与柔软浪漫的波利尼西亚印花和超大鲨鱼皮印花连衣裙和沙滩装形成对比。沙滩装搭配交叉吊带颈扣纱笼风格的，色彩亮丽的印花斜裁雪纺裙。

●仿酒椰编织工艺制成的装饰花边结和雪纺用于制作酒会短裙，或者用作上身或腰部的装饰物。

●身材瘦小的加利亚诺，头戴一顶灵感来自马龙白兰度式的水手帽，身穿 19 世纪的红色配海军蓝羊毛海军制服。

由黑色至钴蓝色渐变印染雪纺短裙，这是少数几件让人想起最近那场高级定制时装秀的作品之一

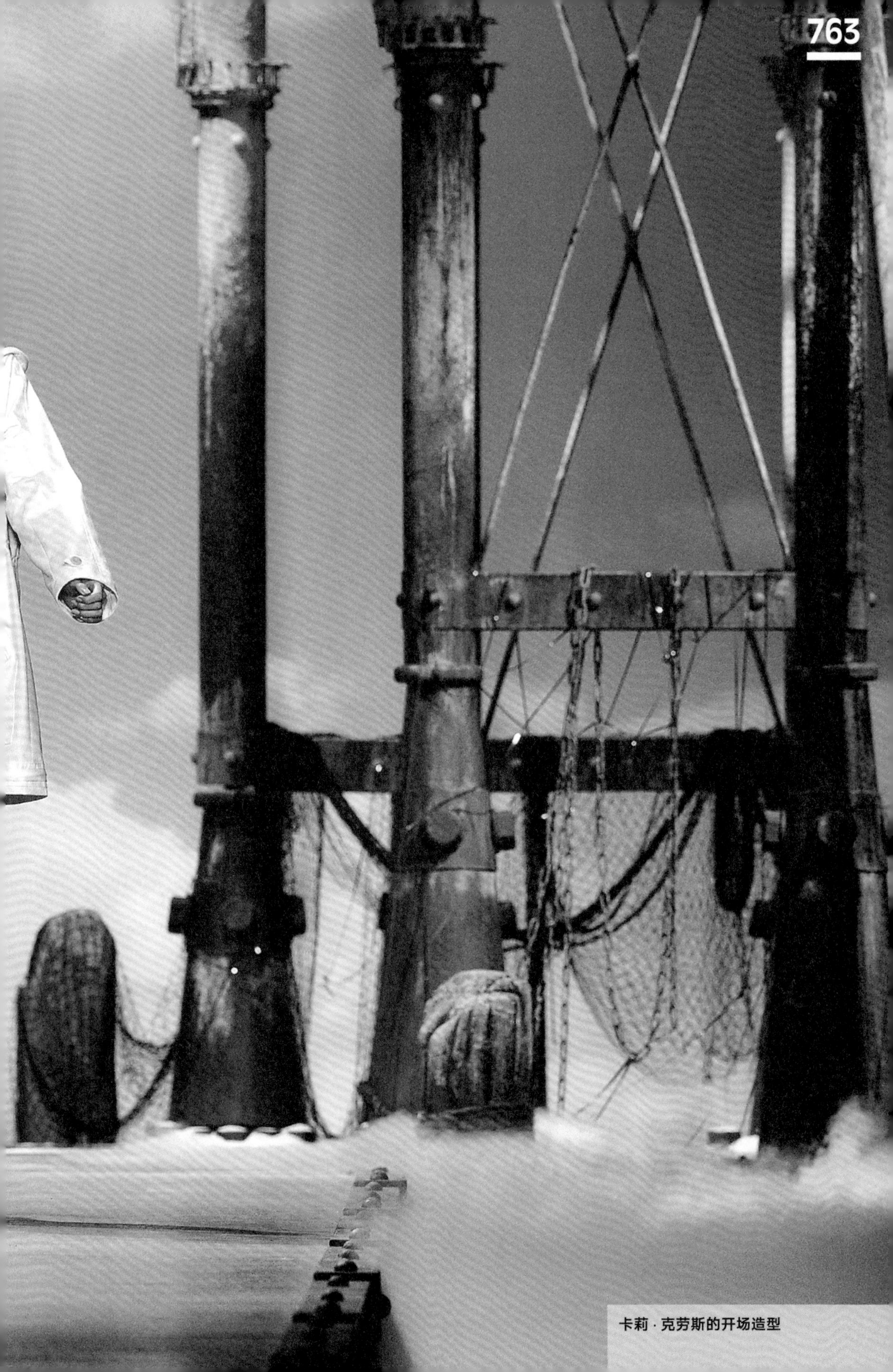

卡莉 · 克劳斯的开场造型

花边装饰结雪纺连衣裙，设计有洗车裙摆（译者注：carwash hem，被裁成一条条状的裙摆，因为像洗车刷子上的布条，所以被称为洗车裙摆）

Galliano 高级成衣系列：缪斯的画像 GALLIANO READY-TO-WEAR Portrait of the Muse

2010年10月3日
巴黎喜歌剧院
30套时装造型

“此系列中的每一套服装，
正如每一幅肖像画一般，
独具个性。”
约翰·加利亚诺
接受萨拉·摩尔采访，
Vogue.com 2010年10月3日

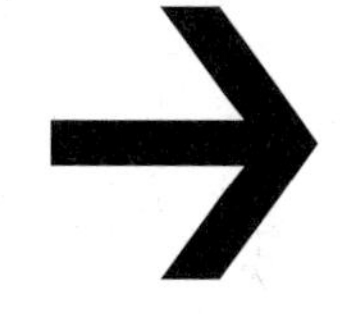

邀请函：一张印有
莫迪里阿尼所作的
珍妮·赫布特尼肖像画
图片

●加利亚诺创作此系列时，最初的灵感来自莫迪里阿尼与其神秘而美丽的缪斯女神珍妮·赫布特尼之间的故事。在为这个时装秀构思期间，他还邂逅了另一位“缪斯”，美丽且野心勃勃的波兰女演员兼骗子玛丽亚·拉尼，她吸引了20世纪20年代巴黎的59位主要艺术家为自己作画，这些艺术家包括亨利·马蒂斯、让·谷克多、马克·夏加尔、费尔南德·莱热、柴姆·苏丁、乔治·德·基里科和藤田嗣治。她告诉每个艺术家，她需要一幅自己的肖像，用于即将拍摄的好莱坞电影之中。

●加利亚诺说：

> “她偷走了所有的画，并逃到好莱坞，后来再也没有人见过她。当我读到那个故事时，我认为她就是加利亚诺女郎！”

加利亚诺接受蒂姆·布兰克斯采访，style.com 2010年10月3日

●加利亚诺选择了自己的缪斯作为模特，从卡莉·克劳斯到20世纪90年代的面孔，诸如雅斯门·勒·邦、苏珊娜·冯·艾金格和玛丽－索菲·威尔逊。

●加利亚诺谈到他的模特时表示：

> “是这些女性让我成为今天这样的男人。与这些女性共事期间，她们的创造性和灵感让我深受启发。她们均是我梦想中的女孩。”

加利亚诺接受蒂姆·布兰克斯访谈，Style.com

●这场推迟了一个小时的时装秀在19世纪金碧辉煌的喜歌剧院举行，并由弦乐乐队为其伴奏。朱利安·戴斯将亮片泼洒在彩绘头发上，帕特·麦克戈拉斯采用铅笔眉和染色嘴唇打造出充满戏剧性的20年代风格的造型。每一个眼神都演绎着不同的肖像画。

●卡莉·克劳斯再次被选中展示开场造型，她穿着一件薄而透明的风衣（“像X光一样透视出剪裁方式，以展示时装结构”，时装秀笔记这样写道），里面搭配贴身的白色夹克和蓝色层叠雪纺裙。脆弱面料的精致层次感是该系列的一大特色，加利亚诺将其描述为：

> “网纱 tulle、亚麻布、水洗真丝构成的鬼魅层次感，营造出‘虚无缥缈’的视觉效果”。

蒂姆·布兰克斯，出处同上。

●皮带系得很高，以呼应莫迪里阿尼的珍妮肖像画。紧身米色皮夹克（售价3510美元）搭配黑色网纱覆盖的圆形剪裁阔腿牛津裤（售价1770美元）。开场造型是中性色调，但随着演出进行，逐渐融入了华丽的东方印花真丝和锦缎，以及紫红色和绿松石色雪纺。

●压轴的晚礼服灵感来自布朗库斯雕塑，主要以纯白色为主，配以轻盈的银色珠饰和刺绣。玛丽－索菲穿着一件饰有水貂皮镶边的银色金属丝织锦缎礼服。

●模特们戴着包裹头与脸的白色面纱，或是斯蒂芬·琼斯设计制作的真丝无边帽。

●这场时装秀独具空灵之美，并且每件时装均兼具精致优雅与舒适耐穿，因而备受赞誉。

●模特玛丽－索菲说：

> “他已经回归本源，喜欢去创作一些充满诗意的时装作品。”

蒂姆·布兰克斯采访，style.com

● Vogue 的杰西卡·克尔文·詹金斯认为：

> “无论时尚如何随着时代变化，这些都是女性梦寐以求的礼服，并且是一生一世的礼服。”

vogue.com，2010年10月3日

●黑色卷发的加利亚诺从黑色夹克的上翻领中探出头来，抬眼凝视前方，并随着纷纷落下的金色五彩纸片向观众鞠躬致意。他将此系列描述为“走进莫迪里阿尼”。

●这场时装秀是久经沙场的加利亚诺的最佳作品，并以此向批评家证明：他已回归巅峰状态。

卡莉·克劳斯 身着“X 射线”夹克

黑色拼大红色的和服外套，里面搭配蝴蝶图案印花连衣裙，饰有不对称的鸵鸟羽毛流苏边

苏珊娜·冯·艾金格穿着“蝴蝶”礼服，
用尚蒂伊蕾丝和雪纺制成

Dior 高级定制系列：雷内·格茹
DIOR HAUTE COUTURE René Gruau

2011年1月24日
巴黎罗丹美术馆
32套时装造型

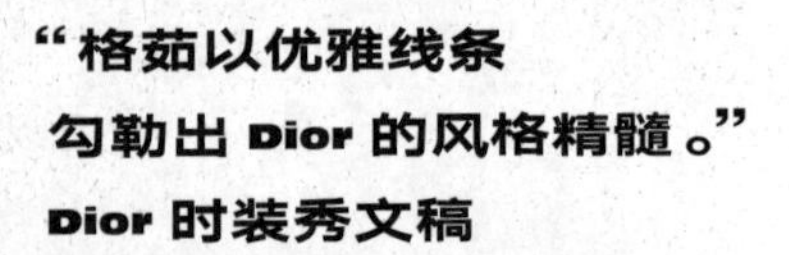

“格茹以优雅线条
勾勒出 Dior 的风格精髓。”
Dior 时装秀文稿

●本系列的灵感来源于加利亚诺的伦敦之行。他前往萨默塞特宫参观了时装插画师格茹的作品展。加利亚诺在中央圣马丁艺术与设计学院学习过时装插画。最初，他为自己规划的职业道路是做一名时装插画师，然而1984年，其不可思议的人们（Incroyables）系列的横空出世彻底改变了一切。加利亚诺十分理解和欣赏格茹的高超画艺。1947年，迪奥先生邀请格茹担任刚创办不久的Dior公司的广告艺术总监。凭借恰到好处的笔触，简单的色彩和线条，格茹就能表达出一个时装系列的风格要素，廓形、质地和动感，他笔下的服装活泼灵动，跃然纸上。

●罗丹美术馆的花园里竖起了一顶帐篷，布满红灯的伸展台尽头是一个旋转着的大型几何雕塑，模特从那里款款走出。模特们的面部和腿部被涂白，搭配上挑的眼影和眼线、弯曲的红色纸贴眉（个别模特贴有红色眉red paper eyebrows）以及复杂精致的20世纪50年代经典发型。加利亚诺还想在衣服上体现出欧文·潘（Irving Penn）为这位插画家的妻子（也是雷内的人体模特）所拍摄的照片中发现的明暗对比。

●为了呈现这种效果，他放弃了在布料上进行染色和印花，而是采用了多达七层的真丝网纱（tulle）。所有网纱均由“巧手”手工精心缝制而成。在该系列公开亮相的三天前，甚至连一件完整的衣服都没有完成，刺绣工坊Hurel还在赶制部分刺绣。

●开场造型是20世纪50年代的Dior经典造型，硬朗的男式长礼服搭配打褶芭蕾舞裙，巴斯克风格的修身夹克搭配铅笔裙，鳄鱼皮带环绕腰部，更加凸显了裙子的收腰设计。红色、黑色和米色的撞色搭配生动演绎了格茹的1950年时装插画作品《红大衣》（*The Red Coat*）。随后的鸡尾酒会和舞会礼服以裸色和淡雅渐变色系为主，点缀以闪闪发光的刺绣、叶状羽毛或花朵贴片。多数礼服没有设计肩带，而是内附有带骨束身衣，并搭配极具反差性的长度超过小臂的手套。这是对Dior 20世纪50年代后期的经典后袋式（sack back）礼服、大摆长拖尾、灯笼袖和泡泡裙的一次全新演绎。

●整场时装秀随处可见层层叠叠的富有层次感的真丝网纱、巴黎世家风格、洋娃娃款、帝政裙款，有些还饰有亮片或精致的叶状羽毛。

●本系列采用创新面料工艺，对Dior经典造型进行了全新摩登演绎，Dior工坊的非凡技艺令整场时装秀呈现精致优雅的奢华。

●令人惋惜的是，这是加利亚诺为Dior打造的最后一个高级定制系列。加利亚诺本人在时装秀结束后的采访中说：

> “我只是本能地做我所相信的事。我的直觉告诉我什么适合Dior，什么能给予Dior更多灵感，所有这些，我都用心去做。”

Dior品牌档案

●这是加利亚诺职业生涯中最美丽、最低调、最成熟的高定系列之一，也是他为Dior设计的最后一个系列。2011年3月1日，加利亚诺因在巴黎一家酒吧醉酒后发表反犹言论而被Dior和Galliano品牌解雇。他在Dior的工作由品牌总监比尔·盖登接替（随后，拉夫·西蒙被任命为Dior新的艺术总监，比尔·盖登离开Dior到Galliano任职）。

造型 26，象牙白色和淡雅色系的渐变欧根纱礼服，全身缀满细小的叶状鸵鸟毛装饰

造型 31，用网纱和欧根纱制成的，背部是后袋式设计的（译者注：sack back，18世纪的后背款式设计）礼服，由 Vernoux 负责绣制

造型5，未经剪裁的网纱边缘层层堆叠在衣领处，呈现朦胧的水洗效果。用亮片、钉珠和更多刺绣来实现插画中的铅笔划过和绘画的笔触。

加利亚诺在结尾时进行了短暂谢幕，他看上去很消瘦，身着一套黑红套装，套装来自加利亚诺男装系列，该系列设计灵感来源于鲁道夫·纽瑞耶夫

2011/2012秋冬 Autumn/Winter

Dior 高级成衣系列：英伦浪漫主义诗人 DIOR READY-TO-WEAR English Romantic Poets

2011年3月4日
巴黎罗丹美术馆
62套时装造型

“加利亚诺：
一位时装设计师的陨落。”
《女装日报》2011年3月2日

● Dior 秀场外，警方加强了安保，不过并没有发生任何骚乱事件，也没有游行示威，只有一位时尚达人举着一张写着“国王死了”的标语牌。有人将《国际先驱论坛报》麻木地塞给那些衣着如 Dior 魅惑唇膏闪亮外壳般不合时宜的时尚界人士。

●迈克尔·豪威尔斯模仿 Dior 沙龙打造了银色仿玻璃舞台，阴郁的气氛令其呈现一种苍白脆弱的感觉。表演开始时，会场并未像往常那样人声鼎沸，反而安静得可怕。Dior 总裁西德尼·托莱达诺走上舞台，用法语发表了冗长而凝重的开场致词。

●他对设计师的名字只字未提；相反，他重申了迪奥先生和 Dior 公司的道德底线和处事原则，以及迪奥先生自己的妹妹曾被送往拉文斯布鲁克集中营的事实。

> “看到 Dior 的名字与设计师的可耻言论联系在一起，我感到非常难受，尽管他是一位出色的设计师……迪奥先生教给我们的价值观至今未曾改变。Dior 大家庭不乏继承了这些价值观的优秀人才，他们在不同的岗位上投入自己全部的才华和热情，打造出众多工艺精湛且极具柔美气质的作品，他们尊重传统技艺，也拥抱现代科技……各位接下来将看到的是这些忠诚勤劳的能工巧匠极具创造性的非凡作品。”
>
> 托莱达诺的致词

●作为加利亚诺的告别之作，本系列并不是高级定制时装，也无法确定其中有多少作品出自他手，所以并不具备代表性。

“谣传加利亚诺那段时间已经处于旷工状态，所

● Dior 工坊矜持的女裁缝和手工匠人们身着白色工作服，紧张地走上舞台，脸上挂着拘束的微笑，他们并不习惯成为众人瞩目的焦点。

●观众欢呼、哭泣，不仅是向那些勤恳工作确保发布秀得以顺利进行的幕后工作人员致敬，在一定程度上也是为狂野华丽的加利亚诺时代的落幕而感到惋惜。他的设计团队也缺席了本场发布秀，想必是为了表示对加利亚诺的声援。

西德尼·托莱达诺先生在时装秀开始前致辞

Dior

卡莉·克劳斯再次穿着一件长及脚踝的“highwayman”斗篷拉开了发布秀的序幕，这次是羊绒材质的

制作本系列服装的 Dior 工坊工作人员，创意总监不在其中

Galliano 高级成衣系列：未命名
GALLIANO READY-TO-WEAR (Untitled)

2011年3月6日
巴黎福煦大街34号
20套时装造型

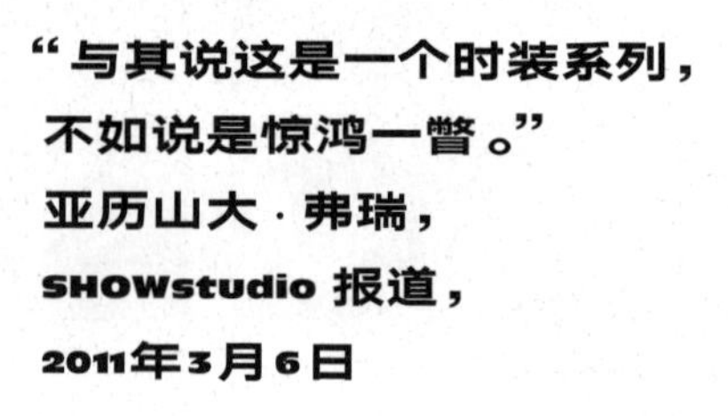

“与其说这是一个时装系列，
不如说是惊鸿一瞥。”
亚历山大·弗瑞，
SHOWstudio 报道，
2011年3月6日

●3月4日Dior成衣发布秀当天，人们尚无法确定两天后的Galliano成衣发布秀是否会取消。最终它还是如期举行了，只是秀场从塞纳河左岸的圆顶咖啡馆（La Coupole）改到福煦大街34号那间较小的美好时代歌舞厅。镀金的宴会厅里，古董家具、树枝形吊灯、宴会长椅和一只似乎被遗弃的复古风泰迪熊构成了秀场的舞台布景。温馨亲切的氛围和较少的造型唤起了人们对美好往昔的回忆，加利亚诺在圣施伦贝格女士的别墅酒店举办的那场令人叹为观止的1994秋冬时装秀。那场时装秀为这位设计师赢得了全世界的关注和赞誉，而这一次却是这位不羁天才的落幕。

●亚历山大·弗瑞写道：

> “你似乎觉得，你也许看到的是他职业生涯的最低谷，这也许也是他生命中的最低谷。”
>
> 2011年3月6日SHOWstudio报道

●秀上的成衣华美精致，每套都配有一顶斯蒂芬·琼斯设计的帽子配饰，包括加利亚诺经典作品——30年代风格的斜裁晚礼服、茧形歌剧大衣和剪裁得体的夹克，仅涵盖了加利亚诺自20世纪80年代以来部分代表作品。

●用雪纺、夹棉缎、粗花呢和裘皮制成的服装搭配乳胶裙，配以链条装饰的绑带鞋，呈现出加利亚诺式的颠覆性风格。最后一件作品是一件白色女神礼服，裙子前后由一束粉色丝带蝴蝶结连结，巧妙设计凸显优雅气质。

● *Vogue* 记者露辛达·钱伯斯也参加了本场发布秀。露辛达·钱伯斯自20世纪80年代以来就一直对加利亚诺的时装设计事业进行跟踪报道。对于这场时装秀，她这样写道：

> “这场发布秀具有典型的约翰·加利亚诺风格，这里有他所爱的一切。这些服装介于马普尔小姐的迷人魅力和身着漂亮和服的伊莎多拉·邓肯的精致优雅之间。不过，沉重阴郁的现场气氛令这些美丽的衣服黯然失色，我想人们对此也感到有些震惊。”
>
> Vogue.com

●加利亚诺醉酒后的不当言论终结了他的职业生涯，然而他对Dior（他带领Dior一路高歌地挺进21世纪的时尚界）和对整个时尚界的巨大贡献，都是难以磨灭的。加利亚诺引领着他的时尚和全新工作方式，引得其他人争相模仿。他将自己的构想与品牌工作室，与其庞大而紧密的团队，与市场、配饰、门店、化妆品和香水联系起来。这已成为当今全球时尚品牌的范本，这个行业如今价值数十亿美元。

●他在Dior工作的时间比品牌创始人还要长。Christian Dior品牌分别于2017年在巴黎装饰艺术博物馆（Musée des Arts Decoratifs）和2019年在英国维多利亚与艾尔伯特博物馆（Victoria&Albert Museum）举办了盛大的七十周年回顾展，加利亚诺的每件作品都以其非凡美感、新颖性和原创性而引人注目。加利亚诺在27年时间里为这两个品牌创作了大量作品，这是对他的奉献精神、职业道德以及设计天赋的最好证明。

卡莉·克劳斯身着 Galliano 的标志性设计，箭头图案印花雪纺斜裁连衣裙

浅绿色羊毛和饰有尚蒂伊蕾丝的和服式外套，袖口饰有狐狸毛皮镶边

最后一场加利亚诺时装秀的最后一款造型简单优雅，西德尼·托莱达诺坚守在秀场

复兴 Renaissance

■ 遭到公开解雇和谴责后，加利亚诺前往美国亚利桑那州接受康复治疗，其间仍为老朋友凯特·莫斯当年8月的婚礼设计了婚纱。他避开公众的视线，大部分时间都待在自己位于法国乡村的宁静的家中。

■ 2013年，在其支持者和朋友安娜·温图尔的鼓励下，他短暂加入了奥斯卡·德拉伦塔位于纽约的工作室担任“驻场设计师”，为期三周，为2013年2月14日的秋冬时装秀做准备。狗仔队在外面的人行道上排队等候着他，但他一直留在幕后，与德拉伦塔先生一起在监视器上观看发布秀。加利亚诺称德拉伦塔为“他像父亲一样保护我，给我安全感”(2016年3月9日约翰·加利亚诺接受布莉姬·佛利采访时说)。德拉伦塔身体抱恙已经有一段时间了，人们猜测加利亚诺可能会成为他的继任者。然而正如2014年4月《女装日报》所报道的那样，双方谈判破裂是因为他们不想为加利亚诺经验丰富但价格昂贵的团队买单。

2015春夏 Spring/ Summer

马吉拉高级定制系列：Margiela Artisanal Collection

2015年1月12日
伦敦维多利亚
24套时装造型

“约翰再度回归！”

《女装日报》，2015年1月13日

●加利亚诺自 2012 年以来一直在与 2002 年收购了 Margiela 的 OTB（Only The Brave）集团掌门人伦佐·罗素谈判。加利亚诺仍在与自己的心魔抗争，他还没有做好准备。2014 年 10 月，他们最终还是达成了协议。他表示："这对加利亚诺和 Margiela 品牌来说都是一个新的开始。" Margiela 品牌创始人马丁·马吉拉 2009 年退休后，Margiela 就一直在走下坡路。公司名字现在也被简化为"Maison Margiela"。对于加利亚诺来说，加入 Margiela 比重新创立一个品牌要容易得多。能够进入一个已经成立的工作室对他来说极具吸引力，尽管这个工作室需要进行人员扩充。他忠诚且经验丰富的助手瓦妮莎·贝朗格，自 20 世纪 90 年代以来就一直与他密切合作，这次同他一起加入了新工作室。加利亚诺还邀请年轻学生加入团队，他称这些新鲜血液是他的 instagram 宝贝，是他们将加利亚诺引入了数字时代，而此前他连电子邮件都不会发。

●他不再采取远程工作模式，而是密切参与工作室的日常工作。他手里握着剪刀，在人体模型上剪裁布料。他还花费时间待在 Margiela 档案馆里，想要更深入地理解品牌的时尚传承。他与创始人马丁·马吉拉一起喝茶，马丁·马吉拉是一位极度低调的比利时设计师，一直回避一切宣传报道，从未被媒体拍到过。他告诉加利亚诺：

> "从品牌传承中采撷你想要的，保护好你自己，使之成为自己的东西。"

2017年10月12日，*Vogue*"时装的力量"年度峰会

●加入 Margiela 后的首场时装秀，加利亚诺选择回到伦敦，那是于1984年他的职业生涯开始的地方。会场选在维多利亚的一座简单干净、拥有白色室内装修的办公大楼内，铝制地板铺就的伸展台两侧，各摆放着一把白色喷漆舞厅椅。与以往大为不同的是，这场时装秀只设置了150个座位，仅仅邀请最重要的媒体、零售商和密友出席。加利亚诺的忠实支持者也来到现场，包括为 1986/1987 秋冬"被遗忘的纯真"系列制作珠宝的朱迪·杜恩、设计师里法特·沃兹别克、克里斯托弗·贝利和阿尔伯·艾尔巴茨、来自伦敦中央犹太教堂的拉比·巴里·马库斯（在加利亚诺康复治疗期间曾接受过他的指导学习犹太教教义）、摄影师尼克·奈特、鞋履大师莫罗·伯拉尼克以及因迟到笑着道歉的凯特·莫斯。加利亚诺的时装秀再次成为全城最热门的节目。他汲取 Margiela 品牌风格要素——极简主义、解构主义和对废弃物品的再利用，并将其重塑为独特的个人风格。

●第一款造型是一件被重新解构的 Stockman 人台面料制成的夹克，灵感源于 Margiela 1997 春夏系列，装饰着漆成黑色的玩具车。

●将从南太平洋，诺曼底海滩和一位朋友母亲所烹制的法式青口淡菜海虹的餐盘里收集的贝壳涂色并拼接成朱塞佩·阿尔钦博托式的脸，装饰于衣服正面。

> "活在当下是我与世界重新建立联系的方式。活在当下，重新发现那些我以前可能忽略了的贝壳之美。"

加利亚诺对哈米什·鲍尔斯表示，美国版 *Vogue*，2015年3月1日

●最后一件作品"红新娘"让人联想到"亡灵节"的（Day of the Dead）标志性形象，模特戴着面纱和皇冠，胸前饰有一面镜子和各种小饰品。

●在 Dior 的象牙塔里，加利亚诺远离现实世界。一辆由司机驾驶的豪华轿车每天载着他去健身房，他却不知道健身房就在他住处附近的拐角处。而现在，在 Margiela，他有机会与世界重新建立联系，迈向未来。

●最后，模特们并没有穿他们所展示的服装返回谢幕，而是穿着这些款式的白坯样衣，以此致敬时装设计制作的每个阶段，展现劳动和构思过程中不为人知的美。

●与以往狂狷不羁的亮相方式不同的是，这次加利亚诺身着白色工作服，谦虚地向来宾鞠躬致意，似乎在说"别眨眼，否则你会错过他"。

> "我已经尽了最大努力，我非常感激大家能给我第二次机会，能够继续时装设计事业，我真的感到很开心。"

出处同上

造型 5，红色羊毛外套，饰有透明乙烯基口袋和贝壳装饰

对于追求主流的人来说，这里有黑色和红色的裁剪精美的礼服，再度诠释了 Margiela 的极简主义风格

造型 2，解构主义风格的夹克搭配条纹紧身裤，模特头戴羽毛头饰，让人联想到 1990 年科琳·德为凯特·莫斯拍摄的经典封面照“脸”（The Face）

人名翻译表

A ● **Agyness Deyn**：阿格尼丝·戴恩 ● **Alber Elbaz**：阿尔伯·艾尔巴茨 ● **Alberto Vargas**：阿尔贝托·瓦格斯 ● **Alek Wek**：艾莉克·万克 ● **Alexander Fury**：亚历山大·弗瑞 ● **Alexander McQueen**：亚历山大·麦昆 ● **Alexander Rodchenko**：亚历山大·罗德钦科 ● **Alexandre Betak**：亚历山卓·贝塔克 ● **Alistair Blair**：阿利斯泰尔·布莱尔 ● **Alma-Tadema**：阿尔玛·塔德玛 ● **Alphonse Mucha**：阿尔丰斯·穆夏 ● **Amanda Grieve**：阿曼达·格里夫 ● **Amanda Harlech**：阿曼达·哈莱克 ● **Amber Valetta**：艾姆博·瓦莱塔 ● **Amelia Earhart**：阿梅莉亚·埃尔哈特 ● **Amy Robertson**：艾米·罗伯逊 ● **Amy Spindler**：艾米·斯宾德勒 ● **Faure**：福雷 ● **André Leon Talley**：安德烈·莱昂·塔利 ● **Andrew Basile**：安德鲁·巴齐尔 ● **Andrew Billen**：安德鲁·比伦 ● **Andrew Bolton**：安德鲁·博尔顿 ● **Andy Warhol**：安迪·沃霍尔 ● **Angus McBean**：安格斯·麦克贝恩 ● **Anna Piaggi**：安娜·皮亚姬 ● **Anna Wintour**：安娜·温图尔 ● **Anne Bass**：安妮·巴斯 ● **Anne Boleyn**：安妮·博林 ● **Anne Gelbard**：安妮·盖尔巴德 ● **Anne Sophie**：安娜·苏菲 ● **Annie Hall**：安妮·霍尔 ● **Annie Lennox**：安妮·伦诺克斯 ● **Antonio Berardi**：安东尼奥·贝拉尔迪 ● **Arabella Stuart**：阿尔贝拉·斯图尔特 ● **Aubrey Beardsley**：奥伯利·比亚兹莱 ● **Audrey Hepburn**：奥黛丽·赫本 ● **Auguste Renoir**：奥古斯特·雷诺阿 **Ava Gardner**：艾娃·加德纳 ● **Azzedine Alaia**：阿瑟丁·阿拉亚 ● **B** ● **Baby Jane Holzer**：小珍妮·霍尔泽 ● **Barbara Hutton**：芭芭拉·哈顿 ● **Barbara Streisand**：芭芭拉·史翠珊 ● **Baroness Philippine de Rothschild**：菲丽嫔·罗斯柴尔德女男爵 ● **Beatrice de Rothschild**：比阿特丽斯·德·罗斯柴尔德 ● **Ben Affleck**：本·阿弗莱克 ● **Bernadette Chirac**：贝娜黛特·希拉克 ● **Bernadine Morris**：伯纳丁·莫里斯 ● **Bernard Arnault**：伯纳德·阿诺特 ● **Beryl Markham**：柏瑞尔·马卡姆 ● **Bettie Page**：贝蒂·佩吉 ● **Bettina Grazziani**：贝蒂娜·格拉齐亚尼 ● **Betty Draper**：贝蒂·德雷柏 ● **Betty Grable**：贝蒂·格拉布尔 ● **Betty Jackson**：贝蒂·杰克逊 ● **Bill Gaytten**：比尔·盖登 ● **Blanche DuBois**：布兰奇·杜波伊斯 ● **Bob Dylan**：鲍勃·迪伦 ● **Boutin**：布廷 ● **Brancusi**：布朗库斯 ● **Brassai**：布拉塞 ● **Brassai**：布拉赛 ● **Brenda Polan**：布伦达·波兰 ● **Bridget Foley**：布莉姬·佛利 ● **Bryan Adams**：布莱恩·亚当斯 ● **Bryan Purdy**：布莱恩·珀迪 ● **C** ● **C.F. Goldie**：C.F. 戈尔迪 ● **Camal**：卡默尔 ● **Camilla Morton**：卡米拉·莫顿 ● **Carla Bruni**：卡拉·布吕尼 ● **Carmen Dell' Orefice**：卡门·戴尔·奥利菲斯 ● **Carmen Kass**：卡门·凯丝 ● **Carole Lasnier**：卡罗尔·拉斯尼尔 ● **Carole Lombard**：卡洛尔·隆巴德 ● **Carrie Branovan**：嘉莉·布兰诺万 ● **Catherine Jahan**：凯瑟琳·贾汉 ● **Catherine Rivière**：凯瑟琳·里维埃尔 ● **Cathy Horyn**：凯西·霍琳 ● **Catie Marron**：凯蒂·马伦 ● **Cecil Beaton**：塞西尔·比顿 ● **Cecilia Chancellor**：塞西莉亚·钱塞勒 ● **Celine Dion**：席琳·迪翁 ● **Chaim Soutine**：柴姆·苏丁 ● **Chantal Mirabaud**：尚塔尔·米拉波特 ● **Charles Dana Gibson**：查尔斯·达纳·吉布森 ● **Charles Frederick Worth**：查尔斯·弗雷德里克·沃斯 ● **Charles James**：查尔斯·詹姆斯 ● **Charlie Chaplin**：查理·卓别林 ● **Christian Bérard**：克里斯蒂安·贝拉德 ● **Christian Dior**：克里斯汀·迪奥 ● **Christian Lacroix**：克里斯汀·拉克鲁瓦 ● **Christina Aguilera**：克里斯蒂娜·阿奎莱拉 ● **Christopher Bailey**：克里斯托弗·贝利 ● **Christos Tolera**：克里斯托·托勒拉 ● **Christy Turlington**：克莉丝蒂·杜灵顿 ● **Claire Danes**：克莱尔·丹妮丝 ● **Clark Kent**：克拉克·肯特 ● **Claudia Schiffer**：克劳迪娅·希弗 ● **Coco Chanel**：可可·香奈儿 ● **Colette Maciet**：科莱特·马切特 ● **Colin McDowell**：柯林·麦克道威尔 ● **Corinne Day**：科琳娜日 ● **Cranach**：克拉纳赫 ● **Cristóbal Balenciaga**：克里斯托巴尔·巴伦西亚加 ● **D** ● **Dana Thomas**：黛娜·托马斯 ● **Danda Jaroljmek**：丹达·贾罗梅克 ● **David Bowie**：大卫·鲍伊 ● **Dawn Richardson**：道恩·理查森 ● **Debbie Dietering**：黛比·迪特林 ● **Debra Shaw**：黛布拉·肖 ● **Edgar Degas**：埃德加·德加 ● **Delacroix**：德拉克罗瓦 ● **Denise Poiret**：蒂妮斯·波烈 ● **Desmond**：德斯蒙德 ● **Diana Vreeland**：黛安娜·弗里兰 ● **Diane Arbus**：黛安·阿勃斯 ● **Diane von Furstenberg**：黛安·冯芙丝汀宝 ● **Dick Tracy**：迪克·崔西 ● **Dita von Teese**：蒂塔·万提斯 ● **Dodie Rosekrans**：多迪·罗斯克兰斯 ● **Dolores del Rio**：朵乐丝·德里奥 ● **Donald Trump**：唐纳德·特朗普 ● **Donna**

茱莉亚·赛娜 ● **Julie Verhoeven**：朱莉·弗尔霍文 ● **Julien D'Ys**：朱利安·戴斯 ● **Juliette Binoche:** 朱丽叶·比诺什 ● **K** ● **Kaiser Wilhelm**：凯撒·威廉 ● **Kara Warner**：卡拉·沃纳 ● **Karen Crichton**：凯伦·克莱顿 ● **Karen Elson**：凯伦·艾臣 ● **Karen Mulder**：凯伦·穆德 ● **Karl Lagerfeld**：卡尔·拉格斐 ● **Karlie Kloss**：卡莉·克劳斯 ● **Karolina Kurkova:** 卡罗莱娜·科库娃 ● **Kate Capshaw**：凯特·卡普肖 ● **Kate Moss**：凯特·莫斯 ● **Katell le Bourhis**：卡特尔·勒布希斯 ● **Katherine Hamnett**：凯瑟琳·哈姆内特 ● **Katie Holmes:** 凯蒂·霍姆斯 ● **Ivana Trump**：伊凡娜·特朗普 ● **Kenneth MacMillan**：肯尼斯·麦克米伦 ● **Kenzo**：高田贤三 ● **Kiki de Montparnasse**：巴黎女神琦琦 ● **Kirsten Dunst:** 克斯汀·邓斯特 ● **Kristin Scott Thomas**：克里斯汀·斯科特·托马斯 ● **Kylie Minogue:** 凯莉·米洛 ● **L** ● **La Goulue**：拉·古留 ● **Laura Craik**：劳拉·克雷克 ● **Lauren Bacall**：劳伦·白考尔 ● **Lauryn Hill**：劳伦·希尔 ● **Lee Radziwill**：李·拉齐维尔 ● **Leigh Bowery**：雷夫·波维瑞 ● **Leon Bakst**：莱昂·巴克斯特 ● **L'il Kim**：莉儿金 ● **Lillian Bassman**：莉莉安·巴斯曼 ● **Lillian Gish**：丽莲·吉许 ● **Lily Cole**：莉莉·科尔 ● **Limpet O'Connor**：林佩特·奥康纳 ● **Linda Evangelista**：琳达·伊万格丽斯塔 ● **Lindsey Baker**：林赛·贝克 ● **Lisa Armstrong**：丽莎·阿姆斯特朗 ● **Lisa Fonssagrives**：丽莎·方萨格里夫斯 ● **Liz Hurley**：莉兹·赫利 ● **Liz Tilberis**：莉兹·提尔布里斯 ● **Liza Minnelli:** 丽莎·明尼里 ● **Liza Minnelli**：丽莎·明尼里 ● **Lolita**：洛丽塔 ● **Lorraine Piggott**：洛琳·皮戈特 ● **Louise Brooks**：露易丝·布鲁克斯 ● **LouLou de la Falaise**：露露·德拉法蕾斯 ● **Lowri Turner**：洛丽·特纳 ● **Lucien Clergue**：吕西安·克莱格 ● **Lucinda Chambers**：露辛达·钱伯斯 ● **Lucy Liu**：刘玉玲 ● **M** ● **Madame Carven**：卡纷夫人 ● **Madame Yevonde**：叶万达夫人 ● **Madeleine Vionnet**：玛德琳·薇欧奈 ● **Madonna**：麦当娜 ● **Mady Malroux**：马迪·马尔鲁克斯 ● **Malcolm McLaren**：马尔科姆·麦克拉伦 ● **Man Ray**：曼·雷 ● **Manolo Blahnik**：莫罗·伯拉尼克 ● **Marc Bagutta**：马克·芭古达 ● **Marc Bohan**：马克·博昂 ● **Marc Chagall:** 马克·夏加尔 ● **Marc Jacobs**：马克·雅可布 ● **Marchesa Casati**：玛切萨·卡萨蒂 ● **Marchesa Maria Luisa Casati:** 玛奎莎·玛丽亚·路易莎·卡萨蒂 ● **Margot Fonteyn**：玛戈特·芳婷 ● **Marguerite**：玛格丽特 ● **Maria Lani**：玛丽亚·拉尼 ● **Maria Lemos**：玛利亚·莱莫斯 ● **Marianne Chicero Borgo**：玛丽安·奇切罗·博尔戈 ● **Marianne Faithfull**：玛丽安娜·菲斯福尔 ● **Marie Antoinette**：玛丽·安托瓦内特 ● **Marie-Laure de Noailles**：玛丽-洛尔·德·诺阿耶 ● **Marie-Sophie Wilson**：玛丽-索菲·威尔逊 ● **Marilyn Glass**：玛丽莲·格拉斯 ● **Marion Hume**：玛丽昂·休姆 ● **Marisa Berenson**：马里莎·贝伦森 ● **Mark Rice**：马克·赖斯 ● **Marlene Dietrich**：玛琳·黛德丽 ● **Marlon Brando**：马龙·白兰度 ● **Marquis de Sade**：萨德侯爵 ● **Martha Duffy**：玛莎·达菲 ● **Martha Graham**：玛莎·葛兰姆 ● **Martin Margiela**：马丁·马吉拉 ● **Mary J Blige**：玛丽·布莱姬 ● **Mary Pickford**：玛丽·毕克馥 ● **Mata Hari**：玛塔·哈里 ● **Matthew Greer**：马修·格里尔 ● **Maureen Dowd**：莫琳·多德 ● **Melania Knauss:** 梅拉尼亚·克诺斯 ● **Melania Trump**：梅拉尼娅·特朗普 ● **Mesdames Mizza**：米扎夫人 ● **Michael Heseltine**：迈克尔·赫赛尔廷 ● **Michael Howells**：迈克尔·豪威尔斯 ● **Michael Jackson**：迈克尔·杰克逊 ● **Michael Woolley**：迈克尔·伍利 ● **Miguel Abellan**：米格尔·阿贝兰 ● **Milla Jovovich**：米拉·乔沃维奇 ● **Millicent Rogers**：蜜丽·罗杰斯 ● **Mimi Spencer**：咪咪·史宾塞 ● **Misia Sert**：米西亚·塞尔特 ● **Missy Elliot**：梅西·埃丽奥特 ● **Mizza Bricard** 米萨·布里卡尔 ● **Modigliani**：莫迪里阿尼 ● **Molyneux**：莫利纽克斯 ● **Monette**：莫内特 ● **Monica Bellucci**：莫妮卡·贝鲁奇 ● **Mouna Ayoub**：穆娜·阿尤布 ● **N** ● **Nadira Thompson**：娜蒂拉·汤普森 ● **Nadja Auermann**：南吉·奥曼恩 ● **Nan Kempner**：南·肯普纳 ● **Naomi Campbell**：娜奥米·坎贝尔 ● **Nataliya Gotsii**：娜塔莉娅·戈西 ● **Nefertiti**：纳芙蒂蒂 ● **Nick Knight**：尼克·奈特 ● **Nicole Phelps**：妮可·菲尔普斯 ● **Nicole Kidman:** 妮可·基德曼 ● **Nigel Cabourn**：奈杰尔·卡伯恩 ● **Nijinsky**：尼金斯基 ● **Nina Gill**：妮娜·吉尔 ● **Nirvana:** 涅槃乐队 ● **Noel Gallagher**：诺埃尔·加拉格尔 ● **Norma**：诺玛 ● **Norman Hartnell**：诺曼·哈特内尔 ● **O** ● **Odile Gilbert**：奥黛尔·吉尔伯特 ● **Oprah**

Winfrey：奥普拉·温弗瑞 ● **Orlando Pita**：奥兰多·皮塔 ● **Oscar de la Renta**：奥斯卡·德拉伦塔 ● **Otto Dix**：奥托·迪克斯 ● **P** ● **Paco Rabanne**：帕科·拉巴纳 ● **Paco Rabanne**：帕科·拉巴纳 ● **Paloma Picasso:** 帕洛玛·毕加索 ● **Pat Benatar**：佩·班娜塔 ● **Pat McGrath:** 帕特·麦克戈拉斯 ● **Paul Colin**：保罗·科林 ● **Peder Bertelsen:** 佩德·贝特尔森 ● **Penelope Cruz**：佩内洛普·克鲁兹 ● **Peter Georgiades**：彼得·乔治亚德斯 ● **Peter Lindbergh**：彼得·林德伯格 ● **Peter Marino**：彼得·马里诺 ● **Philip Glass**：菲利普·格拉斯 ● **Philip Treacy**：菲利普·崔西 ● **Pierre Bergé**：皮埃尔·伯格 ● **Pocahontas**：宝嘉康蒂 ● **Pola Negri**：波拉·尼格丽 ● **Posh Spice**：辣妹 ● **Q** ● **Quentin Crisp**：昆汀·克里斯 ● **Quindon Tarner**：昆登·塔纳 ● **R** ● **Rabbi Barry Marcus**：拉比·巴里·马库斯 ● **Rachel Weisz**：蕾切尔·薇兹 ● **Raf Simons**：拉夫·西蒙 ● **Raoul Dufy**：拉乌尔·杜菲 ● **Paul Poiret**：保罗·波烈 ● **Raquel Zimmerman**：慧卡·芝玛曼 ● **Ray Stevens**：雷·史蒂文斯 ● **Raymonde**：雷蒙德 ● **René Gruau**：雷内·格茹 ● **Renée Perle**：勒内·珀尔 ● **Renzo Rosso**：伦佐·罗素 ● **Richard Avedon**：理查德·阿维顿 ● **Richard James**：理查德·詹姆斯 ● **Richard Simonin**：理查德·赛门 ● **Rifat Ozbek**：里法特·沃兹别克 ● **Riley Keough:** 莱莉·科奥 ● **Rita Hayworth**：丽塔·海华丝 ● **Robert de Montesquiou:** 罗伯特·德孟德斯鸠 ● **Robert Ferrell**：罗伯特·费雷尔 ● **Robert Motherwell**：罗伯特·马瑟韦尔 ● **Robert Piguet**：罗伯特·皮埃特 ● **Robin Archer**：罗宾·阿切尔 ● **Roger Tredre**：罗杰·特瑞德烈 ● **Roger Vale**：罗杰·维尔 ● **Rosanna Arquette**：罗珊娜·阿奎特 ● **Roubaix "Robo" de l' Abrie Richey**：鲁博·里谢 ● **Rudolf Nureyev**：鲁道夫·纽瑞耶夫 ● **Rudolf Valentino**：鲁道夫·华伦天奴 ● **Rudolph Valentino**：鲁道夫·瓦伦蒂诺 ● **Ruth La Ferla**：露丝·拉费尔拉 ● **S** ● **Saffron Burrows**：萨芙伦·布伦斯 ● **Sally Brampton**：莎莉·布兰顿 ● **Salvador Dali**：萨尔瓦多·达利 ● **Sam Haskins**：萨姆·哈斯金斯 ● **Sandro Botticelli**：桑德罗·波提切利 ● **Sao Schlumberger**：圣·施伦贝格 ● **SAR Princess Lilian of Belgium**：比利时丽莲公主 ● **Sarah Bernhardt**：莎拉·伯恩哈特 ● **Sarah Doukas**：萨拉·道卡斯 ● **Sarah Jessica Parker**：莎拉·杰西卡·帕克 ● **Sarah Mower**：萨拉·摩尔 ● **Satya Arteau**：萨蒂亚·阿泰奥 ● **Serge Diaghilev**：谢尔盖·达基列夫 ● **Shakira**：夏奇拉 ● **Shalom Harlow**：莎洛姆·哈罗 ● **Sharon Stone**：莎朗·斯通 ● **Shirley Hex**：雪莉·赫克斯 ● **Sibylle de Saint Phalle**：西比尔·德·圣法勒 ● **Sidney Toledano**：西德尼·托莱达诺 ● **Sienna Miller**：西耶娜·米勒 ● **Slim Barret**：斯利姆·巴雷特 ● **Sofia Coppola**：索菲亚·科波拉 ● **Sonia Delaunay**：索妮娅·德劳内 ● **Sophie Dahl**：苏菲·达尔 ● **Stella Tennant**：斯特拉·坦南特 ● **Stephane Marais**：史蒂芬·玛莱 ● **Stephen Jones**：斯蒂芬·琼斯 ● **Steven Meisel:** 史蒂芬·梅塞 ● **Steven Philip**：史蒂文·菲利普 ● **Steven Robinson**：史蒂芬·罗宾逊 ● **Steven Spielberg**：史蒂文·斯皮尔伯格 ● **Sting**：斯汀 ● **Susan Sarandon**：苏珊·萨兰登 ● **Susannah Frankel**：苏珊娜·法兰克尔 ● **Susie Bick:** 苏西·比克 ● **Suzanne von Aichinger:** 苏珊娜·冯·艾金格 ● **Suzy Menkes**：苏西·门克斯 ● **Sydney Pollack**：西德尼·波拉克 ● **T** ● **Tallulah Bankhead**：塔鲁拉·班克赫德 ● **Talullah Gatty**：塔卢拉·盖蒂 ● **Tennessee Williams**：田纳西·威廉斯 ● **The Beach Boys**：海滩男孩 ● **Theda Bara**：蒂达·巴拉 ● **Thomas Gainsborough**：托马斯·庚斯博罗 ● **Tiepolo**：提埃波罗 ● **Tim Blanks**：蒂姆·布兰克斯 ● **Tina Modotti**：蒂娜·莫多蒂 ● **Tina Turner:** 蒂娜·特纳 ● **Toulouse Lautrec**：图卢兹·罗特列克 ● **Trudie Styler**：楚蒂·斯泰勒 ● **Tsuguharu Fou-jita:** 藤田嗣治 ● **U** ● **Uma Thurman**：乌玛·瑟曼 ● **V** ● **Valentino Garavani**：瓦伦蒂诺·加拉瓦尼 ● **Valérie Hermann**：瓦莱丽·赫尔曼 ● **Van Dyck**：凡·戴克 ● **Vanessa Bellanger:** 瓦妮莎·贝朗格 ● **Vanessa Friedman**：瓦妮莎·弗里德曼 ● **Vaslav Nijinsky**：瓦斯拉夫·尼金斯基 ● **Vermeer**：维米尔 ● **Veronica Webb**：薇诺妮卡·韦伯 ● **Vicki Sarge**：维姬·萨奇 ● **Vivienne Westwood**：维维安·韦斯特伍德 ● **W** ● **W. Middleton**：W. 米德尔顿 ● **Wallis Simpson**：华里丝·辛普森 ● **Wertheimer**：维特海默 ● **Whitney Houston**：惠特妮·休斯顿 ● **Y** ● **Yasmin le Bon:** 雅斯门·勒·邦 ● **Yves Saint Laurent** ：伊夫·圣洛朗 ● **Z** ● **Zsa Zsa Gabo**：莎莎·嘉宝

专业词汇表

A → **Aran vertebrae**：脊骨纹针法编织阿兰毛衣。→ **Arrowhead edges**：（用于装饰或加固的）箭头形线迹、三角形线迹、人字绣、鱼骨绣（饰边）。→ **Assuit weaves**：埃及传统金银丝刺绣面料。→ **Azute**：埃及金银丝刺绣图案（20 世纪 20 年代流行的一种埃及风格的金银丝线刺绣图案，通常绣在轻薄透明的面料上，常用在围巾刺绣）。B → **Balconette bustier**：一字形 / 平罩形紧身胸衣。→ **Basque**：巴斯克胸衣 / 紧身衣 / 夹克，是一种自臂部以下至腿根处的女式内衣。巴斯克内衣一词最初起源于法国，指的是一种女式紧身胸衣（Bodice）或夹克。在现代，巴斯克内衣指的是一种长款的束腹内衣，特点是贴身、舒适、下摆过腰直达臀部。之所以称为巴斯克，是因为巴斯克人的传统服饰最先采用此种样式，而后由法国传遍西方时尚界。→ **Bobbin lace**：线卷 / 线管手工编织蕾丝花边。→ **Bobby socks**：翻口式 / 白色短袜。→ **Bodice/Bodies**：女士紧身衣 / 紧身胸衣 / 紧身上衣，相较于束身衣较少的缝有骨，而是应用硬挺面料以达到收紧缩窄上体的效果。→ **Boiled wool**：精索羊毛绒 / 强缩绒。→ **Bolero**：波蕾若外套。→ **Bouclé**：粗纺花呢，表面有突出环线或绳结的，至少两股或以上纱线编织而成的织物（Channel 经典外套常用面料）。**Broderie Anglaise**：细剪孔绣，又叫马德拉刺绣 / 英式镂空刺绣，指有孔眼的镂花绣，英式镂空刺绣主要绣在棉布上，通常应用于服饰镶边或家用亚麻布制品。剪切的孔眼聚集成特定图案，孔眼周围以简单针绣绣出轮廓，突显该图案。英式镂空刺绣一般以白线缝制于白布上，技术源自 16 世纪的欧洲，虽名为“英格兰”刺绣，但使用此技法的地区不限于英格兰。19 世纪时，这类刺绣普遍用于制作睡衣及内衣。现代一般以机器绣缝而成。→ **Buckles (pafti)**：皮带扣。→ **Bum-freezer**：紧身短夹克（臀围以上长度）。→ **Busby**：毛皮高顶帽。→ **Bustiers**：无吊带紧身褡（内衣款）。→ **Bustle**：巴斯尔裙（后臀围翘起的裙子，或后臀围裙撑）。→ **Button band**：纽扣门襟饰带。C → **Caen lace:** 法国卡昂蕾丝。→ **Calais lace:** 法国加莱蕾丝。→ **camiknickers** ：真丝女士连裤内衣 / 睡衣。→ **camisole tops**：女士内衣背心。→ **Carwash hem**：被裁成一条条的布条状裙摆，因为像洗车刷子上的布条所以被称为洗车裙摆。→ **Cellophane**：赛璐玢（用于包装的玻璃纸）。→ **Chantilly lace**：法国尚蒂伊蕾丝。→ **Charleston**：查尔斯顿舞，美国 20 世纪二三十年代流行的一种摇摆舞，音乐是拉格泰姆爵士乐。→ **Co-respondent brogues**：拼色观赛鞋（是英式英语的名称，又称 Spectator shoes，拼色皮鞋）。→ **Corset**：束身衣，内缝有很多骨以起到束腰收身托胸效果，或加以臀垫，得到凸凹有致的身型曲线。→ **Cowl necked**：大翻领 / 荡领。→ **Crin** ：（马毛）硬衬。→ **Crinoline**：裙撑 / 裙撑网带 / 硬衬。→ **Cuirasse-shaped corset**：护甲形束身衣。→ **Cut-velvet**：立绒。→ **Cutwork**：镂空绣。D → **Damask silk**：织锦缎。→ **Degradé-effect**：渐变效果。→ **Delphos**：德尔菲褶皱裙。→ **Devoré**：烂花工艺 / 烂花面料。→ **Dhoti**：多蒂腰带。→ **Disappearing lapels**：隐藏式翻驳领（加利亚诺的标志性设计）。→ **Doeskin**：精纺驼丝锦，驼丝锦是细洁紧密的中厚型素色毛织物。驼丝锦的结构特点：驼丝锦有精纺和粗纺，原料用细羊毛，精纺驼丝锦纱支较细，采用缎纹组织以及他们的变化组织制织。织物重量为 321-370g/m2。驼丝锦的风格特征：呢面平整，织纹细致，手感结实柔滑，紧密而有弹性，适宜作礼服。→ **Domino**：连帽斗篷。→ **Donegal tweed**：爱尔兰多尼戈尔粗花呢。→ **Donkey jacket**：防雨工装服。→ **Doupioni/ slubbed silk**：双宫真丝，生丝织纹表面有结状的真丝面料。E → **Elevated wedge shoes**：厚底坡跟鞋。→ **Embossed**：面料轧花（专业名称，压花通俗认知），经过热处理压出立体肌理效果，轧花目前有两种，一种是针对纤维本身，利用纤维本身的可塑性（合成纤维基多）。→ **Empire line**：帝政款式高腰线。→ **Empireline dresses**：帝政裙。F → **Faggoted seam**：是一种装饰性手针接缝，先将两块面料边缘都经过卷边处理后，中间留有空间，用手针缝合交叉式装饰线迹将两块面料接缝在一起。→ **Fishermen's cable knit**：渔夫罗纹绞花编织（毛衣上的编织花型）。→ **Flapper dresses**：直筒低腰连衣裙（20 世纪 20 年代标新立异的代表性设计）。→ **Frilled**：花边 / 荷叶边装饰。→ **frogging closure:** 盘扣，或前胸上排列开的盘花装饰开合扣件（军装款）。→ **Frothy**：轻薄花边。→ **Gazar: 100%** 真丝面料，质地硬挺，高定常用面料。G → **Geta**：木屐。→ **Gigot sleeve**：羊腿袖。→ **Girdle**：女士紧身褡（是一款女性的连体紧身内衣，有将腹部缩紧，挺拔身姿，遮挡赘肉的功效），面料多为弹力或弹力蕾丝面料。→ **Goffered chiffon**：顺纡真丝（褶皱雪纺）。 → **Guipure lace**：法语单词，是 bobbin lace 的一种，也就是镂空效果的手工蕾丝花边。**H** → **Halter-neck**：吊带领袒肩露背式。 → **Hanging sleeves**：挂袖，15世纪的一种装饰性的直挂套袖，通常套在或系在袖窿上 → **Hobble skirt**：窄摆 / 蹒跚裙（指裙摆很窄，行走受限的裙型）。**I** → **Ikat**：中亚纱线扎染。→ **J** → **Jabot**：荷叶边装饰领。→ **Jet pocket**：唇袋（单唇袋和双唇袋）。 → **Jodhpurs**：马裤 / 短马靴。**K** → **Kilim**：基里姆花毯 / 地毯。**L** → **Lace up**：系带（指内衣，束身衣，胸衣或鞋子上的交叉式系带或绑带）。 → **Lamé:** 金属丝织面料，一种用金属或金属线编织的织物。 → **Leotard**：舞蹈连体服。 → **Lurex**：金银丝提花面料。**M** → **Macramé**：马克莱姆手工绳编蕾丝。 → **Madras stripes**：马德拉斯条纹。 → **Madras**：马德拉斯条纹布。 → **Marocain**：马罗坎平纹绉。 → **Melton wool**：麦尔登呢。 → **Midriff-baring**：露脐装，露腹 / 露腰。 → **Mikado silk**：米卡多（天皇）真丝，是真丝斜纹缎。 → **Moiré**：波纹绸。 → **Moss crêpe**：苔绒绉。 → **Mousseline**：斜纹绸。 → **Mukluk boots**：（爱斯基摩人）慕克拉克靴 / 海豹皮靴。→ **Muslin**：薄棉纱 / 精纺棉纱。**N** → **Negligée**：女士晨衣（刚起床和临睡前的家居便服，可以套在睡衣或内衣外）。 → **Nehru collar**：尼赫鲁领（传统的印度服饰衣领，又称印度领）。 → **Neon patent**：霓虹亮彩色漆皮。**O** → **Opera coat**：罩衫式（歌剧款）长外套。→ **Organdy/ Organdie:** 译名：奥甘迪，薄棉纱，一种精纺平纹纯棉织物，半透明，质地顺滑。 → **Organza:** 欧根纱，100% 真丝面料，半透明。 → **Origami pleats**：折纸式叠褶。→ **Oyster satin**：玉色丝缎。**P** → **Pac a mac**：是英国人俗称的 Anorak，一种轻便的御寒连帽短夹克。 → **Pannier**：筐形裙撑。 → **Pannier**：自行车或摩托挂包 / 侧衣袋 / 侧背包 加利亚诺的侧衣袋特色设计。 → **Parachute silk**：降落伞绸。 → **Patent**：漆皮 / 专利。→ **Pea coat**：双排扣水手大衣。 → **Pearly King/Queen**：珠母钮王和珠母钮女王是伦敦的一个传统。他们主要是一些慈善募捐者，身着缀有珠母扣的华丽服装。 → **Pedal pusher**：女性 6分裤。→ **Pierrot collar**：皮埃罗小丑领。→ **Poacher-pockets**：大衣或夹克的暗袋。→ **Point d' esprit**：波点网纱。 → **Point de Beauvais:** 法式钩针刺绣。 → **Polonaise**：波兰风格裙。 → **Pounches**：（英）衣带。 → **Pre-collection**：预展 / 预售 / 季前早期系列。 → **Prince-of-Wales check**：威尔士亲王格。**R** → **Rajasthani embroidery**：拉贾斯坦邦刺绣。 → **Rasta**：牙买加雷鬼印花。 → **Redingcote**：骑装外套。 → **Resort**：度假系列。 → **Riechers Marescot laces**：法国顶级蕾丝工坊。 → **Robe-de-style**：是指上衣紧身，蓬松大下摆廓形礼服，浪凡的代表廓形但不能译成是浪凡裙。 → **Ruff collar**：盛行于 16 和 17 世纪的白色轮状皱领 / 拉夫领。**S** → **Sack dress**：袋式连衣裙。 → **Sack-back**：背部的后袋式设计（源自 17 世纪末女式礼服的后袋式设计以加高臀部，展示女性的曲线美，后演变成背部长至下摆的褶饰带）。 → **Sage greens**：灰绿色。 → **Sari**：印度纱丽。 → **Sarouel trousers**：低裆裤。 → **Satin backed crêpe**：缎背绉，中厚度适合做礼服裙，一款涤纶面料。 → **Satin-cuir**：缎面革。 → **Satinised wool**：精纺丝毛（真丝与羊毛混纺）。 → **Scissor pleats**：加利亚诺“堕落天使”系列中一款设计有交叉式裁片的连衣裙称 scissor skirt，裙身上还有部分装饰褶称 pleat，所以后面在出现交叉裁片式设计，书中都统称为 scissor-pleats。 → **Self fringing**：抽丝流苏。 → **Shingle hair**：20 世纪一种烫成波纹状的短发。 → **Short-jacket**：至腰部短夹克。 → **Silk crêpe de chine**：真丝双面绉。 → **Silk ziberline**：**100%** 斜纹真丝，与米卡多（天皇）真丝类似。 → **Skirt panels**：多片式裁片裙 ：一种半裙，与一片式相对应，通常为偶数片，如4片、6片、8片式等的裙片接缝而成的。 → **Sling sleeve**：吊带袖。 → **Smoke**：缩褶绣。 → **Soutache**：镶边饰带。 → **spencer jacket**：斯宾塞夹克。 → **Stocking top**：袜圈，（长筒袜上的装饰宽边）。 → **Stop-cords**：线绳锁扣。 → **Suspender belt**：吊袜腰带。 → **Swing coat**：大下摆女士大衣。**T** → **Tattersall**：塔特萨尔花格，塔特萨尔花格呢。 → **Teddy/teddies**：特迪式连裤内衣（把背心和热裤结合在一起的设计）。 → **The ripple-effect jacket closures**：波纹状前门襟扣合设计（加利亚诺的经典门襟扣合设计）。 → **Thong**：细绳袜带。 → **Tiered/layered skirt**：阶梯式，层叠裙。 → **Tinsel pompom wigs**：金属丝球 / 金属材质假发。 → **Toga dress**：罗马式单肩礼服长袍。 → **Toile**：白坯样衣 / 白坯布片。→ **Toile-de-Nantes/Toile-de-Jouy**：经典法式印花 / 手绘装饰图案棉布，底布 Toile 的产

地不同，Nantes：南特，法国西部城市；Jouy：即 Jouy-en-Josas，朱昂萨斯，位于巴黎西南郊。 → **Track suits**：田径服。 → **Trapunto pleats**：压花。 → **Trilby**：特里比帽，一种窄边的帽子。伦敦传统的制帽公司 Lock & Co. 形容特里比帽的帽檐较窄，前缘向下倾斜，后缘向上弯起；而费多拉帽（Fedora）是有较宽的帽檐，且帽檐呈水平。特里比帽的冠部也比费多拉帽更短。 → **Turban**：头巾帽。**V** → **Valenciennes lace:** 法国瓦朗谢讷蕾丝。 → **Vestigial lapels**：隐形翻领。 → **Vilence**：宝翎，日本衣衬面料制造商。 → **Vinyl**：塑胶。**W** → **Wedge heel**：坡跟鞋。 → **Wiener Werkstatte**：维纳·渥克斯达特艺术馆，“工艺美术运动”的中心。 → **Wiggle-dresses**：铅笔裙。 → **Windcheater**：防风大衣。 → **Wispy**：窄摆裙。

面料加工 / 供应商：

▶ **Bucol**：真丝面料供应商 ▶ **Dormeuil**：多美 ▶ **Holland & sherry**：贺兰德 & 谢瑞 ▶ **Rubelli**：意大利鲁贝利面料生产商 ▶ **Taroni silk**：意大利 Taroni 生产的真丝（面料加工商）

法国刺绣工坊：

▶ **C. Henri** 刺绣工坊 ▶ **Cecile Henri** 刺绣工坊 ▶ **Hurel** 刺绣工坊 ▶ **Lanel** 刺绣工坊 ▶ **Montex** 刺绣工坊 ▶ **Vermont** 刺绣工坊

图片版权 | 本书图片已由原出版社清权，图片信息如下：

p. 8 Tom Mannion; p. 16 Neil McInerney, Photographer. © Bloomsbury Publishing Plc.; p. 18 David Stevens/Associated Newspapers/REX/Shutterstock; p. 21 Getty Images UniversalImagesGroup/Contributor; p. 22 both Steven Philip Collection; p. 24 top Neil McInerney, Photographer. © Bloomsbury Publishing Plc; p. 26 Steven Philip Collection; p. 28 William A. Casey Collection; p. 30 Steven Philip Collection; pp. 31, 32 Neil McInerney, Photographer. © Bloomsbury Publishing Plc; p. 33 Steven Philip Collection; p. 36 Neil McInerney, Photographer. © Bloomsbury Publishing Plc; pp. 41, 42 top, 43 Steven Philip Collection; pp. 42 bottom, 44 Neil McInerney, Photographer. © Bloomsbury Publishing Plc; p. 47 both Neil McInerney, Photographer. © Bloomsbury Publishing Plc; pp. 51 top, 52 Neil McInerney, Photographer. © Bloomsbury Publishing Plc; p. 53 Steven Philip Collection; pp. 55 top, 57 Neil McInerney, Photographer. © Bloomsbury Publishing Plc; p. 56 Hamish Bowles Collection; p. 59 Neil McInerney, Photographer. © Bloomsbury Publishing Plc; p. 60 left Hamish Bowles Collection; pp. 61, 62, 63, 64 all, 66 right, 68, 69 top Neil McInerney, Photographer. © Bloomsbury Publishing Plc; pp. 71, 72 Steven Philip Collection; p. 73 both Neil McInerney, Photographer. © Bloomsbury Publishing Plc; p. 74 right Private Collection; pp. 75, 78, 79, 80, 81 right Neil McInerney, Photographer. © Bloomsbury Publishing Plc; p. 81 left Steven Philip Collection; pp. 83, 84, 85 left, 89 top, 90, 93, 94 left, 95 both, 96 left Neil McInerney, Photographer. © Bloomsbury Publishing Plc; p. 94 right Resurrection Vintage Archive; p. 96 bottom Photo by Bertrand Rindoff Petroff/Getty Images; pp. 98, 99 Steven Philip Collection; pp. 100, 101, 102 Neil McInerney, Photographer. © Bloomsbury Publishing Plc; p. 103 Steven Philip Collection; p. 105 top left and right Neil McInerney, Photographer. © Bloomsbury Publishing Plc; pp. 106, 107, 108 Neil McInerney, Photographer. © Bloomsbury Publishing Plc; p. 109 Iain R. Webb Collection; pp. 110, 111 left, 112-113 Neil McInerney, Photographer. © Bloomsbury Publishing Plc; p. 111 right Slim Barrett Collection; p. 114 Steven Philip Collection; p. 116 left Resurrection Vintage Archive; pp. 116 right, 117 Neil McInerney, Photographer. © Bloomsbury Publishing Plc; pp. 123, 125, 126 Neil McInerney, Photographer. © Bloomsbury Publishing Plc; p. 124 Steven Philip Collection; pp. 128, 129 Neil McInerney, Photographer. © Bloomsbury Publishing Plc; p. 130 The Sands Archive; pp. 131, 132 Neil McInerney, Photographer. © Bloomsbury Publishing Plc; p. 135 Steven Philip Collection; pp. 136, 137 left Neil McInerney, Photographer. © Bloomsbury Publishing Plc; p. 137 right Photo by Thierry Orban/Sygma via Gerry Images; p. 138 Photo PL Gould/ IMAGES/ Getty Images; p. 140 Photo Bertrand Rindoff Petroff/Getty Images; pp. 143, 145 both, 146 top Photo by Guy Marineau/Condé Nast via Getty Images; p. 144 Photo by Ke.Mazur/WireImage; p. 146 bottom Photo by Stephane Cardinale/ Sygma via Getty Images; pp. 148 all, 150, 151 left Neil McInerney, Photographer. © Bloomsbury Publishing Plc; p. 149 both Steven Philip Collection; p. 151 right Action Press/REX/Shutterstock; p. 152 Steven Philip Collection; pp. 153, 154 bottom Neil McInerney, Photographer. © Bloomsbury Publishing Plc; p. 154 top Dior Heritage; p. 155 top Pierre Verdy/AFP/Getty Images; p. 155 bottom left Photo by Guy Marineau/ Condé Nast via Getty Images; p. 155 bottom right Giannoni Giovanni/Penske Media/REX/Shutterstock; p. 156 Mark Large/Daily Mail/ REX/Shutterstock; p. 157 Thomas Coex/AFP/Getty Images; pp. 159 top left, 159 bottom Neil McInerney, Photographer. © Bloomsbury Publishing Plc; p. 160 top Resurrection Vintage Archive; p. 160 bottom Photo by Stephane Cardinale/Sygma via Getty Images; pp. 162 both, 164 left Courtesy of Lars Nilsson; p. 163 Giannoni Giovanni/Penske Media/ REX/Shutterstock; p. 165 bottom Photo by Stephane Cardinale/Sygma via Getty Images; p. 168 Photo by Stephane Cardinale/Sygma via Getty Images; p. 169 Iain R. Webb Collection; p. 170 Resurrection Vintage Archive; p. 171 left Michel Euler/AP/REX/ Shutterstock; p. 171 right Photo by Stephane Cardinale/Sygma via Getty Images; p.

172 Photo by Thierry Orban/Sygma via Getty Images; p. 173 top Sipa Press/REX/Shutterstock; p. 173 bottom Ken Towner/Evening Standard/ REX/Shutterstock; p. 174 top Photo by Thierry Orban/Sygma via Getty Images; p. 174 bottom Stephane Cardinale/ Sygma via Getty Images; p. 175 Courtesy of Doyle Auctioneers & Appraisers; p. 176 Resurrection Vintage Archive; p. 177 both Courtesy Lars Nilsson; p. 179 left Ken Towner/ Evening Standard/REX/Shutterstock; p. 179 right Neil McInerney, Photographer. © Bloomsbury Publishing Plc; p. 180 Evan Agostini/ImageDirect; p. 181 left Eric Feferberg/AFP/Getty Images; p. 181 right Photo by Guy Marineau/ Condé Nast via Getty Images; p. 182 Photo by Pierre Vauthey/ Sygma/Sygma via Getty Images; p. 184 © Gregory Chester; p. 185 right Mark Large/Daily Mail/ REX/Shutterstock; pp. 186, 187, 188 Neil McInerney, Photographer. © Bloomsbury Publishing Plc; p. 189 Photo by Daniel Simon/Gamma-Rapho via Getty Images; p. 190 Photo by Thierry Orban/Sygma via Getty Images; p. 191 left Pierre Verdy/AFP/Getty Images; p. 191 right Photo by Daniel Simon/Gamma-Rapho via Getty Images; pp. 192, 193, 194 Neil McInerney, Photographer. © Bloomsbury Publishing Plc; p. 195 Steven Philip Collection; p. 196 both Cavan Pawson/ Evening Standard/REX/Shutterstock; p. 197 Sothebys (bag invite); pp. 198, 199, 200, 201 Neil McInerney, Photographer. © Bloomsbury Publishing Plc; p. 202 Pierre Verdy/AFP/Getty Images; p. 203 Resurrection Vintage Archive; p. 204 right Photo by Pierre Vauthey/Sygma/Sygma via Getty; p. 205 Photo by Stephane Cardinale/Sygma via Getty Images; p. 206 Steve Wood/REX/ Shutterstock; p. 207 Jean-Pierre Muller/AFP/ Getty Images; pp. 208, 209 right, 210 Photo by Guy Marineau/ Condé Nast via Getty Images; p. 209 left Photo by Pierre Vauthey/Sygma/Sygma via Getty Images; p. 211 Jean-Pierre Muller/AFP/Getty Images; p. 212 Photo by Gilles Bassignac/Gamma-Rapho via Getty Images; p. 213 left Tennants Auctioneers; p. 213 right Pierre Verdy/AFP/ Getty Images; p. 214 Mark Large/Daily Mail/REX/Shutterstock; p. 215 bottom right Jean-Pierre Muller/AFP/Getty Images; p. 216 Photo by Laurent van der Stockt/Gamma-Rapho via Getty Images; pp. 217, 218 left, 219 Photo by Daniel Simon/Gamma-Rapho via Getty Images; p. 218 right Photo by Alexis Duclos/Gamma-Rapho via Getty Images; pp. 220, 221 right, 222 both Pierre Verdy/AFP/Getty Images; p. 221 left Resurrection Vintage Archive; p. 223 Resurrection Vintage Archive; p. 224 Photo by Thierry Orban/Sygma via Getty Images; pp. 225, 226 right, 227 Photo by Daniel Simon/Gamma-Rapho via Getty Images; p. 226 left Photo by Pierre Vauthey/ Sygma/Sygma via Getty Images; pp. 228, 230 top Photo by Alexis Duclos/Gamma-Rapho via Getty Images; p. 229 both Resurrection Vintage Archive; pp. 230 bottom, 231, 232 top Pierre Verdy/AFP/ Getty Images; p. 232 bottom REX/Shutterstock; p. 233 Photo by Thierry Orban/Sygma via Getty Images; p. 234 left Pierre Verdy/AFP/Getty Images; p. 234 right Photo by Stephane Cardinale/Sygma via Getty Images; p. 234 bottom left Pierre Verdy/AFP/Getty Images; p. 235 Museu de la Moda; pp. 236, 237 bottom Photo by Charly Hel/Prestige/Getty Images; p. 237 top both Jean-Pierre Muller/ AFP/Getty Images; p. 238 Roger Vale and Bryan Purdy; p. 239 left Pierre Verdy/AFP/Getty Images; p. 239 right Resurrection Vintage Archive; p. 240 Photo by Alexis Duclos/Gammo-Rapho via Getty Images; p. 241 both Mehdi Fedouach/AFP/ Getty Images; p. 242 Photo by Alexis Duclos/ Gammo-Rapho via Getty Images; pp. 244 left, 245 Photo by Pool Bassignac/Benainous/Gammo-Rapho via Getty Images; p. 244 right Remy de la Mauviniere/AP/REX/Shutterstock; p. 246 top Jean-Pierre Muller/AFP/ Getty Images; pp. 246 bottom, 247 both Photo by Pool Bassignac/ Benainous/Gammo-Rapho via Getty Images; pp. 248, 249 Pierre Verdy/AFP/Getty Images; p. 250 both Sipa Press/REX/Shutterstock; p. 252 Photo by Stephane Cardinale/Corbis via Getty Images; p. 253 Photo by Charly Hel/Prestige/Getty Images; pp. 255 both, 256 Alex Lentati/Evening Standard/REX/Shutterstock; p. 257 Cavan Pawson/Evening Standard/REX/

Shutterstock; p. 258 JeanPierre Muller/AFP/Getty Images; p. 259 top Resurrection Vintage Archive; pp. 259 bottom, 260, 261 Photo by Stephane Cardinale/Corbis via Getty Images; pp. 262, 263 right Pierre Verdy/AFP/ Getty Images; p. 263 left Photo by Pool Bassignac/Benainous/Gammo-Rapho via Getty Images; p. 264 Miquel Benitez/REX/Shutterstock p. 265 Mark Large/Daily Mail/REX/Shutterstock; p. 266 left Paul Cooper/REX/ Shutterstock; p. 266 right Mark Large/Daily Mail/REX/Shutterstock; p. 267 Marilyn Glass Collection; p. 268 Photo by Pool Bassignac/Benainous/Gammo-Rapho via Getty Images; p. 269 top Resurrection Vintage Archive; p. 269 bottom Photo by Michel Dufour/WireImage; p. 270 Photo by Stephane Cardinale/Corbis via Getty Images; p. 271 left Francois Guillot/ AFP/Getty Images; pp. 271 right, 272, 273, 274 top Photo by Pool Bassignac/ Benainous/Gammo-Rapho via Getty Images; p. 274 bottom Photo by Michel Dufour/ WireImage; p. 275 Photo by Jean Baptiste Lacroix/WireImage; p. 276 top Photo by Pool Bassignac/Benainous/Gammo-Rapho via Getty Images; p. 276 bottom Oliver Hoslet/ EPA/REX/Shutterstock; pp. 277, 278 bottom Photo by Stephane Cardinale/Corbis via Getty Images; p. 278 top Photo by Pool Bassignac/Benainous/Gammo-Rapho via Getty Images; p. 279 Photo by Pool Bassignac/Benainous/Gammo-Rapho via Getty Images; p. 280 left Jean-Pierre Muller/AFP/Getty Images; p. 280 right Mark Large/Daily Mail/REX/Shutterstock; pp. 281, 282, 283 right Photo by Pool Bassignac/Benainous/Gammo-Rapho via Getty Images; p. 283 left Sipa Press/REX/Shutterstock; pp. 284, 285 left REX/ Shutterstock; p. 285 right Francois Guillot/AFP/Getty Images; pp. 286, 287 top, 288 bottom Photo by Pool Bassignac/Benainous/Gammo-Rapho via Getty Images; pp. 287 bottom, 288 top Francois Guilllot/AFP/Getty Images; p. 289 both Giovanni Giannoni/Penske Media/REX/Shutterstock; p. 290 CRIS; p. 291 Sam Yeh/AFP/Getty Images; p. 292 Francois Guillot/AFP/Getty Images; p. 293 both Photo by Lebon/Gamma-Rapho via Getty Images; p. 294 all three Photo by Michel Dufour/WireImage; pp. 295, 296 left Giovanni Giannoni/Penske Media/REX/Shutterstock; p. 296 right Photo by Pool Bassignac/Benainous/Gammo-Rapho via Getty Images; p. 297 top Photo by Michel Dufour/WireImage; p. 297 bottom Victor Virgile/Gamma-Rapho via Getty Images; p. 298 Photo by Pool Bassignac/Benainous/Gammo-Rapho via Getty Images; p. 299 left Francois Guillot/ AFP/Getty Images; p. 299 right Cheryl Vick; p. 300 Sipa Press/REX/ Shutterstock; p. 301 left Photo by Michel Dufour/WireImage; p. 301 right Francois Guillot/AFP/Getty Images; p. 302, 303 both Photo by Pool Bassignac/Benainous/Gammo-Rapho via Getty Images; p. 304 both, 305 Francois Guillot/AFP/Getty Images; p. 306 both Photo by Pool Bassignac/Benainous/Gammo-Rapho via Getty Images; p. 307 Oliver Weiken/EPA/REX/Shutterstock; p. 308 left Sipa Press/REX/Shutterstock; p. 308 right Photo by Antoine Antoniol/Bloomberg via Getty Images; pp. 309, 310 left Photo by Alain Benainous/Gamma-Rapho via Getty Images; pp. 310 right, 311, 312, 313, 314 bottom, 315, 316, 318 left Francois Guillot/AFP/Getty Images; p. 314 top Marilyn Glass; p. 317 Archives Patrimoine John Galliano; p. 318 right Photo by Judith White/Bloomberg via Getty Images; pp. 321 right, 322 both Photo by Tony Barson/WireImage; pp. 321 left, 323 Francois Guillot/AFP/Getty Images; p. 324 Photo by Pool Bassignac/Benainous/Gammo-Rapho via Getty Images; p. 325 left Photo by Tony Barson/WireImage; p. 325 right Photo by Victor Virgile/Gamma-Rapho via Getty Images; pp. 326, 327 top Photo by Lorenzo Santini/WireImage; p. 327 bottom Photo by Michelle Leung/WireImage; p. 328, 329 left Francois Guillot/AFP/Getty Images; p. 329 right Photo by Tony Barson/WireImage; p. 330 Str/EPA/REX/Shutterstock; p. 331 left Photo by Pierre Hounsfield/Gamma-Rapho via Getty Images; pp. 331 right, 332, 335 left Francois Guillot/AFP/Getty Images; p. 333 both Photo by Michel Dufour/WireImage; p. 334 Photo by Tony Barson/WireImage; p. 336 top Photo by Tony Barson Archive/WireImage; pp. 336 bottom, 337, 338 right, 340 both

Francois Guillot/AFP/Getty Images; p. 338 left Resurrection Vintage Archive; p. 339 Photo by Michel Dufour/WireImage; p. 341 Photo by Antonio de Moraes Barros Filho/ WireImage; pp. 342, 343 left Photo by Pierre Hounsfield/Gamma-Rapho via Getty Images; p. 343 right © Christian Dior; p. 344 top Francois Guillot/AFP/Getty Images; p. 344 bottom Photo by Tony Barson/WireImage; pp. 345, 346 right Francois Guillot/AFP/Getty Images; p. 346 left Photo by Chris Moore/Catwalking/Getty Images; p. 347 Photo by Alain Benainous/Gamma-Rapho via Getty Images; p. 348 left Francois Guillot/AFP/Getty Images; p. 348 right Photo by Dominique Charriau/WireImage; pp. 349, 351, 354 right Photo by Alain Benainous/Gamma-Rapho via Getty Images; pp. 350, 352 Photo Tony Barson/ WireImage; pp. 353, 354 left, 356 left, 357 Francois Guillot/AFP/Getty Images; p. 355 Giovanni Giannoni/Penske Media/REX/Shutterstock; p. 356 right Photo by Antonio de Moraes Barros Filho/WireImage; pp. 358, 360 Photo by Tony Barson/WireImage; p. 359 both Photo by Pool Bassignac/Benainous/Gammo-Rapho via Getty Images; pp. 361, 362 both Tony Barson/WireImage; p. 363 Giovanni Giannoni/Penske Media/REX/Shutterstock; p. 364 both Photo by Antonio de Moraes Barros Filho/WireImage; pp. 365, 366 right, 367 both Photo by Tony Barson/WireImage; pp. 366 left, 368, 369 right Photo by Pascal Le Segretain/Getty Images; p. 369 left Maya Vidon/EPA/REX/Shutterstock ; p. 370 Steven Philip Collection; pp. 371 left, 372 Photo by Antonio de Moraes Barros Filho/WireImage; p. 371 right REX/Shutterstock; p. 373 Photo by Michel Dufour/WireImage; pp. 374 both, 375 Photo by Pascal Le Segretain/Getty Images; pp. 376, 377 right Photo by Dominique Charriau/ WireImage; p. 377 left Photo by Antonio de Moraes Barros Filho/WireImage; p. 378 Photo by Pascal Le Segretain/Getty Images; p. 379 top Photo by Victor Virgile/Gamma-Rapho via Getty Images; p. 379 bottom Michel Dufour/WireImage; pp. 381, 382 right Pixelformula/SIPA/REX/ Shutterstock; p. 382 left Giovanni Giannoni/Penske Media/REX/Shutterstock.

（注：图片版权信息中的页码为原书页码）

图书在版编目（CIP）数据

加利亚诺：令人震撼的时尚世界 / (英) 凯瑞·泰勒 (Kerry Taylor) 著；周义，刘芳译. -- 重庆：重庆大学出版社, 2023.6

（万花筒）

书名原文: Galliano: Spectacular Fashion

ISBN 978-7-5689-3583-8

Ⅰ. ①加… Ⅱ. ①凯… ②周… ③刘… Ⅲ. ①服装设计–作品集–英国–现代 Ⅳ. ①TS941.28

中国版本图书馆CIP数据核字(2022)第213196号

加利亚诺：令人震撼的时尚世界
JIALI YANUO: LINGREN ZHENHAN DE SHISHANG SHIJIE

[英]凯瑞·泰勒　著
周义　刘芳　译

责任编辑：张　维
责任校对：王　倩
书籍设计：臧立平 @typo_d
责任印制：张　策

重庆大学出版社出版发行
出版人：饶帮华
社址：（401331）重庆市沙坪坝区大学城西路 21 号
网址：http://www.cqup.com.cn
印刷：天津图文方嘉印刷有限公司

开本：787mm × 1092mm　1/16　印张：51.25　字数：1147 千
2023 年 6 月第 1 版　2023 年 6 月第 1 次印刷
ISBN 978-7-5689-3583-8　定价：299.00 元

This translation of *Galliano: Spectacular Fashion* is published by Chongqing University Press Corporation Limited by arrangement with Bloomsbury Publishing Plc.

版贸核渝字（2020）第 205 号